U0296588

生态水利学

程香菊　田　甜　朱丹彤　黄　东　编著

科学出版社

北京

内 容 简 介

本书在介绍国家生态文明建设和我国当前的主要水问题基础上，详细介绍了水生态系统、河流湖泊水库生态调查、水生态要素分析与计算，以及水生态修复的规划设计和修复案例，进而讨论了河湖生态模型构建、河流廊道自然化工程、河湖水系连通工程和水库生态调度等内容。全书结构清晰，各部分内容配有相应的实例分析，并且每章后配有相应的思考题，以便读者能及时掌握所学知识。

本书适合作为高等学校水利类、生态类、环境类等专业的教材，也可供独立学院、高职高专和成人高等学校师生及有关工程技术人员参阅。

图书在版编目（CIP）数据

生态水利学 / 程香菊等编著. —北京：科学出版社，2024.6

ISBN 978-7-03-075874-3

Ⅰ. ①生… Ⅱ. ①程… Ⅲ. ①生态工程－水利工程 Ⅳ. ①TV

中国国家版本馆 CIP 数据核字（2023）第 109780 号

责任编辑：郭勇斌 邓新平 常诗尧 / 责任校对：任云峰
责任印制：徐晓晨 / 封面设计：义和文创

科 学 出 版 社 出版
北京东黄城根北街 16 号
邮政编码：100717
http://www.sciencep.com

北京华宇信诺印刷有限公司印刷
科学出版社发行 各地新华书店经销
*
2024 年 6 月第 一 版 开本：787×1092 1/16
2024 年 6 月第一次印刷 印张：20
字数：464 000
定价：108.00 元
（如有印装质量问题，我社负责调换）

序

当我们站在历史的长河中回望，不难发现，人类与水始终紧密相连，相互影响。水，作为生命之源，不仅滋养着万物，更在人类的文明进程中扮演着举足轻重的角色。然而，随着社会的快速发展，人类对水资源的过度开发和不合理利用已引发了诸多生态问题，这使得我们不得不重新审视和思考我们与水的关系。

正是在这样的背景下，"生态水利学"应运而生。这是一门融合了水文学、水力学及河流动力学、生态学、环境科学等多学科知识的综合性学科，旨在寻求人类活动与水域生态系统的和谐共生。通过深入研究水域生态系统的结构、功能与动态变化，以及人类活动对其产生的影响，我们有望找到一种更加可持续、生态友好的水资源利用方式。

《生态水利学》正是基于这样的理念和目标而编写的。它不仅系统地介绍生态水利学的基本概念、原理和方法，还详细阐述水域生态系统的保护、恢复和管理等方面的知识。通过学习本教材，读者能够更深入地理解人类活动对水域生态系统的影响，以及如何通过科学合理的规划和管理来实现水资源的可持续利用。值得一提的是，本教材在编写过程中充分吸收了国内外生态水利学的最新研究成果和实践经验，确保内容的时效性和实用性。同时，通过丰富的案例分析和实践指导，读者可以更加直观地了解生态水利学的实际应用和价值。

本教材由华南理工大学程香菊、田甜、朱丹彤及广东省水利水电科学研究院黄东共同编著，我们本着对生态水利学领域浓厚的兴趣和热情，编写本教材。但受我们的理论和经验水平所限，在《生态水利学》的编写过程中，尽管我们力求准确与全面，书中仍难免存在疏漏和不足之处。我们诚恳地希望读者在使用本教材时，能够发现并指出其中的缺点，以便我们在未来的修订中加以改进。

展望未来，我们相信，随着生态水利学的不断发展和完善，以及编者团队和广大读者的共同努力，人类将能够更好地保护和利用水资源，实现人与自然的和谐共生。《生态水利学》也将不断优化，成为培养新一代生态水利人才的重要工具。

最后，衷心感谢每一位选择并使用本教材的读者。您的支持和反馈是我们前进的动力。让我们携手共进，为保护和利用好我们宝贵的水资源而努力！

编　者
2023 年 7 月

目　　录

0 绪　　论

"我们正站在两条路的交叉路口上。这两条道路完全不一样。我们长期以来一直行驶的这条路使人容易错认为是一条舒适的、平坦的超级公路，终点却有灾难等待。另一条是很少有人走过的路，但为我们提供了最后的保住地球的机会。"——蕾切尔·卡逊《寂静的春天》[1]

0.1　生态文明建设

0.1.1　人类文明进程与可持续发展的提出

文明是指具有进步价值取向的人类求生存、求发展的创造活动和成果。文明史的发展体现人、生产力和社会文化的整体演变过程。人类文明可以分成三个重要的发展阶段，分别是原始文明、农业文明和工业文明。其中，原始文明是人类文明的第一阶段，约在公元前两百万年到公元前一万年的石器时代。原始人类的物质生产活动主要是简单的采集和渔猎，对自然的改造有限，与自然处于相对和谐的状态。公元前一千多年，铁器的出现使人类改变自然的能力产生了质的飞跃，社会逐渐步入农业文明阶段。在这一阶段，人类开始大规模开发利用资源，利用水力、风力等自然界可再生能源进行耕作和生产，与环境的对抗性明显增加。虽然大面积垦荒农种、大兴土木、砍伐森林等行为在一定程度上破坏了生态环境，但因当时人类技术和认知的局限，没有对自然形成根本上的改造和变革。

从 18 世纪工业革命开始，人类迈入工业文明阶段[2]，人类与自然的关系发生了根本性的改变。一方面，自工业革命以来，世界人口出现爆炸式增长，从 1700 年的 6 亿，到 2050 年将超过 90 亿，预计到 2100 年，该数值将达到 109 亿，人类进一步向自然索取资源和生存空间。另一方面，随着科技的进步和工业化程度的加深，工业"三废"（废气、废水、固体废弃物）排放量不断增加，现代化学、冶炼、农药等对环境的危害日益严重。工业革命对环境造成的影响主要体现在空气、水、土壤和栖息地四个方面。自 20 世纪以来，相继发生了一些震惊世界的公害事件，引起国际社会对环境污染问题的关注。

比利时马斯河谷烟雾事件（1930 年 12 月），致 60 余人死亡，数千人患病。当时，马斯河谷地区是当地一个重要的工业区，许多重型工厂分布在此处，包括炼焦厂、炼钢厂、电力厂、玻璃厂、炼锌厂、硫酸厂、化肥厂等工厂。同时，由于当地特殊的地理和气候条件，河谷上空出现了逆温层。事故发生期间，工厂排放的大量烟雾无法扩散，二氧化硫等有害气体在大气层中越积越厚，工业区数千人发生呼吸道疾病，许多家禽也未能幸免于难。在这之后，类似的大气污染事件在世界其他地方也有发生，包括 1948 年 10 月美国多诺拉烟雾事件、1952 年英国伦敦烟雾事件、日本四日市哮喘事件（1961～1970 年间断发生）。19 世纪末的大气污染如图 0.1 所示。

图 0.1 19 世纪末的大气污染

日本水俣病事件（1952～1972 年间断发生），共计死亡 50 余人，283 人严重受害而致残。日本水俣市一家化工厂的生产过程需要使用含汞的催化剂，其工业废水未经处理就被随意排放到水俣湾。人类捕食海中生物后，甲基汞等有机汞化合物被肠胃吸收，侵害脑部和身体其他部分，造成生物累积（图 0.2）。1950 年前后，先是在水俣湾海面上常见死鱼、海鸟尸体，后来水俣湾许多猫出现走路颠跌、发足狂奔甚至发疯跳海自杀等不寻常的现象，一年间投海自杀的猫总数达五万多只。当地的猪和狗也发生了类似的发疯情形。后来不少当地居民出现双目失明、全身痉挛、口齿不清，当中许多患者多为渔民。1956 年日本学者发现水俣湾海水中含有污染物质，据调查，1932～1968 年，有数百吨的汞被排入水俣湾，引发当地居民的汞中毒。1966 年，新潟也发生了类似的水俣病，史称"第二水俣病"，1997 年官方认定的受害者高达 12 615 人，其中 1246 人死亡。

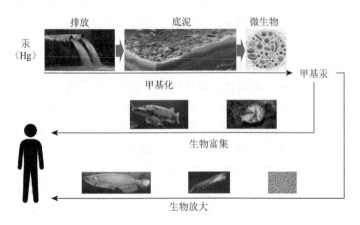

图 0.2 水俣病事件（水污染）

除了空气污染和水污染，土壤的破坏问题也十分严峻。工业、军事活动及废水排放、农业、畜牧业、城市和交通基础设施的建设等，都是造成土壤污染和退化的重要原因。土壤污染物通过食物链进入人体，引起公共安全问题；土壤退化造成农作物产量减少，危害世界粮食安全；在过去三个世纪中，世界湿地面积减少了87%；预计到2050年，干旱将影响全球75%以上的人口，有48亿～57亿人口生活在一年至少缺水一个月的地区，多达2.16亿人将由于长期干旱而离开家园[3]。此外，IPBES和联合国粮食及农业组织指出，土壤污染可能是引发历史上第六次生物灭绝事件的主要原因之一——陆地脊椎动物的数量在1970～2012年间下降了38%。

生态退化和公害事件的发生也让越来越多人意识到环境保护的重要性。20世纪初，工业烟雾笼罩了世界的主要城市，美国化学家爱丽丝·汉密尔顿领导了一场反对使用含铅汽油的运动。由于1952年的英国伦敦烟雾事件，英国议会在1956年通过了第一部《清洁空气法案》，旨在通过控制空气污染物的排放来限制空气污染，更多的环保法律和运动则始于1960年后。1962年，蕾切尔·卡逊的著作《寂静的春天》出版，书中描述化学杀虫剂对生物多样性的影响，在当时引发了热烈的讨论和争议，促使公众广泛关注农药与环境污染；1966年的农业绿色革命让人们了解到不受控制地施用杀虫剂和化肥对环境产生的负面影响；1970年4月22日，美国各地发生大规模的环保示威游行，直接促使每年4月22日成为"世界地球日"；1970年，美国环境保护署成立，旨在监测对地球环境产生负面影响的人类活动。20世纪70年代以前是全球环境治理的萌芽时期[4]，在此期间，工业较为发达的国家的民众环保意识开始觉醒并逐渐发展为社会共识，英国、美国等也纷纷成立环保机构并加强立法。

1972年，在斯德哥尔摩举行了第一次全球政府间环境会议——联合国人类环境会议，会议通过了《人类环境宣言》《人类环境行动计划》以及若干决议，将环境问题纳入世界各国政府和国际政治的议程，全球环境治理体系开始形成。1987年，联合国为了避免氯氟碳化物对地球臭氧层继续造成损害，邀请了26个会员国签署《蒙特利尔议定书》；同年，世界环境与发展委员会发表了《我们共同的未来》，将环境与发展结合起来，思考社会、经济与环境之间的相互关系，并首次提出"可持续发展"（sustainable development）的概念；1992年，在巴西里约热内卢举行了第一届地球首脑会议（也称"联合国环境与发展大会"），通过了《地球宪章》并推动世界各国制定可持续发展行动计划《21世纪行动议程》；1997年，《联合国气候变化框架公约》第三次缔约方会议通过了著名的《京都议定书》，旨在限制发达国家温室排放量以阻止全球变暖。

进入21世纪，联合国提出千年发展目标（millennium development goals，MDGs），2015年联合国可持续发展峰会进一步提出17项可持续发展目标（sustainable development goals，SDGs）（图0.3），其中有7项与节约资源和环境保护有关，旨在呼吁所有国家行动起来，通过可持续发展的方法实现未来在促进经济繁荣的同时保护地球。人类不再一味向自然索取资源，而是开始思考如何与自然和谐相处，实现可持续发展，环境治理也从全球治理的边缘转移到中心地带。

可持续发展出自世界环境与发展委员会的《我们共同的未来》，意即"既能满足我们现今的需求，又不损害子孙后代，能满足他们的需求的发展模式"。

图 0.3　可持续发展目标

0.1.2　我国生态文明建设发展历程

中华人民共和国成立后，特别是自改革开放以来，为了改变贫穷落后的面貌，我国集中力量发展经济，使我国生产力得到提高和解放，实现经济腾飞，国民经济进入高速发展轨道，综合国力大幅提升[5]。然而，这种经济发展模式是建立在高能耗、高投入基础上的，在经济社会迅猛发展的同时，能源消耗量和温室气体排放量也迅速增长。2007年，我国成为全球温室气体排放量最大的国家，生态环境破坏从区域性、局部性逐步向全国性、整体性蔓延，粗放型经济对生态环境造成的压力已不容忽视。

我国在全球环境治理中从被动参与者逐步转变为重要的引导者，正深度参与到全球环境治理中[4]。1972年，我国派代表团参加斯德哥尔摩联合国人类环境会议，在该会议的推动下，我国于1973年在北京召开第一次全国环境保护会议；1974年，成立首个环境保护机构——环境保护领导小组；1982年，环境保护局成立并于1988年成为国务院直属机构；1983年，"环境保护"被确立为我国的一项基本国策；1989年，正式颁布《中华人民共和国环境保护法》，现已成为我国宪法章程的一部分；1993年，我国组建全国人民代表大会环境保护委员会，开始每年对全国开展环境大检查；1994年，开始推行排污权交易，尝试用经济手段治理环境污染；后又陆续制定和完善法律法规，为环境保护提供法律依据；1995年，"九五"计划提出可持续发展战略；1996年，《关于环境保护若干问题的决定》由国务院颁布；2002年，第十六次全国代表大会提出走新型工业化道路，促进向绿色工业转型；2006年，在"十一五"规划报告中要求加强修复生态建设和节能减排。

科学发展观是坚持以人为本，全面、协调、可持续的发展观，坚持生态良好的文明发展道路，建设资源节约型、环境友好型社会，使人民在良好的生态环境中生产生活，人与自然和谐发展。2007年，党的十七大把科学发展观写入党章，并首次提出"建设生态文明"，提到"生态文明观念在全社会牢固树立"。生态文明建设丰富了科学发展观的基本内涵，它的提出标志着党和国家对文明的认识达到了新的阶段，对社会主义建设规律认识有了新的深化[5]。

生态文明是指人类遵循人、自然、社会和谐发展这一客观规律而取得的物质与精神成果的总和；是指以人与自然、人与人、人与社会的和谐共生、良性循环、全面发展、持续繁荣为基本宗旨的文化伦理形态[6]。建设生态文明要以尊重自然、顺应自然和保护自然为前提，以实现人与自然和谐共生为基本方略，努力实现绿色、循环、低碳、生态的可持续新模式。

党的十八大提出"大力推进生态文明建设""坚持节约资源和保护环境的基本国策，坚持节约优先、保护优先、自然恢复为主的方针，着力推进绿色发展、循环发展、低碳发展，形成节约资源和保护环境的空间格局、产业结构、生产方式、生活方式，从源头上扭转生态环境的恶化趋势，为人民创造良好生产生活环境，为全球生态安全作出贡献。"并将生态文明建设纳入"五位一体"中国特色社会主义总体布局，使生态文明建设的战略地位更加明确，有利于把生态文明建设融入经济建设、政治建设、文化建设、社会建设的各方面和全过程。党的十九大明确指出"建设生态文明是中华民族永续发展的千年大计"，将生态文明建设进一步落实到位，提出"人与自然是生命共同体"等理念，环境治理在我国被提到了前所未有的高度。2018 年 5 月，全国生态环境保护大会全面阐述了习近平生态文明思想，这标志着习近平生态文明思想的正式确立。目前我国已开启全面建设社会主义现代化国家的新征程，向第二个百年奋斗目标进军。在"十四五"时期，我国生态文明建设进入了以降碳为重点战略方向、推动减污降碳协同增效、促进经济社会发展全面绿色转型、实现生态环境质量改善由量变到质变的关键时期[7]。党的二十大提出"促进人与自然和谐共生是中国式现代化的重要特色和本质要求"，这将为我国正在编纂的生态环境法典工作带来新的血液，注入"尊重自然、顺应自然、保护自然"的世界观，统筹产业结构调整、污染治理、生态保护、应对气候变化，为生态环境执法、司法和守法奠定更坚实的基础。

气候变化与生物多样性保护、水利工程长期生态效应、河道生态蓄水量及生态水力学等问题是各国共同关注的问题。我国生态文明建设至今为止已初具成效：国民的生态保护意识得到了显著提高，新型绿色的生活方式已经逐渐形成，生态文明制度体系日益健全，绿色低碳发展加快推进，生态环境质量得到改善。现阶段碳达峰碳中和已被纳入生态文明建设的整体布局。然而，我国的生态文明建设仍然落后于发达国家，同生态文明最终目标的实现还有一定距离。

0.2　水生态文明发展要求

0.2.1　水生态文明

水生态文明是生态文明的基础和重要组成部分，是实现绿色发展和美丽中国的强大支撑。水生态文明是人类遵循水生态系统特有的自然规律，科学合理开发和利用水资源，对水资源实行优化配置、全面节约与有效保护，积极改善与优化人水关系，建设良好的水生态环境所取得的物质、精神、制度等方面成果的总和[8]。

水生态文明建设的基本目标是要实现山青、水净、河畅、湖美、岸绿的水生态修复和保护。其主要内容包括以下八个方面：落实最严格水资源管理制度、优化水资源配置、进行节约用水管理、严格水资源保护、推进水生态系统保护与修复、加强水利建设中的生态保护、提高保障和支撑能力、加强宣传教育[9]。以实现水资源可持续利用，完善生态保护格局，提高生态文明水平。

在人类文明和中华文化中，水是生命之源、生产之要和生态之基，也是中华文明之魂。自古人类傍水而居，以水育谷、以水净物、以水涤心。水对于人类的重要性不言而喻。中国五千年的文明发展造就了源远流长的中华文化，其中也涵盖了博大精深的水生态文明和水生态智慧。老子的《道德经》曾言，"天下莫柔弱于水，而攻坚强者莫之能胜，以其无以易之。弱之胜强，柔之胜刚，天下莫不知，莫能行"。古人之言既在陈述事实，也在以水做比来映射人与水之关系。发展水生态文明是在顺应天道，亦在造福众生。我国自古即有"善为国者必先治水"之说，水利兴则天下定。水利在中国已有4000多年的发展史。尧舜时期大禹治水，战国时期始建都江堰、郑国渠、灵渠，隋朝修建京杭大运河等，无不体现着水生态文明的智慧，为后世提供宝贵的借鉴价值。其中，创建于公元前256年的都江堰是古代生态水利工程的代表。

都江堰是迄今为止年代最久、唯一留存、仍在使用，以无坝引水为特征的水利工程（图0.4）。成都平原曾是一个水旱灾害频发且自然条件恶劣的地区，岷江水患是人类生存发展的阻碍。公元前256年，时任秦蜀郡守的李冰主持修建都江堰。在西汉文帝时期，文翁入川治水进一步扩大都江堰的灌溉面积，使得都江堰的内江水系与沱江相连。唐朝开国初年，飞沙堰建成，都江堰主体格局自此沿袭至今。此后，后世继续对都江堰进行加固改造和调整完善。都江堰主要由鱼嘴分水堤、飞沙堰溢洪道以及宝瓶口三个部分组成（图0.5），它们分别承担分水分沙、防洪排沙和调节水量的作用，形成了开发与保护协同的系统工程。都江堰工程遵循尊重自然、和谐共生、因时制宜、技术先进的生态科学治水理念。根据岷江水情以及地理优势布设鱼嘴，将岷江分为内外江，实现自然分流。在江水流速相对较大的丰水期，外江的进水量约为6成，内江进水量约为4成，而枯水期比例正好相反。既保证了岷江干流的生态流量，又保障了防洪和供水安全。此外，工程巧妙运用"深淘滩、低作堰""笼编密，石装健"等生态工法，至今仍发挥巨大作用。如今的都江堰具有防洪、供水、航运、灌溉、生态补水等多种功能。2024年其灌溉面积已经达到了1154.8万亩[①]，提供了四川省1/4的有效灌溉和粮食产能，使得成都平原的农业生产稳定发展。同时，都江堰为周边地区带来的生态效益显著，推动了以都江堰为核心的长江上游岷江地区流域生态文化的形成，成都平原的湿地面积超过35万 hm^2，成都市成为国内生物多样性最丰富的城市之一[10]。都江堰已实现经济、社会、生态等多方面的综合效益，实现了可持续发展。

---

① 1亩≈666.7平方米。

图 0.4 都江堰远景图

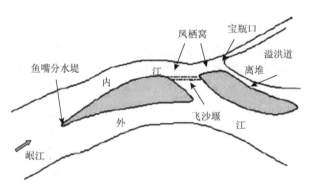

图 0.5 都江堰原理图解[11]

0.2.2 水生态文明建设

近几十年来，粗放型发展模式使得我国在经济社会迅速发展的同时付出了巨大的水资源和水环境代价。工业废水和生活污水的不规范排放，加剧水体污染和水质恶化。在城市化和工业化发展的过程中，大量基础设施建设改变了自然景观格局和原有的水文过程，造成了地面沉降、水土流失和生物多样性减少[12]。过度砍伐、过度捕捞等行为导致河湖萎缩、河道断流和生物多样性下降等问题的出现。在农业生产上，农药和化肥中的化学元素致使水污染加剧。由此可见，现阶段我国水资源供需矛盾突出，水污染问题亟待解决，水生态保护迫在眉睫。

我国是水利水电大国，所建大坝数量、堤防总长度以及水电总装机容量均居于世界首位，并且我国仍处于水利水电的建设期。在此背景下，如何实现生态水利工程建设以及如何实现水生态修复与保护是我国需要解决的问题。我国需结合国内外技术并因地制宜，有针对性地开展水生态文明建设工作。2011 年中央 1 号文件中要求实行最严格的水资源管理制度，明确总量控制、效率控制和限制纳污这"三条红线"，同时提到加强水生态保护。党的十八大以来，党中央将水生态环境保护放在生态文明建设发展的重要位置。为加快推进水生态文明建设，水利部于 2013 年 1 月印发《水利部关于加快推进水生态文明建设工作的意见》，明确了基本原则、总体目标和主要内容。2013 年国务院 2 号文件和 2013 年水利部 1 号文件对最严格水资源管理制度做出了详细介绍。从 2013 年起，105 个城市被选择开展水生态文明建设试点工作，并于 2019 年完成了所有试点城市的验收。2015 年 4 月，国务院《水污染防治行动计划》（简称"水十条"）的发布意味着最大规模水环境综合治理行动的开展。近年来，水利部陆续制定了《水生态文明城市建设评价导则》《河湖健康评价指南（试行）》等以完善水生态文明建设的技术政策体系。国家在各地方制定了"生态城市""海绵城市""绿色城市""健康城市"等战略规划，以促进水环境生态保护的政策实施。

2010~2018 年，从水生态文明发展指数（水安全、水生态、水环境、水节约、水监管、水文化）来看，全国的水生态文明水平明显呈现上升态势，由此看来我国水生态文明建设有了积极进展。自"十三五"以来，全国地表水和重点流域水质优良比例不断提升，劣 V 类水体比例持续下降[13]。目前，长江沿线的 11 个省（自治区、直辖市）正深入推进长江经济带生态文明建设。自 2019 年长江全面实施"十年禁渔"政策以来，鱼类资源呈现恢复趋势。在 2020 年首次实现消除劣 V 类水体，水功能区达标率提升到 88.2%[14]。长江流域水环境得到明显改善，生态持续恶化态势得到初步遏制。同时，黄河流域生态环境一体化治理工程正有序开展。2006~2019 年，在流域内的 137 个河流断面中，I ~III 类河流断面的比例提升了 23%。2021 年，黄河干流水质为优，主要支流水质良好。截至 2020 年底，全国 295 个地级及以上城市的 2899 个黑臭水体，消除率达到 98% 以上。2021 年，我国累计创建绿色小水电站 870 座，22 个补水河湖有水河长同比增加 94km 左右，修复减水河段 9 万多公里，完成水土治理面积 6.2 万 km^2，永定河实现 26 年来首次全线通水，潮白河实现 22 年来首次贯通入海。目前城市黑臭水体治理的效果显著，居民饮水安全得到有效保障，工业废水和医疗废水得到有效处理，我国水生态环境保护发生转折性变化。

尽管水生态环境有所改善，但是距离建设美丽中国目标还有一定差距。我国于 2020 年提出了以碳达峰和碳中和为目标导向的国家发展战略。在 2021 年的联合国《生物多样性公约》第十五次缔约方大会中进一步提到"双碳"目标。水与气候发展变化息息相关，水生态修复和建设能够提高土壤、海洋、生物等碳库的碳汇作用与固碳能力。强化污水资源化利用、丰富水生态的物种多样性、完善水生态的碳捕集与封存技术、保护修复水生态环境以及开展碳汇能力突出的水利项目的这些措施，有利于推动"双碳"目标的达成[15]。我国现已迈入"十四五"时期，会继续加强应对气候变化、水污染治理和生物多样性保护等领域的国际合作。2022 年全国水生态环境保护工作会议强调，我国要坚持水资源、水环境、水生态的"三水统筹"，坚持打好城市黑臭水体治理攻坚战、长江保护修复攻坚战和黄河生态保护治理攻坚战、重点海域综合治理攻坚战、农业农村污染治理攻坚战，强化陆域海域污染协同治理，建设美丽江海河湖。

0.3　我国当前的主要水问题

随着人口激增和社会经济发展，我国当前主要面临的三大问题分别是：水资源短缺、水环境污染和水生态破坏。我国各大流域均存在与之对应的问题。在水资源的问题上，西北内陆河、海河、辽河流域缺水严重，黄河流域水资源总量不足。在水环境的问题上，淮河、长江中下游太湖地区、珠江流域中下游地区污染严重。在水生态的问题上，黄河河道泥沙淤积造成河流生态系统萎缩，长江流域源头生态退化问题突出且中游河湖连通性减弱，珠江流域河口咸潮上溯，等等。

0.3.1　水资源短缺

我国水资源具有人均水资源占有量少、时空分布不均的特性。虽然我国水资源总量位居世界第 6 位，但我国人口众多，人均水资源位于世界第 125 位，多年平均缺水量为 500 多亿 m^3。由于地形和气候条件，我国东西部年均降水量差距较大，西北部存在极度缺水地区。长江以北的耕地面积占全国 64%、人口占 46%，拥有的水资源仅占 19%；长江以南的耕地占全国 36%、人口占 54%，水资源占 81%[16]。加之我国用水效率总体不高，大部分农田还是采用传统方式进行灌溉，农业水利用率仅为 40%～50%；工业用水重复利用率仅为 20%～40%[17]。除此之外，再生水利用设施和管网建设滞后以及再生水管理体系不健全等因素加剧了资源浪费。例如，我国每年因管道漏失流失自来水超过 90 亿 m^3，可供 1 亿城市人口使用。

在这种条件下，我国许多地方出现刚性缺水和结构性缺水等问题。截至 2024 年，在全国 600 多座城市中，有 400 多座城市存在供水不足的问题，110 座城市被认定为严重缺水，约有 3 亿农村人口的饮水问题不能得到保障。部分地区的河流系统水量不能满足社会生产力、人口以及土地的要求，供需矛盾日益突出。海河、黄河、辽河流域水资源开发利用率分别高达 105%、82% 和 76%，一些河流出现河道断流以及河床干涸的现象[16]。华北地区是我国水资源供需矛盾尤为突出的地区。这些地区存在大量的高耗水行业，截至 2021 年 3 月，在京津冀的钢铁、造纸、石化、食品纺织等高耗水行业仍然有 6400 家企业[17]。由于地表水资源不足，使得当地地下水资源的价值凸显。然而，在地下水开采的过程中，由于缺乏地下水保护意识和完善的管理机制，造成了严重超采，导致了地下水位下降、河流湖泊干涸等问题。华北平原已成为世界上最大的地下水位降落漏斗区。此外，我国水体面积还在不断减少，在我国，面积大于 $10km^2$ 的 696 个湖泊中有 200 多个出现萎缩，面积减少了 18%。目前，水资源配置是解决水资源供需不平衡的有效手段，其本质上是空间配置问题。如何在公平分配原则的基础上实现经济、社会、生态这三大效益并重是急需解决的问题。

0.3.2　水环境污染

我国河湖和海洋环境污染问题日益突显，粗放型经济社会建设的深入推进导致污染排放强度增大，超出负荷能力，治理难度加大。目前全球人口身体健康水平比早年更低，已存在饮水安全隐患。我国曾存在诸多劣 V 类水体和不达标水体，主要江河水功能区水质达标率仅 58.7%，监测评价的 23.1% 河道长度、76.3% 湖泊面积劣于 III 类[16]。近年来我国的水污染情况有了明显改善。根据《2023 年中国生态环境状况公报》，全国地表水监测的 3632 个国考断面中，Ⅰ～Ⅲ类水质断面占 89.4%，同比 2022 年上升 1.5 个百分点，劣 Ⅴ类占 0.7%。目前松花江、巢湖、太湖、滇池等河湖总体为轻度污染，劣Ⅴ类水体相对较多。据统计，我国地表水主要污染指标是化学需氧量、高锰酸盐指数和总磷，地下水主要超标指标为硫酸盐、氯化物和铁。此外，黑臭水体的现象不容忽视。在 2019 年城市黑臭水体整治环境保护专项行动中发现存在控源截污不到位方面的问题共 331 个，占发现问题总数的 40%。在"水十条"出台后，我国大力推进黑臭水体治理并已取得成效。尽管我国目前水环境质量有所提高，但是污染形势依然十分严峻。以下是水环境污染的主要成因。

（1）工业污染。近年来，一些地方工业污染水源重大事件依旧频繁发生。如 2004 年沱江特大水污染事件造成水质性缺水、2005 年松花江重大水污染致使苯类物质严重超标、2011 年江西铜业排水殃及安乐河下游、2013 年驻马店连江河变成黑臭水体、2015 年安徽池州化工园违规排污致使千亩良田变荒地。根据 2011～2016 年《中国统计年鉴》，这期间我国废水排放总量年均增长率约为 2.77%[19]。现阶段新型污染物的出现致使复合型污染加重，除常规污染物外，重金属以及有机污染物的问题不断显现。我国重污染企业占比相对较大，结构性污染问题突出。2013 年，仅四个行业的化学需氧量和氨氮排放量就占到工业源排放量一半。由于我国地域辽阔，生产方式及水资源各异，加之产业结构的不合理性会在部分程度上加重工业污染的影响。其中，我国 80% 左右的化工、石化企业布设在江河沿岸，一些高污染产业逐渐迁移到水资源短缺的中西部，导致中西部地区的用水效率逐渐下降。目前，我国工业废水排放总量的格局为"东高西低"，而排放强度则为"西高东低"[20]。此外，部分企业因缺乏治污设施、治污设施不正常运行、排放超标导致污染加重。

（2）农业污染。农业污染主要分为种植业污染和养殖业污染。在农业生产期间，农业面源污染加重。在肥料和药剂中含有大量的有害化学物质，如磷、硫、砷等。农业有机化肥和农药的大面积过度使用是造成地下水硝酸盐污染的主要原因。此外，根据我国生态环境部调查，有 70% 的农村私人养殖场没有污水处理措施，均直接排入河道。

（3）城乡污染。部分人员缺乏水资源保护意识，将生产生活中的污水和垃圾随意排放。对于垃圾处理，我国部分处理方式为填埋和焚烧，对地表地下水造成严重污染。我国城镇环境基础设施不配套，污水管网不健全。在湖北武汉、湖北荆门、安徽六安、江苏无锡等多个地区均发现污水直排或溢流现象，一些未经处理的污水因管道混排或管网缺乏导致雨污合流。据统计，我国城镇污水总体收集率在 70% 左右，而西部地区只能达到大约 40%。目前，初期雨水面源污染也已经成为城市水环境污染的重要来源。初期雨水溶解了空气中污染性气体且冲刷了地表面的污染物质，相应的回收处理也已经成为污染减排的基本工程措施之一。

（4）自然污染。我国国土面积大，有很多地区因地理位置以及地质的影响使得水环境中的砷、碘、氟浓度相对较高。太湖水域受到氮、磷的严重污染，使得苏南地区的地下水出现了严重的污染[21]。除此之外，有很多地区由于地质原因产生原生劣质地下水（高砷地下水、高氟地下水、高碘地下水），例如我国的华北平原、大同盆地以及太原盆地都有高碘地下水的分布[22]。

0.3.3　水生态破坏

在我国发展过程中出现的水生态破坏问题主要有水体富营养化、生物多样性降低、水系连通性变差、水土流失等。

（1）水体富营养化。我国 80%的河口生态系统中海水呈富营养化状态。根据《2023 年中国生态环境状况公报》，在开展营养状态监测的 205 个重要湖泊和水库中，轻度富营养状态占 23.4%，中度富营养状态占 3.9%。富营养化问题最突出的三大湖是滇池、巢湖和太湖。2019 年，我国夏季呈富营养化状态的海域面积共 42 710km²，其中重度富营养化海域面积达 13 080km²，主要集中在辽宁湾、长江口、杭州湾、珠江口等近岸海域[23]。水体富营养化不仅会致使水体缺氧、引发水华和赤潮，而且会引起生物多样性降低以及水质性缺水。

（2）生物多样性降低。我国水生生物多样性降低的问题十分突出，有关鱼类、浮游生物、底栖动物以及珍稀动物的资源量变化需要尤为关注。黄河目前的鱼类物种数相比30 年前减少了 112 种，物种数下降了 38%，同时大型和超大型鱼类的渔获量急剧减少[24]。近年来长江流域特有种的适宜生境急剧萎缩导致长江白鲟灭绝，达氏鲟、胭脂鱼等珍稀鱼种以及江豚等特有种种群规模大幅减少。此外，我国塔里木河下游因地下水超采导致靠地下水生存的芦苇、胡杨、骆驼刺、柽柳等生物大面积死亡衰败。

（3）水系连通性变差。水资源过度开发利用所导致的河道萎缩断流、泥沙淤积、河道隆起是损害河流连通性的主要影响因素。水利设施虽然可以调节河道径流，提升城市景观，但是会阻断河湖联系。拦河筑坝河流形成阻隔，使水文特征发生突变，并且影响坝前和坝后的水生生物迁徙繁殖，造成河道生态环境变化和生态功能退化[25]。同时，水库、海湾等地区建设水利设施后原有的水力条件被改变，在特定的温度和水动力条件下容易暴发水华。

（4）水土流失。在发展过程中，许多林地被砍伐并转变为耕地或城镇用地，引起水土流失问题。流域水土流失严重会造成水库河道淤积、地面沉降、海水入侵、土地沙化等一系列生态问题。2021 年，我国水土流失面积 269.27 万 km²，年均土壤流失量 45 亿 t，每年因开发建设等人为因素新增水土流失面积超过 1 万 km²。

0.4　生态水利学的研究方法

生态水利学是一门交叉学科，其综合运用水文学、水力学、生态学、环境学、地理学等学科基础理论与现代信息技术形成实用性较强的学科体系。研究生态水利学有以下几种基本的方法。

（1）野外考察和遥感观测。生态水利研究者根据一定的研究目的，通过现场观测、野外调查、定位观测以及遥感等技术去获取所需资料。例如，在河流栖息地调查技术方面，主要采用遥感技术和野外调查。遥感技术可以快速收集空间位置、属性和流域特征等空间数据。野外调查能够调查河流栖息地的现状、水生生物的状况以及人类社会活动对生物栖息地的影响。水事活动的服务对象是水资源系统、生态环境和社会经济的复合型系统[26]。基础数据的收集为后续开展理论分析和总结基本规律提供有力依据。

（2）科学试验法。其主要目的是获取或者验证某一结果的行为以满足生态水利研究需要。现阶段科学试验主要有原型试验和物理模型试验这两种方式。原型试验是研究关键控制要素对系统复杂影响的基本方法。其量化并控制对系统产生重要影响的关键要素，判断系统变化趋势与演变特征[18]。物理模型试验是通过量纲分析法来确定指标项与因素项，再经过设计、测量和分析寻求最佳条件或揭示变量的相互影响和变化特征。物理模型试验在生态水利学中作为重要技术手段，可以在识别水文过程、生态系统特征、水利工程耦合关系中发挥重要作用。

（3）模型方法。在生态水利学的研究中，通常根据研究对象的特征去创设数学模型以描述各要素之间的影响关系。在探究水与生态系统的相互作用以及耦合机理时，发展了 SWAT 模型、SWMM 模型以及 Delft3D 模型等生态水文模型；在了解河湖生态系统的结构、功能和过程时，采用河湖生态模型增进对水生态系统的理解和对生态系统变化的预测；在处理河湖水系连通时，会采用水动力模型去计算模拟时空尺度的水文连通情况；在研究水库生态调度工程的问题时，形成了多目标多维度的水库调度模型。

（4）统计分析法。通过多维度的分析比较研究对象的规模、时间、程度等数量关系，探究和揭示事物间的相互关系、变化规律和发展趋势，以达到对事物的正确解释和预测，同时为下一步决策提供方向。

（5）系统科学方法。是以系统为研究对象，运用系统的思维，从事物的整体与部分、结构与功能及层次关系等角度出发，对研究对象进行探究和分析，以获得整体方案的一种科学研究方法。系统科学方法是生态水利学研究的核心方法[18]。

思 考 题

1. 生态文明的含义是什么？
2. 水生态文明建设的主要内容有哪些？其基本目标是什么？
3. 目前我国面临的水问题有哪些？其各自的成因是什么？
4. 学习生态水利学的目的是什么，可以解决什么问题？
5. 古代水利案例（如都江堰）成功的因素有哪些方面？对我们的工程建设有什么启示？
6. 为什么可持续发展要强调碳排放的控制？

参 考 文 献

[1] 蕾切尔·卡逊. 寂静的春天[M]. 吕瑞兰, 李长生, 译. 长春: 吉林人民出版社, 1997.

[2] 杜祥琬, 温宗国, 王宁, 等. 生态文明建设的时代背景与重大意义[J]. 中国工程科学, 2015, 17（8）: 8-15.

[3] UNCCD. Drought in numbers 2022[EB/OL]. [2023-09-03]. https://www.unccd.int/resources/publications/drought-numbers.

[4] 张海燕. 生态安全、环境治理与全球秩序[M]//毛维准. 南大亚太评论: 大变局时代的议题政治与国际秩序. 南京: 南京大学出版社, 2020: 88-153.

[5] 祝黄河, 吴瑾青. 生态文明建设: 十七大以来科学发展观新发展的重要内容[J]. 中国特色社会主义研究, 2012（2）: 17-22.

[6]　赵成. 生态文明的兴起及其对生态环境观的变革[D]. 北京：中国人民大学，2006.

[7]　黄润秋. 把碳达峰碳中和纳入生态文明建设整体布局[J]. 环境保护，2021，49（22）：8-10.

[8]　詹卫华，邵志忠，汪升华. 生态文明视角下的水生态文明建设[J]. 中国水利，2013（4）：7-9.

[9]　蔡露露. 水生态文明建设理念的探析[J]. 科技资讯，2021，19（29）：77-79.

[10]　胡云. 都江堰：生态水利工程的光辉典范[J]. 中国水利，2020（3）：5-9.

[11]　付成华，王兴华，刘健，等. 都江堰工程对现代水利工程的伦理启示[J]. 四川建材，2021，47（10）：178-180，184.

[12]　董哲仁. 生态水利工程学[M]. 北京：中国水利水电出版社，2019.

[13]　杨占红，孙启宏，王健，等. 我国水生态环境保护思考与策略研究[J]. 生态经济，2022，38（7）：198-204.

[14]　郝吉明，王金南，张守攻，等. 长江经济带生态文明建设若干战略问题研究[J]. 中国工程科学，2022，24（1）：141-147.

[15]　左其亭，邱曦，钟涛. "双碳"目标下我国水利发展新征程[J]. 中国水利，2021（22）：29-33.

[16]　陈茂山，吴浓娣，廖四辉. 深刻认识当前我国水安全呈现出新老问题相互交织的严峻形势[J]. 水利发展研究，2018，18（9）：6-11.

[17]　李木子，吴宁. 基于新发展理念的水资源配置问题[J]. 中国科技信息，2022（2）：117-118.

[18]　黄强，邓铭江，畅建霞，等. 生态水利学初探[J]. 人民黄河，2021，43（10）：17-23.

[19]　严登华，王浩，张建云，等. 生态海绵智慧流域建设：从状态改变到能力提升[J]. 水科学进展，2017，28（2）：302-310.

[20]　卢佳友，周宁馨，周志方，等. "水十条"对工业水污染强度的影响及其机制[J]. 中国人口·资源与环境，2021，31（2）：90-99.

[21]　陶瓷峰. 水环境监测及水污染防治探究[J]. 资源节约与环保，2022（2）：60-62，72.

[22]　马宝强，王潇，汤超，等. 全球地下水资源开发利用特点及主要环境问题概述[J]. 国土资源情报，2022（8）：1-6.

[23]　王敏，张晖，曾惠娴，等. 水体富营养化成因·现状及修复技术研究进展[J]. 安徽农业科学，2022，50（6）：1-6，11.

[24]　丁一桐，潘保柱. 黄河流域水生生物资源评估及问题诊断[J]. 中国环境监测，2022，38（1）：1-13.

[25]　陈吟，王延贵，陈康. 水系连通的类型及连通模式[J]. 泥沙研究，2020，45（3）：53-60.

[26]　丁林，张新民，李元红，等. 生态水利学研究进展[J]. 节水灌溉，2009（6）：32-35.

1 水生态系统

水生生物群落与水环境相互作用、相互制约，通过物质循环和能量流动，共同构成具有一定结构和功能的动态平衡系统，即水生态系统。水生态系统可分为淡水生态系统和海水生态系统，可以通过水循环进行交互。按照现代生物学概念，每个池塘、湖泊、水库、河流等都是一个水生态系统，均由生物群落与非生物环境两部分组成。生物群落依其生态功能分为：生产者（浮游植物、水生高等植物）、消费者（浮游动物、底栖动物、鱼类）和分解者（细菌、真菌）。非生物环境包括阳光、大气、无机物（碳、氮、磷、水等）和有机物（蛋白质、碳水化合物、脂类、腐殖质等），为生物提供能量、营养物质和生活空间。水生态系统的功能是保证系统内的物质循环和能量流动，以及通过信息反馈，维持系统相对稳定与发展，并参与生物圈的物质循环。水生态系统对外来的作用力有一定承受能力，但如果作用力过大，则会失去平衡，系统遭到破坏。

1.1 流域水循环

自然界的水在太阳能和大气运动的驱动下，不断地从水面（江、河、湖、海等）、陆面（土壤、岩石等）和植物的茎叶面，通过蒸发或散发，以水汽的形式进入大气圈。流域水循环是指流域降雨径流形成过程，流域内各种形态的水通过蒸散发、水汽输送、凝结、降水、径流等，完成状态转换和周而复始运动的过程，如图1.1所示。降落到流域上的雨水，首先满足截留、填洼和下渗要求，剩余部分成为地下径流，汇入河网，再流到流域出口断面。截留最终耗于蒸发和散发，填洼的部分将继续下渗，而另一部分也耗于

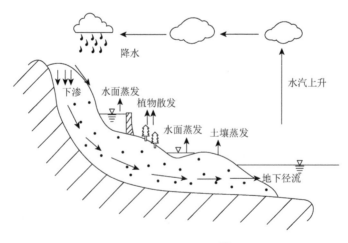

图 1.1 流域水循环[1]

蒸发。下渗到土壤中的水分,在满足土壤含水量需要后将形成壤中水径流或地下水径流,从地面以下汇集到流域出口断面,被土壤保持的那部分水分最终消耗于蒸发和散发。流域水循环主要包括降水、蒸发与散发、流域产流和流域汇流 4 个过程[2]。

1.1.1 降水

大气中的液态或固态水,在重力作用下,克服空气阻力,从空中降落到地面的现象称为降水,它是自然界一种重要的气象和水文现象,是流域水循环的重要环节。降水的主要形式是降雨和降雪,前者为液态降水,后者为固态降水。其他的降水形式还有露、霜、雹等。

降水的形成机制和预报属于气象学的研究内容,这里介绍几个降水的基本要素。

(1)降雨量。时段内降落到地面上一点或一定面积上的降雨总量称为降雨量。前者称为点降雨量,后者称为面降雨量。点降雨量以毫米(mm)计,而面降雨量以毫米(mm)或立方米(m^3)计。当以毫米(mm)作为降雨量单位时,又称为降雨深。

(2)降雨历时。一次降雨过程中从某一时刻到另一时刻经历的降雨时间称为降雨历时,特别地,从降雨开始至结束所经历的时间称为次降雨历时,一般以分(min)、时(h)或天(d)计。

(3)降雨强度。单位时间的降雨量称为降雨强度,一般以毫米/分(mm/min)或毫米/时(mm/h)计。降雨强度一般有时段平均降雨强度和瞬时降雨强度之分。

(4)降雨面积。降雨笼罩范围的水平投影面积称为降雨面积,一般以平方千米(km^2)计。

我国的降水主要是由东南季风带来的,东南季风为我国带来海洋水汽;东南沿海地区会最先得到东南季风带来的水汽,形成丰富的降水,也就成为了我国年降水量最为丰富的地区。西南季风也为我国带来降水,可影响我国华南一带;当西南季风发展强盛时,也可深入到长江流域。由于我国的降水主要是由东南季风带来海洋的水汽而形成,受夏季风的影响,降水自东南沿海向西北内陆逐渐减少。我国北方的华北、东北地区相对于西北地区靠近海洋,在每年 7 月下旬至 8 月上旬会进入全年降水量较多的雨季,而西北地区由于深居内陆,距海遥远,成为我国年降水量最少的干旱地区[3, 4]。

1.1.2 蒸发与散发

1. 蒸发现象

蒸发与散发是流域水文循环过程中自降水到达地面后由液态(或固态)化为水汽返回大气的一个阶段[1]。水分子从物体表面即蒸发面,向大气逸散的现象称为蒸发。同时,也会有一些水分子从大气当中返回蒸发面,称为凝结现象。流域的表面通常可划分为裸土、岩石、植被、水面、不透水路面和屋面等。在寒冷地带或寒冷季节,流域还可能全部或部分被冰雪所覆盖。流域上这些不同蒸发面的蒸发和散发的总称为流域蒸散发,也叫流域总蒸发。一般情况下，流域内水面占的比重不大；基岩出露、不透水路面和屋面占的比重也不大；冰雪覆盖仅在高纬度地区存在。因此，对于中、低纬度地区，土壤蒸发和植物散发是流域蒸散发的决定性部分。

单位时间从单位蒸发面积逸散到大气中的水分子数与从大气中返回到蒸发面的水分子数之差（当为正值时）称为蒸发率，通常用时段蒸发量表示，常用单位为毫米/时（mm/h）、毫米/天（mm/d）、毫米/月（mm/月）和毫米/年（mm/a）等，蒸发率是蒸发现象的定量描述。

由上述蒸发的物理过程可知，蒸发率的大小取决于三个条件：一是蒸发面上储存的水分多少，这是蒸发的供水条件；二是蒸发面上水分子获得的能量多少，这是水分子脱离蒸发面向大气逸散的能量条件；三是蒸发面上空水汽输送的速度，这是保证向大气逸散的水分子数大于从大气返回蒸发面的水分子数的动力条件。供水条件与蒸发面的水分含量有关，不同的蒸发面，供水条件是有区别的，例如水面作为蒸发面就有足够的水分供给蒸发，裸土表面作为蒸发面只有当土壤含水量大于田间持水量时，才能有足够的水分供给蒸发，否则对土壤蒸发的供水就会受到限制。天然条件下供给蒸发的能量主要来自太阳能。动力条件一般来自三个方面：其一是水汽分子扩散作用，其作用力大小及方向取决于大气中水汽含量的梯度，但在一般情况下水汽分子扩散作用是不大的；其二是上、下层空气之间的对流作用，这是由近蒸发面的气温高于其上层气温而形成的，对流作用将近蒸发面的暖湿空气带离蒸发面上空，使其上空的干冷空气下沉到近蒸发面，促进了蒸发作用；其三是空气紊动扩散作用，刮风时，空气发生紊动，风速愈大，紊动扩散作用也愈大，紊动扩散作用大大加快了蒸发面上空的空气混合作用，将空气中的水汽含量冲淡，从而显著促进了蒸发作用。空气紊动扩散作用主要由风引起，因此也称空气平流作用。影响蒸发率的能量条件和动力条件均与气象因素（例如日照时间、气温、饱和差、风速等）有关，故又可将它们合称为气象条件。

在供水不受限制，也就是充分的供水条件下，单位时间从单位蒸发面积逸散到大气中的水分子数与从空气返回到蒸发面的水分子数之差（当为正值时）称为蒸发能力，又称蒸发潜力或潜在蒸发。显然，蒸发能力只与能量条件和动力条件有关，而且它总是大于或等于同气象条件下的蒸发率。

2. 水面蒸发

水面蒸发是在充分供水条件下的蒸发，因此水面蒸发率与水面蒸发能力是完全相同的。影响水面蒸发的因素可归纳为气象因素和水体因素两类。气象因素主要包括太阳辐射、温度、湿度、气压、风速等。水体因素主要包括水面大小和形状、水深、水质等。

（1）太阳辐射：蒸发所需的能量主要来自太阳辐射。

（2）温度：水温增加，水分子运动速度加快，因而易于逸出水面而跃入空气中。因此，水面蒸发量随水温的增加而增加。气温是影响水温的主要因子，但不像水温影响水面蒸发那样直接，气温对水面蒸发的影响有滞后性。

（3）湿度：在同样温度下，空气湿度小的水面蒸发量比空气湿度大的水面蒸发量大。空气湿度常用饱和差表示。饱和差越大，空气湿度越小，反之则湿度越大。也可用相对湿度和比湿等来表示空气的湿度。

（4）气压：空气密度增大，气压就增高。气压增高将压制水分子逸出水面，因此，水面蒸发量随气压的增高而减小。但气压高，空气湿度就降低，这又有利于水面蒸发。

（5）风速：当风吹过水面时，会带走水面上空的水汽，这有利于增加水面水分子的逸出量。所以，水面蒸发量随风速的增加而增加，但当风速达到某一临界值时，水面蒸发量将不再增加。

（6）水面大小和形状：水面面积大，其上空大量的水汽不易被风立即吹散，因而水汽含量多，不利于蒸发。反之，则有利于水面蒸发。同时，水面形状（水面宽度）对蒸发也有影响，如图 1.2 所示，如果风向为 C→D 方向，水面宽度小，则水面蒸发量较大；如果风向为 A→B 方向，水面宽度大，则水面蒸发量就较小。

（7）水深：当水深较小时，水体的上、下部分交换容易，混合充分，上、下部分的水温几乎相同，并与气温变化相对应。如夏季气温高，水温亦高，水面蒸发量大，冬季则相反。当水深较大时，因水的密度在 4℃最大，当水温由 0℃逐渐增至 4℃时，将会产生对流作用；水温超过 4℃，对流作用则停止。加之水深大，水体蕴藏的热量也大，这对水温起到一定的调节作用，使水面蒸发量随时间的变化而更稳定。总体来说，春夏两季浅水比深水水面蒸发量大，秋冬两季则相反。

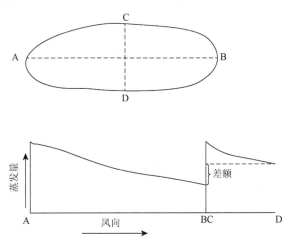

图 1.2 水面蒸发与水面宽度的关系[1]

（8）水质：当水中溶解有化学物质时，水面蒸发量一般会减小。例如，海水平均含盐度为 3.5%，海水的蒸发量比淡水少 2%～3%。这是因为含有盐类的水溶液常在水面形成一层薄膜，起着抑制蒸发的作用。水的浊度虽然与水面蒸发无直接关系，但由于会影响水对热量的吸收和水温的变化，因而对水面蒸发有间接的影响。

虽然水面面积在流域内的占比不大，但水面蒸发是流域水循环当中至关重要的一部分。流域蒸散发能力与水面蒸发量关系密切，而水面蒸发量一般可以通过蒸发器直接观测，因此，根据水面蒸发资料确定流域蒸散发能力在实际中受到广泛的关注。流域蒸散发能力与水面蒸发量的关系一般可表达为

$$E_m = \varphi E_0$$

式中，E_m 为流域蒸散发能力；φ 为蒸散发系数；E_0 为水面蒸发量。

3. 土壤蒸发

土壤蒸发是土壤失去水分的主要过程。土壤蒸发过程大体上可分为三个阶段。如图 1.3 所示（图中，E_m 为流域蒸散发能力，E_s 为土壤蒸发量），当土壤含水量大于田间持水量时，土壤中的水分可以通过毛管作用源源不断地供给土壤蒸发，有多少水分从土壤表面逸散到大气中去，就会有多少水分从土层内部输送至表面来补充，这种情况属于充分供水条件下的土壤蒸发。随着土壤蒸发的不断进行，土壤含水量将不断减小。当土壤含水量小于田间持水量后，土壤中毛管水连续状态将逐步遭到破坏，通过毛管输送到土壤表面的水分也因此不断减少。在这种情况下，由于土壤含水量不断减小，供给土壤蒸发的水分会越来越少，以致土壤蒸发将随着土壤含水量的减小而减小，这一阶段一直要持续到土壤含水量减至毛管断裂含水量为止。此后，土壤中的毛管水不再呈连续状态存在于土壤中，依靠毛管作用向土壤表面输送水分的机制将遭到完全破坏。此后，土壤水分只能以膜状水或气态水形式向土壤表面移动。由于这种仅依靠分子扩散而进行水分输移的速度十分缓慢，能输移的水分子数量也很少，故在土壤含水量小于毛管断裂含水量以后，土壤蒸发量极小且稳定。

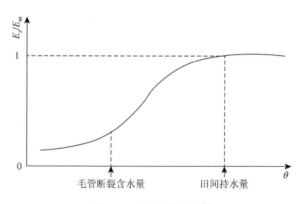

图 1.3　土壤蒸发过程[1]

影响土壤蒸发的因素可分为两类：气象因素和土壤特性。气象因素的影响已在水面蒸发中阐述。这里主要从土壤孔隙性、地下水位和温度梯度等方面来介绍土壤特性对土壤蒸发的影响。

（1）土壤孔隙性：土壤孔隙性一般指孔隙的形状、大小和数量。土壤孔隙性是通过影响土壤水分存在形态和连续性来影响土壤蒸发的。一般而言，直径为 0.001～0.1mm 的孔隙，毛管现象最为明显。直径大于 8mm 的孔隙不存在毛管现象。直径小于 0.001mm 的孔隙只存在结合水，也没有毛管现象发生。因此，孔隙直径在 0.001～0.1mm 的土壤，蒸发量显然要比其他情况大。土壤孔隙性与土壤的质地、结构和层次均有密切关系。例如砂粒土和团聚性强的黏土的蒸发要比砂土、重壤土和团聚性弱的黏土小。对于黄土型黏壤土，由于毛管孔隙很发育，所以蒸发量很大。如图 1.4 所示，在层次性土壤中，土层交界处的孔隙状况明显与均质土壤不同，当土壤质地呈上轻下重时，交界附近的孔隙呈酒杯状，如图 1.4（a）所示；反之，则呈倒酒杯状，如图 1.4（b）所示。由于毛管力总是使土壤水从大孔隙体系向小孔隙体系输送，所以酒杯状孔隙不利于土壤蒸发，而倒酒杯状孔隙则有利于土壤蒸发。

（2）地下水位：如果地下水面以上的土层全部处于毛管上升水带内，则毛管中的水分弯月面互相联系，有利于水分迅速向土层表面运行，土壤蒸发量就大。如果地下水面以上土层的上部分仍处于土壤含水量稳定区域，则由于向土壤表面运行水分困难，故而土壤蒸发量就小。总之，随着地下水埋深的增加，土壤蒸发量呈递减趋势，如图 1.5 所示。

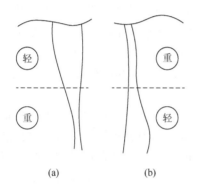

图 1.4　土壤层次与孔隙形状[1]　　　　图 1.5　土壤蒸发与地下水埋深的关系[1]

（3）温度梯度：土壤温度梯度首先影响土壤水分运行方向。温度高的地方水汽压大，表面张力小，反之，温度低，水汽压小，表面张力大。气态水总是从水汽压大的地方向水汽压小的地方运行，液态水总是从表面张力小的地方向表面张力大的地方运行。综合以上两方面可知，土壤水分将由温度高的地方向温度低的地方运行。但参与运行的水分的多少与初始土壤含水量有关。土壤含水量太大或太小，参与运行的水分都较少，只有在中等含水量时，参与运行的水分才比较多，这时的土壤含水量大体相当于毛管断裂含水量。土层中高含水量区域的形成也与温度梯度有关，这是因为温度梯度的存在将会在蒸发层下面发生水汽浓集过程。当土壤中存在冻土层时，土壤水分也向冻土层运行，在冻土层底部形成高含水量带，而在冻土层以下土壤含水量则相对较低。

4. 植物散发

植物从土壤中吸取水分，然后输送到茎和叶面，大部分水分从叶面和茎逸散到空气中，这就是散发现象[5]。所以散发是蒸发面为植物叶面和茎的一种蒸发。

植物根系从土壤中吸取的水分，经由根、茎、叶柄和叶脉输送到叶面，其中约 0.01% 用于光合作用，约不到 1% 成为植物本身的组成部分，余下的近 99% 的水分为叶肉细胞所吸收，并将在太阳能的作用下，在气腔内汽化，然后通过敞开的气孔向大气中逸散。

气腔中的水汽从气孔中逸出，与水汽从被穿孔的薄膜中逸出相似，扩散率也与气孔的直径成正比。此外，从叶肉细胞壁到叶片表面敞开的气孔之间的通道长度对散发也有影响，当这种通道曲折且较长时，散发就比较缓慢。每个气孔位于两个保卫细胞之间。保卫细胞的膨压变化及其细胞壁的不同厚度控制着气孔的开闭。气孔通常在有光线时打开，在黑暗时关闭，因此植物散发在白天大于晚上。

广义地说，植物散发除了叶面散发外，还有外皮散发和吐水现象。当植物体上有切面时，水分会从切面渗出，但这些情况引起的植物散发要比叶面散发小得多，故一般忽略不计。

植物散发是发生在土壤-植物-大气系统中的现象，因此，它必然受到气象因素、土壤含水量和植物生理特性的综合影响，主要因素包括温度、日照、土壤含水量以及植物生理特性。

（1）温度。当气温在 1.5℃ 以下时，植物几乎停止生长，散发极小。当气温超过 1.5℃ 时，散发随气温的升高而增加。土温对植物散发有明显的影响。当土温较高时，根系从土壤中吸收的水分增多，散发加强；当土温较低时，这种作用减弱，散发减小。

（2）日照。植物在阳光照射下，散射光能使散发增强 30%～40%，直射光能使散发增强好几倍。散发主要在白天进行，中午达到最大；夜间的散发则很小，约为白天的 10%。

（3）土壤含水量。土壤水中能被植物吸收的是重力水、毛管水和一部分膜状水。当土壤含水量大于一定值时，植物根系就可以从周围土壤中吸取尽可能多的水分以满足散发需要，这时植物散发率将达到最大值，即散发能力。当土壤含水量减少时，植物散发率也随之减小，直至土壤含水量减小到凋萎系数时，植物就会因不能从土壤中吸取水分来维持正常生长而逐渐枯死，植物散发率也因此而趋于零。

（4）植物生理特性。植物生理特性与植物的种类和生长阶段有关。不同种类的植物，因其生理特点不同，在相同气象条件和土壤含水量情况下，散发率是不同的。例如针叶树的散发率不仅比阔叶树小，而且也比草原小。同一种植物在其不同的生长阶段，因具体的生理特性上的差异，散发率也不一样。

1.1.3 流域产流

降落到流域内的雨水，一部分会损失掉，剩下的部分会形成径流。降雨扣除损失后的雨量称为净雨。显然，净雨和它形成的径流在数量上是相等的，但二者的过程却完全不同。净雨是径流的来源，而径流则是净雨汇流的结果；净雨在降雨结束时就停止了，而径流却要延长很长时间。我们把降雨扣除损失成为净雨的过程称为产流过程，净雨量也称为产流量。降雨不能产生径流的那部分降雨量称为损失量。产流过程指流域上降雨经过植物截留、填洼、下渗、蒸发等损失而产生净雨的过程，是流域中各种径流的生成过程，也是流域下垫面对降雨的再分配过程。

1. 截留与填洼

植物截留是降雨在植物枝叶表面吸着力、承托力和水分重力、表面张力等作用下储存于植物枝叶表面的现象。降雨初期，雨滴落在植物枝叶上被枝叶表面所截留。在降雨过程中截留不断增加，直至达到最大截留量（又称截留容量）。植物枝叶截留的水分，当水滴重量超过表面张力时，便落至地面。截留过程延续整个降雨过程。积蓄在枝叶上的水分不断地被新的雨水滴所更替，雨止后截留量最终耗于蒸发。

影响植物截留的因素可分为两类。第一类是植物本身的特性，如树种、树龄、林冠厚度、茂密度等。第二类是气象、气候因素，如降雨量、降雨强度、气温、风和前期枝叶湿度等。第一类因素实际上反映了植物的截留容量，第二类因素决定了实际的截留量。

对不同的树种，枝叶的茂密度是不同的。茂密度大的植物截留量也大。对同一树种，茂密度与树龄有关。树木自幼年至壮年的生长过程中，枝叶越来越密。而由壮年至老年期又出现自然的稀疏过程，观测结果表明，树龄在30~40年的植物，林冠截留量最大。

流域上的池塘、小沟等大大小小的闭合洼陷部分称为洼地。在降雨中被洼地拦蓄的那部分雨水称为填洼量。流域上各洼陷部分的面积和深度常常差别很大，而且在很大程度上与洼地的定义有关。相邻不同大小的洼地之间有着重叠和不可分的关系，换言之，较大的洼地通常包含若干个相邻的小洼地。

当降雨强度大于地面下渗能力时，超渗雨即开始填充洼地，当每一个洼地达到其最大容量后，后续降雨，就会产生洼地出流。在降雨过程中，流域上较小的洼地总是先行填满，然后才是较大者。雨止后，填洼量最终耗于下渗和蒸散发。

2. 包气带水分动态及再分配作用

在流域上沿深度方向取一剖面，如图1.6所示，可以看出，以地下水面为界可把土柱划分为两个不同的含水带。地下水面以下，土壤处于饱和含水量状态，是土壤颗粒和水分组成的二相系统，称为饱和带或饱水带。地下水面以上，土壤含水量未达饱和，是土壤颗粒、水分和空气同时存在的三相系统，称为包气带或非饱和带。有时，土柱中并不存在地下水面，因此也就不存在饱和带，这时不透水基岩以上整个土层全部属于包气带。在特殊情况下，当地下水位出露地表，或不透水基岩出露地表时，包气带厚度为零，即不存在包气带。

包气带又可划分为三带。接近地下水面处存在毛管上升水带；接近地面处存在毛管悬着水带；位于两者之间则为中间带。如图1.7所示，在毛管上升水带中，由于毛管力和重力正好抵消，所以毛管上升水带中的水一般不能流入地下水中。毛管上升水带在包气带中的位置随地下水位的变动而变化。毛管悬着水带只有在地面供水时才出现，并随着地面以下饱和含水层厚度的增加而不断下移。

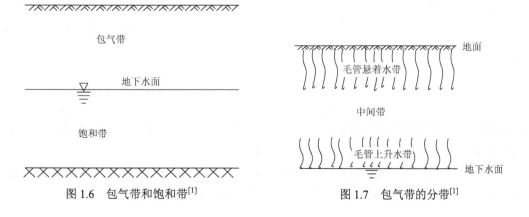

图1.6　包气带和饱和带[1]　　　　图1.7　包气带的分带[1]

包气带的上界面直接与大气接触，它既是大气降水的承受面，又是土壤蒸发的蒸发面，因此包气带是土壤水分剧烈变化的土壤带。当包气带生长着植物，存在着根系层时，包气带土壤水分的变化变得更复杂。由于这种情况主要发生在毛管悬着水带中，故通常把毛管悬着水带称为影响土层。

包气带水分动态是指包气带中水分含量及水分剖面的增长与消退过程。

（1）包气带水分的增长。包气带中增长的水分来源于上界面的降水（或灌溉）和下界面的地下水补给（如果存在地下水的话）。但在天然情况下，地下水的补给一般处于均衡状态，即蒸散发量等于地下水补给量，因此上界面的降水是包气带水分增长的主要原因，上界面以上的大气降水导致包气带水分增长的原因是下渗。

（2）包气带水分的消退。包气带水分的消退同样发生在它的上、下界面上，上界面水分消退是由于蒸散发，下界面水分消退是由于内排水。内排水主要发生在包气带存在自由重力水的情况，因此在一般情况下，蒸散发是包气带水分消退的主要原因。

包气带中的土壤因降雨（或灌溉）获得水分，又因蒸散发失去水分。自然界降雨和蒸散发都有一个变化过程，时而降雨大于蒸散发，时而降雨小于蒸散发。这就必然导致包气带的土壤含水量有时增加，有时减少，呈现出土壤水分的增消过程。由于包气带的水分动态以及包气带中的孔隙和裂隙等具有吸收、储存和输送水分的功能，所以包气带对降雨有一系列的再分配作用。主要体现在两个方面。

（1）包气带地面对降雨的再分配作用。土壤的下渗容量随土壤含水量的增加而逐渐减小，直至达到稳定入渗率。当降雨强度小于下渗容量时，全部降雨进入土中；当降雨强度大于下渗容量时，包气带表面会把降雨分成两部分，一部分进入土中，另一部分暂留在地面。

（2）包气带层对下渗水量的再分配作用。降雨通过地面进入土中的那部分水量，即下渗水量 I，首先在土壤吸力作用下被土壤颗粒吸附保持，成为土壤含水量的一部分，其中一些又以蒸散发量 E 逸出地面，返回大气。当 $I-E>D$（D 为包气带缺水量）时，剩余部分的水量（$I-E-D$）便成为可从包气带排出的自由重力水。

3. 产流机制

产流是降雨受到诸多影响因素综合作用，在运动过程中扣除了各种损失形成净雨，以下垫面作为载体的重新分配过程，该过程中会受到下垫面条件特性的约束。由于在不同的供水和下渗条件下，水流在沿着土层垂向运动过程中受到供水和下渗共同支配表现出各种不同的径流形成机制，这便是产流机制的形成过程。在某一确定流域，产流量及产流机制受到降雨条件特性、下垫面等因素影响而表现为不同形式。

目前四种基本产流机制是地下径流、壤中流、超渗地表径流以及饱和地面径流[6]。

（1）地下径流：在包气带较薄、地下水位浅以及土壤下渗能力较好的区域遇到连续降雨时，降雨迅速满足包气带缺水量使其接近饱和，继续下渗的水量受重力影响继续下渗到地下形成地下径流，即为地下径流的产流过程。

（2）壤中流：壤中流产生在具有不同介质的土壤中，流动于透水层和相对不透水层交界面上，相比于地表径流，壤中流运动速率缓慢且数量大。

（3）超渗地表径流：发生在降雨强度大于下渗强度时所产生的地表径流，反之则不产生超渗地表径流。

（4）饱和地面径流：对于一个自然流域来讲，降雨强度一般会小于土壤的下渗能力，此时不会产生超渗地表径流，当土壤下层为相对不透水层，随着下层水达到饱和，临时饱和水带上升到地表后，若降雨继续存在，将会产生饱和地面径流。

4. 产流模式

这里介绍的产流模式是指降雨扣除损失最终形成径流的类型，自然界当中存在三种产流模式，即蓄满产流、超渗产流以及混合产流。

当土壤包气带受到降雨下渗补充而达到饱和时，多余的水量形成径流的方式称为蓄满产流。在一次降雨过程中，当降水补充土壤缺水量达到饱和之前，降水大部分下渗满足土壤缺水，此时并未发生产流；而当土壤含水量达到最大时，后续水量极大部分形成产流，此时土壤含水量为田间持水量，产流深则跟降雨量、蒸发量以及初始土壤含水量有关。在地下水位浅、包气带较薄、透水性强以及土壤下渗能力大的区域，若场次降雨历时长且雨量充沛，则易产生蓄满产流，此情况在我国南方湿润地区极为常见。蓄满产流的特性是当降水补充土壤缺水量达到饱和之后产生径流，而降雨持续时间越长地下径流的产流越丰富。

超渗产流是当降雨强度大于流域下渗强度时直接产生径流的方式，易发生在干旱地区以及遭遇长久干旱的湿润地区。地下水埋藏深、包气带厚、土壤透水性差及下渗强度小的区域，场次降雨持续时间短且降雨强度大时易发生超渗产流，在我国黄土高原等干旱地区较为常见。超渗产流特性为当降雨强度大于下渗能力时，降雨并未发生下渗而是直接产生径流，极少产生地下径流。若流域下垫面特性发生改变时，土壤下渗能力也随之发生变化，会对超渗产流过程造成影响。

混合产流是普遍存在的一种混合型产流模式，受到流域下垫面条件和降雨特征不同的影响，导致一次降雨过程中蓄满产流和超渗产流两种基本产流模式同时存在。混合产流方式主要包括垂向和水平两个方向上的产流形式。在半湿润或降雨持续时间长的半干旱区域易发生混合产流，这类地区土壤特点是：土壤包气带厚度中等，土壤透水性中等，夏秋汛期降雨量占年降雨量比重较大，地下水位浮动较大。

1.1.4　流域汇流

降落在流域上的降水，扣除损失后，从流域各处向流域出口断面汇集的过程称为流域汇流。通常可以将流域划分为坡地和河网两个基本部分。降落在河流槽面上的雨将直接通过河网汇集到流域出口断面；降落在坡地上的雨水，一般要从两条不同的途径汇集至流域出口断面：一条是沿着坡地地面汇入近处的河流，接着汇入更高级的河流，最后汇集至流域出口断面；另一条是下渗到坡地地面以下，在满足一定条件后，通过土层中各种孔隙汇集至流域出口断面。

由此可见，流域汇流由坡地地面水流运动、坡地地下水流运动和河网水流运动组成，是一种比单纯的明渠水流和地下水流更为复杂的水流现象。图 1.8 为流域汇流过程的框图。流域汇流被划分为坡面汇流和河网汇流两个阶段，流域出口断面的洪水过程线一般由槽面降水、坡地地面径流和坡地地下径流（包括壤中水径流和地下水径流）等汇集至流域出口断面所形成。

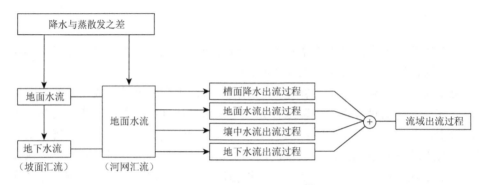

图 1.8　流域汇流过程框图[1]

坡面汇流和河网汇流是两个先后衔接的过程，前者是降落在坡面上的雨水注入河网之前的必经之地，后者则是坡面出流在河网中继续运动的过程。

由于汇集至流域出口断面所经历的时间不同，不同径流成分在出口断面洪水过程线的退水段上表现出不同的终止时刻，槽面降水形成的出流终止时间最早，坡地地面径流的终止时间次之，然后是壤中水径流，终止时间最迟的是坡地地下径流。

降落在流域上的雨水水滴汇集至流域出口断面所经历的时间称为流域汇流时间。由于汇集至流域出口断面的具体条件不同，不同径流成分的流域汇流时间是不一样的。下面主要介绍地面水和地下水的流域汇流时间。

地面水流域汇流时间一般等于地面水坡面汇流时间与河网汇流时间之和，只有槽面降水才不需经历坡面汇流阶段。坡面通常被土壤、植被、岩石及其风化层所覆盖。人类活动，如农业耕作、水土保持、植树造林、水利化和城市化等也主要在坡面上进行。受坡面微地形的影响，坡面水流一般呈沟状流。但当降雨强度很大时，也有可能呈片状流。坡面阻力一般很大，因此流速较小，但坡面水流的流程不长，通常只有百米至数百米左右，所以坡面汇流时间一般并不长，大约只有几十分钟。

河网由大大小小的河流交汇而成。由于在河网交汇处存在不同程度的洪水波干扰，因此，河网汇流比河道洪水波运动更为复杂。坡面水流沿着河道两侧汇入河网，所以河网汇流又是一种具有旁侧入流的河道洪水波运动。河网中的流速通常要比坡面水流流速大得多，但河网的长度更大，随着流域面积的增大，流域中最长的河流长度将是坡面的数倍、数百倍、数千倍，乃至数万倍。因此，河网汇流时间一般远大于坡面汇流时间，只有当流域面积很小时，两者才可能具有相同的量级。

地下水流属于渗流，其流速一般比地面水流小得多，因此地下水流域汇流时间总是比地面水流域汇流时间长得多，由于土壤质地、结构和地质构造上的差异，一般分不同层次。在地下不同层次土层中产生的地下径流，在汇流时间上也是有差别的。浅层疏松土层中形成的地下径流，即壤中水径流，流速相对较高，是快速地下径流。而在更深的土层中形成的地下径流，即地下水径流，流速相对较低，是慢速地下径流。

地面径流、壤中水径流和地下水径流在汇流时间上的差别仅表现在坡地汇流阶段，在河网汇流阶段，这种差别就不存在了。

1.2 河流生态系统构成

淡水生态系统是指由淡水生物群落与水环境所组成的一类生态系统，包括流水生态系统和静水生态系统。流水生态系统是指由流动水体构成的淡水生态系统，如江河、溪流、水沟、水渠等。静水生态系统是指由相对静止水体（流动和更换缓慢）构成的淡水生态系统，如湖泊、水库、池塘等。

河流生态系统表现为水的持续流动，兼具丰富的陆生、水生生物资源。河流生态系统是河流内生物群落与河流环境相互作用的统一体，是一个复杂、开放、动态、非平衡和非线性系统。如图 1.9 所示，河流生态系统由生命系统和生命支持系统两大部分组成，其中，生物是河流的生命系统，生境是河流生物的生命支持系统[7]。两者之间相互影响、相互制约，形成了特殊的时间、空间和营养结构，具备了物种流动、能量流动、物质循环和信息流动等生态系统服务和功能。

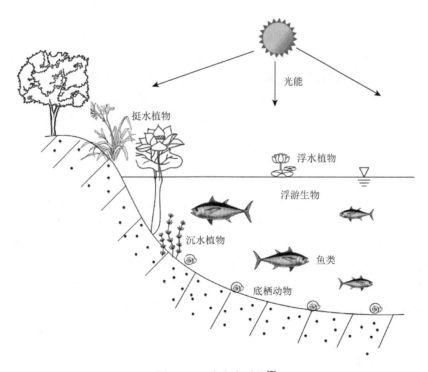

图 1.9 河流生态系统[7]

1.2.1 环境要素的构成

河流生态系统生物体以外的基本物质组成了环境基质，也被称作环境要素。环境要素包括自然环境要素和人为环境要素。其中，自然环境要素是河流生态系统形成、发展和演化的决定性因素，可以作为主导环境因素；而人为环境因素通常起到全局影响或局部修正河流生态系统的作用，合理考虑河流生态系统的主导环境因素有助于增强河流生态系统非生物环境修复工作的持久性。流域尺度环境要素主要包括气候和地质两大要素。气候要素也称地理要素，具体细分为气压、气温和降水等因子；地质要素中的构造因子和岩石岩性是影响流域与水系发育的主要因子，与两类要素相关的还有地形、植被等。此外，环境要素还涉及人类活动干扰。

1. 气候要素

气候要素包括气压、气温、湿度、风速、降水、雷暴、雾、辐射、云量等。河流生态系统的水源来自于降雨、湖泊、沼泽、地下水或冰川融水等，均来源于大气降水。由于太阳辐射在地球表面分布的差异，以及各类下垫面对太阳辐射吸收、反射等生物物理过程性质上的不同，气候按照纬度分布具备地带性特征，并且反映在河流生态系统的地域性特点上。气温和降雨因子在很大程度上决定了河流生态系统的流域形状、水系形态和疏密等特征。在我国，以400mm年降水量为界，大体分为东南流水作用区与西北风沙作用区。

按照河流生态系统所处的大地理环境，可分成热带亚热带湿润区河流、温带河流、寒带河流和高山高原区河流四大类。热带亚热带湿润区河流全年水温较高，没有结冰期，且水量充沛；温带河流水温年变化幅度较大，无冰期大于 5 个月，汛期主要集中在夏季或冬季，水量少于热带亚热带湿润区河流；寒带河流全年水温较低，河水结冰期长，并且河道流量少；此外，由于海拔作用，气候因子表现出垂直地带性，导致高山高原区河流所处流域具有独特的气候类型，可能出现在任意纬度地区，表现出日水温较大幅度波动。

2. 地质要素

地质要素是由地球自身能力分布与地壳运动造成的，其中，影响流域与水系的主要因子为构造因子与岩石岩性。构造因子中成层岩层的褶皱、断裂和产状，以及块状岩体的隆起、凹陷、断裂及其产状是影响河流生态系统流域与水系的主要因子。岩石是河流生态系统泥沙的主要来源，岩石的可溶蚀性、可侵蚀性和可渗透性是流域与水系发育的主要影响因子。河流生态系统所在流域内的土壤发育对河势变化具有影响。如果土层越厚、质地越松软、水分下渗率越大，则地表径流与地下径流交换通量越大，且水系变化速率越大。

3. 地形、地貌要素

地形要素包括高度、坡向和坡度等影响河流生态系统水系发育的重要因子。地形要素决定了河流生态系统水流的势能和动能的大小，即决定了河流生态系统的总能量。高度越大的河流生态系统能量越大。在同一个纬度的河流生态系统，高度上的差异影响了河流生态系统的类型和分布，表现为垂直地带性的差异。坡向因子决定了太阳能分布的不均匀性，造成温度与湿度的不同。坡度影响河流生态系统沿坡面方向重力分量的大小，一般来说，坡度增大，水沙侵蚀强度也随之增强。

地表径流对于泥沙的侵蚀、搬运和堆积塑造了丰富多样的地貌类型。例如，流水流经黄土高原地区，强烈的水流侵蚀作用塑造了为数众多、大小不一的沟壑；流水作用于石灰岩、白云岩等碳酸盐类岩石存在的区域，水流的溶蚀作用形成独特的喀斯特地貌。水流的侵蚀作用在高原地区塑造了峡谷，在平原地区形成沟道，而河流泥沙沉积则在平原地区形成了巨大的冲积平原。河流是地貌塑造的有力工具，流经之处在地表留下了显著的痕迹，其塑造的地貌可以统称为流水地貌。一方面，在河流形成历史中，河谷和河床地形主要是流水自身活动的结果，而不是地质变迁的直接产物。但河流的发育、发展过程无疑受到多次地壳构造运动和多种外营力作用影响，同时，河流也在适应过程中造就新的地貌形态。另一方面，河流的发育也受制于流经地区的地表组成，即地貌类型。地形和岩石的性质是影响河道发育的主要限制因素。在地形险峻不透水岩石分布的区域，河流的侧向发展受到了极大的限制，流水塑造出较为窄细的河谷地貌，河床下切较深，但河漫滩分布较少；在地形平缓的平原区域，河床高度发育，在雨量充沛情况下多形成交错密布的水网。地表覆被也对河床的塑造起到一定的作用，植被能够减弱水流对谷坡的冲刷，减少来自河间地的固体物质，营造良好的下切条件；基岸、河漫滩和滨河床浅滩上的植被往往阻碍侧蚀作用，这也促进了河流的下切作用。

4. 植被要素

河流生态系统所在流域的植被要素包括植被类型、植被盖度和植被季相三个重要因子。不同的植被类型，其阻截雨滴、调节地表径流和地下径流的比例、根系固土、改良土壤结构以及涵养水源的作用等有所差异。①植被冠层对土壤起到荫蔽作用，减缓雨滴对土壤的直接冲击；②植被能够加大地表径流的沿程阻力，减缓汇流速度，增加地表径流的下渗量；③植物根系的横向和纵向衍生能够起到很好的固土防沙作用；④植被的落叶和残根能够增加土壤中有机质的含量，改善土壤肥力，增加土壤颗粒间的结合力，间接提高土壤的抗侵蚀性；⑤植物根系吸收水源，减少了水量的流失，植物叶面的蒸腾作用能够调节空气湿度和温度，改善水文循环和局地小气候。植被盖度是指植物群落总体或个体地上部分的垂直投影面积占样方面积的百分比，反映植被的茂密程度和植物进行光合作用面积的大小。河流生态系统所在流域内的植被盖度只有达到一定的比例，才能起到防风固沙和调节局地气候等作用。植被季相是指植被在一年四季中表现的外观特征，不同植被类型的季相差异较大，主要受温度和季风分布的影响。

5. 人类活动干扰

随着人类活动对自然界影响程度和范围的加强，分布于全球各地的河流生态系统都在发生着整体或局部、巨大或微小的改变[8]。因此，有必要将人类活动干扰从环境要素中分离出来，以便分析人类活动干扰的影响范围和作用结果。由于人类活动干扰往往表现在多个方面和多个尺度的空间单元上，因而对于各尺度系统的诸环境要素都会发生不同程度的影响。现代条件下河流生态系统无不与人类有着密切的关系。人类对河流生态系统的开发利用，如水电梯级开发、开辟修建航道和水产品捕捞等，均是对河流生态系统施加的直接干扰。但是，将人类活动干扰一并归为负向影响也是不合理的，部分人类活动干扰是针对受损河流生态系统开展的修复和重建工作。此外，修建水利工程、合理开发利用水资源，并且避免工程生态影响或将生态影响降低到可控制范围内的人类活动也是可以考虑和接受的。

1.2.2 生物群落的构成

河流水生生物群落是指在河流水体环境内，相互之间存在直接或间接关系的各种水生生物的集合。河流生物群落的组成主要包括浮游生物、水生植物、底栖生物、游泳类动物和微生物等。

1. 浮游生物

浮游生物是指在水流运动作用下，被动地漂浮在水层中的生物群[9]。浮游生物缺乏发达的运动器官，自主运动能力弱或完全没有运动能力，因此只能依靠水流漂移。按个体大小，浮游生物可分为 6 类：①巨型浮游生物，大于 1cm，如海蜇；②大型浮游生物，5～10mm，如大型桡足类、磷虾类；③中型浮游生物，1～5mm，如小型水母、桡足类；④小型浮游生物，50μm～1mm，如硅藻、蓝藻；⑤微型浮游生物，5～50μm，如甲藻、金藻；⑥超微型浮游生物，小于 5μm，如细菌。浮游生物多种多样，根据种类，又可分为浮游动物和浮游植物。图 1.10 列举了一些常见的浮游生物。

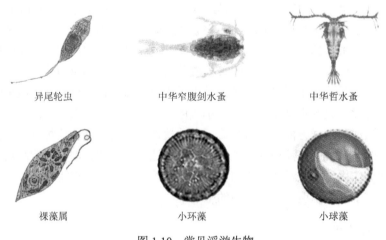

异尾轮虫　　　　　中华窄腹剑水蚤　　　　　中华哲水蚤

裸藻属　　　　　小环藻　　　　　小球藻

图 1.10　常见浮游生物

浮游动物扮演着水生态系统中次级生产者的角色，也是水生态系统中必不可少的饵料之一，具有种类多样、反应迅速、世代较短、繁殖较快等特点。许多浮游动物是鱼、贝类的重要饵料来源，有的种类如毛虾、海蜇可作为人的食物。此外，还有不少种类可作为水污染的指示生物[10, 11]，如在富营养化水体中，裸腹溞、剑水蚤、臂尾轮虫等种类为优势种。有些种类，如梨形四膜虫、大型溞等在毒性毒理试验中作为实验动物。有孔虫类和放射虫类的壳是海洋沉积物中一类重要的古生物化石，根据它们能确定地层的地质年代和沉积相，并且可以借助它们寻找沉积矿产和石油。

浮游植物在水生态系统中扮演着初级生产者的角色，并客观地反映着水体富营养化情况和所处环境的实际情况，具有传递信息、物质间交换、能量间传播等重要功能。常见的浮游植物有蓝藻、绿藻、硅藻等浮游藻类。浮游植物种群在热带、亚热带、温带地区不同，内陆水体浮游植物的组成和数量在一年内的不同季节有规律地发生变化。水温较低的春季和秋末春初适于甲藻和硅藻大量生长；夏季以及春末秋初水温高的季节有利于绿藻和蓝藻繁殖。由于浮游藻类为水体中的经济动物提供食物基础，同时藻类的过度繁殖会造成水体污染和渔业损失，影响水体的生产能力，并且可以作为水体污染的指示生物，因此常将浮游藻类作为浮游植物的典型代表加以分析。一片水域水质如何，与浮游藻类的丰富程度和群落组成有着密不可分的关系，浮游藻类的减少或过度繁殖，将预示那片水域正趋向恶化。例如，湖泊水库浮游植物数量的增加，特别是蓝藻疯长和生长季节的延长就是湖泊水库富营养化的一个重要标志[12]。

2. 水生植物

在河流水环境中生存的植物称为水生植物[13]，由于长期生活在低氧、弱光的环境中，水生植物具有特殊的形态特征：根系不发达，主要起到固定作用；茎具有完整的通气组织，保证器官和组织对氧气的需要；表皮角质层厚，栅栏组织发达，根、茎、叶表皮细胞排列紧密，增强自身耐污性和抵抗力，有助于抵抗因污染而引起的同化功能下降和水分过分蒸腾等不利影响。

水生植物在水生态系统当中扮演着生产者的角色，进行光合作用，生产有机物，而且也能在将无机物合成有机物的同时，把太阳能转化为化学能，储存在生成的有机物中。光合作用即光能合成作用，是植物、藻类和某些细菌，在可见光的照射下，经过光反应和碳反应，利用光合色素，将二氧化碳（或硫化氢）和水转化为有机物，并释放出氧气（或氢气）的生化过程。光合作用是一系列复杂的代谢反应的总和，是生物界赖以生存的基础，也是地球碳氧循环的重要媒介。

水生植物是鱼类等水生动物的饵料。作为初级生产者，也通过光合作用向周围的环境释放氧气，短期储存氮、磷、钾等水体中的营养物质；同时，作为河流生态系统的组成要素，水生植物特殊的结构形态也起到净化水质的作用，能抑制低等藻类生长并促进水中反硝化菌、氨化菌等根茎微生物代谢。在现代水污染治理过程中，也常常应用水生植物净化污水[14-16]。由于水体对气候变化有巨大的缓冲作用，水生植物地理分布与气候的关系没有陆生植物那么显著，水生植物的世界性广布种较为普遍，但也有一些气候性种、地区种和特有种。

根据水生植物的生活方式与形态的不同，一般将其分为：挺水型水生植物（挺水植物)、浮水型水生植物(浮水植物)和沉水型水生植物(沉水植物)。挺水型水生植物植株高大,花色艳丽,绝大多数有茎、叶之分,直立挺拔,下部或基部沉于水中,根或地茎扎入泥中生长发育,上部植株挺出水面。挺水植物能吸收、吸附水中的污染物,它们不仅吸收溶解态的污染物,也能迅速吸收悬浮微粒中的污染物,并且能在吸收后将这些微粒转入细胞内,达到标本兼治的效果,所以说挺水植物在改善水环境上有很大的作用。挺水型水生植物种类繁多,常见的有荷花、黄花鸢尾、千屈菜、菖蒲、香蒲、慈姑、水葱、梭鱼草、花叶芦竹、泽泻(图 1.11a)、旱伞草和芦苇等。浮水型水生植物漂浮在水面之上,既能吸收水里的矿物质,同时又能提供水面遮蔽,常见种类有睡莲、凤眼莲(图 1.11b)、大藻、荇菜、水鳖、田字萍等。但是如果浮水型水生植物大量繁殖,如外来入侵物种凤眼莲,其适应能力超强,繁殖速度超快,大量消耗溶解氧,抢占生存空间,造成其他生物的大量死亡,将会严重破坏河流生态系统。沉水型水生植物根茎生于泥中,整个植株沉入水体之中,通气组织特别发达,利于在水中空气极度缺乏的环境中进行气体交换。植株的各部分均能吸收水中的养分,而在水下弱光的条件下也能正常生长发育。沉水植物对水质有一定的要求,因为水质会影响其对弱光的利用。常见种类包括黑藻、金鱼藻(图 1.11c)、眼子菜、苦草和菹草等。

(a) 泽泻　　　　　　　　　　　(b) 凤眼莲　　　　　　　　　　　(c) 金鱼藻

图 1.11　常见水生植物图例

3. 底栖生物

底栖生物是指生活于水体底部的动植物群体,多指底栖动物,是生命周期的全部或至少一段时期聚居于水体底部的尺寸大于 0.5mm 的水生无脊椎动物群。底栖生物种类繁多,包括多种生产者、消费者和分解者,能利用水层沉降的有机碎屑,促进营养物质的分解,按生活方式分为营固着生活、底埋生活、水底爬行、钻蚀生活和底层游泳等类型。较为常见的底栖动物主要包括各类水生昆虫(如蜉蝣目、毛翅目、鞘翅目、广翅目、蜻蜓目、半翅目、双翅目等)、软体动物(如腹足纲、双壳纲)、螨形目、软甲亚纲(如十足目、端足目)、寡毛纲、蛭纲和涡虫纲等,图 1.12 列举了一些常见底栖生物。

底栖动物通过取食过程促进底泥中有机物质的分解,减少水体中有机物质的含量,加速河流的自净过程。底栖动物也能够利用植物存储的能力,分解落叶和底栖或附着藻类,将植物化学能有效转化为动物化学能,并以动物产品的形式固定下来,如具有较高经济价值的虾、蟹。另外,底栖动物也是高等水生动物的食物来源,有相当数量的底栖动物,特别是在夜间,会有规律地向河流近床底层迁移,成为底层区鱼类的重要食物供给源。可以说,底栖动物在河流生态系统的能量循环和营养流动中起着重要作用,它们具有较高的能量和转化效率，其生物量直接影响着鱼虾等经济动物资源的数量。底栖动物还可通过分泌黏液和其他一些活动，增加或降低河床底质颗粒的粗糙程度，破坏沉积物的原始结构及其微生物和化学特征，从而在微观尺度上改变河床地形。此外，底栖动物作为淡水生态系统食物链的中间环节，对水质变化敏感且活动范围相对固定，是一种较好的状况指示生物[17]，具有采样容易的优点，目前应用最广泛的上百种生物评价方法中有 2/3 是基于大型底栖无脊椎动物开展评价的。

(a) 摇蚊属　　　　　　　　　(b) 蟌科　　　　　　　　　(c) 中华圆田螺

图 1.12　常见底栖生物

4. 游泳类动物

游泳类动物（自游动物）是一类具有发达运动器官、游泳能力很强的大型动物，包括鱼类、哺乳类和一些虾类等。从种类和数量上看，鱼类是最重要的游泳生物。河流中的鱼类多数为淡水鱼，狭义上指在其生命周期中部分阶段如幼鱼期或成鱼期，或终其一生都生活在河流淡水水域中的鱼类。由于内陆河流常被分隔，致使淡水鱼易于特化，比海水鱼少，但是淡水鱼仍有众多种类。河流淡水鱼具有较高的经济和生态价值，是淡水生态系统食物链中的高级消费者，综合体现了河流生态系统的水环境特性，也是一种较为常用的水环境状况指示生物。河流淡水鱼多为草食性及杂食性，少量为肉食性。河川上游的鱼类多以昆虫和附着藻类为食，河川下游的鱼类常以浮游生物和有机碎屑为食。

我国的淡水（包括沿海河口）鱼类共有 1050 种，分属于 18 目 52 科 294 属。大体分属下列四大类：圆口类、软骨鱼、软骨硬鳞鱼和真骨鱼。真骨鱼是最为常见的鱼类，出现于侏罗纪，内外结构具备完善的水生适应构造，从白垩纪开始沿着许多辐射适应路线发展，成为地球表面一切水域的生活者。我国河流淡水鱼物种多样，河流上游水流急、底质较粗，分布有鲴鱼、虾虎鱼等；河川中游地形复杂，平滩、急流、深潭、瀑布、深涧和回水等多种栖息地，会出现石鲤和香鱼等；下游段由于水质污染，适宜耐污性较高的物种生存，常出现外来鱼种，如大肚鱼和琵琶鼠鱼等。除上述全国的广布种外，各地理气候区水域中也有不少本地区的常见种类，例如，黑龙江及其支流中的鱼类约有 90 种，冷水性鱼类较多分布，经济意义较大的常见种类有哲罗鱼、细鳞鱼、乌苏里白鲑、北极茴鱼、鲟鱼、达氏鳇、狗鱼和洄游性的大马哈鱼等；南方江河中温水性鱼类较多，冷水性鱼类逐渐减少；华南地区特有的种属包括鲮鱼、倨山鱼、四须盘、直口鲮、唐鱼和华南鲤等；西南部的高原河流，如雅鲁藏布江、怒江、澜沧江和金沙江等，许多地段水流湍急，鱼类资源一般，分布有鲤科的野鲮属、东坡鲤属、鲮属等。依照全国水系分布分析，辽河水系约有鱼类 70 种，其上游尚有北方种类；黄河水系约有 140 种，干流中纯淡水鱼类有 98 种，占总数的 78.4%，主要经济鱼类有花斑裸鲤、极边扁咽齿鱼、厚唇裸重唇鱼、黄河裸裂尻鱼、瓦氏雅罗鱼、北方铜鱼（鸽子鱼）、鲤鱼、鲫鱼。黄河上游鱼类种类只有 16 种，组成也较简单，仅有鲤科、鳅科的裂腹鱼、雅罗鱼、条鳅等；黄河中下游鱼类大体相似，均以鲤科为主，中游有 71 种鱼类，但缺乏自然的鲢、鳙、鳊、鲂等典型平原类群的鱼类，中游上段有与上游共有的裂腹鱼和条鳅等，下游的鱼类种类和数量都较多，有 78 种，其中有多种过河口性鱼类及半咸水鱼类；长江水系约有 300 种，冷水性鱼类极少，除常见的青、草、鲢、鳙（俗称中国"四大家鱼"）、鳊、鲂、鳡、赤眼鳟、胭脂鱼等重要经济鱼类外，还有鲥鱼等特有种；珠江水系的鱼类资源丰富，共 260 余种，主要经济鱼类有 53 种，最常见的就是"四大家鱼"、鲮鱼、鲤鱼、花鲈、鲮等，名贵鱼类有鲥鱼、卷口鱼、斑鳢等 23 种，有中华白海豚、中华鲟、鼋等国家一级保护动物，有大头鲤、金线鲃、花鳗鲡、唐鱼等国家二级保护动物十几种，还有珍稀鱼类及水生动物淡水赤虹、佛耳丽蚌等。

5. 微生物

水体中微生物主要包括病毒、真菌、细菌、放线菌、蓝藻和原生动物。其中，细菌对水生态系统物质循环作用最为显著，因此细菌是水体中微生物的研究重点。按照营养类型，细菌可分为自养菌（如某些硫化菌、蓝细菌和铁细菌等）和异养菌（如厌氧反硝化细菌和某些无色硫细菌等）[18]。自养菌（无机营养型）能直接利用无机物如空气中二氧化碳及无机盐类作为营养物来源，合成细胞所需的碳源微生物。自养菌又分光能自养菌与化能自养菌，如藻类和含叶绿素的细菌利用叶绿素吸收光能，从二氧化碳合成所需化合物的微生物叫光能自养菌；而化能自养菌能氧化一定量的无机化合物，利用产生的化学能还原二氧化碳合成有机碳化物，这类细菌包括硝化细菌、铁细菌、硫细菌等。自然界中的化能自养菌分布较光能自养菌普遍，对自然界中氮、硫、铁等物质转化有很大作用。异养菌是指从有机化合物中获取碳营养的一类微生物，依能量来源不同又分为化能异养菌和光能异养菌。该类菌必须以多种有机物为原料，如蛋白质、糖类等，才能合成菌体成分并获得能量。微生物可以作为生产者、消费者和分解者出现，因此，在河流生态系统的各环节起到不可替代的作用。

河流水生生物群落较陆生生物群落而言结构相对简单。在栖息地环境方面，气候要素对河流水生生物分布的地带性制约不明显，即降水因子和温度因子对于同一纬度地区的河流水生生物的外貌特征不具备决定性影响。在优势种方面，河流水生生物群落以低等植物尤其是藻类为主，有别于陆生生物群落以高等植物为主的情况。在物种组成方面，河流水生生物群落的栖居生物种类极为广泛，而高等节肢动物（如虾和蟹）和高等脊椎动物（如鱼类）丰富度居次要地位。

1.3　湖泊水库生态系统构成

湖泊水库生态系统是流域与水体生物群落、各种有机和无机物质之间相互作用与不断演化的产物[19]。湖泊水库属于静水生态系统，所以与河流生态系统相比，流动性较差，含氧量相对较低，更容易被污染，所以对湖泊水库生态系统的研究和保护显得更加迫切。

湖泊水库生态系统的基本组成可分为生物成分和非生物成分两大类，从空间结构上看，湖泊水库生态系统的生物成分由水陆交错带（滨岸带）生物群落和敞水区生物群落组成[20]。而非生物成分主要包括能源和各种非生命因子，如太阳辐射、无机物质和有机物质。非生物成分为生物提供生存的场所和空间，具备生物生存所必需的物质条件，是生态系统的生命支持系统。

1.3.1 非生物成分

1. 太阳辐射

阳光可以到达的那一部分湖泊（水库）水体，是湖泊（水库）生态结构的重要组成部分。湖泊（水库）透光带是从阳光照射的表层水面到光照强度只有表面 1%深度的区域，如图 1.13 所示。白天透光带是植物光合作用产生净氧气的区域；晚上植物光合作用停止，动植物的呼吸作用继续，水体含氧量下降。透光带包括全部滨岸带和敞水区的透光部分。

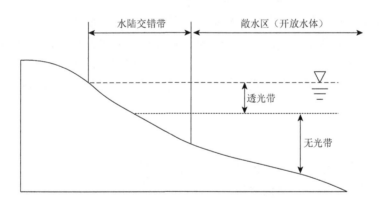

图 1.13 湖泊（水库）透光带和无光带[20]

无光带包括从透光带的下沿到湖底的水体部分。在这个区域光强不足以进行光合作用，但呼吸作用在所有的深度都可以进行，因此无光带经常是耗氧的。这个区域通常比较深，也称为深水带。无光带的边界随光照强度和水体的透明度变化发生有昼夜和季节的变化。例如，藻类水华和沉积物的悬浮会降低水的透明度，透光带就会随之缩小。在大部分清澈的湖泊（如塔霍湖），光线可以到达很深的地方，少数特殊的简单植物可以在水下光照只有表层 1%的 150m 深的地方生长。这个植物可以生长的最深的区域称为亚滨岸带，是滨岸带和深水带的过渡。高山或森林里的浅水湖泊，可能没有亚滨岸带、深水带或无光带，大量生长的苔藓和附着藻类可能覆盖整个湖泊底部，整个水体都可以进行光合作用。

与清澈的浅水湖泊相反，透明度低的浅水湖泊经常会有无光带。由于藻类和沉积物悬浮引起的浊度上升，即便是在离岸线不远的浅水区域，植物也不能生长。这种现象在我国许多富营养化的浅水湖泊中颇为常见。

湖泊水库生态系统的结构与太阳辐射直接相关。太阳辐射向地球提供热源，从而形成了地球的风力分布格局，驱动大气运动，风力是浅水湖泊混合的主要驱动力。在太阳光能和风能的共同作用下，深水湖泊（水库）在夏季出现热分层现象，在春秋季出现"翻转"现象。光在水中的分布，将水生植物的光合作用限制在表水层的光照区。水中的光强和光传播方向直接引导水生动物的活动和迁移。

湖泊中的附着藻类、浮游藻类和大型水生植物是水生态系统光合作用的基础，这些初级生产者的分布主要取决于光辐射。大部分水生动物的分布也受光照分布的影响。月光和星光的亮度只有日光辐射强度的1/50000～1/300，是较为不重要的能量来源，但是仍具有引导浮游动物和鱼类夜间迁移的作用。水生动物可以感知到那些被极化成单向平面的光，被极化的光对水生动物来说就像水下路标，引导水生动物的分布。其中一个重要的例子是光能引导鲑鱼从海洋洄游到内河的产卵区。尽管鲑鱼可以在内陆河流中利用它们自身的化学示踪剂或气味来判别洄游路径，但在海洋中它们却无能为力；而太阳光经过水的极化之后，可以引导鲑鱼进行几千公里的长途迁移。

水生生物的水下行为受到水下光照分布区的强烈影响，例如，许多浮游动物的白天迁移是对光照的响应，而这些浮游动物的捕食者（鱼类）跟随着它们进行迁移，从而也表现出同浮游动物相似的光照驱动的空间分布特征。生活在底水层沉积物上面的水生动物往往白天藏匿在石头底下，晚上出来觅食，以这种方式来回避光照和它们的捕食者。夜伏者的活动影响捕食者的运动，例如，白天栖息在深水中的鱼类，在黎明或黄昏时移动到浅水区来觅食；虾类和其他底栖捕食者也会等到日落之后，从岩石或植物底部移出开始活动。

2. 无机物质

湖泊水库生态系统当中的无机物质主要为水、氧气、一氧化碳、二氧化碳、碳酸、碳酸盐、碳化物、硝酸盐、亚硝酸盐等，这些无机物质为湖泊水库当中的生物群落提供了基本的生存环境，保证生物体正常的生活。

氧气参与了很多重要的化学与生物学反应过程，溶解氧是湖泊学研究中经常测定的指标。通常认为溶解氧可被植物的呼吸作用消耗，而只有在足够的光与营养条件下才由植物的光合作用产生。水体中二氧化碳与氧的变化趋势相反，二氧化碳是生物呼吸作用的产物，为植物的光合作用提供了碳源。白天，浮游藻类在表水层中通过光合作用产生氧气、消耗二氧化碳，使表水层溶解氧含量增高，二氧化碳含量降低。随着深度增加，溶解氧含量降低，二氧化碳含量增加。表水层生物含量是影响湖泊底水层溶解氧含量的重要因素，这是因为表水层生物含量越高，就会有更多死亡的生物体经底水层沉入湖泊底部，下沉的过程中会消耗氧气，产生二氧化碳，导致底水层溶解氧含量降低；二氧化碳含量则随有机质的分解而升高。

在湖泊水库生态系统中，大多数的氮是以氮气（N_2）的形态存在。水体中硝酸盐

（NO_3^-）、铵（NH_4^+）、亚硝酸盐（NO_2^-）、尿素[$CO(NH_2)_2$]和溶解性有机氮化合物相对于氮气来说虽然不是很丰富，但对水生生物生长具有很大的影响。在好氧和厌氧条件下，氮能够以气态、溶解态和颗粒态的形式在所有上述化合物之间循环。在湖泊水库中，大多数氮化合物的浓度呈季节性变化趋势。在春季和夏季，由于生物在湖泊透光带对氨氮的吸收，水体中氮浓度明显降低；在秋季和冬季，由于沉积物的释放、降水和底水层的补给而使硝酸盐浓度增加，有时铵的浓度也会增加。各种氮化合物的可获取性影响着水生动物和植物的多样性、丰富度和生长状况。氮是细胞单元组分的第四大元素，在活体中的干重含量约占 5%。然而，在自然水体中硝酸盐和铵并不充沛，可能会限制植物的生长。在温暖气候条件下，在磷和硅背景含量相对高或由于磷污染导致磷含量相对高的海洋和湖泊中，氮限制是普遍存在的。

硝酸盐通常是湖泊水库和河流中无机氮最常见的赋存形式。硝酸盐的浓度和供应率与流域内的土地利用类型有密切关系。例如，酸雨中含有硝酸和硫酸；在汽车使用较多的地方，酸雨中的硝酸成分会更高。硝酸根离子很容易通过土壤转移，且很快从土地中流失；而磷离子和铵离子仍然会保留在土壤中。由于火灾、水灾或者地质灾害引起流域植被的变化会使河流的硝酸盐水平增加。过度使用化肥产生的农业径流和城市污水排放中含有大量的氮，会大大增加河流和湖泊水库中的硝酸盐。如果河流流过湿地，硝酸盐可能会通过反硝化作用而被转化。水体中氮循环有两种不同的方式：氮的固定和反硝化。当氧气缺乏时，两种方式都会发生。自然水体中的氮来自水生动植物尸体及排泄物的积累和腐败，有机氮化合物通过营腐生细菌分解成氨氮、硫化氢等小分子无机物，然后由各种自养型微生物，特别是硝化细菌的作用，转化为亚硝酸盐和硝酸盐，这三种氮素一方面被藻类和水生植物吸收，另一方面硝酸盐在缺氧条件下被反硝化细菌通过脱氮作用将硝态氮转化为氮气逸出水体，大气中的氮被固氮菌利用重新回到水体。湖泊和河流底泥中的硝酸盐通过反硝化成为氮气，可能导致该生态系统中大量氮的损失。

3. 有机物质

有机物即有机化合物，是含碳化合物（一氧化碳、二氧化碳、碳酸盐、金属碳化物等少数简单含碳化合物除外）或碳氢化合物及其衍生物的总称。有机物是生命产生的物质基础。目前，水中的有机物主要是指动植物腐败的产物和代谢的产物，腐殖酸和富里酸的聚羧酸化合物，生活污水和工业废水的污染物，等等。其中，动植物腐败的产物和代谢的产物是多官能团芳香族类大分子的弱性有机酸，占水中溶解性有机物 95%以上。溶解性有机物是自然水体中最大的有机碳源，湖泊水库水体也不例外。一部分溶解性有机物能够被微生物分解后直接利用，这部分有机物有利于湖泊水库生态系统的发展和平衡，但余下部分为难降解有机物，在淡水湖泊中绝大部分是腐殖质，它们包括各种有机物分子，如脂肪酸、酚类、糖类与氨基酸等。生活污水主要有人体排泄物和垃圾废物；各种工业废水中的有机物包括动植物纤维、染料、糖类、油脂、有机酸、各种有机合成的工业制品、有机原料等，这些有机物大多数本身就是有毒或致癌的物质，随着有机物在水体迁移的变化，水体内的各种化学成分含量也会发生相应的变化，它们会在进行生物氧化分解过程中大量消耗水中的溶解氧，导致水质发生变化，水生生物生长受影响，这些有机物污染着水体，并使水质恶化[21]。

1.3.2　生物成分

生物成分是指在湖泊水库生态系统中所有活的有机体，它们是生态系统的主体，分为水陆交错带生物群落和敞水区生物群落[20]。

1. 水陆交错带

广义上，水陆交错带是指濒临水体的植物群落（组成、种类分布和多度等）以及土壤湿度与比其海拔高的植被区域明显不同的地带，也可以理解为与水体接触并对其有直接影响的植被区域；狭义上指水体与陆地交界处的两边，直到不受河水影响的区域[22]。水陆交错带又称岸边带、水滨带、河（滨）岸带、消（涨）落带，是水生态系统与陆地生态系统之间进行能量、物质和信息交换的重要生物过渡带，是生态系统的重要组成部分，在气候调节、水土保持、稳定河岸、水源涵养等方面都发挥着重要的作用。生长在这个区域的生物必须承受强大风浪作用的胁迫，大部分生物因此而紧紧附着在岩石或植物上。尽管滨岸带的浅水区域光照、风浪以及岩石或流动的砂石基质阻碍植物的生长，但这个区域仍然生活着大量的动物和植物。水陆交错带常见的挺水植物包括荷花、千屈菜、菖蒲、黄菖蒲、水葱、再力花、梭鱼草、花叶芦竹、香蒲、泽泻、旱伞草、芦苇等，浮水植物如睡莲、荇菜、水鳖、芡实等，以及沉水植物如轮叶黑藻、金鱼藻、马来眼子菜、苦草、菹草等；水生动物包括浮游动物、底栖动物、游泳类动物等，湖泊水库常见底栖动物群落有环节动物（寡毛类、多毛类和蛭类等）、软体动物（螺类、蚌类）、节肢动物（甲壳类、昆虫类等）。

水陆交错带错综复杂的植被类型为动物生存繁育、躲避天敌、季节迁徙等形成了天然的保护屏障，例如，鸟类季节性迁徙至水陆交错带时，既可从水中寻求食物，又可在陆地栖息；一些两栖动物选择在水陆交错带的卵石缝隙中产卵，以抵御天敌；鱼类选择在水流速度较缓的河边产卵可提高成活率。

水陆交错带附近的水生态系统的水位具有季节性变化特点，即丰水期和枯水期交替出现。在丰水期，水陆交错带可作为水生态系统的"源"，为水生态系统的生物提供物质和能量；在枯水期，水陆交错带可作为陆地生态系统的"汇"，汇集来自邻近陆地生态系统的物质和能量，为自身的微生物、植物提供生长环境。水陆交错带的这种"源""汇"功能，既能丰富自身的生物多样性，又能为水生态系统和陆地生态系统的生物多样性提供必要的物质和能量。水陆交错带土层深度差异性较大，因此可以满足多种植物的生长；另外，其土壤富氧和缺氧交替出现，为好氧微生物和厌氧微生物提供了生存环境，因此水陆交错带可促进区域的动物、植物和微生物多样性。

2. 敞水区

在水陆交错带以外的开放水域为敞水区[23]，是一个既不与湖岸相接又不与湖底相连的水体部分。敞水区是指湖泊水库水面的宽阔区域，是受夏季风影响的热带及亚热带湖泊水库的主要生境类型。敞水区的水体相对稳定，透明度较其他水域高，营养物质的循环受生物群落自身的影响较强。当湖泊水库较浅，即便是敞水区，也会分布大量沉水植物，形成水下森林景观。除了水生高等植物，水中还生长有微小的浮游动植物、无脊椎动物（如水生昆虫、螺、蚌）和鱼类等，加上各种各样的微生物，形成一个相互联系与相互制约的复杂的生态系统网络，物质和能量在食物链中不停地流动。当湖泊水库水深较大时，如大型峡谷型湖泊水库中，敞水区的生境相对单一，浮游动物的种间竞争增加，同时由视觉引导的捕食压力增加，生物相互作用在调节和影响群落构建与动态中发挥更为重要的作用。在浮游动物中，轮虫是体型最小的一类，多数轮虫为植食性，对营养盐等引起的浮游植物群落的变化敏感，物种丰富度、辛普森（Simpson）多样性、年平均总丰度和 β 多样性等呈现从水库上游到下游水域逐级递减趋势，体现了轮虫群落结构对水域环境异质性的响应。

1.4　水生态系统面临的胁迫

人类活动对于水生态系统造成的不利影响，在生态学中被称为胁迫。对于水生态系统的胁迫主要来自以下 5 个方面：①工农业及生活污染物质对河流、湖泊水库造成污染；②从河流、水库中超量引水，使得河流本身流量无法满足生态用水的最低需要；③通过对湖泊、河流滩地的围垦挤占水域面积以及上游毁林造成水土流失，导致湖泊、河流的退化；④在河流、水库中，不适当地引入外来种造成生物入侵，使土著种消失和生态系统水平退化；⑤水利工程对生态系统的胁迫。

1.4.1　水污染

水体的污染来源可以分为点源污染和非点源污染（面源污染）[24]。点源污染主要包括工业生产废水的直接排放、生活污水排放；非点源污染主要包括农业肥料的施用、水产畜禽养殖、大气沉降等[25]。

随着城市化进程加快，工业废水、居民生活污水排放对水环境的影响引发强烈关注。污水处理设备落后、数量有限和效率低下导致大量未达标的污废水直接排放至水体，造成严重的水污染问题。工业废水存在很多难降解的有机物、重金属离子等，生活污水中的污染物以无机盐类为主，主要来源于洗涤剂、生活中产生的污水以及粪便等污染物，氮、磷和致病细菌是主要构成要素。这些废水、污水当中的污染物质排放到水体当中，超过了水体本身的自净能力，会导致水体黑臭、水华暴发等问题，甚至威胁到饮用水安全。尤其在农村地区，由于污水处理设施不足、居民居住点分散、生活习惯不同等，生活污染物不经过任何处理直接排入周边水体，对水生态系统的污染更为严重。

我国单位面积化肥施用量超过世界平均水平三倍多，由施肥不当或过量施肥带来的环境污染问题越来越突出，化肥施用量及流失量的增加是造成地表水体水质恶化的重要原因之一。据《中国统计年鉴》，全国化肥投入量从 1990 年的 2.59×10^7t 增加到 2022 年的 5.08×10^7t，单位耕地灌溉面积化肥投入量也从 1990 年的 546.44kg/hm^2 增加到 2022 年的 721.90kg/hm^2，研究表明，农业面源污染对河流、湖库污染物的总贡献率高达 60%～80%。而为防止水体污染，发达国家建议化肥安全施加上限为 225kg/hm^2，而我国超出 2.21 倍。那些过量施肥而不能被农作物吸收的氮、磷等营养盐将进入土壤当中，并随着降雨进入到地表和地下水体中。长此以往，必将导致水体污染、水体富营养化等水生态问题。

由于经济全球化，人民生活水平的提高以及冷链物流业的快速发展，畜禽和水产品的需求量与日俱增，畜禽养殖业由散户养殖向专业化、规模化和结构化调整，水产养殖依托便利的自然条件，形成复合型、生态型的立体养殖模式。在养殖业快速发展的同时，也带来了水污染问题，尤其是畜禽养殖。大量的畜禽废弃物未经处理直接就近排放，污染物直接进入地表和地下水体，畜禽养殖场污染物中的 BOD$_5$、氨氮和 COD 等指标浓度远远高于地表水Ⅲ类水质标准，导致水体发黑发臭，水体功能丧失。

不仅是化肥当中含有氮，大气当中也存在大量的氮。大气氮沉降通常包括干沉降和湿沉降，对海洋、江河、湖泊、水库等大型水体来说，大气氮沉降也是引起地表水体富营养化的主要原因之一。水体中氮盐过量诱发喜氮蓝藻的旺盛增殖，从而使得水体中溶解氧迅速消耗，水质恶化，能见度下降，水生生物数量减少，多样性降低，水体生态功能遭到破坏。此外，饮用硝酸盐污染的水可能会导致亚硝胺（哺乳动物中最严重的致癌物之一）的合成，从而增加患胃癌的风险，对人体健康造成极大的安全隐患。

工业、农业和生活污水中污染物通过物理、化学和生物处理方法，难以全部去除或降解，在重新利用过程中，通过直接或间接的接触方式，被人体吸收、累积，达到一定的致病剂量时，会对机体器官造成损害，甚至引发中毒，严重时可导致死亡。对于农村地区而言，水环境的污染不仅会直接造成粮食减产，更会威胁农村居民的身体健康。水体污染物除氮素外，以 COD、总磷、BOD$_5$ 等指标表征的有机污染物也应该引起极大的重视和关注。如水体中磷酸盐过多就会导致植物生长，例如，藻类增多，不但影响水对光的散射程度，也会促进以藻类为食的生物的增长。生物增长对水中氧气的要求就更多了。水中氧含量降低，厌氧生物不断增加，不断地产生硫化氢等气体，对于水产养殖业的发展就大为不利。含氧量降低，容易导致生物缺氧死亡。硫化氢过多导致水偏酸性，再经过水循环流入其他用水渠道影响食物链顶端的人类的健康。有机污染物不仅对动植物正常生长和人体健康产生直接影响，而且对水生态系统的完整性具有干扰和破坏作用。一些特定的有机污染物如萜烯类、黄曲霉毒素等具有诱发人体癌变的可能性。所以水污染不仅对水生态系统的稳定有危害，还对人类的健康安全产生巨大隐患。

1.4.2　过度开发

目前，国际上一般采用 40%作为地表水资源开发利用限值，用地下水可更新量作为地下水资源开发利用限值。但就我国的水资源开发利用现状而言，大部分地区的水资源开发利用率已经远超国际 40%的限值，全国范围内的地下水位均有不同程度的下降，水质也日益恶化[26]。

我国社会经济发展对水资源的需求，在很大程度上促使对水资源的开发利用不断提升，尤其是在北方一些水资源相对较为缺乏的地区，水资源的开发利用率远超国际 40%的限制，有些地区的水资源需求与供给的矛盾十分突出，如我国水资源最为短缺的海河流域，水资源开发利用率已经达到 98%。辽河、黄河、淮河等河流的开发利用率也均超过了最大允许开发利用率。我国地下水资源占国内水资源总量的 1/3，据相关统计，我国地下水超采量，20 世纪 80 年代为 100 亿 m^3，2012 年增加到了 1134 亿 m^3。近年来，我国各地根据地下水利用与保护规划和超采区评价成果，制定地下水超采综合治理方案，开展地下水超采治理，效果正逐渐显现，2020 年我国地下水开采总量为 892.5 亿 m^3，较 2012 年减少约 242 亿 m^3。全国 400 多个城市开采利用地下水，在城市用水总量中地下水占比达到了 30%。大多北方城市以开采地下水为主，其中华北和西北城市利用地下水的比例分别达到了 72%和 66%。

地表水资源的过度开发使得我国很多河流出现了断流现象，不仅仅是干旱少雨的西北地区出现河流断流，在地表水资源相对较为丰富的西南地区也时有发生。据相关统计，在我国各大流域各级支流的近 10 000km 河长中，已经有约 4000km 河道长年干涸，另有一些河道虽然看似有水，却主要是由城市废水、污水和灌溉退水组成，基本没有了天然径流。我国地表水开发利用率，在大部分地区都远超限值，对流域内的生态环境造成了巨大的影响，很多河流的超限开发，使水生环境、生物多样性等遭到破坏，很多水生动植物消失、退化，河流纳污能力减弱，水质污染严重。

诸多研究结果表明，地下水的过量开采也是区域地面沉降发生的主要原因。截至 2011 年 12 月，中国有 50 余个城市出现地面沉降，长江三角洲地区、华北平原和汾渭盆地已成重灾区。至 2020 年，全国共有 21 个省（自治区、直辖市）103 个地级市发生过地面沉降。数据显示，自 2016 年以来，沉降速率超过 50mm/a 的城市共有 20 个，集中分布于华北平原、汾渭盆地等地。造成地面沉降的原因很多，地壳运动、海平面上升等会引起区域性地面沉降；而引起城市局部地面沉降的主要原因则与大量开采地下水有密切关系。以上海为例，上海是我国最早发现区域性地面沉降的城市。自发现沉降以来至 1965 年，市区地面平均下沉 1.76m，最大沉降量达 2.63m。这主要是由于不合理开采地下水所致。自 20 世纪 60 年代中期开始，经采取压缩地下水开采量，调整地下水开采层次及人工回灌等措施，实现了地面沉降的有效控制。同样地，在华北地区主要水源地地下水的过度开采，使华北平原已形成大面积地面沉降，沉降量超过 200mm 的区域已达 6 万多 km^2，占华北平原面积的近一半，北京、天津、沧州等沉降最为严重。

除地面沉降外，由于地下水超采形成的生态环境问题还包括地下漏斗、地裂缝、湖泊萎缩以及海水入侵等。地下水的超额开采，改变了岩土体原来的应力状态和平衡条件，使岩土体结构和稳定性遭到破坏，形成地下漏斗，进而导致地面沉降、塌陷。地裂缝和地面塌陷是超采地下水所引起的又一环境问题，在 2018 年，据我国 18 个省（自治区、直辖市）统计，已发现地面塌陷点 700 多处，塌陷坑 3 万多个，其中因超采地下水而造成的塌陷点占

27.5%。据统计，我国第一大内陆盐水湖——青海湖湖水水位持续下降，1959～1998年湖水水位下降了2.96m，平均每年湖水水位下降0.102m；同期新疆最大的淡水湖博斯腾湖湖水水位下降了3.54m，平均每年下降0.12m；西藏第二大的湖泊纳木错湖，1970～1988年湖水水面缩小了39km²，而其他小型湖泊不仅面积缩小，而且数以千计地永远地从地球上消失了。除此之外，超采地下水引起地下水位大幅度下降后，使泉群消失，湖泊、沼泽干涸。如北京的万泉庄、圆明园、清华园、清河镇、紫竹院、玉渊潭、什刹海、北海、中南海等一系列水面、湖泊、沼泽与低洼地，这些地带曾经泉流广布、地下水常年溢出，池水清澈，人畜使用与农田灌溉极为便利；但近几十年来，因为连续大量超采地下水，地下水位下降幅度达40m以上，从而使上述一系列的泉群、湖泊、沼泽逐渐地消失了，一些湖泊不得不依赖地面水库为主要补给水源。海（咸）水入侵是由于过量开采地下淡水，导致淡水水头低于附近咸水或海水水头而引起的咸、淡水界面向陆地推移扩散的现象，如海河流域近几十年来，随着河流季节化的不断发展和地下水位的急剧下降，在下游平原区及沿岸地区引发了海（咸）水入侵。

1.4.3　围湖造田

二十世纪五六十年代，国家百废待兴，为了发展经济，国家开始大规模地围湖造田、侵占滩地、砍伐森林，造成水域面积急剧缩减、水土流失情况严峻、生物多样性降低等等问题，已经严重破坏了水生态系统。

这种大规模的围湖造田，无疑也会深深影响当地的生态环境，洞庭湖的萎缩便是一个鲜明的例子。历史上，洞庭湖"浩浩荡荡，横无际涯"，居我国"五湖"之首[27]。但是，近百年来，伴随全球气候变化、围湖垦殖、泥沙淤积等多种因素，洞庭湖面积逐渐减小，湖泊面积从1896年的5216.37km²减少到2021年的2600km²，水域面积缩减一半之多，退居我国第二大淡水湖。洞庭湖是长江流域重要的调蓄湖泊，具有强大蓄洪能力，曾使长江无数次的洪患化险为夷，江汉平原和武汉三镇得以安全度汛。但是随着洞庭湖面积的萎缩，调蓄洪水的能力大大减弱，威胁人民生命财产安全[28]。1998年长江特大洪水，除了受"厄尔尼诺"和"拉尼娜"现象的影响而引发出副热带高压异常变化所致外，也是由于人们历年来肆无忌惮地砍伐森林、破坏植被、毁林开荒，导致长江沿途的水土大量流失与河湖淤塞萎缩，造成了河湖环境恶化，大大降低了河湖行洪蓄洪能力而给自身带来的苦果，使1998年洪水出现了"大水量、高水位、大灾害"的特点[29]。除此之外，由于水域大面积减少，破坏了湖泊、河流、湿地当中的生物群落的栖息地，如鱼类产卵、洄游、索饵场所大面积缩小，鱼类资源不断减少导致一部分鸟类特别是候鸟的觅食、栖息环境遭到破坏，使生态平衡出现失调。

1.4.4　外来种入侵

一般认为，物种是指具有特定的形态和生理特性以及生长在一定自然区域的生物群落，是在自然界的不断演变之中逐渐形成的，会随着自然环境的变化而演变[30]。外来种是相较于本地种的一种称谓，是指当地生态系统原本没有的物种，"外来"的概念不是以国界，而是以生态系统定义的。并不是所有的外来种都是入侵物种，通常我们只把那些由于该物种的存在而威胁到本地种生存的物种叫作入侵物种，把造成威胁的过程叫作"外来种入侵"或"生物入侵"。《中国外来入侵物种名单》是我国发布的在我国危害比较大的入侵物种的一个名单。在 2003 年、2010 年、2014 年、2016 年分 4 批发布，共 71个物种。截至 2024 年 6 月，全国已发现 660 多种外来入侵物种。图 1.14 列举的是可能威胁到水生态系统的一些外来入侵物种，以图 1.14（a）所示福寿螺为例，在人为引种传入中国台湾和南方部分地区及东南亚国家[31]后，福寿螺失去了原有天敌的制约，水稻秧苗是其喜食的植物，气候条件又十分有利于它的生长繁殖，因此对这些地区的水稻生产造成了严重危害。福寿螺与本地种竞争导致本地淡水生物减少，甚至绝迹，影响生物多样性。福寿螺体内的寄生虫多达 6000 条[32]，如果在烹饪的时候没有完全煮熟，吃下去后寄生虫就容易进入人体，可能会破坏神经组织，严重时会导致痴呆甚至死亡。此外，福寿螺繁殖能力很强，一年可产卵 20～40 次，年产卵量 3 万～5 万粒，可以迅速扩散，而且它食性杂，一旦暴发会破坏周边的生态系统。

(a) 福寿螺　　　　　　　　　　(b) 大薸　　　　　　　　　　(c) 巴西龟

图 1.14　常见外来入侵物种（已进入《中国外来入侵物种名单》）

外来入侵物种因为其强大的繁殖、生存能力以及没有天敌等多种因素，将会大量繁殖，对本地种造成严重威胁，破坏该地生态系统安全，在水生态系统当中尤其明显[33]。外来种入侵对于水生态系统的影响主要体现在以下几个方面。

1. 污染水质

外来种入侵会对水质造成影响，进而影响其他物种的生存。例如，我国东南沿海的福建省宁德市于 1980 年从美国引进了大米草这一草本植物。然而，大米草种植后的结果却和原来引进的目的背道而驰，不仅没有带来实惠，反而蔓延成灾，大米草淤塞港道，降低海水的自净能力，使得水质下降，致使沿海遭受入侵地区的大片红树林消失。

一些外来种生存于河塘湖泊，其自身携带的细菌、微生物会污染相关水域的水质，在死亡腐烂后又会对相关水域造成二次污染。我国的人均水资源占有量低，且南北分布不均，许多地方的饮用水不足，如果水质遭到污染，会严重干扰部分地区人们的正常生活。在目前外来种入侵较为严重的形势下，遏制外来种入侵，避免对水质造成污染显得异常紧迫。

2. 减少生物多样性

外来种成功入侵后，一旦适应了当地的生态环境演变成为优势种，将破坏当地的生态平衡，挤压原来生态系统中其他物种的生存环境，从而导致原来生态系统中生物多样性的减少。生物多样性的减少会造成物种的单一，在缺乏相关天敌抑制的情况下，外来种就会泛滥成灾。以"生态杀手"巴西龟（图1.14c）为例，作为世界自然保护联盟公布的全球100种最具威胁的外来种之一，它能够适应多样生存环境，能捕食多种生物，并且繁殖能力、竞争能力和耐受能力很强。巴西龟在野外环境中的生存竞争能力极强，从而会大量侵占本地种的栖息地，导致本地种的濒危或灭绝，极易造成物种单一，对自然生态平衡危害极大。我国也受到了巴西龟的威胁，由于外来种管制的不规范，在一些市场上仍可看见有人买卖这一物种，普通民众缺乏应有的认识，随意放生巴西龟的现象普遍存在，从而可能威胁当地的其他物种的生存。

3. 影响水环境中的生产作业

水环境中的生产作业对于我国的经济发展具有十分重要的意义，航运业的快速发展，渔业资源的生产养殖，都会促进社会经济的发展，然而外来种的入侵会严重影响水环境中的生产作业。

一些外来种繁殖迅速，挤压养殖物种的生存环境，覆盖江面或航行器具的底部，不仅会对水产养殖物种造成威胁，而且会影响水面行船，不利于水产养殖业和航运业的发展。水葫芦以其快速生长而闻名，其覆盖的江河湖泊，对于船舶的航行是十分不利的，会威胁船舶的安全行驶，同时由于其覆盖下的水环境中严重缺氧，不利于水中的生产养殖。我国云南昆明的滇池就受到了水葫芦的严重威胁，滇池的水葫芦泛滥成灾，覆盖水面，造成鱼类大面积死亡，部分水域已无法行船。外来种入侵成功后，根治困难，水产养殖会受到其长期影响，将对相关养殖业的发展造成沉重的打击。

4. 造成生态失衡，治理困难

外来种入侵会造成严重的生态破坏，带来水环境的生态失衡。绝大部分外来种入侵成功暴发后，生长很难控制，会造成严重的生物污染，可以说对生态系统的破坏是不可逆转的。外来种在新的生长环境中缺乏天敌，其快速生长会掠夺其他物种的生存资源，严重时会造成其他物种的灭绝，造成物种的单一。生态平衡被破坏后，治理难度很大，很难恢复到以前的平衡状态。国际社会将恶意的人为原因的外来种入侵定性为"生物恐怖袭击"就说明了外来种入侵危害的严重性。政府有保护生态环境的职责，有保障人民生活环境的义务。外来种入侵容易造成生态失衡，给政府的治理工作带来巨大挑战。

1.4.5　水利工程

国家开展水利工程的初衷是为了方便给人们提供用水，其工作原理是将存在于自然环境中的地表水与地下水进行交换[34]，根据情况应用不同的方式。利用这种特性可以有很多方面的应用，例如：防洪减灾、控制水流、通航、灌溉等，最大限度地使水资源的利用趋于合理。但是由于在建设过程中，或多或少地对水域周边的环境、生物多样性、初始河道、生态环境造成了影响，破坏了生态环境的稳定[35]。

水利工程建设具有较强的综合性且覆盖范围较广，对水生态系统的影响是多方面的，并具有时间长、范围广等特点[36]。水利工程对水生态系统的影响主要体现在以下几个方面。

1. 对水环境的影响

水利工程建设对水环境产生了一定程度的影响[37, 38]。第一，水利工程建设改变了水的流速。在施工期，工程截流会使得接近坝址段的水流流速加快；在运行期，上游的水面加宽，流速变得缓慢，由于下游受到水库调节的影响；在枯水期，下泄的水量减少，流速会降低；丰水期水量明显增大，水的流速明显加快。第二，水利工程建设改变了水文条件。水库修建之后水位抬高，水动力条件发生改变，下游河道极有可能产生断流，地下水位明显下降，导致下游天然湖泊和池塘水源断绝。第三，水利工程建设影响了水质。在建设期，施工作业中产生的大量垃圾，例如，施工开挖、填筑围堰、冲洗骨料、灌浆等过程产生悬浮物含量很高的施工废水，不经过科学的处理直接排入河道，将造成水质污染，使水质变差；在运行期，对水质产生许多有利的影响，例如，库区的水环境容量增加，水环境纳污能力得到提高，水体浊度降低、生物耗氧量减少等；枯水期与运行期恰恰相反，出现了许多不利的影响，下游河段的自净能力下降，水库流速减慢，库区稀释自净能力降低，有毒物质的大量富集，等等。

2. 对生物多样性的影响

水利工程建设对生物的多样性产生了一定的有利和不利影响。一方面，水利工程建成之后，湿地的面积明显增加，使得一些水生的草本植物的数量大量增加；同时，水利工程的建设在一定程度上增加了生态用水量，扩大了陆生植物的面积和种类；另一方面，工程施工、兴修桥梁和道路、移民迁建等将会征用当地居民大量土地，使得淹没区的土壤和植被遭到大幅度破坏，严重影响了生物多样性的发展。一些水生动物的习性是在江河中生活，但是需返回源头进行繁殖，水库大坝的建设阻断了这些动物的洄游之路；另外，水库蓄水和泄水过程中可能淹没或者冲毁鱼类原有的产卵场地，改变了原有的产卵要求和水文条件。不能适应这种改变的物种就直接面临绝种的威胁，一个物种的灭绝必然打破生态平衡，造成不可挽回的影响。

3. 对泥沙的影响

水利工程的建设会对库区和上下游河道泥沙的输移及沉降模式有所改变，同时对上下游和工程区的生态环境也会有一定的影响。在水利工程建设期，由于大量的泥沙进入河道而导致悬浮物含量增加和下游水体浊度升高。对于上游河道，会因水库库区水位抬高，水流流速减缓和输沙能力减弱等因素造成泥沙不断淤积并抬高上游河床，下游河道也会因下泄水流含沙量的减少而发生冲刷。河道的形态也会受到水库回水沉积的影响，在河流被大坝拦截后，泥沙沉积在水库底部而形成一个回水三角洲，这个三角洲朝水坝方向逐渐递升，泥沙颗粒会逐渐变细。

4. 对区域气候的影响

水库库区的气温、风速、湿度、降水等微气候环境条件与水库水面面积有着极其密切的关系。据调查，就空气透明度而言，水面上空的空气透明度比成片的房屋群上空高8%～10%，而且水面上空的紫外线辐射相对于陆地上空的紫外线辐射高出30%，对于陆地而言，气温也会降低4～5℃，相对湿度随之提高10%～15%。除此之外，与其他地区比较，季节性温度也会受到水库水温影响从而发生变化，离水库较近地区的气温变化幅度相对较小，气温相较其他地区也会发生冬季高而夏季略低的情况。在水库运行后又会影响其周围局部的风力，由于水库淹没原地面障碍物而导致近地面摩擦系数减小使风速增强。与此同时，水库库区蒸发量的增加以及下垫面物理性质的改变，直接影响区域内的降水量。有调查显示，水面面积不大的水库因蒸发量增加导致增加的降水量所占的比例为1%～3%；而面积比较大的水库会对邻近区域降水空间分布产生比较大的影响，对于一般水库中心区年降水量会有10%左右的小幅度下降，对水库周围下风向地区或地形较高的山地降水量有所增加。

5. 对地质环境的影响

水利工程建设会严重影响周围的地质环境，这显然不利于水生态环境的发展。水利工程建设对地质环境的影响最主要的表现在于地震频发，水库诱发地震的强度直接与水库的蓄水深度有关，蓄水深度越深，地震发生的可能性越大。当蓄水深度达到一定限度后，不宜继续加高坝高，倘若继续加高，坝崩塌后将会造成洪水决堤，淹没大量农田，给农民造成巨大损失。所以，在进行水利工程建设之时，一定要做好充足的准备，对周围地质环境的勘察显得非常重要，只有这样，才能避免地震的发生以及防御地震的发生。

思　考　题

1. 河流生态系统与湖泊水库生态系统的异同点有哪些？
2. 什么是流域水循环？
3. 自养菌和异养菌有什么不同？
4. 水生态系统面临的胁迫的种类有哪些？有什么好的解决措施？
5. 蒸发和散发的区别是什么？

参 考 文 献

[1] 芮孝芳. 水文学原理[M]. 北京：高等教育出版社，2013.

[2] 徐凯. 西辽河流域水循环规律及平原区生态稳定性研究[D]. 北京：中国水利水电科学研究院，2013.

[3] 崔虎群. 黑河流域水循环作用机制及其与绿洲变迁协同演化规律研究[D]. 西安：西北大学，2016.

[4] Yao J Q，Chen Y N，Zhao Y，et al. Climatic and associated atmospheric water cycle changes over the Xinjiang，China[J]. Journal of Hydrology，2020，585：124823.

[5] Kumagai T，Tateishi M，Shimizu T，et al. Transpiration and canopy conductance at two slope positions in a *Japanese cedar* forest watershed[J]. Agricultural and Forest Meteorology，2008，148（10）：1444-1455.

[6] 徐志欢. 变化环境下的淮河上游流域产流机制辨析[D]. 扬州：扬州大学，2021.

[7] 高晓薇，秦大庸. 河流生态系统综合分类理论、方法与应用[M]. 北京：科学出版社，2014.

[8] 瓮耐义. 人类活动对生态系统胁迫影响评估[D]. 西安：西北大学，2014.

[9] 李莹. 济南典型水生态系统浮游生物群落结构及水生态健康评价[D]. 大连：大连海洋大学，2022.

[10] Gannon J E，Stemberger R S. Zooplankton（especially crustaceans and rotifers）as indicators of water quality[J]. Transactions of the American Microscopical Society，1978，16-35.

[11] Sládeček V. Rotifers as indicators of water quality[J]. Hydrobiologia，1983，100（1）：169-201.

[12] Zhang Y C，Shi K，Cao Z，et al. Effects of satellite temporal resolutions on the remote derivation of trends in phytoplankton blooms in inland waters[J]. ISPRS Journal of Photogrammetry and Remote Sensing，2022，191：188-202.

[13] 李娣. 江苏省湖泊水生生物群落结构与多样性研究[D]. 南京：南京大学，2016.

[14] Xiee P，Zahoor F，Iqbal S S，et al. Elimination of toxic heavy metals from industrial polluted water by using hydrophytes[J]. Journal of Cleaner Production，2022，352：131358.

[15] Ayaz T，Khan S，Khan A Z，et al. Remediation of industrial wastewater using four hydrophyte species：A comparison of individual（pot experiments）and mix plants（constructed wetland）[J]. Journal of Environmental Management，2020，255：109833.

[16] Zhang X B，Liu P，Yang Y S，et al. Phytoremediation of urban wastewater by model wetlands with ornamental hydrophytes[J]. Journal of Environmental Sciences，2007，19（8）：902-909.

[17] Widdicombe S，Spicer J I. Predicting the impact of ocean acidification on benthic biodiversity：What can animal physiology tell us?[J]. Journal of Experimental Marine Biology and Ecology，2008，366（1-2）：187-197.

[18] Zhang R C，Xu X J，Chen C，et al. Interactions of functional bacteria and their contributions to the performance in integrated autotrophic and heterotrophic denitrification[J]. Water Research，2018，143：355-366.

[19] 吕晋. 武汉市浅水湖泊生态系统结构及其分类研究[D]. 武汉：华中科技大学，2005.

[20] 李小平. 湖泊学[M]. 北京：科学出版社，2012.

[21] 谭平，张敬东，郭生练. 太阳光对湖泊中有机污染物降解的研究进展[J]. 环境污染治理技术与设备，2003，4（8）：13-18.

[22] 漆光超. 漓江水陆交错带植物群落分类的研究[D]. 桂林：广西师范大学，2018.

[23] 温展明，徐健荣，林秋奇，等. 流溪河水库敞水区轮虫多样性与群落的动态特征[J]. 生态学报，2017，37（4）：1328-1338.

[24] Ji H Y，Peng D Z，Fan C T，et al. Assessing effects of non-point source pollution emission control schemes on Beijing's sub-center with a water environment model[J]. Urban Climate，2022. 43：101148.

[25] 岳智颖. 湖北省地表水污染时空变化特征及污染源解析[D]. 武汉：华中师范大学，2019.

[26] 周明华，胡波. 对水资源过度开发的一些思考[J]. 科技资讯，2019，17（26）：56-57.

[27] 王昊. 洞庭湖不同区域浮游生物群落特征及其对水文连通的响应研究[D]. 西安：西安理工大学，2021.

[28] 曾文. 洞庭湖区环境治理与保护研究（1949—2016）[D]. 长沙：湖南师范大学，2018.

[29] 张家玉，冯慧芳. '98洪灾的反思：湖泊湿地围垦的生态影响及其资源的利用与保护[J]. 环境科学与技术，2000（z1）：77-79.

[30] 徐姜明. 外来物种入侵下的我国水环境治理研究[D]. 武汉：湖北大学，2013.

[31]　杨海芳，杨姗萍，王沛，等. 福寿螺在中国的潜在地理分布区预测[J]. 江西农业学报，2018，30（3）：70-73.

[32]　吴永忠，程蕾，杨胜红. 福寿螺发生现状及综合防治[J]. 植物医生，2017，30（10）：53-54.

[33]　Altenritter M E，DeBoer J A，Maxson K A，et al. Ecosystem responses to aquatic invasive species management：A synthesis of two decades of bigheaded carp suppression in a large river[J]. Journal of Environmental Management，2022，305：114354.

[34]　Jiang X，Ma R，Ma T，et al. Modeling the effects of water diversion projects on surface water and groundwater interactions in the central Yangtze River basin[J]. Science of the Total Environment，2022，830：154606.

[35]　董哲仁. 水利工程对生态系统的胁迫[J]. 水利水电技术，2003（7）：1-5.

[36]　杨军平. 浅析新时期水利工程建设对水生态环境的影响[J]. 农业科技与信息，2020（7）：41，44.

[37]　江南. 水利工程建设对水生态环境系统的影响及解决措施[J]. 资源节约与环保，2014（4）：29，41.

[38]　门玉华，李云生. 水利工程建设对水生态环境影响浅析[J]. 吉林水利，2014（7）：55-56，59.

2　河流湖泊水库生态调查

河流湖泊水库生态调查是了解水生态状况、开展水环境保护的基础性工作，主要包括水质生物学监测技术、河流湖泊水库水生生物调查方法和河流湖泊生物栖息地评价。

河流湖泊生物栖息地评价是评估其物理化学条件、水文条件和地貌特征对生物群落的适宜程度，是生态水利学的重要研究内容。

2.1　水质生物学监测

水质生物学监测技术是近几十年来发展起来的用于环境监测领域的新兴技术，是指利用水环境中生物个体、种群或群落的变化来评价、预测河湖水体水质状况的技术。传统的理化监测只能代表采样期间的污染状况，而水质生物学监测技术从生物学角度对环境污染状况进行监测和评价，更能够反映长期的污染影响。水环境中如大多数农药残留不容易检测到，因为它们通常以低浓度出现且具有扩散性和短暂性[1, 2]。但是某些生物对于特定的污染物非常敏感，即使对非常低水平的污染物也能做出反应[3]。

2.1.1　水质生物学监测原理和优势

生物学监测的理论基础是生态系统和生物学理论。生物与环境是相互作用的统一整体，在一定条件下，水生生物与其生存水环境之间存在着相互影响、相互制约、相互依存的密切关系，不断地进行着物质和能量的交换，形成一个自然、暂时的相对平衡关系。当水环境发生污染和破坏后，污染物会进入水生生物体内并发生迁移、蓄积，对生态系统中各级生物的生理功能、种间关系、生长发育状况和生理生化等指标产生影响，以致破坏生态平衡，同时生物也会不断地影响、改变着环境，二者相互依存、共同进化，水生生物与水环境的这种统一性就是生物学监测的生物学基础[4, 5]。如当水环境发生农药污染时，藻类的细胞密度和光合作用强度均会发生变化[6]。生物学监测正是利用生物对环境污染的这些反应来反映和度量环境污染的状况和程度。

相比较于传统的理化检测方式，水质生物学监测的优势主要表现在[4, 5, 7-9]：①反映长期的污染影响。理化监测仅能代表采样期间的污染情况，而生活在一定区域内的生物可以反映长期的污染状况。②监测灵敏度高。某些生物对特定的污染物非常敏感，能够对精密仪器检测不到的极低浓度污染物甚至是痕量的污染物产生反应。③食物链富集作用使生物学监测更加敏感。某些生物能够通过食物链将水环境中的微量有毒有害物质予以富集，当到达该食物链末梢时，污染物浓度提高可达数万倍。④便于综合评价。某些生物可以对多种污染物产生反应而表现出不同症状，从而反映出多种污染物在自然条件下对生物的综合影响，可以更加客观、综合、全面地评价水环境。⑤生物学监测克服了理化监测的局限性和连续取样的烦琐性。

2.1.2　水质理化监测

水质理化监测是通过水体理化指标的大小来判断水质受污染的程度。通常有以下几种参数。

（1）物理性质参数。包括水的温度、色度、嗅、味、浊度、透明度等。

（2）化学性质参数。包括酸度、碱度、pH、硬度、溶解氧（DO）、化学需氧量（COD）、生化需氧量（BOD）、高锰酸盐指数、总耗氧量（TOD）和总有机碳（TOC）等。

水的 pH 大都在 6.8～8.5 之间，当其 pH 大于 10 时则无法饮用。水的硬度大于 16 称为硬水，虽然不会对人体健康造成直接影响，但会在生活中造成许多麻烦。水中溶解氧的多少直接影响水生生物的存活，许多鱼类在溶解氧为 3～4mg/L 时就不易生存。COD可以代表水中有机物的含量，目前应用普遍的监测方法是酸性高锰酸钾氧化法与重铬酸钾氧化法。高锰酸钾（$KMnO_4$）氧化法，氧化率较低，但比较简便，在测定清洁地表水和地下水水样时，可以采用。重铬酸钾（$K_2Cr_2O_7$）氧化法，氧化率高，再现性好，适用于废水监测中测定水样中有机物的总量。

2.1.3　指示生物监测

1. 指示生物的概念

指示生物是指对环境中的某些物质（包括进入环境中的污染物）能产生各种反应或信息而被用来监测和评价环境质量现状和变化的生物。通常，能在一定的水质条件下生存，对水环境质量的变化反应敏感而被用于监测和反映水体污染状况的水生生物称之为水污染指示生物。指示生物通过它们的生物结构组成以及它们在种类、数量及丰度随水污染程度的变化来反映环境质量和环境变化。

按照其应用领域，指示生物可以分为两种类型[10]：一种是指示生物多样性区域的生物多样性指示种（biodiversity indicators），另一种是用来测度环境变化的指示种。后者可以再细分为用于评估生境变化的环境指示种（environmental indicators）和衡量其他同区域物种种群变化的种群指示种（population indicators）。

不同生物类群对水环境有其不同的指示特点，例如，水生微生物对水环境的指示快捷、直接；藻类对水环境的指示主要反映在中上层水体质量；底栖动物对水环境的指示主要反映在下层水体和底质质量；鱼类对水环境的指示主要体现在因食物链的富集作用导致的毒理特性；水生植物对水环境的指示则反映水体及与水体关系密切的生长基质状况。

下面针对不同生物类群的水环境指示性做简要介绍。

1）水生微生物的水环境指示性

大肠菌群是应用最为普遍的水体有机污染指标，动胶菌和球衣菌分布在有机污染严重的湖泊中；光合细菌出现于含硫化氢、透光好的湖泊；氧化硫细菌多出现于含硫化氢、硫、硫代硫酸盐的好气水体中；铁细菌多出现于含亚铁离子的好气水体中[11, 12]。

2）藻类的水环境指示性

藻类的指示种繁多，且实际应用广，表 2.1 列出了一些重要的指示藻类。

表 2.1 水环境的指示藻类[11, 12]

指示藻类	适宜水体
两栖颤藻	高盐污水
镰头颤藻	有毒工厂废水
可疑席藻	含氯废水
梭形裸藻	含铬污废水
易变裸藻	强酸性水体
厚壁微孢藻	湿草地污水
小毛枝藻	含铜、铬、酚污废水
团集刚毛藻	含硫泉水
河生水绵	清洁水
孤枝根枝藻	富氧清静水
项圈新月藻	泥炭沼泽、高山湖泊
锐新月藻	含高浓度铬污废水

3）原生动物的水环境指示性

原生动物个体较小，鉴定比较困难，在实际工作中实用性差，详见表 2.2。

表 2.2 水环境中的指示动物[11, 12]

类别	多污水性	α 中污水性	β 中污水性	寡污水性
原生动物	绿眼虫	尾草履虫	大变形虫	狭长前口虫
	单泡草履虫	小康纤虫	辐射变形虫	长颈虫
	条纹齿口虫	海洋尾丝虫	绿草履虫	旋回侠盗虫
	小口钟虫	扁平漫游虫	双环栉毛虫	袋扉门虫
	小梭纤虫	沟钟虫	大弹跳虫	环柄睫纤虫
轮虫-腹毛类动物	二齿宿轮虫	萼花臂尾轮虫	没尾无柄轮虫	角三肢轮虫
	红轮虫	长足轮虫	刺盖异尾轮虫	奇异六腕轮虫
	收缩轮虫	转轮虫	裂足轮虫	卞氏晶囊轮虫
	橘色轮虫	优雅颤轮虫	偏菱形鳞鼬虫	韦氏轮虫
	细长巨头轮虫	椎尾水轮虫	壶状臂尾轮虫	尾足裸鼬虫

类别		多污水性	α中污水性	β中污水性	寡污水性
底栖动物	甲壳类	无	栉水虱	圆形盘肠溞	虱形大眼溞
	昆虫类	无	斑须石蚕	褐条沼石蚕	石夹多脉蜉
	贝类	截口浮萨螺	纹沼螺	中国圆田螺	放逸短沟蜷
鱼类		无或少有鲤鱼、鲫鱼	鲤鱼、鲫鱼、鲶鱼、鳗鱼	茴鱼、鲃鱼等较多种鱼类	真吻鰕虎鱼和吻鰕虎鱼、鲑鱼等多种鱼类

4）轮虫-腹毛类动物的水环境指示性

同原生动物一样，使用效果不好，详见表2.2。

5）底栖动物的水环境指示性

底栖动物个体相比原生动物较大，对水体的指示作用很有价值，且便于利用，详见表2.2。

6）鱼类的水环境指示性

鱼类个体比较大，容易看到，并为人们日常所见，是一类较好的指示生物。由于鱼类在水中有一定程度的分层现象，可以利用这一点对不同水深的水质状况做出指示，如底栖鱼类对底质的无机污染敏感等，详见表2.2。

7）水生植物的水环境指示性

水生植物的水环境指示作用最为直观。尽管污水中的主要污染物不尽相同，所造成的植物生态环境变化也各有差异，并最终影响植物种类和群落结构。

指示生物对污染的耐受能力是有差别的，一些动物只能生活在洁净的河流或者自然水体中，而另一些则常见于各类污染严重的水域。生物耐受污染的能力不同也可以反映出水质的差别，从而起到指示水质的作用。表2.3列举了一些耐污能力较强的指示植物。

表 2.3　耐污能力较强的指示植物[11, 12]

序号	植物（科、属）	耐污类型
1	菰草（禾本、菰）	耐含酚、油、CN、—NO_x、—SO_x工业污水，碱性造纸废液
2	芦苇（禾本、芦苇）	极耐含油、酚、酸、CN、—SO_x工业污水，炼钢、焦化和酸性化工业废水
3	水葱藨草（莎草、藨草）	含酚、油、CN、—NO_x、—SO_x、SS工业污水，造纸废液
4	黑三棱（黑三棱、黑三棱）	有机污染、无机污染和铁矿粉污染的水域
5	鬼针草（菊、鬼针草）	含SS较高浓度的选矿废水，酚、CN、—SO_x污染的湿地
6	羽叶鬼针草（菊、鬼针草）	同上
7	东方蓼（蓼、蓼）	含较高浓度油、酚、CN工业污水湿地、生活污水
8	莎草（莎草、莎草）	有机污染和无机污染的水域（某种莎草可因污染物不同而形成单独群落）
9	球穗莎草（莎草、莎草）	同上
10	多枝扁莎（莎草、莎草）	同上
11	紧穗三棱草（莎草、三棱草）	含—SO_x、酚、CN污水及生活污水的沼泽湿地

序号	植物（科、属）	耐污类型
12	酸模叶蓼（蓼、蓼）	含 CN、酚、—SO_x 污水的湿地，选矿废水
13	黑藻（水鳖、黑藻）	含较高浓度—SO_x、SS 的钢铁工业废水
14	龙须眼子菜（眼子菜、眼子菜）	同上
15	狐尾藻（小二仙草、狐尾藻）	含—SO_x 的污水，温泉排放的废水
16	慈姑（泽泻、慈姑）	造纸废水，含酚、CN、—SO_x 工业污水的沼泽地（标志水质好转）
17	菖蒲（天南星、菖蒲）	有机工业废水、造纸废水污染的沼泽地（标志水质好转）
18	水葱（莎草、莎草）	生活污水污染的沼泽地
19	翼果苔草（莎草、苔草）	有机污染的湿地（标志水质好转）
20	无翅猪毛菜（藜、猪毛菜）	工业废水、生活污水和海水混合污染的湿地

上述介绍的各种指示生物虽然都有一定的适应范围，但生物种类和数量的分布并不单纯取决于污染，其他条件（如地理、气候以及河流的底质、流速、水深等）对生物的分布和生长也起着关键作用，利用指示生物监测和评价水质必须注意这些因素。

2. 指示生物的选择

选择指示生物，首先要明确指示的问题。几乎任何种类的水生生物都可以作为水质监测的指示生物，但我们对大多数物种的个体生态其实了解得并不多，这就要求我们必须选出最有潜力的指示生物来应对专门的问题。理想化的指示生物必须能够严格界定环境参数，一般来说优秀的指示生物应当具备以下特征。

（1）易于鉴定：分类学鉴定是否正确决定了数据分析和判断的精准性。

（2）易于采集：无须烦琐复杂的采样操作或者动用昂贵精密的设备即可获得的指示生物会给研究带来极大的方便，同时节约成本。

（3）分布广泛：生态分布和地理分布越广泛，越有利于我们对不同环境变化进行比较和研究。

（4）资料齐全：优秀的指示生物应当具有完整的生态学资料，方便分析调查结果，设计污染生物指数。

（5）易受毒性影响：容易在食物链中积累毒性和污染物，反映环境状态，方便我们理解其分布与生存环境的关联。

（6）易于饲养：有助于对相关毒性反应进行室内实验，方便研究和观察。

（7）变异性小：无论是遗传上的还是生物群落方面（生态位）的变异都较小。

3. 主要指示生物监测

1）大型底栖无脊椎动物水质生物监测

能用肉眼观察到的在水生态系统中完全或部分生命周期生活在底层基质（如沉积物、

碎片、原木等）中的生物被视为大型底栖无脊椎动物，体长超过 0.595mm，栖息在水层底部或附着在基质上，包括水生昆虫、大型甲壳类、软体动物、环节动物、圆形动物、扁形动物等许多动物门类，其活动能力较弱[13]。近些年在自然水体进行的生物监测，至少有 60%的指示生物选用了大型底栖无脊椎动物，大型底栖无脊椎动物是水生环境的重要组成部分，可以将能量转移到水生食物网中的其他营养级，并且不同种类的大型底栖无脊椎动物对环境变化的敏感程度也不同，故可以通过这些大型底栖无脊椎动物的形态、存在与否、丰度、生理特征或行为来预测给定位置的物理化学条件。调节淡水生境中大型底栖无脊椎动物的主要因素有食物、水流流速、浅滩深度、植被、水温、电导率、阴影、海拔以及季节更替带来的影响、物种之间的相互竞争、干旱和洪水。

利用大型底栖无脊椎动物进行水质生物监测的优势有以下几点。

（1）活动能力较弱。

（2）具有长久稳定的生活周期。

（3）能综合反映较长时间段内的河流水质状况。

（4）种类多样性高。

（5）耐污值多样性高。

（6）处于河流生态系统食物链的中间。

（7）采样容易。

（8）成本低。

2）藻类水质生物监测

藻类是水生态系统食物链的起点。藻类作为主要的初级生产者，生命周期短，对污染敏感。它们在不同的水体中具有特定的物种组成。群落的性质和数量随水化学成分的变化而变化。因此，它们通常被用作监测和评价水质的重要参数。不同藻类对生态因子的耐受性不同，但利用藻类评价水质的最大缺点是不能反映河流复杂的生态条件。

3）鱼类水质生物监测

鱼类位于河流生态系统食物链的末端，可以更好地反映河流的复杂生态条件。鱼类水质生物监测的缺点是对环境条件变化的响应较慢、敏感性低，采样成本过高。

2.1.4　生物指数分析

在自然环境中，分布着种类繁多的生物和由它们组成的保持着某种平衡的生物群落。水生生物群落和水环境是一个有机的整体，生物群落组成的多样性会受到环境因素的制约，群落结构随着生态环境的变化而变化。因此，群落结构是水质优劣的重要表征，对于水质生物学监测来说，一般通过群落生态调查比较某一水域污染前后群落结构上所产生的变化或比较相似生境中群落结构的异同。

从 20 世纪 50 年代起，不少学者逐渐认识到，由于生物的适应性和生态系统的多样性和复杂性，单纯用个别或少数种类来判断环境质量过于简单，难以反映环境的实际情况。因此，在研究各类环境质量参数的基础上，W.M.贝克、津田松苗、C.J.古德奈特和L.S.惠特利等学者提出了一系列数学公式用以评价环境质量，如生物指数（biotic index）、多样性指数（diversity index）、生物完整性指数（index of biological integrity）等[14-16]。生物指数是指运用数学方法求得的反映生物种群或群落结构变化的数值，用以评估环境质量。

1. Beck-Tsuda 生物指数

Beck 于 1995 年首先提出了一个简易地计算生物指数的方法，根据生物对有机污染物的耐受性，将大型底栖无脊椎动物分为两类[14-16]。A 类为对有机物污染缺乏耐性的种类（即敏感种类）；B 类是对有机物污染有中等程度耐性的种类（即耐污种类），是在污染状况下才会出现的动物，详见表 2.4。Beck 生物指数（BI）表示为

$$BI = 2A + B \tag{2.1}$$

式中，A 和 B 分别代表大型底栖无脊椎动物的敏感种类和耐污种类数。1974 年，日本津田松苗在对 Beck 生物指数进行多次修改的基础上，提出了不限于采集点而是在拟评价或监测河段的采集方法[14-16]。把各种大型底栖无脊椎动物尽量采到，通过 Beck 公式计算，即为 Beck-Tsuda 生物指数。其所得数值与水质的关系为：大于等于 20 为清洁水区；11～19 为较清洁水区；6～10 为不清洁水区；0～5 为严重污染水区。但由于敏感种类和耐污种类的难以确定性，Beck-Tsuda 生物指数已经很少应用于近些年的研究。

表 2.4 Beck 生物指数的生物耐污性分类

A 类（敏感种类）	蜉蝣（Ephemeroptera）、石蝇（Plecoptera）、石蛾（Trichoptera）、鳌虾（Decapoda）、蚬（Pelecypoda）
B 类（耐污种类）	龙虱（Coleoptera）、卷甲虫（Isopoda）、端脚目（Amphipoda）、鱼蛉（Megaloptera）、蜻蜓和豆娘稚虫（Odonata）、蝇类（Diptera）、螺类（Gastropoda）、扁形虫（Tricladida）、水蚯蚓（Oligochaeta）、水蚂蟥（Hirudinea）、甲虫成虫（Coleoptera）、水生蝽（Hemiptera）

2. 多样性指数

多样性指数是指应用数理统计方法求得表示生物群落和个体数量的数值，用以评价环境质量。通常利用群落结构的三种成分：丰度（现有的物种数）、均匀度（物种间个体分布的均匀性）和多度（现在生物的总数）来评价多样性。如果是在清洁的、未受干扰的环境中，生物多样性（丰度）提高；如果水体受到污染、有机污染加重，可能使敏感生物减少或消失，导致生物多样性降低；一些耐受性强的生物在养分充足的环境里大量增殖会使多度有所增加，从而引起均匀度降低。常用的水质多样性指数有 Shannon-Wiener 指数（H'）、Margalef 种类丰富度指数（d）以及 Simpson 多样性指数（D）。

Shannon-Wiener 指数（H'）是应用最为广泛的多样性指数，它适用于任何的空间分布，并且对稀有种反应不敏感。其计算公式为

$$H' = -\sum (N_i / N)\ln(N_i / N) \tag{2.2}$$

式中，H' 为指数值；N 为所采集物种个体的总数；N_i 为属于第 i 物种的个体数。H' 越大，多样性越高，相应的环境条件就越好。当 H' 的值为 0～1 时为严重污染，其值为 1～2 时

为重度污染，其值为 2～3 时为中度污染，其值为 3～4.5 时为轻度污染，其值大于 4.5 说明水体清洁。

Margalef 种类丰富度指数（d）的计算公式为

$$d = \frac{S-1}{\ln N} \tag{2.3}$$

式中，S 为样本的生物种类数。当 d 的值为 0～1 时为严重污染，其值为 1～2 时为重度污染，其值为 2～3 时为中度污染，其值为 3～4 时为轻度污染，其值大于 4 则说明水体清洁。

Simpson 多样性指数（D）的计算公式为

$$D = \sum \frac{N_i(N_i-1)}{N(N-1)} \tag{2.4}$$

当 D 的值为 0～1 时为严重污染，其值为 1～2 时为重度污染，其值为 2～3 时为中度污染，其值为 3～6 时为轻度污染，其值大于 6 则说明水体清洁。

多样性指数有以下优点。

（1）是严格定量的标量，并适用于统计学处理。

（2）大多数不依赖样本量的多少。

（3）对于物种个体的相对耐受性没有作任何假设（因为假设本身可能会具有人的主观性）。

目前国内外的研究中，利用大型底栖无脊椎动物的多样性指数来评价有机物污染状况比较多见且比较成功。

3. 底栖生物完整性指数

底栖生物完整性指数（B-IBI）主要用于处理日常生物监测中的众多数据。1999 年有学者在美国东南部河口根据底栖生物种类组成，运用聚类分析确定主要的环境类型及评估其理化特征；选择每一种环境类型中正常区域和退化区域中有代表性的数据；比较并选择可以区别正常区域与退化区域的参数作为指数的"秩"；建立"秩"的评分标准；将各种"秩"的得分相加后平均；通过比较独立数据中的观测值和预测值来确定指数的有效性。其评价标准为：B-IBI 的分值为 5 时，高环境质量；其值为 3.0～4.9 时，良好；其值为 2.7～2.9 时，轻胁迫；其值为 2.0～2.6 时，胁迫；其值小于 2 时，严重胁迫。

4. 生物参数

近年来，用于水质生物评价的生物指标已经不再局限于生物指数，很多与群落结构和功能有关的参数如总分类单元数、EPT 分类单元数、滤食者百分比和黏附者百分比等，是多度量水质生物评价中常用的参数。

一般认为生物参数是一种数量指标，可以反映环境变化对目标生物（个体、种群、群落）数量、结构和功能的影响，从而有效地评估水体质量。生物参数总的来说可以分为四类：①与群落结构和功能有关的指数，如多样性指数、分类单元丰富度等；②与生物耐污能力有关的指数；③栖境参数，指与生物的行为和习性有关的生物参数；④多度量指数和完整性指数。

综上所述，生物学监测和评价水质正在日益补充物理和化学监测的不足，特别是现在的生物学监测常常利用数学模型和数学分析，这将使监测和评价水质的生物方法更加科学，发展更加深入。选择适当的生物指标，建立监测和预测水质的数学模型，并通过评估水质健康状况为管理提供决策依据，促进人水和谐共处，才是未来水质生物评价发展的大势所趋。

2.2　河流湖泊水库水生生物调查

水生生物在水生态系统结构中举足轻重，甚至在整个生物圈中都发挥着非常重要的作用。因此，水生生物与水环境质量密切相关。本节重点介绍河流湖泊水库水生生物的调查方法。

2.2.1　浮游生物调查

1. 试剂与器具

1）主要试剂

鲁氏碘液（称取 6g 碘化钾溶于 20mL 蒸馏水中，待完全溶解后，加入 4g 碘，摇匀，至碘完全溶解，加蒸馏水定容至 100mL，储存于磨口棕色试剂瓶中）、甲醛溶液、乙醇溶液等。

2）器具

采水器（水深小于 10m 的水体可采用玻璃瓶采水器，深水必须采用颠倒集水器或有机玻璃集水器）、浮游生物网（圆锥形，浮游植物 25 目，孔径 0.064mm；浮游动物 13 目，孔径 0.112mm）、水样瓶（定量样品瓶采用 30mL 或 50mL 刻度试剂玻璃瓶，定性样品瓶采用 30～50mL 或聚乙烯玻璃瓶）。

3）仪器和设备

沉淀器（1000mL 圆柱形玻璃沉淀器或 1000mL 分液漏斗）、乳胶管或 U 形玻璃管（内径 2mm）、洗耳球、刻度吸管（浮游植物 0.1mL 和 1.0mL；浮游动物 1.0mL 和 5.0mL）、计数框（浮游植物 0.1mL，10 行×10 行，共 100 目；浮游动物 0.1mL、1.0mL、5.0mL）、玻璃盖、显微镜（带测微尺）、解剖显微镜（带摄像机）。

4）称重

电子天平。

2. 采样方法

1）水样的采集

浮游植物采集定量样品的工具有浮游生物网和采水器。浮游生物网的孔径一般为 0.064mm 和 0.112mm 两种。采水器容量一般为 2.5L 和 5L 两种。

浮游植物采样[17-19]：先采集定量样品，再采集定性样品，每个采样点采集 1L 水样，并在适当情况下增加贫营养型水体的采样数量。当有大量泥沙沉积物时，有必要在采样前先在容器中沉淀再取样。分层取样时，应取各层水样均匀混合后从混合物中抽取 1L 水样。使用 25 号浮游生物网在表面缓慢采集大型浮游植物的定性样本。注意网口垂直于水面，网口上部不应暴露于水面。

浮游动物采样[17-19]：浮游动物的定量样本可用于原生动物、轮虫和无节幼体定量调查。如若单独采集则采集至少 1L 水样；定性采样方法与浮游植物方法相同。枝角类和桡足类的定量样本应在定性采样之前用采水器采集，在每个采样点采集 10～50L 水样，使用 25 号浮游生物网过滤和浓缩。过滤器应放置在样品瓶中，滤网应使用过滤水清洗三次。获得的过滤器也应放置在上述瓶子中；使用 13 号浮游生物网缓慢抽取和收集定性样品。注意滤网和定性样品采集网应分开使用。

2）采样点设置

为了全面、充分地确定水体中浮游生物的种类和数量，必要时应建立更多的采样站，但也应该考虑劳动力、时间和资金的可能性和限制。在制定特定水体的调查计划时，应根据面积、形状、深度、水源、风、光、浮游植物的具体生态分布和调查目的以及相关地点的历史数据，合理选择采样点的位置和数量。采样点应具有代表性，并可反映整个水体中浮游生物的基本情况，如表 2.5 所示。

表 2.5 采样点设置数量[17, 18]

水体面积/km²	<2	2～5	5～20	20～50	50～100	100～500	>500
采样点数/个	3	3～5	5～7	7～10	10～15	15～20	20～30

在调查河流时，应在干流的上游、中游和下游，主要支流汇流的上游、汇流后与干流充分混合的地方，以及主要排污口和河口区附近设置采样断面。断面采样点应根据河流宽度确定，一般情况下，宽度小于 50m 的仅在中心区域设置采样点；50～100m 的可设置于两侧水流明显处；对于超过 100m 的河流，应分别在左侧、中部和右侧设置采样点。

在调查湖泊时，应在湖岸和中心附近设置采样点，根据湖泊的形状，采样点可以设置在湖泊的中部、大湖湾的中部、水的进出口附近以及沿岸的浅水区域（有水草区和无水草区）。

在调查水库时，采样点应设置于水库的中部（河道型水库分别位于河流上游、中游和下游的中部）和大型库湾的中部，靠近水的主要进出口、污水的主要出口和入库河流的交汇处。

3）采样频率

采样频率可根据实际的研究目的确定，可以按月或季度进行，按月进行每月 1～4 次，按季度进行则一个季度 1 次。

样品瓶必须贴好标签，标签上标明收集时间和地点。采样时间应尽可能一致，通常在上午的 8:00 到 10:00。

4）采样层次

采样层次原则上取决于水体的深度。如果水深接近 2m，且水团混合良好，则只采集一个表层（0.5m）水样；对于深度为 3～10m 的水箱，应分别从表层（0.5m）和底层（距底部 0.5m）取至少两个水样进行混合；对于深度超过 10m 的深湖和水库，应增加更多的层次。可以从上层（有光层）或温跃层下方 2～5m 或更深距离处采集一个样本，每层等量混合到一个水样中。如果对浮游植物的垂直分布进行研究，则必须分别采集和计算每一层的浮游植物。一些藻类（如蓝藻）通常漂浮在水面上，或出现片状和带状分布，取样时应注意合理识别。

浮游植物采样：当水深小于 3m 时，仅对中层进行采样；水深 3～6m 时，在表层、底层采样，其中表层即离水面 0.5m 处，底层即离泥面 0.5m 处；当水深为 6～10m 时，在表层、中层和底层取样；当水深大于 10m 时，在水面、5m 和 10m 水深处取样，除特殊需要外，通常不在 10m 以下的区域取样。

浮游动物采样：根据水深，每隔 0.5m、1m 或 2m 取一个水样进行混合，然后取一部分样品用以浮游动物的量化。

3. 样品分析方法

1）水样的固定

浮游植物样品：用于计数的水样应立即用鲁氏碘液固定以杀死水样中的浮游植物和其他生物。计数所需水样较多，通常为 1L，固定剂量为水样的 1%，即加入约 10mL 至 1L 水样，使水样呈棕黄色。对于需要长期储存的样品，向水样中加入约 5mL 甲醛溶液。

浮游动物样品：原生动物和轮虫定性样品，除留一瓶供活体观察不固定外，其余样品须固定，固定方法同浮游植物。枝角类和桡足类定量及定性样品应立即用 37%～40% 的甲醛溶液固定，用量为水样体积的 5%。

2）沉淀和浓缩

浮游植物样品：一般来说，浮游藻类的大小为 1～50μm，用鲁氏碘液固定后，沉降时间通常为 48h。有时在现场条件下，为了节省时间，也可以采用逐步沉淀的方法，即首先在较大直径的容器（如 1L 烧杯）中沉淀，吸取上部的清洁液体，然后将其转移到分离漏斗中继续沉淀；最后用一根小玻璃管（直径小于 2mm）缓慢地从顶层吸取上清液。注意不要混合或吸入漂浮在表面和沉淀的藻类（水样中虹吸管的末端可以覆盖直径为 64μm 的筛网）。当体积剩余约 20mL 时，将沉淀物放入 50mL 体积的试剂瓶中。试剂瓶应提前标记 30mL 处的位置。用上清液或蒸馏水冲洗分离漏斗 2～3 次，将其放在试剂瓶中，并将其体积设置为 30mL。如果样品的最终体积超过 30mL，可以再静置 48h，然后仔细吸收多余的水。长时间存放的样品应加入少量甲醛溶液，并用石蜡或胶水密封。取样日期、取样点和水量应在样品瓶上标明。

浮游动物样品：原生动物和轮虫的计数可与浮游植物计数合用一个样品；枝角类和桡足类通常用过滤法浓缩后的水样。

3）种类鉴定

优势种应鉴定到种，其余种类至少鉴定到属。种类鉴定除用定性样品进行观察外，微型浮游植物需吸取定量样品进行观察，但要在定量观察后进行。疑难种类要保存样本以备今后进一步鉴定。

4）计数

目前，我国常用的计数框是一个由玻璃条组成的盒子，表面积为 20mm×20mm，容量为 0.1mL。盒子分为十个水平行和十个垂直行，共有 100 个小正方形。

充分摇动计数样品后，快速将 0.1mL 样品吸取到计数框中，并用盖玻片盖住。计数框中不应有气泡，也不应有样品溢出。当温度较高时，可以在玻璃盖周围密封液体石蜡，以防止在长时间计数过程中因水蒸发而产生气泡。

计数时，显微镜目镜可以是 10 倍，物镜可以是 40 倍，但可以根据情况进行更改。为了减少工作量，通常不计算整个计数框内水样中的浮游植物，但仅选择部分样本进行计数。选择过程是一个次级抽样过程，因此有两种主要方法：计数框行格法和目镜视野法。

（1）浮游植物计数。

①计数框行格法。对计数框上的第 2 行、第 5 行、第 8 行共 30 个小方格进行计数，现已较少采用。

②目镜视野法。首先应用微尺测量显微镜在一定放大倍数下的视野直径中，计算出面积。计数的视野应均匀分布在计数框内，每片计数视野可按浮游植物的多少酌情而定，一般为 50～300 个。

（2）浮游动物计数。

①原生动物、轮虫的计数：计数时，沉淀样品要充分摇匀，然后用定量吸管吸 0.1mL 注入 0.1mL 计数框中，在 10×20 的放大倍数下计数原生动物；同样吸取 1mL 注入 1mL 计数框中，在 10×10 的放大倍数下计数轮虫。一般计数两片，取其平均值。

②枝角类、桡足类的计数：取 5～10L 水样，用 25 号浮游生物网（孔径为 64μm）过滤，把过滤物放入标本瓶中。在计数时，根据样品中甲壳动物的多少，分若干次全部过数。如果在样品中有过多的藻类，则可加伊红（Eosin Y）染色。

5）生物量的测定

浮游植物的比重接近 1，可以直接按体积转换为质量（湿重）。体积测量应基于浮游植物的形状，必要的长度、高度、直径等应根据最近似的几何形状进行测量。应随机测量每种类型至少 50 个，并计算平均值，并通过替换适当的求积公式计算体积。将该平均值乘以 1L 水样中此类藻类的数量，得到 1L 水样中此类藻类的生物量。所有藻类生物量的总和是 1L 水样中浮游植物的生物量，单位为 mg/L 或 g/m³。

不规则形状的种类可分为几个部分，根据相似的图形公式计算后相加。对于数量或体积较大的类型，应尝试测量体积并计算平均重量。微型种类只能在门上识别，并根据大、中、小水平的平均质量计算，最小（<5μm）为 0.0001mg/10⁴，平均（5～10μm）为 0.002mg/10⁴，较大（10～20μm）为 0.005mg/10⁴。

原生动物、轮虫可用体积法求得生物体积，比重取 1，再根据体积换算为重量和生物量。甲壳动物可用体长-体重回归方程，由体长求得体重（湿重）。无节幼体可按 0.003mg（湿重）/个计算。

轮虫、枝角类、桡足类及其幼体可用电子天平直接称重。即先将样本分门别类，选择 30～50 个样本，用滤纸将其表面水分吸干至没有水痕，置天平上称其湿重，个体较小的增加称重个数。

2.2.2 大型水生植物调查

水生植物包括种子植物、蕨类植物、苔藓植物和在藻类中具有假根的大型藻类，一般可分为挺水植物、浮水植物（漂浮植物、浮叶植物）和沉水植物。由于其栖息地的复杂性和物种的多样性，在对大型水生植物现存量的测量中一些常用于测量陆生植物永久存量的方法，如直接收获法和挖掘法不适用于水生植物。但可以使用一些特殊方法来确保测量结果的准确性，如框架采集法和潜水挖掘法。虽然这些方法非常精确，但既耗时又费力。因此，水生植物采样技术应不断发展和完善。在制定渔业生产措施之前，有必要区分物种并了解其生物量。收集的不同种类的大型水生植物可制成腊叶标本或直接制成浸制标本。鉴定后保存，每个样品至少应制作和储存两个样品。每当采集到一种植物，必须立刻做好采集记录并且贴好采集标签[20, 21]。

1. 试剂和器具

只需准备甲醛溶液（福尔马林溶液），采样工具常用带网铁夹，它由边长为 50cm 的可张开和关闭的铁条组成为正方形框架，边框缝上孔径约为 1cm 的尼龙网袋，网长度约 90cm，当铁夹完全张开时，框口为正方形，面积为 $0.25m^2$。其他设备包括纱布、吸水纸、电子秤、样品袋、塑料桶等[17]。

2. 采样方法

在综合研究的基础上，根据特定的水体和水生植物的分布规律，选择几个具有代表性的样带。样带数量的最低限度必须充分代表大多数现有群落物种，可以根据物种面积曲线确定该数量。样地可以均匀地设置在整个群落的中几个均匀分布的断面上，样地面积一般为 2m×2m 样方，稀疏植物群落（小于 100 株/m^2）可采用 10m×10m 或 5m×5m 样方，植物密度高（大于 1000 株/m^2）可采用 1m×1m 或 0.5m×0.5m 样方。

在取样点，将铁夹完全张开，投入水中，待铁夹沉入水底后将其关闭上拉，倒出网内植物。去除枯死的枝、叶及杂质，放入编有号码的样品袋内。

3. 样品分析方法

鲜重（W_f）为样品不滴水时的称重。干重的测算是取部分鲜样品（不得少于 10%）作为子样品，在 60～80℃温度下烘干至恒重，即为子样品的干重，并由子样品干重换算为样品干重。

$$W_F = W_f/S \tag{2.5}$$

式中，W_F 为以鲜重表示的现存量，单位为 g/m^2；W_f 为样品鲜重，单位为 g；S 为样方面积，单位为 m^2。

$$W_D = W_d/S \tag{2.6}$$

式中，W_D 为以干重表示的现存量，单位为 g/m^2；W_d 为样品干重，单位为 g；S 为样方面积，单位为 m^2。

根据每平方米不同植物的存量及其分布面积，可以从样本中计算水体中不同大型水生植物的总存量和不同种类植物的比例。

2.2.3　底栖生物调查

随着科学进步、生产发展，人们逐渐开始研究底栖动物，尤其在水产事业和环境保护方面开展了一系列探索。其中的淡水底栖动物，主要是水栖寡毛类、软体动物、水生昆虫等[22, 23]。

底栖动物按其生活方式，分为固着型、底埋型、钻蚀型、底栖型和自由移动型，其中固着型是固着在水底或水中物体上生活的动物，如海绵动物、腔肠动物、管栖多毛类、苔藓动物等；底埋型是埋在底泥中生活的动物，如大部分多毛类、双壳类的蛤和蚌、穴居的蟹、棘皮动物的海蛇尾等；钻蚀型是钻入木石、土岸或水生植物茎叶中生活的动物，如软体动物的海笋、船蛆和甲壳类的蛀木水虱；底栖型是在水底土壤表面生活、稍能活动的动物，如腹足类软体动物和海胆、海参和海星等棘皮动物；自由移动型是在水底爬行或在水层游泳一段时间的动物，如水生昆虫、虾、蟹等。多数底栖动物长期生活在底泥中，具有区域性强、迁移能力弱等特点，对于环境污染和变化通常少有回避能力，其群落的破坏和重建需要相对较长的时间；多数种类个体较大，易于辨认；不同种类底栖动物对环境条件的适应性和对污染等不利因素的耐受力和敏感程度不同。根据上述特点，利用底栖动物的种群结构、优势种种类和数量等参数可以反映水体的质量状况。

1. 试剂和器具

1）试剂

甲醛溶液（7%）、乙醇溶液（75%）、甘油、加拿大树胶、普氏胶（用 8g 阿拉伯胶、10mL 蒸馏水、30g 水合氯醛、7mL 甘油、3mL 冰醋酸配制而成。配置时先在烧杯中加入阿拉伯胶和蒸馏水，80℃ 水浴加热溶解阿拉伯胶，并用玻璃棒持续搅动，待胶溶解，依次加入其他试剂，再用玻璃棒搅拌均匀，随后用薄棉过滤即可）。

2）器具

底栖动物的采样器主要有 3 种：面积为 $1/16m^2$ 的带网夹泥器，主要用于采集软体动物等大型底栖动物；面积为 $1/40m^2$ 的埃克曼采泥器主要用来采集寡毛类和昆虫幼虫；面积为 $1/16m^2$ 或 $1/20m^2$ 的改良型彼得森采泥器主要用于采集寡毛类、昆虫幼虫和小型软体动物。

2. 采样方法

1）采样原则

常用的底栖动物采样设备是彼得森采泥器，开口面积为 $1/16m^2$。适用于收集淤泥和较软的底泥，主要用于收集小型水生昆虫和水栖寡毛类。使用时，将绳索系在船上某处，打开采样器，挂上吊钩，慢慢将其放在水底，然后继续铺设绳索，拔下吊钩，再轻轻提起绳索拧紧。待采泥器两侧闭合后，将其拉出水面。将底泥样品放入盆中，并将采泥器也放入盆中。通过 40 目筛后，去除水中的泥沙沉积物，将获得的底栖动物及其分解碎屑和其他残留物放入塑料袋中，并带回实验室进行分类和显微镜检查。在塑料袋上贴好标签，注明采样地点、时间和采样次数。

在选择采集点之前，应全面了解研究水域，如实地调研、查阅相关原始数据和档案、了解水域面积、渔业生产以及水体周围是否有村庄（耕地、工厂、森林、荒地、水源、水道、捕鱼区、水深、沉积物等）。根据详细的地形图，对自然环境进行详细记录，然后根据不同环境（如水深、泥沙、水生植物等）的特点，选择代表水域特征的区域和地带，设置断面和采样点。

2）采样频率

对于湖泊和河流，采样频率一般为每季度一次或每半年一次，最低限度为春季和夏末秋初各采样一次。如若在水库采样则需在最大蓄水和最小蓄水时进行采样。

3. 样品分析方法

1）样品鉴定

软体动物和水栖寡毛类的优势种应鉴定到种，摇蚊幼虫鉴定到属，水生昆虫等鉴定到科。对于疑难种类可以制作固定标本，以便进一步分析鉴定[12, 24]。

水栖寡毛类和摇蚊幼虫等在鉴定时需制片在解剖镜或显微镜下观察，一般用甘油作透明剂。如需保留制片，可用加拿大树胶或普氏胶封片。封片时先滴 1～2 滴加拿大树胶或普氏胶在载玻片上（胶的用量要适当），避免产生气泡[25]。

2）样品计数

每个采样点所采得的底栖动物应按不同种类准确统计个体数。在标本已有损坏的情况下，一般只统计头部，不统计零散的腹部、附肢等。根据采样面积推算出 $1m^2$ 内的数量，包括每种的数量和总数量。

3）样品称重

小型种类，如水蚯蚓、摇蚊幼虫等，可将它们从保存剂中取出，轻轻放在吸水纸上翻动，吸去标本上附着的水分，然后在百分之一或者千分之一的天平上称重。先称得各采集点的总重，然后分类称重，数据代表固定后的湿重。大型种类，如螺、蚌等，虽可放置数日不死，但它们仍然会不断失去水分而影响数值，所以亦需同时称重，可用托盘天平或电子天平称重。其数值为带壳湿重，记录时应加注予以说明。

计数和称重获得的结果换算为每平方米的个数（个/m^2）或生物量（g/m^2）。

2.2.4 微生物调查

水中微生物，通常是指在水生态系统的物质循环中发挥作用的细菌。细菌是原核生物，大多数是大小不到 $1\mu m$ 的单细胞生物。在光学显微镜下，根据细胞的形状可分为球菌、杆菌、螺旋菌、链球菌等。大多数微生物的采样是用无菌玻璃瓶或耐高温无有毒物质的塑料瓶收集的。水中细菌总数与水污染密切相关，随着有机污染物的增加，微生物的数量也会增加[26]。富营养化湖泊中大量浮游植物死亡，不可避免地促进了水体中异养菌的浓度升高，所以细菌总数是监测水质的重要生物指标。水中大肠菌群的数量可反映水中致病菌的状况，因此在监测水质卫生、评估和预测河流的营养状况和污染程度方面具有重要的实用价值。选择一种能够满足上述所有条件的指示菌几乎不可能，因此我们只能选择一种相对理想的细菌作为指示菌。常见的指示菌或其他指示微生物有：总大肠菌群、粪大肠菌群、粪链球菌、产气荚膜梭菌、双歧杆菌属、肠道病毒、大肠杆菌噬菌体、沙门菌属、志贺菌属、铜绿假单胞菌、葡萄球菌属、副溶血弧菌等。此外，还有水生的真菌、放线菌和线虫等[27, 28]。

1. 试剂和器具

微生物检测需要高质量的配套实验室，整个测试过程需要专人管理和控制。它要求所有实验室实施标准化的采样步骤和分析方法，同时，需要符合实验室、仪器设备、实验用品、数据处理和质量控制的最低合格标准。

1）试剂

营养琼脂培养基（也称 LB 培养基：胰蛋白胨 10g/L；酵母提取物 5g/L；氯化钠 10g/L）、氢氧化钠溶液（0.5mol/L）、盐酸（1∶1，分析纯盐酸与水等体积混合）、亚甲基蓝染色液或吖啶橙染色液。

2）仪器与设备

显微镜、恒温培养箱、高压蒸汽灭菌锅、沙氏玻璃抽滤器等。

2. 采样方法

一般来说，使用 100～150mL 的深棕色磨塞广口玻璃瓶，也可以使用无毒或耐高温耐反复连续消毒的聚丙烯塑料采样瓶。样品瓶清洗并干燥后，用防潮纸或优质厚牛皮纸包裹瓶塞和瓶口，用 120℃ 高压蒸汽灭菌 15～20min。灭菌后的样品瓶存放在半无菌室内备用。如果超过 10d 没有使用，必须再次消毒。使用无菌样品瓶可直接采集表层湖水的细菌样本，深水采样可自制简易细菌采样器，瓶子里应有足够的空间来混合水样。取样和分析的时间间隔不得超过 4h，如果超过 4h 且温度高于 10℃，则应将水样置于冰保温箱中冷藏，但冷藏时间不应超过 6h。水样到达实验室后，如果不能立即检测，必须立即转移到 4℃冰箱中保存，保存时间不得超过 2d。在进行实验分析之前，不得打开样品瓶密封，以防止分析和测试之前样品受到污染。

3. 样品分析方法

下面以平板计数法为例进行细菌的测定和计数。

（1）以无菌操作取 50～100mL 水样。将样品带回实验室后，将其注入含有玻璃珠的空三角烧瓶中，确保该烧瓶已灭菌，并旋转振荡 10 次，使细菌均匀分布在水样中。

（2）使用无菌刻度移液管吸取 10mL 上述振荡水样，将其注入含有 90mL 灭菌蒸馏水的三角烧瓶中，并将其充分混合至 1∶10 稀释液。

（3）吸取 1mL 1∶10 稀释液注入含有 9mL 灭菌水的试管中，充分混合，形成 1∶100

稀释液。按照相同的方法稀释至 1∶1000、1∶10 000 和其他梯度备用。吸收不同浓度的稀释液时，应更换吸管。

（4）用 1mL 灭菌吸管吸取 2～3 个适合浓度的稀释液 1mL，注入相应的灭菌培养皿中，将约 15mL 已融化冷却至约 45℃的营养琼脂培养基倒入上述培养皿中，立即旋转培养皿使水样与培养基充分混合。每个浓度的稀释水样做三个培养皿作为平行对照。对于每次细菌测试，需使用一个只倾注营养琼脂培养基的培养皿作为空白对照。

（5）营养琼脂培养基在培养皿中冷却固化后，将培养皿倒置，置于 37℃培养箱中培养 24h。取出盘子，数菌落数。三个培养皿中的平均菌落数即是 1mL 不同稀释水样中的细菌总数。

2.2.5　鱼类调查

鱼类的种群组成及其特点与湖泊、河流和水库的营养状况有着密切关系。常见的鱼种包括青鱼、草鱼、鲢鱼、鳙鱼，俗称"四大家鱼"。调查鱼类组成，主要是指年龄、长度、重量等结构变化。

年龄组成：种群中各年龄组鱼的数量占整体的百分比。

长度组成：种群中各长度组鱼的数量占整体的百分比。

重量组成：种群中各重量组鱼的数量占整体的百分比。

分析种群组成的样品取的次数愈多，每次样品的容量愈大，计算得出的平均数就愈能代表该种群组成的真实情况，如能从同一湖泊的不同样点、不同渔船、无选择性的渔具、渔法的渔获物中收集样品，其种群组成的代表性更强[10, 11, 17]。

1. 试剂和器具

甲醛溶液、二甲苯、乙醚、普氏胶、低倍显微镜、双筒解剖镜、放大镜、投影仪、秤、量鱼板等。

2. 采样方法

鱼类样本通常由研究人员使用渔具（如渔网和电网）采集，也可以利用渔民提供的捕捞鱼。无论使用哪种采样方法，都应尽可能避免或减少采样中的误差和偏差，以使获得的样本具有充分的代表性。

当研究人员亲自采集时，必须首先了解采集水域的形态特征、研究鱼类的行为和习惯、可用的捕鱼方法和渔具的选择性，并努力使用可靠的渔具和捕鱼方法。

在采样过程中，新发现的新物种和需要制作样本鱼类，每种可收集 10～20 尾，稀有种或特有种应相应地收集更多。每种鱼的样本应包含不同大小的个体，鱼应新鲜、有鳞、有鳍，无明显损坏。在清洗鱼类样品后，应测量长度和重量，并将数字标签贴在其下颌或尾柄上。使用 5%～10%甲醛溶液固定鱼类样本。对于较大的鱼类样本，应向腹部注射适量的固定液。鱼类样本应覆盖纱布，以防止表面干燥。鱼类样本硬化成型后，转移至样本瓶中，加入甲醛溶液，直至鱼体浸没。鳞片很容易脱落的鱼可以用纱布包裹并储存在样品瓶中。小型鱼类的样品可以用纱布将多条鱼一起包裹起来，而不是一个一个单独包裹，储存在样品瓶中。

3. 鱼类的食性分析

1）鱼类食性材料的收集

（1）一种鱼类的食性材料应从种群中不同大小的个体中采集，鱼类样本的数量可根据实际需要确定。

（2）在测量鱼类样本的长度、称重和去除老化物质后，可以打开腹部，取出完整的胃和肠道。

（3）轻轻拉直取出来的肠道和胃，测量长度，目测食物所占体积。肉食性鱼类的肠道较短，因此可以根据整个肠道或前后肠道检查食物的体积；然而，草食性或杂食性鱼类肠道较长，通常根据前、中、后肠进行鉴定。鱼类胃肠的食物量一般分为6个水平：0级，缺乏食物；第1级，食物占胃和肠道的1/4（指检测到的肠段，以后相同）；第2级，食物占胃和肠道的1/2；第3级，食物占胃和肠道的3/4；第4级，整个胃和肠道都有食物；第5级，胃和肠道中的食物非常饱满。

（4）将肠道和胃的两端用线扎好，系好号码标签，用纱布包裹，放入样品瓶中，再加入5%甲醛溶液固定。

（5）体长小于20cm的小鱼可整体固定。在固定之前，在鱼的腹部下开一个小孔，系上标签，用纱布紧紧包裹。

2）食性分析

（1）取采样时固定和保存的鱼类样本或食物材料的样本，检测其胃和前肠内容物的含量，定性和定量地了解此类鱼摄取的食物成分。

（2）对于食用大型饵料的鱼类，可直接打开其胃和肠道，取出内容物进行称重和分类检测。

（3）以浮游生物为食的鱼类，可以使用注射器以一定量的固定液将胃肠道的内容物冲洗到样品瓶中，然后根据浮游生物检测方法在显微镜下识别和计数物种。

（4）根据多个样品的测试结果，计算这类鱼食用食物中不同生物体的比例。

4. 鱼体测量和称重

1）长度测量

鱼的体长用cm或mm表示。最好用量鱼板测量，也可以用自制工具测量。常用的长度指标如下。

体长：鱼的吻端至尾鳍中央鳍条基部的直线长度。

全长：鱼的吻端至尾鳍末端的直线长度。

对于尾鳍分叉的鱼类，在测量其全长时，可以牢牢握住两片尾鳍叶，并根据较长的尾鳍叶进行测量，或者可以将尾鳍置于"自然"状态进行测量。为了减小测量误差，应注意测量过程中操作的一致性。

2）称重

鱼的重量应以 g 或 mg 表示。在称重过程中，所有鱼类样本应保持标准湿度，以避免因重量损失而引起的误差。低温下储存的鱼类样本的重量测量值必须根据鱼类样本在储存期间的重量损失率进行校准。

5. 鱼类死亡的调查

鱼类死亡的原因是多方面的，结合污染源检测、水化学分析、残留毒性分析、生物检测和鱼病检测，检查鱼类死亡的面积、规模、个体数量、种类、死亡迹象和环境条件，综合分析其死亡原因，在分析时以下因素需要特别注意。

1）溶解氧

在富营养化水体中，由于藻类过度增殖，当中午阳光强烈时，水温高，藻类的光合作用旺盛，它会导致水中溶解氧饱和。当氧过饱和超过 15% 时，会导致气泡病而死亡。在夜间，大量藻类必须呼吸并消耗大量氧气。当氧气含量低于一定值时，将导致鱼类窒息。

2）藻类毒素

一些藻类会分泌毒素，严重时会导致鱼类中毒和死亡。特别是水体富营养化后，微囊藻大量传播，有时在水面形成"水华"。这种微囊藻死亡后，其蛋白质分解生成羟胺、硫化氢和其他有毒物质，这些物质也会毒害鱼类。

3）氨氮

氨氮对水生生物有很强的毒性，对鱼类的危害主要取决于游离氨。根据欧洲内陆渔业与水产养殖咨询委员会的建议，鱼类能够长期承受的氨氮最大浓度为 0.25mg/L。前苏联渔业规定，鱼类水域中的游离氨浓度不超过 0.05mg/L。目前，我国还没有制定标准。然而，一些试验表明，当游离氨达到 0.9mg/L 时，导致鱼类死亡。

4）化学污染物

随着工农业生产的发展，不重视环境保护的单位，如工厂大量的有毒废水、农田的化肥和农药会进入水体，造成鱼类中毒、畸变，甚至大量死亡。

2.3 河流湖泊生物栖息地评价

河流生物栖息地是指水生生物在环境中的空间范围和环境条件的总和，也称为河流生境。河流生物栖息地研究不仅包括对水生生物宏观生存空间的研究，还包括对空间中生物和环境因素的研究，如河流的物理结构、水体的物理和化学性质以及水生生物群落。河流生物栖息地是水生生物栖息和繁殖的重要场所，它与水生生物的食物链和能量流动密切相关，是河流生态系统的重要组成部分，在河流生态系统中发挥着重要作用。研究表明，河流生物栖息地的特征与水生生物多样性密切相关。河流生物栖息地的质量和多样性将影响水生动物群落的组成和分布。良好的河流生物栖息地是河流健康的基础。河流生物栖息地质量评估不仅是河流生态系统健康状况的潜在代表，还可以确定河流生态退化的根本原因[29]。

　　湖泊生物栖息地是指湖泊内的特定区域或环境，提供适合各种水生生物生活、繁殖和寻找食物的条件。这些生物栖息地包括湖泊水体本身，如不同水深区域、水温、水质条件，以及湖泊周围的湿地、沿岸植被、水底底质和水中的物理和化学特性。湖泊生物栖息地对于支持各种水生生物的生存和生态平衡至关重要，包括鱼类、浮游生物、水生植物和其他湖泊生物。这些栖息地的保护和管理是为了维护湖泊生态系统的稳定性和生物多样性，以及确保水资源的可持续利用。湖泊生物栖息地容易受到污染、过度开发、气候变化和其他人为或自然因素的威胁，因此需要合理的保护和监管措施。

　　生物栖息地评价的目的是调查相关栖息地数量和质量的变化，并通过栖息地数量和质量的变化评估栖息地退化的程度和趋势。通过研究和分析土地利用变化、水资源利用情况、河道改造和大坝建设对生物栖息地的影响，评估生物栖息地退化的原因。栖息地评价的结果为制定修复策略、选择技术修复措施和确定关键修复项目的优先次序提供重要依据。

2.3.1　河流湖泊生物栖息地类型

　　根据水流模式、河流地貌单元、河道生境特征和其他因素对水生生物栖息地进行分类。近年来，科学家普遍认同河流作为一个完整生态系统的概念，并对其给予了高度重视。然而，河流生物栖息地的分类仍然悬而未决，一般的分类方法很少。河流生物栖息地的多样性可以对水生生物群落的结构、多样性和分布结构产生不同程度的影响，完整的水生态系统营养级关系如图 2.1 所示。河流生物栖息地的分类基于流域单元、河段类型和河道单元的划分，这有助于了解典型栖息地类型特征、评估和比较同一河流生物栖息地类型和不同河流生物栖息地类型之间的质量差异。

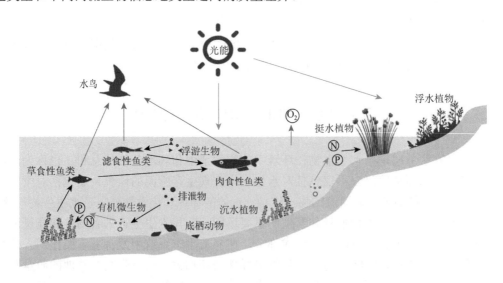

图 2.1　水生态系统营养级关系

河流生物栖息地的状态包括对多种因素的评估，如何描述这些因素以及哪些因素可能代表栖息地质量是首先要研究的问题。目前，河流生物栖息地一般分为物理栖息地和功能栖息地。

功能栖息地以河流中的介质为研究对象，由沉积物和植被类型组成。常见的功能栖息地类型包括无机类型（岩石、卵石、砾石、沙子、泥土等）和植物（根、藤蔓、边缘植物、树叶、木屑、新兴植物、漂浮植物、阔叶植物、苔藓、藻类等）。功能栖息地测试方法是对无脊椎动物进行采样，然后进行统计分析，以确定栖息地类型频率与生物量（或生物多样性）之间的关系。

物理栖息地的研究对象是水流形式，根据影响流态的水流因素的类型和特征，通过水力测量确定水流形式，包括水深、流速、河床粗糙度、坡度和河床沉积物结构。根据这些因素，可以对流型进行分类。栖息地类型包括浅濑、缓流、水潭、急流、岸边缓流和回流等[29]。

对于湖泊生物栖息地也同样可以分为物理栖息地和功能栖息地，类似于河流生物栖息地的分类方式。

功能栖息地是指湖泊栖息地支持的特定生态功能或生态过程，如鱼类产卵、水生植物的生长、水鸟的栖息等。这些功能栖息地直接关系湖泊生态系统的健康和生物多样性。例如，湖泊的湿地边缘可能是水禽繁殖和觅食的重要功能栖息地。

物理栖息地是指湖泊及其周围环境的地理和地貌特征，如湖泊的大小、深度、水温、水质、湖底类型、植被覆盖等。这些特征直接影响生物可以在湖泊内或周围生存和繁衍。例如，一个深水湖泊可能提供了适合深水鱼类生存的物理栖息地。

2.3.2 河流湖泊生物栖息地调查方法

1. 河流生物栖息地调查方法

1）调查内容

河流生物栖息地调查的内容包括河道状况、河岸形态、河床沉积物、水流类型、植被和相邻土地的使用类型等，数据来源包括现场调查和遥感数据。由于人工河流受到人类活动的显著干扰，现场调查应结合项目类型、使用的材料、植被结构、影响河流生物的因素（包括水污染和物理方面的栖息地退化）等。栖息地现场调查应满足五个基本原则：简单应用、可适用于任何河道、可提供一致的数据和结果、结构多样性具有代表性、易于数据统计和分析。

2）调查范围

目前，河流生物栖息地调查（river habitat survey，RHS）方法被视为标准的现场测试方法。在 RHS 和河流廊道研究中，调查范围一般为 500m 长的河长，包括河道在内距两岸 50m 的距离（通常分别测量左岸和右岸）。沿 500m 河长，等距离取 10 个点，并在测量点处记录相关河道和河岸数据。在每个测量点处布置横断面，并在横断面上再布置 5 个测量点，以记录水深、每个测量点的流速和栖息地类型。由于调查工作是在左岸和右岸分别进行，因此横断面长度通常取整个河流断面的一半。

采样季节通常根据基本流量条件（即正常河水周期）选择。一般来说，在洪水期间不进行采样，因为它无法实际反映当时水流结构和泥沙的关键特征；在夏季，浓密的草本植物会使河流的特征不明显；在冬季，植被基本死亡，尤其对于沟渠化和退化的河流，这些河流无法展现出宝贵的野生栖息地。尤其是沟渠化和退化严重的河流，在冬季无法展现出宝贵的野生栖息地特征，因此不便于采样。由于不同国家和地区正常河水期的出现时间不同，采样时间不同，因此无法选择完全一致的季节。例如，英国建议的调查时间为5~6月；在挪威，初夏是最好的调查季节，因为此时植物的阴影较小，流量较低；欧洲南部通常也在夏天进行调查。

3）采样方法

不同种类生物采样方法见2.2节。

4）数据处理

设计表格并记录所调查的数据，这些数据要求容易处理和分析，并且方便计算机存储。背景数据包括参考栅格点的高程、边坡、地形、平均年流量、距离源头的长度和高度。需要记录的数据分定性数据和定量数据两种：定性数据包括河道底质的类型、栖息地的主要特点（如浅濑、人工构筑物、侵蚀的悬崖等）、水生植被类型、河岸植被结构和人工构筑物类型等；定量数据包括满槽宽度、满槽高度、水深和流速。由于沿水深方向每个点的流速不相同，一般将水表面下总水深 30%处的流速（该处是纵向水深流速最大的点）作以记录。

2. 湖泊生物栖息地调查方法

湖泊生物栖息地评价方法涉及一系列技术和方法，旨在了解湖泊生态系统的健康状况和生物多样性。

1）调查内容

湖泊生物栖息地调查内容包括生物多样性调查、水质检测、底质和湖床调查、水生植被调查、鱼类调查、水禽和鸟类观察及湿地调查。

2）调查范围

在湖泊中进行生物栖息地调查，在取样位置的布设原则上应尽量覆盖整个调查范围，并且能切实反映湖泊的水质和水文特点（如进水区、出水区、深水区、浅水区、岸边区等）。

3）采样方法

不同种类生物采样方法见2.2节。

4）数据处理

使用 GIS 技术创建湖泊和周围地区的地图，以帮助理解生物栖息地的分布和变化。

2.3.3　河流湖泊生物栖息地评价方法

河流生物栖息地评价研究是根据河流生境的概念及其影响因子，对河道生境和河岸生境的物理结构以及人类活动干扰进行评价，是河流生态管理的重要手段，能为河流生物监测与河流健康监测、河流生态修复、河流整治工程以及河流健康恢复效果后评估等提供重要依据。河流生境评价通常是根据河流生态调查而对河流生境质量展开的综合评价。学术界对河流生境评价的研究通常是对宏观尺度的河流健康评价进行研究，在此基础上，河流生境的评价方法初现雏形并日益完善。1980年以后，英国、美国、瑞士、澳大利亚等发达国家逐渐意识到河流生境在河流生态系统和水生生物多样性中都扮演了极其重要的角色，开始对河流生境评价研究给予高度重视。此后，河流生境评价在河流健康评价、河流生态修复、河流综合整治以及水生态分区等河流管理活动中均得到了广泛应用。

由于河流生物和生物变量预测的物种不断变化，为了更好地了解河流物种与栖息地之间的关系并量化栖息地需求，有必要评估河流、河岸和洪泛平原等河流生物栖息地。有三种评估方法：①层次描述，如使用完美、良好、一般、较差等来描述河流的生物栖息地；②应根据特定的生物密度指数进行评估，例如每单位面积的族群或个体数量；③通过特定指示生物对在一个时间单位（年、季、月或特殊生命期，如生育率、孵化率等）的可使用面积进行评估。

根据不同的使用目的对野外研究收集的数据进行分类，栖息地评估或开发栖息地参考曲线有两种主要的数据处理方法：一是删除每个属性并提供特殊属性的分布方案；二是通过聚类分析或基于显著变量的统计分析了解属性和参数之间的关系，统计分析方法已成为河流规划和野生动物保护管理中预测物种分布的重要方法。其中，一维分析和多维分析是研究非生物特征与生境适宜性关系的常用方法。一般来说，物理栖息地取决于许多变量（如水深、流速、沉积物、覆盖度等），因此多变量分析法更适合分析水生栖息地与物种多样性之间的关系；多变量分析法中的普通多元线性回归（ordinary multiplelinear regression）法和逻辑回归（logistic regression）法通常用于模拟物种与环境之间的关系；当变量高度相关时，通常使用岭回归（ridge regression）方法和主成分回归（principal component regression）法；广义线性模型（GLM）适用于处理异常环境变量；广义相加模型（GAMs）和人工神经网络更适合分析物种分布与环境变量之间的非线性关系；模糊逻辑方法通常用于模拟物种与栖息地适宜性之间的关系。

作为反映河流状况或健康的重要模块之一，河流生物栖息地评价已经发展了一些成熟的方法或模型，这些方法或模型要么从功能栖息地的概念开始，要么从物理栖息地的定义开始，或者将功能栖息地与物理栖息地相结合，以调查物种与栖息地适宜性之间的关系。这些方法或模型大多采用鱼类作为测试对象，其中一些采用底栖大型脊椎动物或大型植物作为研究对象。表2.6列出了目前国际上使用的一些主要评价方法，并简要介绍了每种方法的主要内容和特点。

表 2.6 河流生物栖息地的主要评价方法[22]

评价方法	主要内容	特点
栖息地评估程序	用于影响评估和工程规划，基于2个基本变量：①栖息地适宜性指数（HSI）；②可利用的栖息地总面积，提供了野生生物栖息地的量化方法。HSI乘以可利用栖息地的总面积得到单个物种的栖息地单元（HU's）。栖息地单元的变化或差异代表工程项目或各种预测状况的潜在影响	从物种水平提出基于生境单元来评价生境质量和生境数量的方法，为保护河流生态系统的策略提供依据

评价方法	主要内容	特点
栖息地适宜性指数	是量化生境的经典方法,是河道内流量增加法(IFIM)的生物学基础,代表不同水生生物在不同生命阶段对河道内各种变量的偏好。定义为不同状况下栖息地质量(由生态模式、水质模式、生物调查等得到)与设定的标准栖息地质量的比值,介于0~1之间,0意味着对特殊的栖息地条件没有偏好,1意味着对特定条件有最高偏好	需选取代表性物种作为参考;需要较多调查或试验资料;适用于河流、湿地、陆域野生动物栖息地研究
河道内流量增加法	将水力学模型与生物信息结合,建立流量与鱼类适宜栖息地之间的定量关系,再由水文模型确定栖息地时间序列,可以为河流规划、保护和管理提供科学依据,目前在美国、法国、日本和英国等国家均得到了广泛应用	以栖息地模拟为主,可用来评价河道修复的效果
物理栖息地模拟	使用水力模拟、水文模拟和物种栖息地参考曲线,分析由流量或河道形态引起的受保护物种,如鱼类、无脊椎动物和大型植物不同生命周期物理栖息地的变化。该方法是河道内流量增量法的一个模块,目前在全世界得到广泛应用,欧洲国家普遍用它来支持水资源决策的制定	微生境模拟模型,用于评价生境的可持续性,需要用到物种栖息地参考曲线,这些曲线由大量的实际观测得到
澳大利亚河流评估系统	通过比较水生大型无脊椎动物的观测值和预测值进行评估的一种预测模型法,预测值由参照河流建立的经验模型得到。AusRivAS体系整合了水质评估、栖息地评估和生物学测量,可用来评估河流的健康	适用于环境压力较小的河流;需选择参照河流;以大型无脊椎动物为研究对象
栖息地评分法	需要记录的变量有平均宽度、水深、流动类型和流量范围。有两个主要输出结果:栖息地质量得分HQS(habitat quality score,一个测量点期望的种群密度)和栖息地使用指数HUI(habitat use index,观测值和期望值的比率)。该方法可用于环境影响评估、环境质量和鱼类资源评估	基于鱼类种群数量的经验模型。模型中使用的变量与测量点和流域的特征有关
澳大利亚河岸快速评估法	使用反映物理的、群落的、滨河区域景观特征功能方面的指标,评估河岸栖息地的生态条件。河岸状况快速评估(rapid appraisal of riparian condition,RARC)指数由5个次指数组成:①栖息地连续性和宽度(HABTAT);②植被覆盖度和结构复杂性(COVER);③本土种的优势度(NATIVES);④枯枝落叶(DEBRIS);⑤指示特征(FEATURES)。每个指数由相应的多个指标组成,采用打分法对这些指标和指数进行评估	适用于树木占主导地位的、自然状态的河岸带评估。是反映当前状况的指标,不能反映恢复区生态系统的恢复潜力

2.3.4 基于大型底栖无脊椎动物的栖息地评价方法

从 20 世纪七八十年代开始,以美国和欧洲为代表的国家和地区率先开始尝试使用包括底栖动物在内的生物进行淡水栖息地的生态评价。经过近 50 年的探索和发展,目前全球范围内已有多个国家构建起了较为系统的生物评价方法,包括了美国的 IBI 模型、美国的 RBPs 方案、美国的 B-IBI 模型、英国的 RIVPACS 系统、加拿大的 BEAST 指南、南非的 SASS 系统、澳大利亚的 AusRivAS 体系、澳大利亚的 ISC 模型和以 PHABSIM 模型为基础建立起来的一系列物理栖息地模型。

按照评价对象的不同,上述方法可以分为两类:针对底栖动物群落的评价方法和针对栖息地适宜性的评价方法,而前者又可进一步细分为:基于单一底栖动物群落指标的评价方法和基于复合底栖动物群落指标的评价方法。

1. 基于单一底栖动物群落指标的评价方法

该方法也叫 O/E 法，最早由英国科学家 Wright 提出，在其理论基础上，Reynoldson结合加拿大地区的采样数据推出了 BEAST 指南，Smith 则构建了适合于澳大利亚河流的AusRivAS 体系。该方法的主要评价思路如下。

（1）在需要评价的目标区域选取足够多的"参考样点"，要求这些参考样点涵盖目标区域主要的栖息地类型，且不受自然和人为胁迫的干扰。

（2）测量参考样点的多个环境变量，并对底栖动物进行采样。

（3）以底栖动物群落的形态结构为依据对参考样点进行聚类，划分出若干类群落生境（biotope）。这里使用的群落形态结构可以是多度（abundance）数据，也可以是存在性（presence-absence）数据。聚类方法包括了 TWINSPAN 法、Ward 融合法、k 均值法和 flexible β 层次聚类法等。

（4）构建各类群落生境与环境变量的分类回归模型。回归模型一般为 MDA 模型、Logistic 回归模型、人工神经网络、贝叶斯网络和随机森林模型等。

（5）完成以上步骤后即可对某个采样点进行生态评价。将待评价的采样点的环境变量输入回归模型，可以得到该采样点属于上述各类生境的概率 p_j（第 j 类生境，下同），结合各物种在各类生境中出现的频率 f_{ij}（物种 i，下同），可以计算出各物种的采集概率 PC_i 即为

$$PC_i = \sum_j f_{ij} \cdot p_j \tag{2.7}$$

设定采集概率的阈值后，采集概率大于阈值的物种即认为会出现在该采样点中，以此获得该采样点的预测丰度。

（6）将预测丰度与实际丰度进行对比得到 O/E。理论上，O/E 的变化范围为 0~1，越小表示采样点受到的胁迫越大。

2. 基于复合底栖动物群落指标的评价方法

该方法也叫生物完整性评价方法。最早由美国科学家 Karr 提出并运用在鱼类群落上，随后美国国家环境保护局针对固着藻类、浮游生物、底栖动物和鱼类整合出 RBPs 方案。其主要评价思路如下。

（1）在需要评价的目标区域选取足够多的"天然样点"和"受损样点"：要求天然样点涵盖目标区域主要的栖息地类型，且不受自然和人为胁迫的干扰；要求受损样点涵盖目标区域主要的栖息地类型，且涵盖不同胁迫类型的完整变化梯度。

（2）测量天然样点和受损样点的多个环境变量，并对底栖动物进行采样。

（3）选取底栖动物的评价指标，这些指标应能全面描述底栖动物群落四个方面的特性：多样性与丰富度、群落形态结构、群落功能结构和耐受能力。为避免群落指标的信息冗余，需要对显著贡献的指标进行筛除，主要方法包括了相关性检验法和 R 型聚类分析等。

（4）利用天然样点的数据，分别构建各底栖动物指标与环境变量的回归模型，并利

用回归残差修正环境自身梯度对指标的影响。回归模型一般为多元线性回归模型、广义相加模型、分类回归树模型和随机森林模型等。

（5）对各指标进行修正后，判断各指标对胁迫增加的响应趋势，并利用数学变换使各指标的响应趋势一致化。

（6）对各指标结果进行标准化，并加权计算最终的综合指标值。依据受损样点给出的胁迫梯度，对综合指标值进行分级。

3. 针对栖息地适宜性的评价方法

美国内政部早在 1979 年就提出了 IFIM 以评估淡水栖息地对鳟鱼的适宜性。后来美国鱼类及野生动植物管理局又提出 HSI 的规范化构建方法，以改进 IFIM 中 PHABSIM 模型的栖息地质量指数（habitat quality index，HQI）。

该方法的主要评价思路如下。

（1）确定评价的目标物种、影响它的主要环境变量以及需要进行适宜性评价的栖息地区域。考虑的环境变量一般为流速、水深和底质等。

（2）对栖息地区域的河道形貌、流量条件、水文条件等环境要素进行测量并作为构建物理栖息地模型的输入；此外，根据 HSI 构建方法的不同可能还需要对目标物种进行采样。

（3）利用河道形貌、流量条件、水文条件等测量数据在计算机中构建物理栖息地模型，该模型能够根据给定的输入条件计算出环境变量在空间单元上的预测值。

（4）构建目标物种-环境变量间的 SI_i（suitability index，第 i 个环境变量，下同）模型。SI_i 的变化范围为 0～1，其构建方法一般包括模糊逻辑方法、多元线性回归法、广义相加模型法、模糊神经网络法等。

（5）依据物理栖息地模型预测出的环境变量，计算各空间单元上各环境变量对应的 SI，并将全部变量的 SI 加权后得到该空间单元的 HSI。HSI 的变化范围为 0～1，越大表示该单元越适宜目标物种生存。

（6）使用 $HSI_j \cdot A_j$ 计算第 j 个空间单元上可供目标物种利用的有效面积（A 为空间单元面积），并对整个目标栖息地的加权可利用面积求和：

$$WUA = \sum_j HSI_j \cdot A_j \qquad (2.8)$$

在给定一个序列的输入条件后，即可得到 WUA 随输入条件的变化趋势，并进行相关的评价和预测。

2.3.5　河流湖泊生物栖息地评价的意义

从发达国家的经验来看，随着河流生态修复行业的迅速发展，迫切需要进行项目实施后的系统性评价工作，美国平均每年投入 10 亿美元进行河流生态修复，但仅有 10%左右的项目进行了监测和评价，因此失去了吸取经验教训的宝贵机会。

在河流湖泊生态修复中，河流湖泊生物栖息地评价具有重要作用，通过栖息地评价可为河流湖泊生态修复项目提供基本的信息基础和依据，栖息地评估往往是系统性评价工作的重要组成部分，河流湖泊生态修复项目后评价方法中将栖息地评价作为三个评价因素之一。栖息地评价已成为生态完整性评价的重要指标，并且是很多河流湖泊评价计划不可缺少的部分。河流湖泊生物栖息地是在对水生生物有直接或间接影响的多种尺度下的物理化学条件的组合。如今，河流湖泊生物栖息地建设技术和评价方法也成为生态水利学的重要研究内容。

思　考　题

1. 什么是水质理化监测？
2. 相比于传统的理化监测，生物学监测的优势有哪些？
3. 利用大型底栖无脊椎动物进行水质生物监测的优势有哪些？
4. 列举几种浮游生物的计数方法。
5. 按照生活方式分类，底栖动物可以分为几类？
6. 简述什么是生物栖息地评价。
7. 河流生物栖息地都有哪些类型？
8. 利用大型底栖无脊椎动物进行栖息地评价的优势是什么？
9. 简要说明河流湖泊生物栖息地评价的意义。

参 考 文 献

[1] Beketov M A, Foit K, Schäfer R B, et al., SPEAR indicates pesticide effects in streams: Comparative use of species- and family-level biomonitoring data[J]. Environmental Pollution, 2009, 157 (6): 1841-1848.

[2] Beketov M A, Liess M. Potential of 11 pesticides to initiate downstream drift of stream macroinvertebrates[J]. Archives of Environmental Contamination and Toxicology, 2008, 55: 247-253.

[3] Wijeyaratne W, Pathiratne A. Acetylcholinesterase inhibition and gill lesions in *Rasbora caverii*, an indigenous fish inhabiting rice field associated waterbodies in Sri Lanka[J]. Ecotoxicology, 2006, 15: 609-619.

[4] 邓晓，李勤奋. 土壤环境污染的生物监测及其应用[J]. 华南热带农业大学学报，2006, 12 (4): 50-53.

[5] 刘伟成，单乐州，谢起浪，等. 生物监测在水环境污染监测中的应用[J]. 环境与健康杂志，2008, 25 (5): 456-459.

[6] Dewez D, Didur O, Vincent-Héroux J, et al. Validation of photosynthetic-fluorescence parameters as biomarkers for isoproturon toxic effect on alga *Scenedesmus obliquus*[J]. Environmental Pollution, 2008, 151 (1): 93-100.

[7] 张丹，丁爱中，林学钰，等. 河流水质监测和评价的生物学方法[J]. 北京师范大学学报（自然科学版），2009, 45 (2): 200-204.

[8] 王春香，李媛媛，徐顺清. 生物监测及其在环境监测中的应用[J]. 生态毒理学报，2010, 5 (5): 628-638.

[9] 张土乔，吴小刚，应向华. 水质生物监测体系建设的若干问题探讨[J]. 水资源保护，2004, 20 (1): 25-27.

[10] Li L, Zheng B H, Liu L S. Biomonitoring and bioindicators used for river ecosystems: Definitions, approaches and trends[J]. Procedia Environmental Sciences, 2010, 2: 1510-1524.

[11] 邓春凯. 生物的指示作用与水环境[J]. 环境保护科学，2007, 33 (4): 114-117.

[12] 赵怡冰，许武德，郭宇欣. 生物的指示作用与水环境[J]. 水资源保护，2002 (2): 11-13.

[13] 高东奎. 鱼类浮游生物形态及分子鉴定方法的应用基础研究[D]. 青岛：中国海洋大学，2015.

[14] Cairns J, Dickson K L. Biological methods for the assessment of water quality[M]. Baltimore: ASTM International, 1973.

[15] Sládecek V. System of water quality from the biological point of view[J]. Archiv fur Hydrobiologie (Ergebnisse der Limnologie), 1973, 7: 1-218.

[16]　刘广纯，王英刚，苏宝玲，等. 河流水质生物监测理论与实践[M]. 沈阳：东北大学出版社，2008.

[17]　丁亚. 湖泊水生态监测规范[J]. 江苏水利，2018（3）：74.

[18]　陈伟民，黄祥飞，周万平，等. 湖泊生态系统观测方法[M]. 北京：中国环境科学出版社，2005.

[19]　杨江华. 太湖流域浮游动物物种多样性与环境污染群落生态效应研究[D]. 南京：南京大学，2017.

[20]　Larson D M，DeJong D，Anteau M J，et al. High abundance of a single taxon（Amphipods）predicts aquatic macrophyte biodiversity in prairie wetlands[J]. Biodiversity and Conservation，2022，31（3）：1073-1093.

[21]　厉恩华. 大型水生植物在浅水湖泊生态系统营养循环中的作用[D]. 北京：中国科学院研究生院，2006.

[22]　陈吉祥，罗招福，陈建安，等. 水中细菌总数和大肠菌群含量与有机污染的多元逐步回归分析[J]. 环境与健康杂志，1993，10（3）：134-135.

[23]　Azimirad M，Nadalian B，Alavifard H，et al. Microbiological survey and occurrence of bacterial foodborne pathogens in raw and ready-to-eat green leafy vegetables marketed in Tehran，Iran[J]. International Journal of Hygiene and Environmental Health，2021，237：113824.

[24]　李莉，张征云，宋兵魁，等. 天津市陈台子排水河汇水区域水生态调查分析及生态功能综合评估[J]. 环境保护与循环经济，2020，40（7）：42-48.

[25]　史本泽. 不同生境中海洋线虫分类及小型底栖生物群落结构研究[D]. 北京：中国科学院研究生院，2016.

[26]　Dias H Q，Sukumaran S，Mulik J，et al. Ecological quality status assessment of tropical estuaries with benthic indices using differently derived reference conditions[J]. Marine Pollution Bulletin，2022，177：113457.

[27]　Howarth J R，White A O，Hedayati A，et al. Interactions between multi-walled carbon nanotubes and plankton as detected by Raman spectroscopy[J]. Chemosphere，2022，295：133889.

[28]　孙光，罗遵兰，赵亚辉，等. 康定市鱼类多样性野外调查与评估[J]. 四川动物，2002，41（1）：83-91.

[29]　石瑞花，许士国. 河流生物栖息地调查及评估方法[J]. 应用生态学报，2008，19（9）：2081-2086.

3 水生态要素分析与计算

水生态完整性是指水生态系统结构与功能的完整性，或者称为水生态要素的完整性。水生态要素可以概括为五项：水文情势时空变异性、河湖地貌形态空间异质性、河湖水系三维连通性、适宜生物生存的水体物理化学特性范围和食物网结构、生物多样性。本章通过生态水文耦合、生态需水量计算、生态水力学计算以及景观格局分析四个角度阐述生态水文学中水生态要素分析与计算相关内容。

3.1 生态水文耦合

3.1.1 生态水文概念及体系

生态水文学是水文学和生态学的交叉学科，随着经济社会的快速发展，人水关系愈加复杂，矛盾日益突出，原有生态系统的结构、功能和水文过程等受到一定的影响，仅靠单一学科已经无法全面地、科学地解释生态-水文伴生过程，而生态水文学的出现揭示了生态与水文之间的内在联系，提供了一种对环境有利、经济可行和社会可接受的新的、多维的和有效的管理方式[1]。

1. 生态水文学的发展

早在联合国教科文组织国际水文计划 10 年（IHD，1965～1974 年）的末期，单纯的水文物理学过程研究逐渐有了环境和生态方面内容以及来自其他学科知识的融入和交叉，如自然地理学、生态学、水文地质学、河流地貌学、土壤物理学等，它们对水文学的发展起到了重要推动作用。1970 年，Hynes 撰写的 *The Ecology of Running Water*，试图结合生态过程和水文过程[2]。此阶段是生态水文学的萌芽期。

在世界许多地区，淡水资源正受到各种负面影响，成为生态系统和经济发展的限制性因素，因此生态水文学最早是为了解决缓冲带（水陆交错带）的水资源和生态问题而提出的。1980 年，Popper[3]认为现有的方法存在很多不足，未来需要寻求生态学和水文学结合的新方式解决环境问题。1987 年，Ingram[4]在对苏格兰地区泥炭湿地中的水文过程和特征进行分析时，首次使用了"Ecohydrology"一词，"生态水文学"第一次作为术语被正式提出。在该词提出后的几年时间里，学者们围绕"Ecohydrology"一词在生态水文方面开展了初步的探索，其中以湿地生态水文过程研究居多。

1992 年，生态水文学作为一门独立的学科在都柏林召开的联合国水域环境问题国际会议上正式被提出。之后的几年时间里，生态水文学处于学科建立后的发展阶段，我国在该阶段没有及时将生态水文学概念引入，因此在国内没有开展专门的工作，但是也存在涉及生态水文学的研究。

1996 年，Wassen 和 Grootjans[5]首次给出了明确的"生态水文学"定义，认为生态水文学是一门应用性的交叉学科，旨在更好地了解水文因素如何决定湿地生态系统的自然发育，在自然保护和更新方面有重要价值。从这一年开始，生态水文学快速发展的序幕逐渐拉开。直至今日，生态水文学在专辑和专著、专门学术会议、研究机构及期刊发展、科学研究等方面取得的研究成果十分丰富，从理论研究到应用都得到了长足发展[6]。

国内生态水文学的研究起步于 20 世纪 80 年代农业领域，即 SPAC（土壤-植物-大气连续体）的研究，至 20 世纪 90 年代中后期成为一门专门学科。20 世纪末，刘昌明针对大田耗水过程发展了界面水文的研究，提出了具有应用价值的界面水分控制新模式，即在大田水分通量中增加作物蒸散水分通量，在"四水转化"的基础上提出"五水调控（循环）"的概念[7]。自 21 世纪以来，生态水文学的研究不断深入，特别是国家自然科学基金委员会"黑河流域生态-水文过程集成研究"重大研究计划的完成使我国在生态水文过程、生态水文效应、水循环过程、生态需水和水管理方面取得迅猛发展，遥感、同位素等新方法的应用也为生态水文学研究注入新动力[8]。

2. 生态水文学的概念

迄今为止，生态水文学还没有一个统一的概念，目前对生态水文学概念有两种理解，一种理解是两个学科的交叉，另一种理解是一个学科对另一个学科的影响，例如，生态系统对水文系统的影响或水文系统对生态系统的影响[9]。前者更强调水文学，后者关注生态学。

1997 年，Hatton 等[12]认为生态水文学需要在质量守恒定律和能量守恒定律的基础上，在周围环境不同的情况下，研究环境过程的机制。2000 年，Zalewski[10]在前人的基础上加深了对生态水文学概念的理解，他们指出生态水文学是对地表环境中水文学和生态学相互关系的研究，是实现水资源可持续管理的一种新方法，同时指出气候、地形、植物群落和动态、人类活动的影响这四个因素决定了环境中水的动态变化，表明在不同的环境中生态过程和水文过程之间的相互关系各不相同。同年，Rodriguez-Iturbe[11]认为生态水文学是指在生态模式和生态过程的基础上，寻求水文机制的一门科学。在这些过程中，土壤水是时空尺度内连接气候变化和植被动态的关键因子。在他后来的研究中认为植物是生态水文学的核心内容。2001 年，Acreman[13]认为生态水文学是指运用水文学、水力学、地形学和生物学（生态学）的综合知识，预测不同时空尺度范围内淡水生物和生态系统对非生物环境变化的响应。另外，生态水文学侧重研究河流及洪泛平原区的水文过程与生态过程以及建立能模拟这两个过程相互作用的模型。

早期生态水文学的研究专注于特定领域，注重描述性，缺乏对过程的理解，无法控制和操纵生态过程以提高生态资源质量[14]。随着全球可持续发展概念认知的深入，当下生态水文学更注重用广泛和跨学科的方法研究水文过程与生物群之间的相互作用。2018年 7 月，联合国教科文组织国际水文计划的文件将生态水文定义为"从分子到流域尺度的整体科学""河流生态系统是由水文过程调控的超有机体"。宏观尺度上，生态水文是流域乃至全球水文系统与生态系统的耦合作用；微观尺度上，生态水文基于水的稳定同位素，研究不同界面生态水文过程和微生物级别生物个体水质代谢过程[15]。

其实，在概念上不必区分生态水文学或水文生态学侧重于哪一个学科，二者应理解为是生态学和水文学交叉领域的内容，即水文过程对生态系统结构、分布、格局、生长状况的影响，同时研究生态系统（生态系统中植被类型、格局、配置等）变化对水文循环的影响，是一个相互影响的过程[1]。在实际研究中，可根据问题的需要，确定生态水文学研究的侧重点。如果侧重点在水文学方面，主要研究内容为以下几点。

（1）主要指在生态系统中的植被类型、格局、配置等发生变化，而非生命物质相对稳定的情况下，水文循环变化规律的研究。其中，植被类型变化起主导作用，一般是在同一气候、坡度、土壤类型等物理因素相同的情况下，研究不同植被类型、格局、配置的产汇流机制。

（2）或者是在植被类型、格局和配置等不变，非生命物质（降雨、气温、风速、土壤）变化的情况下，水文循环方面的响应机制研究，这主要是在不同气候带，同一植被类型下的水文循环响应机制研究。

（3）或生命物质和非生命物质同时发生变化时，水文循环的变化规律等。

如果侧重点在生态学方面，则主要研究不同的水文循环形式，如降水、径流等对生态系统结构和功能的影响。即植被类型、格局、生长状况和物质循环、能量流动等对水文循环响应机制方面的研究。据此，可根据当地的水资源量来决定生态建设的规模。

3. 生态水文学研究的基本理论及框架体系

水是生物体生存和繁衍的关键物质和其生存环境的重要组成部分，水文循环变化影响着生态系统的依存与发展，是决定动植物分布、养分运输、生物可用水的关键因素。根据生态水文学的概念可知水文循环和生态系统演变过程具有一定的控制和纽带作用，两者之间的相互作用具有多样性和连锁性[16]。同时，国际水文十年主题"万物皆流，诸行无常"以及提出的社会水文学很好地描述了生态系统演变和生物进化是以水循环为主要驱动力的过程。水循环和生物群之间存在着"双向调节"（图 3.1）。

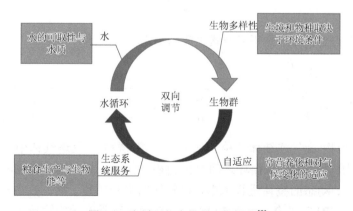

图 3.1　水循环与生物群双向调节[8]

随着生态文明建设、长江大保护、黄河流域生态保护与高质量发展、海绵城市建设、"双碳"战略等国家重大需求的实施，生态水文更加关注人对生态系统和水文系统的影响及反馈，社会-生态-水文耦合与流域水管理成为生态水文领域研究的核心。2020年，十九届五中全会提出"十四五"期间生态文明建设要实现新进步，生态环境要持续改善，生态安全屏障要更加牢固，这意味着生态水文已经成为当下我国水文科学发展的主流。

生态水文学研究的前提是水文过程与生态过程的耦合，目前生态水文学研究的基本理论问题包括以下内容：①水热耦合理论；②土壤-植物-大气连续体理论；③水文过程-生态过程耦合理论；④人-水-生态系统关系耦合理论。

（1）水热耦合理论。水热耦合关系体现在植被冠层的能量、吸收、反射、遮阴等生态水文过程的各个环节，影响水热传输过程。基于布德科（Budyko）理论的一系列水热耦合模型在蒸散发模拟和归因识别方面取得了一系列成果。根据能量守恒定律，地表能量的收支保持平衡关系。在能量与水分平衡中，最大项是水汽的汽化潜热（不同情况下也叫作蒸发潜热，L，单位为 KJ/kg 或 cal/g），年平均热量方程：

$$R_n - H - G - \text{LE} - P_0 = 0 \tag{3.1}$$

式中，R_n 为辐射平衡（W/m）；H 为显热通量（W/m）；LE 为潜热通量（W/m）；G 为土壤热通量（W/m）；P_0 为化学热通量（W/m，可忽略）。年平均水量的平衡方程：

$$E = P \cdot R \tag{3.2}$$

式中，E 为蒸发量（mm）；P 为降水量（mm）；R 为径流深（mm）。水分与热量之间存在着密切关联，水分与热量联系方程，即水、能（热）平衡方程，按水量单位计算时需要用蒸发潜热（$L = 586\text{cal/g}$）换算：

$$P \cdot R = (R_n \cdot H \cdot G) / L \tag{3.3}$$

按能（热）量单位（cal/g 或者 KJ/kg）计算时的换算：

$$L \cdot P \cdot R = R_n \cdot H \cdot G \tag{3.4}$$

上述热量平衡与水量平衡的联系方程是通过蒸发潜热（L）建立的。联系水、热平衡两者的指标是 Budyko 辐射干燥指数 A：

$$A = \frac{R_n}{L \cdot P} \tag{3.5}$$

显然，可以得到计算水热平衡要素之间的关系与联系：

$$\frac{R_n}{L \cdot P} = \frac{1 - \dfrac{R}{P}}{1 - \dfrac{H}{R_n} - \dfrac{G}{R_n}} = \frac{\dfrac{E}{P}}{1 - \dfrac{H}{R_n} - \dfrac{G}{R_n}} = \frac{P - R}{P\left(1 - \dfrac{H}{R_n} - \dfrac{G}{R_n}\right)} = \frac{E}{P\left(1 - \dfrac{H}{R_n} - \dfrac{G}{R_n}\right)} \tag{3.6}$$

（2）土壤-植物-大气连续体理论。水分在土壤-植物-大气连续体中复杂地运移和转化过程，表现为气候-植物-水循环之间复杂的相互作用，将土壤、植物和大气作为一个连续的、系统的、动态的整体进行考虑，以整体的眼光考察土壤、植物和大气三要素的相互关系，就是 SPAC 理论。土壤-植物-大气连续体物质能量传输转化过程对水资源利用、作物产量形成和环境变化等都具有重要影响。SPAC 系统概念的提出不仅为水循环研究工作指明了微观的研究方向，而且加强了水文学与其他学科的联系[17]。SPAC 系统中的水分问题是土壤物理、土壤化学、植物生理、水文地质、环境生态等研究的重要组成部分。

（3）水文过程-生态过程耦合理论。水文过程和生态过程的耦合关系首先体现在水是生物生存、生活的必需条件，是组成生态系统的关键生物因素，植物的生物过程离不开水分参与。而反过来，生态过程影响着水文过程，水文物理过程包括降水、蒸散发、下渗、径流产生、地貌塑造、泥沙过程（包括沉降和输移）、水汽输运等。植被能够通过根系吸收水和气孔蒸腾形成水文过程的蒸散及下渗，地表枯枝层增加地表粗糙度，进而增加地表水下渗，这些过程都会直接影响水文过程。

（4）人-水-生态系统关系耦合理论。人-水-生态系统关系认知与协同变化的和谐内涵将整个生态系统在内的地球视为一个整体，重视生物与生物或非生物之间的依存关系和生物与环境之间的交互影响与协同演化。生态系统是由生物群落及其生存环境共同组成的动态平衡系统，水是生物体生存和繁衍的关键物质及其生存环境的重要组成部分，水文循环将影响着生态系统的存在和发展，是决定动植物分布、养分运输、生物可用水的关键因素。水资源的可持续利用研究中，水、社会经济、生态这三者密不可分，水系统是由以水循环为纽带的三大过程（水文物理过程、生物与生物地球化学过程以及人文过程）构成的一个整体，内在地包含了这三大过程的联系及其之间的相互作用[18]（图 3.2）。在生态过程和水文过程的相互作用中，人文过程成为起决定性作用的内部组分。

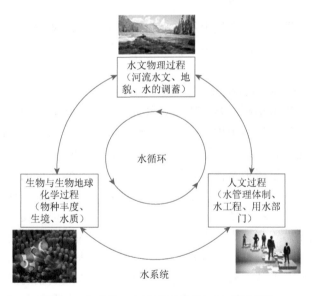

图 3.2　水系统三大过程的联系与相互作用[18]

河流、湖泊、水库、森林、湿地、草原和沙漠等生态系统都有可能发生生态过程和水文过程的相互作用。依托于学科知识体系，按照研究对象、研究范围和手段的不同，可以将生态水文学细分为不同的分支学科体系（图 3.3）。按尺度分类，可以分为全球生态水文学、区域生态水文学和流域生态水文学；按生态类型分类，可以分为森林生态水文学、湿地生态水文学、河流生态水文学、湖泊生态水文学、农田生态水文学和城市生态水文学；按地理环境分类，可以分为干旱区生态水文学、湿润区生态水文学、寒区生态水文学、热带区生态水文学、温带区生态水文学、内陆区生态水文学。

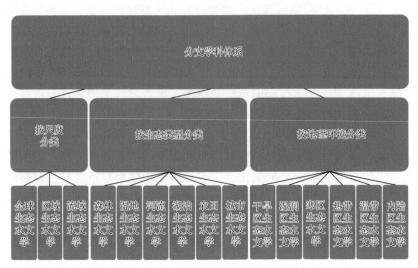

图 3.3　生态水文学学科体系框架[6]

4. 生态水文学研究的主要方法

在不同尺度上开展生态水文过程的监测和实验是生态水文学研究的重要手段。生态水文学的主要研究方法包括流域生态水文过程观测估算、对比和相关性分析以及生态水文模型与遥感监测技术的结合。

1）流域生态水文过程观测估算

传统的水文学和生态学都需要对研究对象进行长期的观测，观测是生态水文学研究的重要手段，全球已经实施多个生态水文观测计划，建立生态水文观测的站点，同时国内外也已经建立了通量观测系统，用以观测气体通量、碳通量、水通量以及碳-氮-水循环的耦合。流域生态水文过程观测估算具体又分为陆面生态水文观测以及河湖生态水文观测。陆面生态水文观测主要是对气象要素、水文要素（如蒸发量、降水量、土壤含水率等）和生态要素（如叶面积指数、湿地面积、生境状况、植被分类、生物量估算等）诸多生态水文因子的动态观测，为生态水文过程研究提供翔实的数据资料。河湖生态水文观测主要包括两个方面：一是对河湖水文要素的观测，内容涉及降水量、蒸发量，河流和湖泊的水位、流量、泥沙、水质等要素的观测。河湖水文要素的监测技术与方法已得到了长足的发展，河流水文数据采集可以通过多种途径如流速-面积法、示踪剂稀释、超声波法、电磁波法、流仪表、浮筒等方式实现，现阶段我国水位、降水量的信息采集、储存和传输均实现了自动化，蒸散发的测验也采用了超声波水面蒸发测量仪和水面遥测蒸发器等自动测报设备。二是对河湖水生生物调查。水生生物调查对象主要包括鱼类、水生植物、浮游生物以及底栖动物等。水生生物是影响河湖生态水文的重要因素之一，水生生物的生存与水体环境之间有着密不可分的联系，水生生物的种类以及在群落中所占的比例在一定程度上反映了水体的质量状况。传统的调查如走访调查和采样测样，随着科学技术的发展，调查手段日益革新。

2）对比和相关性分析

目前，在研究生态与水文关系的机理研究中，特别是土地利用与覆被变化（LUCC）引起的植被类型、结构等水文响应中，"对照流域"方法在小流域（1000km² 以下）中运用较多，不适合大流域。通过建立校准期两个流域的回归方程，再改变一个流域的植被特征，进行两个流域的水文特征的比较[19]。另外，在同一流域，建立不同的土地利用斑块，研究不同的斑块水文特征，这种方法在澳大利亚的 Burdekin 流域已经进行了例证。建立 LUCC 和水文特征相关关系是研究 LUCC 对水文影响的众多方法中最直接的方法。通过 Scanlon 等[20]建立灌溉与地下水波动的相关关系，发现在灌溉农业生态系统中，地下水排泄量相对干旱的农业生态系统较高。Schilling[21]在研究农作物对基流影响中，发现基流的增加与中耕作物强度的增加正相关。国内学者王文圣等[22]在传统的水文相关性分析基础上，基于学者赵克勤提出的集对不确定性分析方法，提出基于集对原理的水文相关性分析，将宏观相关关系与微观相关结构相结合，并用新疆伊犁河雅马渡站的径流量、总降雨量、平均纬向降雨环流指数等因子数据进行检验，获得较好效果，使得生态水文机理的分析更加合理可靠。

3）生态水文模型与遥感监测技术的结合

生态水文模型是开展生态水文研究的有效手段，也是生态、环境及水资源管理决策的重要支撑和工具。水文模型是对自然界水文过程的数学描述，是探索和认识水文循环和水文过程的重要手段和工具。传统的水文模型一直着眼于建立单一模型，孤立地看待水文过程和生态过程，很少考虑植物的生物物理和生物化学过程，同时也缺少对水文过程和生态过程间动力学机制的描述。近年来，国内外涌现了诸如 SWAT、VIC、SHE 和 PDTank 等一系列水文模型，能够充分考虑植被作用，为水资源管理及规划、水污染防控、洪涝风险预估等众多实际问题的解决提供了重要依据。随着水文学及相关学科研究的不断深入，水文模型的构建理论及关键技术手段、模型驱动数据集的观测及同化、模型参数的获取及优化等诸多领域也都取得了长足的进步[23]。此外，生态水文模型还需实现生态-水文过程的耦合模拟、生态-水文过程的多尺度嵌套和生态水文参数提取与优化。

遥感监测技术包括生态水文涉及的水文气象的所有要素，如在辐射、风速、降水、蒸散、径流、地表水、土壤湿度、地下水等参量的数据方面表现出独特优势，为生态水文的研究和应用提供了关键的水文通量和状态变量等相关信息。目前的遥感监测技术包括：降水遥感反演、蒸散发遥感反演、遥感土壤水分观测、遥感植被指数反演、总储水量和地下水反演。

3.1.2　生态水文过程

完整的生态过程包括生物过程和非生物过程。生物过程包括生物的生长、发育、生殖等行为，非生物过程包括水文过程、地貌过程和物理化学过程。而生态水文过程是指水文过程与生态过程之间的相互作用关系。生态水文过程研究是对生态水文结构与生态水文功能的机理性探讨，关键内容是研究水文过程和生物动态之间的功能关系。生态水文过程研究重视生态过程和水文过程关系，重视不同植被与水文过程之间耦合关系的探讨，以增加对生态水文过程和功能的理解，并更好地评价和利用它们，预测生态水文过程变化可能带来的后果，为良性生态水文的维持和生态水文恢复提供理论依据。通过研究水文过程和生态系统的稳定性、水文过程和生态系统相互作用机制，可以为生态水文布局及其动态平衡的维持提供理论依据，为生态演替和水文循环变化及其相互关系提供科学解释和有效依据。

生态水文分析主要研究生态系统内水文循环与转化和平衡的规律，分析生态建设、生态系统管理与保护中与水有关的问题。水文过程与生态过程之间的相互作用主要体现在以下几方面[24]。

首先，不同的景观都有一些相似的水文过程，而从独特的水文过程中可以分析出景观的某些独特性质。究其原因是景观中的植被可以在多个层次上影响降雨、径流和蒸发，进而对水资源进行重新分配，并由此影响水文循环的全过程。在这个过程中，人类活动以及气候变化将会放大植被的生态水文效应。在所有植被中，森林在一定条件下通过改变水分的蒸发、径流、土壤水和地下水间的分配，从而影响极端水文事件，如洪水和干旱的发生，增加区域的保水能力和对水土流失的绝对控制能力。灌丛和草地对水文过程有相似的影响，但和森林相比要简单得多。此外，土地利用变化的重要环境反应是以水文行为变化体现的，如径流的组成、侵蚀速率或地下水补给速率的变化，而水文行为变化又会影响环境反应并反作用于土地利用，由此交织形成了复杂但相互作用的系统。土地利用强度的加大增加了水资源的利用率，增加了地表水的排泄速度，地下水的过度抽取导致水位下降，形成大面积的降落漏斗，并且在部分城市已经出现了严重的地表沉降和海水入侵现象。然而，土地利用能加大对水资源的利用，也增加了大气湿度和地表湿度，有助于降雨的形成。

其次，生态水文水质性研究，如人类耕作时化肥和杀虫剂的使用造成的点源污染、非点源污染和人类定居（城市污水）引起的生态水文变化已造成了世界性的水污染，生态水文水质性研究主要体现在维持淡水生态系统平衡与控制营养负荷等方面。水文过程可以通过多种水文要素（如水位、水力）影响营养物质在淡水生态系统内的分布与富集。淡水生态系统周围的湿地、洪泛平原可以通过影响河流水流格局以及地下水的补给、径流和排泄，在控制和降低营养物的沉积、运移、营养负荷、净化水质（特别是降低水质硬度）等方面具有重要的作用。由于淡水生态系统周围湿地斑块分布的差异性，营养物呈现不同的分布和富集程度。而近代对湿地的过度开发、洪泛平原面积减少和质量下降、河流的疏导严重地影响了水流的排泄、养分的运移、沉积和污染的分布格局。河流生态学的发展，特别是河流连续体概念、序列不连续体概念和斑块网络概念的提出和发展极大地促进了河流生态系统生态水文过程研究。

最后，水文过程对生态过程的影响体现在水文过程控制了许多基本生态学格局和生态过程，特别是控制了基本的植被分布格局，是生态系统演替的主要驱动力之一。水循环过程中的水分运移包含了生物圈中最大的物质循环。科学管理水土界面的相互作用，保证在全球变化和人口数量剧增的情况下，针对河流与洪泛平原生态系统、沼泽湿地生态系统等水土界面矛盾突出的陆地生态体系，能够有效地控制和减少水文情势变化（包括水体富营养化和有机污染等）所导致的大范围生态系统退化，进而使得淡水生态系统可持续化。因此，水土界面间物质与能量之间的传输与变化及其对陆地生态系统的影响研究，将深化生态水文研究的内涵。

3.1.3 生态水文分析

流量、频率、发生时机、延时和变化率这五大变量在生态水文学中常被作为反映水文情势的指标，是水文情势的五大要素，进而能够研究生物对水文变量的响应。而生态水文分析通常把年内流量过程划分为三个流量段，分别为基流、高流量和洪水脉冲流量，这三个流量段具有不同的生态功能[25]。

1. 低流量频率计算

基流也称低流量，在自然界中持续时间相对较长。河道内需要维持一定的最低流量才能形成水深、流速以及河宽等水文和水动力条件。最低流量是维持必要的水温、溶解氧和纳污能力的基本条件，是维持水生生物生存和维持栖息地的基本条件，也是推求生态基流的主要依据。

河流低流量频率通常以各年内特定连续日数的最小平均流量作为随机变量 X 进行频率分析。令 dQ_T 表示重现期为 T 年可能发生一次小于此值的连续 d 日最小流量的均值。低流量频率研究的问题是时间 $X \leqslant x$ 的概率。其概率分布函数 $F(x)$ 为

$$F(x) = P(X \leqslant x) \tag{3.7}$$

式中，P 为随机变量 X 小于等于 x 时出现的频率。随机变量 $x = dQ_T$，公式 $F(x) = P(X \leqslant x)$ 表示发生一次小于等于 dQ_T 的连续 d 天最小流量均值的重现期是 T 年，频率是 $P = 1/T$。

2. 造床流量计算

在三个流量段中，相对基流而言，高流量属于中等量级流量。高流量过程包括侵蚀、泥沙输移和淤积在内的河流地貌过程，流量过程对河床形态将产生影响，高流量对应造床流量。

在河相学中，所谓的造床流量是指能够长期维持河流形态的流量。决定河流形态的主要因素是泥沙的冲淤变化，影响冲淤变化的主要因素就是流量和延时。在三个流量段中，基流和洪水脉冲流量对河流冲淤影响不大，主要是因为它们在输沙能力和延时方面不能达到河床冲淤要求，而高流量具有延时较长、流速较大的特点，对塑造河床形态作用最为明显。

造床流量一般可分为第一造床流量和第二造床流量，第一造床流量是决定中水河槽的流量，第二造床流量仅对塑制枯水河床有一定作用，通常所说的造床流量系指第一造床流量[26, 27]。它是代表来水过程的特征流量，是反映冲积河流河槽形态的重要参数以及河道演变分析的重要依据，同时也是进行河道规划与整治的重要基础。目前国内外计算

造床流量的主要方法有平滩水位法、马卡维耶夫法、流量保证率法、输沙量法以及河床变形强度法等。在实际情况中，常选取当水位与河漫滩齐平时对应的流量（平滩流量）作为造床流量，此时的水位为平滩水位。下面介绍计算造床流量的三种方法。

1）平滩水位法

计算得到造床流量为水位与河漫滩齐平时的平滩流量，当水位平滩时，造床作用最大，当水位高于河漫滩时，水流分散，造床作用降低，而水位低于河漫滩时，流速较小，造床作用也不强。因此选用水位与河漫滩齐平时的流量最合适。

2）马卡维耶夫法

马卡维耶夫认为流量的输沙能力以及流量的持续时间将会影响该流量的造床作用。马卡维耶夫认为输沙能力与流量的关系可表示为：

$$S = kQ^m J \tag{3.8}$$

式中，Q 为流量；S 表示该流量的输沙能力；J 为比降；k 为比率。

而流量持续时间可用该流量出现的频率 P 来表示。因此当 $Q^m JP$ 的乘积最大时，其所对应流量的造床作用也最大，这个流量就是造床流量。

日本学者造村也认为某一流量的造床作用与其输沙能力有关，提出了用输沙量加权平均的流量作为造床流量[28]。

$$Q_{造} = \frac{\sum_{i=1}^{n} Q_{si} Q_i}{\sum_{i=1}^{n} Q_{si}} \tag{3.9}$$

式中，$Q_{造}$ 为造床流量；Q_i 为第 i 级流量；Q_{si} 为相应于第 i 级流量的输沙量；n 为流量分级总数。

3）河床变形强度法

勒亚尼兹认为应采用相对于某时段的平均河床变形的流量作为造床流量，河床变形强度指标公式为

$$N = \frac{HJ}{D}\left(\frac{V_2}{V_1} - 1\right) \tag{3.10}$$

式中，D 为河床质粒径；V_1 为河段上游断面的平均流速；V_2 为河段下游断面的平均流速。

3. 设计洪水计算

洪水脉冲流量指高量级流量，持续时间短。洪水脉冲对泥沙及营养物的输移起重要作用，也是影响河漫滩地貌构成的重要驱动力。设计洪水计算之前需要先确定水工建筑物的设计洪水标准，进而通过水文频率分析方法推求对应洪水标准频率的设计洪水。

设计洪水包括洪峰流量、不同时段设计洪量和洪水过程线三个要素，其中设计洪量是指定时段内洪水总量 W。指定时段可采用 1d、3d、5d、7d、15d、30d 这样的固定时段，视流域大小而定，流域大，时段长。频率分析法是国内常用的推求设计洪水的方法，主要分为以下两类。

（1）由流量资料推求设计洪水，属于直接方法，一般用于大中型工程的设计洪水计

算。频率分析法的计算环节主要有：抽样方法、分布线型、经验频率公式、参数估计、设计洪水过程线、历史洪水、区域洪水频率分析等[29]方面。

水文频率曲线实际上是一种资料分布统计规律表达形式的模型，水文变量的总体频率分布线型是未知的，通常选用拟合多数水文资料的线型。目前常用的频率分布线型多是上端无限型。但是根据水文物理概念，曲线应该有上限，而现有技术水平确定上限存在难度，因此上端有限型曲线尚未得到应用。国内外水文计算中使用的洪水频率线型大体上可以分为三类：正态分布、极值型分布和皮尔逊Ⅲ型（P-Ⅲ型）分布。我国的洪水频率线型一直采用 P-Ⅲ型分布曲线，P-Ⅲ型分布对于我国大部分河流的水文资料拟合较好。P-Ⅲ型分布的概率密度函数如下：

$$f(x) = \frac{\beta^\alpha}{\Gamma(\alpha)}(x-\alpha_0)^{\alpha-1}e^{-\beta(x-\alpha_0)} \tag{3.11}$$

式中，$\Gamma(\alpha)$ 表示伽马函数；α、β 和 α_0 分别为 P-Ⅲ型分布的形状、尺度和位置参数。

（2）由暴雨资料推求设计洪水，属于间接方法，一般用于中小型水库的设计洪水计算。

3.1.4　生态水文模型

生态水文模型的核心在于它需要对生态水文过程进行耦合，不仅要能够对历史过程进行模拟，还需要满足对未来的预测和不同情景的模拟；不仅需要对水文过程进行定量表达，还需要对气象要素、人类活动和生态过程进行描述，其中气象要素通常作为模型的输入，而对于生态系统则将其划分为天然生态系统和人工生态系统（如农田等）进行描述。此外，模型还需要考虑土壤特征（土壤水力学特性和热传导特性），通常这些特性，通过模型参数进行表达，并假定在模拟时段内保持不变。所以，生态水文模型对气象要素和土壤要素描述简单，重点和难点是对生态过程和人类活动的刻画[30]。一款具有明确物理机制的生态水文模型需对水量传输过程、碳氮传输过程进行描述，如有必要还得考虑能量传输过程。同时，在对生态水文过程进行描述时，无法忽视植被发挥的作用。目前的生态水文模型多通过遥感植被产品（如归一化植被指数 NDVI、叶面积指数 LAI 等）作为模型输入，反映植被的变化过程[23]。认识上述耦合机理如水、能量、碳、氮、磷等相互作用是构建生态水文模型的重要基础，需要仔细考虑植被生态过程与水文过程的复杂交互作用，如图 3.4 所示。

陆地生态水文模型从单向耦合向双向耦合发展[32]，单向耦合模型多从水文模拟角度出发，考虑植被对水文的单向影响，不模拟植被的动态变化和水文过程对植被的动态反馈，例如分布式水文-植被-土壤模型（distributed hydrology-soil-vegetation model，DHSVM）。双向耦合模型则考虑将植被的生态过程嵌入水文模型中，实现植被生态水文过程交互作用的模拟，如基于能量平衡、水循环和碳氮循环的生态水文动力的植被界面过程模型（vegetation interface processes model，VIP 模型）以及耦合了水文模型与生物地球化学模型的 CHANGE 模型。根据模型中对于植被生态水文过程相互作用机制描述的复杂程度，陈腊娇等将双向耦合模型划分为概念性模型、半物理模型、物理模型三大类。几种典型的陆地生态水文模型如表 3.1 所示。

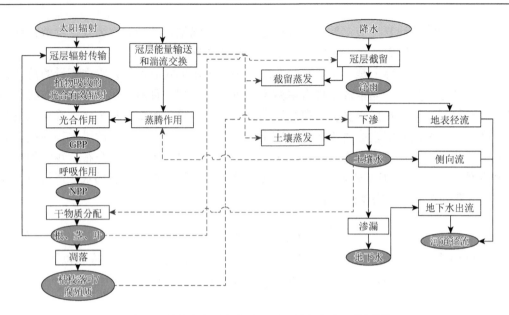

图 3.4　植被生态过程与水文过程的复杂交互作用[31]

表 3.1　几种典型的陆地生态水文模型

类别	特点	空间离散化	代表性模型
单向耦合模型	引入植被层，仅考虑植被对水文过程的单向影响	网格单元	VIC、DHSVM、SHE
概念性模型	耦合经验性的植被生长模型与半分布式流域水文模型，对植物生长和植被生态水相互作用关系的描述缺乏机理性	大多为半分布式	SWAT、SWIM、EcoHAT
半物理模型	耦合半经验性的光合作用模型与分布式水文模型，机理性增强，但仍不能刻画水文过程对植被生化过程的影响	半分布式或全分布式	PnET-Ⅱ3SL/SWAT、TOPOG
物理模型	耦合植被生理生态过程模型与全分布式水文模型，将植被的生态过程与水文过程耦合在一起，机理性强。结构复杂，植被参数要求高	大多为全分布式	RHESSys、Macaque、VIP、tRIBS-VEGIE、BEPS-TerrainLab

　　生态水文模型的发展趋势也是不断地融合生态、气候等自然过程，最终形成一个复杂的地球模拟系统，这个过程中需要更多地融合自然过程，这对模型的数据、生态过程的描述和水文过程的描述以及生态过程、水文过程双向耦合方面提出了高要求。当前的生态水文模型对植被生态水相互作用机制的刻画、流域空间的离散化、模型参数估计、不确定性等研究还存在很多问题，今后生态水文模型的发展应该遵循如下原则：首先需要提高模型多源数据的利用能力，为生态水文耦合过程提供数据支持以及提高数据管理能力；其次需要更加细致地刻画生态与水文的耦合过程，应该尽量从生理学的角度出发描述植被生态与水文的相互作用关系，对植物蒸腾作用的描述应该将其作为生理学而非物理学过程刻画；最后需要更加细致地刻画人类活动对生态水文过程的影响，生态水文模型对农业生态系统的刻画离不开对农业灌溉、地下水抽取、水库调度等过程的考虑，

仅包含天然产汇流过程的生态水文模型早已不能真实描述流域水文过程，人类活动在生态水文模型中的体现是模型开发中无法回避的问题[23]。

3.2   生态需水量计算

生态需水量是生态水文分析的核心内容之一，指在特定的生态目标下维持特定时空范围内的生态系统水分平衡所需要的总水量[33]，主要取决于生态系统本身的特点及其所处的环境特征，主要考虑天然生态系统：森林、草地、灌丛、荒漠、河流、湖泊、沼泽、海滩、浅海、水生植物、水生动物（鱼类）等对天然水源的利用。

3.2.1   生态需水量的概念与组成

长期以来，在研究水资源供需问题、水资源配置问题时，只考虑了人工生态系统的需水，忽略了自然生态系统的需水，只强调生产和生活需水，却忽视了生态系统和环境需水，从而导致生态失衡与环境恶化，同时限制经济发展。根据国内外研究，一般情况下流域内生态需水量的计算分为河道内生态需水量和河道外生态需水量两部分。对于河道内生态需水量的研究，国外开始得比较早，其内涵包括生态系统及其生境维持的非生态系统需水量在内，基本上属于河道环境保护的水量需求的范畴[8]。而国内由于区域生态需水量评价的社会需求，生态需水量的研究多集中在西北干旱地区。

目前生态需水量的概念没有得到统一，在不同的文献中提法不一，如生态用水量、生态环境用水量、生态环境耗水量等。刘昌明分析比较了这些概念，指出生态需水量、生态用水量和生态耗水量之间的关系为生态需水量＞生态用水量＞生态耗水量。对生态需水量的内涵理解大体上存在两种争议。一方认为生态需水即生态环境需水，认为生态需水量是指水域生态系统维持正常的生态和环境功能所必须消耗的水量，计算生态需水量实质上就是要计算维持生态保护区生物群落稳定和可再生维持的栖息地的环境需水量。另一方认为生态需水量就是生态系统维持生命系统的需水量，认为生态需水是生态环境需水的一部分，包括为维护生态系统稳定，天然生态保护与人工生态建设所消耗的水量。实际上，生态需水与生态环境需水是彼此区别又彼此联系的（图 3.5），生态需水的主体包括生物体及环境中的生命及其相关支撑部分；环境需水所指的主体即通常所说的环境，它包括生命和非生命两部分，其中生命部分的需水也就是生命支持系统需水，该部分也是生态需水的组成部分；那么生态环境需水囊括了生态需水与环境需水。不考虑环境中对生命系统起重要支持作用的非生命系统的水量需求，以单纯生命系统的需水量作为生态需水量是不可取的，但是把具有广泛内涵的生态环境需水作为生态系统需水的理解也存在很大问题，关键在于二者水量需求的主体不同，这要视具体研究对象是什么，对于干旱地区以植被生态系统为对象的生态需水问题，就应该局限在上述生态需水的概念范畴。

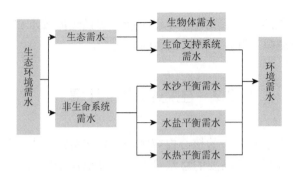

图 3.5 生态需水及其与生态环境需水、环境需水的区别[34]

生态需水量在实际中常按目标进行分类计算[8]，如：①维持河流廊道内生态系统平衡的需水量；②保持水体缓冲能力、调节气候、水体景观和水质净化功能所需消耗的水量；③维持河流系统水沙平衡的需水量；④维持河流系统水盐平衡的需水量；⑤维持湖泊、沼泽等湿地水量平衡的需水量；⑥维持河口地区咸淡水界面稳定的需水量；⑦维持合理生态地下水位的需水量；⑧河流上游水源涵养林和水土保持措施及沿岸绿洲的需水量。其中，①～⑥为河道内生态需水量，⑦和⑧为河道外生态需水量。下面详细介绍河道内生态需水量和河道外生态需水量及其计算。

3.2.2 河道内生态需水量及计算

常见的河道内生态需水量计算方法分为水文指标法、水力学法、栖息地法、整体分析法等。这些方法或多或少存在一定局限性，如水力学法只能产生最小环境基流，属于特定地点依赖的方法；水文指标法的流量和水生态系统的关系很难准确建立，适用于具有较高需水量计算要求的研究；栖息地法相对昂贵且费时，只能用于中小尺度的一个或数个河段，很少用于整个流域甚至次一级流域。这些方法大体上计算的生态需水量往往是确定的数值，这是不合适的，生态需水量应该是一个阈值范围。目前基于生态流速和水力半径，考虑河道内生态需水与水力因素关系的生态水力半径法是生态需水量计算的重要方法。其中生态流速是生态系统动态变化与水流驱动力因素之间的关键指标，贯穿在生态水文学分子到流域尺度的研究中。相对于之前的生态需水量计算方法，生态流速更强调生态水文动力因素，能充分利用水生生物信息（如鱼类产卵洄流速度）与河道信息（水位、流速、糙率等）估算河道内生态需水量[32]。目前该方法在河流基本生态需水，考虑污染物降解耦合水量水质的生态需水，考虑鱼类等生物对流速要求的生态需水，考虑河道冲淤平衡的输沙需水等方面进行了初步应用，取得了较好的效果。

（1）水文指标法：属于传统的流量计算方法（标准流量法），主要原理是根据月或日的流量历史记录数据获取河流流量推荐值以确定河流环境流量。该方法是确定一个保护河流流量所需的最小流量标准，根据历史流量资料得出河流流量的推荐值。主要包括以下几类方法：7Q10 法、Tennant 法、流量历时曲线法等。7Q10 法采用 90%保证率最枯连续 7d 的平均水量作为设计值。Tennant 法是美国目前使用确定河道生态环境需水量的一种方法，河道流量推荐值以预先确定的年平均流量的百分数为基础。通常作为优先度不高的河段研究河道流量推荐值使用，或作为其他方法的一种检验。流量历时曲线法利用历史流量资料构建各月流量历时曲线，以某个保证率相应的流量作为河道内需的流量。水文指标法的优点在于其简单、易用，一旦建立了流量和水环境的关系，所需的数据较少，一般不需要现场工作。但是在一般情况下流量与水生态系统的关系很难准确建立。

（2）水力学法：基于水力学基础的水力学法，主要是根据河道水力参数（如宽度、深度、流速和湿周等）确定河流所需流量，所需水力参数可以实测获得，也可以采用曼宁公式计算获得。假定河道物理形态不变，认为河流某一段面满足一定流量后，其下游同一功能河道流量总能满足河道生态功能的流量要求。常用的水力学法有：湿周法、R2CROSS法等。湿周法的依据是基于保护好临界区域的水生生物栖息地的湿周，也将对非临界区域的栖息地提供足够的保护。利用湿周（指水面以下河床横断面的线性长度）作为栖息地的质量指标来估算河道内流量值，通过在临界的栖息地区域（通常大部分是浅滩）现场搜集河道的几何尺寸和流量数据，并以临界的栖息地类型作为河流的其余部分的栖息地指标。河道的形状将影响分析结果，该方法需要确定湿周与流量之间的关系。这种关系可从多个河道断面的几何尺寸与流量关系实测数据经验推求。推荐值则依据湿周-流量关系曲线中变化点的位置来确定。R2CROSS法在计算河道流量推荐值时，必须考虑根据河流几何形态决定水深、河宽、流速等因素。具有两个标准：一是湿周率，二是保持一定比例栖息地类型所需的河流宽度、平均水深以及平均流速等。R2CROSS法以曼宁公式为基础，由于必须对河流的断面进行实地调查，才能确定有关的参数，所以这种方法相比标准设定法难以应用。水力学法的优点在于方法相对简单，数据要求较少，但是该方法具有特定地点依赖性。

（3）栖息地法：是基于生物学基础的方法，主要原理是依据河流实际参数，基于水力学模型，建立河流参数与生物生态参数间的数值模型，从而确定环境流量。该方法需要研究水文系列的特定水力条件及相关鱼类栖息地参数。该方法最典型的是河道内流量增加法（instream flow incremental methodology，IFIM）[33]。IFIM根据现场数据，例如水深、河流基质类型、流速等，采用栖息地模拟（physical habitat simulation，PHABSIM）模型模拟流速变化和栖息地类型的关系，通过水力学数据和生物学信息结合，决定适合于一定流量的主要水生生物及栖息地。栖息地法的优点在于能够将生物资料与河流流量相结合，更具有说服力，但由于定量化的生物信息很难获取，因此该方法在使用上难以广泛推广，受到限制。CASIMIR法基于流量在空间和时间上的变化，采用水沙运动（flow and sediment transport，FST）建立水力模型、流量变化及被选定的生物类型之间的关系，估算主要水生生物的数量、规模，并模拟水电站可能的经济损失。总体看来栖息地法提供指示物种和环境要素的水量，可获得指示物种整个生命周期的流量要求。但该方法适用于面积较小的流域，不适合大尺度计算。

（4）整体分析法：集中于流量大小变化与相应的河流生态系统进行常年的观测，对不同流量的界定非常关键。另外，我国学者还针对污染物稀释净化需水量、输沙需水量、防止海水入侵所需维持的河道最小需水量等做了较为广泛的研究，也提出了相应的计算方法。然而，对于特定的河流，理想的生态需水量计算方法应该能够量化所有参数，反映参数之间的相互影响。利用水生生物信息（鱼类洄游的流速）和河道信息（水位、流量、糙率等）的生态水力半径法可能是能够符合上述要求的方法之一。该方法主要是针对天然河道某一过水断面的生态流量提出的，基于两点假设：首先是认为天然河道的流态属于明渠均匀流，其次流速采用河道过水断面的平均流速，消除过水断面不同流速分布对河道湿周的影响。根据上述两点假设，以及明渠均匀流公式，可得水力半径 R 与过水断面平均流速 $\bar{v}$、水力坡度 J 和糙率 n 的关系[35]：

$$R = n^{3/2}\bar{v}^{-3/2}J^{-3/4} \tag{3.12}$$

若将过水断面平均流速赋予生物学意义，即上文所述的生态流速 $v_{生态}$（如鱼类洄游的流速）作为过水断面的平均流速，那么此时的水力半径是具有生态学意义的生态水力半径 $R_{生态}$。最后利用 $R_{生态}$ 推求该过水断面的流量，就可得到满足河流一定生态功能的流量，如上述提到的鱼类洄游所需要的生态流量。

3.2.3　河道外生态需水量及计算

河道外生态需水量主要是指植被生态需水量，研究河道外生态需水量的目的是保护生态。基于不同植被蒸散发潜力估算模型，依据不同生态系统及同一生态系统在不同气候与地理区域具有不同生态需水规律的特点，提出可计算消耗于各类植被的地表水和地下水的水资源总量以及可模拟和评价不同时期生态需水量的方法。河道外生态需水量的合理评价也是干旱地区水资源合理配置与管理、生态环境保护与建设中最为关键的科学问题[36]。

常用的河道外生态需水量的计算方法主要包括水量平衡法、基于植被蒸散发特性的经验计算方法（直接计算法、植被耗水模式法、潜水蒸发法）及基于 3S 技术的计算方法等[37]。

1. 水量平衡法

适用于闭合流域，能够研究闭合流域或河段输入量、输出量与存储量之间的水量平衡关系。在河流或河道内生态需水量计算中，是利用河道多年平均枯水期径流量与流域生态系统最低用水近似相等或一定区域（例如洪泛区或湖泊洼地）多年平均蒸散发量与降水量的差值近似看作区域生态系统耗水量，包括水沙平衡、水盐平衡、水热平衡以及河流污染自净所需要的最低需水量等；在河道外流域范围或局部地区，则是利用区域水资源均衡原理和供需平衡分析方法计算生态系统用水量。干旱地区生态系统作为植被-土壤综合系统，在无人为干扰的情况下，水量平衡关系可表示为

$$W_{t+1} = W_t + P - R - ET \tag{3.13}$$

式中，W_{t+1} 为 t 时段末期土壤含水量（mm）；W_t 为 t 时段初期土壤含水量（mm）；P 为该时段降水量（mm）；R 为该时段径流量（mm），在干旱绿洲区包括径流和人工灌区，即 $R = R_1 - R_2$，R_1 为地表径流和地下径流量，R_2 为人工灌溉量；ET 为该时段蒸散发量（mm），包括植被蒸腾和土壤蒸发。水量平衡法基于水量平衡原理，方法成熟，但其计算结果为生态用水量，不能体现生态系统实际需求。

2. 基于植被蒸散发特性的经验计算方法

基于植被蒸散发特性的经验计算方法包括直接计算法（定额估算法）、植被耗水模式法和潜水蒸发法等。其中直接计算法是将研究区内不同植被类型面积与需水定额的乘积之和用以估算生态需水量；植被耗水模式法采用试验获得的典型植被水分消耗规律，确定不同植被类型在不同地下水分布区的植被耗水模式，并将其推广到整个研究区域，估算生态需水量，广泛用于干旱内陆地区；潜水蒸发法通过潜水蒸发模型计算不同地下水埋深范围内的潜水蒸发量与相应植被面积的乘积并计算生态需水量，该方法认为在非河流区，天然状态下植被生长消耗的水分是通过浅层地下水和降水来满足的，也是干旱地区生态需水量计算较常用的方法之一。

3. 基于3S技术的计算方法

这是现行的区域生态需水量计算的主要方法，主要思路是依据不同气候带与降水等条件，开展自然生态系统分区，通过不同植被类型的蒸散发计算、估算生态需水或生态耗水总量。该方法能够用于大尺度区（流）域生态分区、多时相生态水文参数获取，能够反映生态需水动态特性，能够进行空间信息处理与存储等。其主要的问题就是如何对不同植被类型选择适当方法估算其蒸散发量，在较大流域尺度、植被类型复杂多样的情况下，数据获取较难，准确计算不同类型植被的蒸散发量遇到很大困难，费用也较高。

现阶段从植被蒸散发的角度估算流域河道外生态需水量仍然是主要途径。结合3S技术及多学科交叉融合，从微观层面剖析生态水文过程、从宏观层面寻求满足水资源规划与配置要求的生态需水计算方法正成为当前的研究热点。

3.2.4 干旱半干旱地区生态需水量及计算

干旱、半干旱地区由于水资源天然不足，加之人类活动范围的扩大和不合理的水资源开发利用，导致森林草原退化，生态环境急剧恶化。干旱、半干旱地区内陆河流域的生态保护与修复是当前社会各界关注的热点。在对干旱、半干旱地区内陆河流域生态系统退化过程、机理研究中，水是关键且重要的制约因子。干旱地区生态需水量，指流域一定时期内存在的天然绿洲、河道内生态系统（河岸植被、河道水生态及河流水质）以及人工绿洲内防护植被体系等维持其正常生存与繁衍所需要的水量[38]。在干旱地区，河道内生态需水量是维系河流生态环境平衡的最小水量，主要从实现河流的功能方面考虑为维持河道内生物及其生境的基本生态环境需水量和汛期河流的输沙需水量，而在干旱、半干旱地区汛期河流输沙需水量的问题并不突出。

干旱、半干旱地区由于其独特的地理、气候和生态特征，使其水文系统和生态系统非常脆弱，生态和水文系统两者之间存在密切的联系。干旱地区的生态水文特征具有降水量少、蒸发强烈、受干旱性气候影响风沙大、河流的径流量季节性变化大、地下水与地表水转化频繁以及植被分布稀疏和生态环境脆弱的特点。特殊的生态水文特征必将导致相应的生态水文问题，例如河流断流、湖泊消失、泉水溢出量减少、土壤次生盐渍化、地下水位持续下降、植被退化以及土地荒漠化等问题。由于干旱地区生态与水文联系紧密，生态需水量是评价干旱地区水文生态系统健康与否的一个关键性指标。

　　干旱、半干旱地区的生态需水量按照生态系统的好坏程度分为五类，包括现状生态需水量、目标生态需水量、最低生态需水量、适宜生态需水量、生态恢复需水量，其中最低生态需水量是干旱、半干旱地区生态需水的临界量，是对人类的警示量。干旱、半干旱地区分为河道内生态需水量和河道外生态需水量（即陆地生态需水量）。结合干旱、半干旱地区流域的特点，从干旱地区水资源短缺的实际出发，在计算河道内生态需水量过程中，应主要包括河流基本生态环境需水量、河流输沙排盐需水量、河道内水面蒸发量三个部分。河道外生态需水量主要考虑干旱、半干旱地区的陆地生态系统，如人工绿洲生态系统、天然绿洲生态系统、荒漠中的湖泊生态系统、城市生态系统、人工湿地生态系统的生态需水量。对于干旱、半干旱地区而言，国内更加侧重于河道外生态需水量（陆地生态需水量）的研究。在干旱、半干旱地区，植被生态环境需水量是保证植物正常、健康生长，同时抑制土地沙化、盐渍化甚至荒漠化发展所需的最小需水量。植被生态环境需水量不仅包括维持陆地林木植被、草场植被的需水量，还包括维持农田人工生态系统良性发展对水需求的最小资源量。目前关于植被生态环境需水量的计算方法主要有面积定额法、潜水蒸发法、改进后的彭曼公式法、区域水量均衡法以及基于遥感与 GIS 技术的区域生态需水计算方法。这些方法与 3.2.3 节提到的河道外生态需水量的计算方法类似，表 3.2 展示了各种方法的计算公式及说明。

表 3.2　生态需水量计算方法

方法	说明
区域水量均衡法 $P+R_{in}+G_{int}+S_{int}+V_{int}=E+R_{out}+G_{end}+S_{end}+V_{end}$ $P=E+\Delta R+\Delta G+\Delta S+\Delta V$	P 为降水量；E 为蒸散发量；R_{in} 和 R_{out} 分别为入境水量和出境水量；G_{int} 和 G_{end} 分别为初始和结束时的地下水量；S_{int} 和 S_{end} 分别为初始和结束时的土壤水含量；V_{int}、V_{end} 分别为生物体内时段前、后的水量；ΔR、ΔG、ΔS 和 ΔV 分别为出入境水量之差、地下水变量、土壤水变量和生物体内的水分变量
面积定额法 $Q_i=F_i\times Z_i$	Q_i 为 i 类型植被的生态需水量（m³）；F_i 为 i 类型植被的面积（hm²）；Z_i 为 i 类型植被的生态用水定额（m³/hm²）
潜水蒸发法 $Q_i=A_i\times\varepsilon_i\times K$	Q_i 为 i 类型植被的生态需水量（m³）；A_i 为 i 类型植被的面积（hm²）；ε_i 为 i 类型植被所处某一地下水埋深时的潜水蒸发量（m³/hm²）；K 为植被系数
改进后的彭曼公式法 $ET_0=C[WR_n+(1-W)f(u)(E_a-E_d)]$	ET_0 为潜在蒸发量（mm）；W 为与温度有关的权重系数；C 为补偿白天与夜晚天气条件所起作用的修正系数；R_n 为按等效蒸发量计算得到的净辐射量（mm/d）；$f(u)$ 与风速有关的风函数；E_a-E_d 为在平均气温中，空气的饱和水汽压 E_a 与实际平均水汽压 E_d 之差（mb）
基于遥感与 GIS 技术的区域生态需水计算方法 $\overline{EW_t}=\dfrac{\int\oint\int_s E(t,x,y)\mathrm{d}t\mathrm{d}s}{\int\oint\int_s \mathrm{d}t\mathrm{d}s}$	$\overline{EW_t}$ 为 t 时段内的平均生态需水量；$E(t,x,y)$ 为生态需水的时空分布函数；t、x、y、s 分别表示计算的时间、经度、纬度、流域面积

3.3 生态水力学计算

生态水力学是一门新兴的交叉学科，研究水动力学和水生态系统动力学之间的相互动态关系。生态水力学的前身一般认为是环境水力学，主要研究物质在水体的迁移、转化以及其浓度对生物生命的影响，但在生物及生态动力学过程的研究较少涉及。之前存在的一些水生态模型基本上都局限在水生生物的物理特征研究和生境评价上，很少涉及动力学部分，属于静态模型。静态模型如若不结合水文学和水动力学过程，很多生态问题很难解释，一个典型的例子是水华暴发，其中既有生物生理的因素，也有水动力学的因素。因此，需要两方面结合才能更加准确地研究水华，预报水华现象，研究水中生命体的扩散输移规律及其力学范畴的控制技术。

3.3.1 生态水力学概念

1. 基本概念

生态水力学主要研究水与生态系统之间的基础动力学过程，生态水力学的研究范围包括生态流量、鱼道、水质、富营养化与水华、洪泛区、湿地、水生态栖息地和水域生态修复等[39]。例如，对于河流而言，流态的改变将影响河床地貌的变迁和沉积物的分布，从而影响河床岸坡植被的生长和生物多样性；同时，河床植被的变化又会改变河床的糙率和河床的稳定性，继而影响流态，这是一个双向的过程。一方面，生态水力学研究水文情势及水动力条件变化对水生态系统的影响，譬如大坝建设和运行改变了河流原有的物质场、能量场、化学场和生物场，直接影响生源要素在河流中的生物地球化学行为，进而改变河流生态系统的物种构成、栖息地分布及相应的生态功能，生态水力学为大坝运行的生态环境效应模拟评价提供了系统的理论与方法。另一方面，生态水力学研究水生态系统的演变[40]。

对水文情势的影响，譬如岸边带或者洲滩植被格局演替对水动力及泥沙输移的影响，生物生态特征与水力学条件之间存在着适宜性关系并符合以下原则：①生物不同生活史特征（生物年龄、生长、繁殖等发育阶段及其历史所反映的生物生活特点）对栖息地需求可根据水力条件变量进行衡量；②对于一定类型水力条件的偏好能够用适宜性指标进行表述；③生物物种在生活史的不同阶段通过选择水力条件变量更适宜的区域来应对环境变化并做出相应调整，其中水力条件包括：水流特征量（流速、流速梯度、流量、含沙量等）、河道特征量（水深、基质类型和湿周）、量纲一量（弗劳德数、雷诺数等）以及复杂流态特征量。

2. 研究方法

生态水力学涉及的领域包括环境保护、水产养殖和通过水生生物控制传统疾病等，与我国经济发展和人类生活有着十分密切的关系。生态水力学的研究方法包括四个方面，分别是理论分析方法、系统实验方法、现场观测方法以及现代量测技术与计算机模拟技术。

（1）理论分析方法。主要借助流体力学（紊流）、二相流（主要为稀疏颗粒运动）以及生态数学等基本理论，对影响水中生命体运动的因素进行分析和研究，分析生物生活史特征与水力条件的关系，研究水力条件发生变化能够引起的生态响应。

（2）系统实验方法。生态水力学实验的研究对象是水中的生命体，不同于其他的物理生物、水力学、流体力学的实验，实验中很难找到相似的另一种生命体作为研究对象。生态水力学实验研究的主要内容就是研究目标生物对水力条件，如流速场、压力场、温度场、浓度场发生变化后的敏感性、选择性以及适应性，同时还包括相应的流场控制实验，主要以现象和过程为主。

（3）现场观测方法。生态水力学问题是从实际提出来的，因此不能缺少现场观测实验，建立水中生命体的运动过程，同样离不开实际观测资料作为数据输入。原型观测是生态水力学研究的基础。

（4）现代量测技术与计算机模拟技术。现代量测及模拟技术、图像采集处理、显示及仿真模拟技术等都是生态水力学研究必不可少的方法手段。

3. 水中生命体行为与水力条件的关系

水中生命体主要指有生命的生物个体（如动物、植物和微生物），包括水生生物及进入水体的非水生生物。每一种生命体都有其特定的生存环境，当生存环境发生改变时，生命体会表现出不同的行为。当水力条件在生命体的临界态发生改变时，生命体就会出现不同的行为，如自由状态、逃离状态和失控状态。流场是水中生命体生存和运动的空间，指温度场、浓度场、速度场、压力场和涡量场等[40]。每种生命体对其生存的流场都有特定的要求，当流场发生改变时，生命体都会表现出自由、逃离和失控三种状态。流场的意义不仅在于其是生命体生存的空间，还表现在人类对流场的控制和调节能实现保护濒危物种和生态环境、控制疾病传播等目的。因此，研究水中生命体的行为与流场的关系具有十分重要的意义。

3.3.2 生态水力学计算原理

生态水力学研究的对象包括藻类、浮游动物、鱼类、底栖动物等水生生物，水流条件、边界条件、非生物组分与生物组分间的相互作用以及水生物组分间的食物链关系，其计算结合污染动力学与生长动力学。例如，图 3.6 是水环境与藻类生长有关的生态系统，图中每个圆形框表示一种生物或非生物的物质组分；两个矩形框分别表示水系统与外部条件（大气、捕捞）的关系；框与框之间的箭头连线表示相互作用，这些作用以不同的英文字母表示，详见图中的标注[41]。

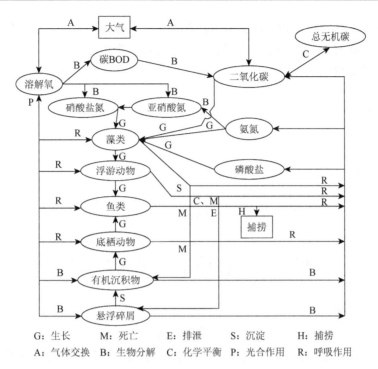

G：生长　　　M：死亡　　　E：排泄　　　S：沉淀　　　H：捕捞
A：气体交换　B：生物分解　C：化学平衡　P：光合作用　R：呼吸作用

图 3.6　水环境中食物链组分与水因子间的关系[41]

每一种组分都可建立其质量守恒方程，其通用形式为

$$\frac{\partial c}{\partial t} + u_i \frac{\partial c}{\partial x_i} = \frac{\partial}{\partial x_i}\left[(D_m + D_t)\frac{\partial c}{\partial x_i}\right] + S \tag{3.14}$$

式中，$\dfrac{\partial c}{\partial t}$ 表示当地变化项；$u_i \dfrac{\partial c}{\partial x_i}$ 表示移流变化项；$\dfrac{\partial}{\partial x_i}\left[(D_m + D_t)\dfrac{\partial c}{\partial x_i}\right]$ 表示扩散变化项，S 表示源汇项；c 为物质浓度，mg/L；t 为时间，s；u 为流速，m/s；D_m 为分子扩散系数，m^2/s；D_t 为紊动扩散系数，m^2/s。对于保守物质，$S = 0$，对于非保守物质，S 取决于该物质的具体情况，由专门研究确定。当所考虑的组分为藻类时，式（3.14）中的 c 为藻类的浓度，可用水体中藻类含碳物质量表示，mg/L；源汇项 S 包括藻类的内生长、内源呼吸与死亡、沉降等三部分。

生态水力学研究的基本方程包括生态流场基本方程、紊流场的生命体扩散方程、生命体的生态数字方程（单种群模型、双种群模型、三种群模型、多种群模型）和水库水温计算。

1. 生态流场基本方程

流场模拟计算是生态水力学研究的基础，也是分析水中生命体生态水力学特性的依据。实际水流多属于紊流，紊流的流场结构及其分析计算尤为重要。所谓的生态流场是指研究生命体运动所涉及的流场，包括上面提到的流速场、压力场、温度场、浓度场和涡量场等。目前还不能精确地获得生态流场的计算结果，只能借助流体力学的基本理论。

其中紊流流场的基本理论和分析计算方法都是重要的依据和方法。紊流运动的基本方程是以 Navier-Stokes 方程为基础，引进雷诺假定推演而来的。

紊流的平均流速、压强和标量物理量（如浓度、湿度等）的分布受到如下四个方程控制。

（1）连续方程：

$$\frac{\partial \rho}{\partial t} + \frac{\partial(\rho \overline{u}_j)}{\partial x_j} = 0 \tag{3.15}$$

（2）运动方程：

$$\frac{\partial \overline{u}_i}{\partial t} + \overline{u}_j \frac{\partial \overline{u}_i}{\partial x_j} = -\frac{1}{\rho} \frac{\partial \overline{p}}{\partial x_i} + \frac{1}{\rho} \frac{\partial}{\partial x_j}\left(-\rho \overline{u_i' u_j'}\right) + g_i \tag{3.16}$$

（3）标量输运方程：

$$\frac{\partial \overline{u}_i}{\partial t} + \overline{u}_j \frac{\partial \overline{u}_i}{\partial x_j} = \mathrm{K}_\Gamma \frac{\partial^2 \overline{\Gamma}}{\partial x_j^2} + \overline{F_\Gamma} - \frac{\partial}{\partial x_j}\left(\overline{\gamma u_i'}\right) + \gamma \frac{\overline{\partial u_j'}}{\partial x_j} \tag{3.17}$$

（4）状态方程：

$$\rho = \rho\left(\overline{\Gamma}\right) \tag{3.18}$$

式中，$\overline{\Gamma}$ 为平均标量物理量；γ 为标量脉动量；$\overline{F_\Gamma}$ 为体积源项；g_i 为体积力。式中略去了分子输运项和黏性力。式中，雷诺应力 $-\rho \overline{u_i' u_j'}$ 和标量通量 $\overline{\gamma u_i'}$ 是求解上述控制方程的关键。这些量一般不好确定，可以引进低阶的关系式或平均量来近似表示这些紊动量，用紊流模型来模拟真实紊流的平均运动，与控制方程一起构成封闭方程组求解。

现有的紊流模型大致可以分为四类：平均流速场封闭模型、平均紊流场封闭模型、平均雷诺应力封闭模型、平均紊动能封闭模型。紊流模型还可根据增加的微分方程的个数分为零方程模型、一方程模型、二方程模型和多方程模型等。增加方程个数是指除了平均流动的雷诺方程和连续方程外，还要增加其他方程才能使方程组封闭求解，例如紊流混合场理论零方程模型、k-ε 双方程模型等。

2. 紊流场的生命体扩散方程

紊流运动具有扩散性，动量、能量、热量和质量等可输运的物理量由于紊流扩散，在紊流场中有强烈的输运，紊流具有传质和传热的特性。从统计平均角度就是把如泥沙、浮游藻类、温度等从高含量的地方输运到低含量的地方。在实际情况中，紊流场的生命体扩散很复杂，尤其是异质粒子在紊流场的扩散作用要涉及异质粒子与流体质点之间的相互作用。所谓的异质粒子是指与流体质点相对密度不同的颗粒，如泥沙、钉螺、藻类或其他污染物等。异质粒子的输运问题将是紊流输运问题中最重要的问题之一。

紊流输运方程：

$$\frac{\partial \Gamma}{\partial t} + U_j \frac{\partial \Gamma}{\partial x_j} = \frac{\partial}{\partial x_j}\left(K_\Gamma \frac{\partial \Gamma}{\partial x_j}\right) + F_\gamma \tag{3.19}$$

式中，K_Γ 为扩散系数；F_γ 为物质源，如热量的输运，是流体流动动能耗散产生的热量。

其中按照统计平均的观点，可将动量、能量、质量和热量等可输运的物理量表示为平均值和脉动值之和，即

$$\Gamma = \bar{\Gamma} + \gamma \tag{3.20}$$

式中，Γ 为可运输的物理量的瞬时值；$\bar{\Gamma}$ 为可运输的物理量的平均值；γ 为可运输的物理量的脉动值。

若 K_Γ 为常数，且将 $\Gamma = \bar{\Gamma} + \gamma$，$u_i = \bar{u}_i + u_i'$ 带入上述紊流输运方程即可得到紊流平均输运方程。仿照 Boussinesq 假定，向平均输运方程中引进输运系数（或紊流扩散系数）ε_γ。

如果考虑的问题变为某一种物质的分布，如泥沙、生命体等含量的分布，则紊流场中的物质输运就是紊流扩散问题。上述式子中的 Γ 就是某一种物质在单位质量中的浓度 c，若写成分解值 $c = \bar{c} + c'$，紊流扩散浓度的方程式为

$$\frac{\partial \bar{c}}{\partial t} + \bar{u}_j \frac{\partial \bar{c}}{\partial x_j} = \frac{\partial}{\partial x_j}\left(K_c \frac{\partial \bar{c}}{\partial x_j} \right) - \frac{\partial}{\partial x_j}\left(\overline{u_j' c'} \right) + F_{\gamma p} - F_{\gamma c} \tag{3.21}$$

式中，$F_{\gamma p}$ 为单位质量中某物质的产生量；$F_{\gamma c}$ 为单位质量中某物质的消耗量。要求解扩散方程，需要事先求出扩散系数 ε_γ，虽然已经有不同情况 ε_γ 的表达式，但求解扩散系数还是比较困难的。工程中为了便于计算，近似认为物质的扩散系数与涡体黏性系数相同，即其他物理量的扩散与动量输运堪称近似相同。生命体颗粒或污染物在紊流场中的扩散有三种形式：分子扩散、紊动扩散和剪切弥散。三者的关系为：分子扩散作用最小，紊动扩散比剪切弥散作用小得多，剪切弥散在工程中是主要扩散形式。

前面所提到的异质粒子是紊流输运问题中的重要内容，主要考虑的是异质粒子能否随着周围的流体流动。异质粒子进入流体后必须具有良好的跟随性，最好不出现由于粒子相对密度大于或小于流体的相对密度而产生的下沉或上浮现象。此外，异质粒子进入流体后，还会使流体产生附加紊流，进而增加了紊动能的消耗。研究粒子对流体运动的跟随发现，粒子的跟随程度取决于粒子有效惯性响应时间和紊流的含能波数。如若粒子的有效惯性响应时间与紊流的含能波数的倒数相近，则粒子基本上可以跟随紊流运动的变化。

3. 生命体的生态数学方程

生态学将生物分为个体、种群、群落和生态圈四个层次。在用数学模型研究生态系统时，为更好地掌握一般原理，需要从一个单种群模型开始，这种单种群模型在自然界是几乎没有的，因此只能在实验室才能做出逼真的模拟。所谓种群，是指在特定时间内，占据一定空间的、同一物种有机体的集合。研究种群最重要的方面，就是其数量上的变化，包括增长、波动、稳定和下降等。种群数量有两种基本模式：指数增长和 Logistic 增长。指数增长是在没有敌害、气候适宜的理想条件下，种群数量不受任何限制地呈指数增长。Logistic 增长是指生物种群数量比较少时，种群增长会越来越快，当种群数量较多时由于空间有限，种群内部竞争将愈发激烈，资源供应不足，导致种群死亡率增大，出生率减少。

$$\frac{\mathrm{d}N}{\mathrm{d}t} = rN(t)\left[1 - \frac{N(t)}{K}\right] \tag{3.22}$$

Logistic 模型考虑的调节因子为 $1 - \dfrac{N(t)}{K}$，它是与瞬时密度有关的调节机理，但在大多数实际情况中，这种调节效应会有时滞现象，即有滞后时间 T，这就是具有时滞的 Logistic 模型。

（1）单种群模型。在研究自然界的单一种群时，可以把各层次种群的影响以及物理环境的影响都归结到单种群模型的参数中，各层次种群即为每一种群在生物圈中所属的层次。在生态模型中，常常存在两种情况：一种是种群的生命长，世代重叠且数量大，这种情况可近似地用连续过程来描述，表示为微分方程。另一种情况是种群的生命短，世代不重叠，或虽然寿命长，世代重叠，但是数量少，常用不连续过程来描述，可表示为差分方程。

具有时滞的单种群方程可表达为

$$\frac{\dot{N}(t)}{N(t)} = b - aN(t) - d\int_{-\infty}^{t} N(s)K(t-s)\mathrm{d}s \tag{3.23}$$

式中，$K(t)$ 为核函数，在实际中常用两种简单的核函数：弱时滞核函数和强时滞核函数，如图 3.7 所示。

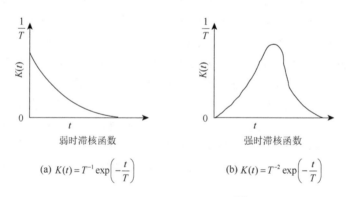

(a) $K(t) = T^{-1}\exp\left(-\dfrac{t}{T}\right)$ (b) $K(t) = T^{-2}\exp\left(-\dfrac{t}{T}\right)$

图 3.7 常用的两种核函数[33]

将弱时滞核函数代入方程，得到具有时滞的 Logistic 方程为

$$\dot{N}(t) = N(t)\left\{r - cN(t) - w\int_{-\infty}^{t}\exp[-a(t-s)N(s)\mathrm{d}s]\right\} \tag{3.24}$$

将强时滞核函数代入方程，此时的 Logistic 方程为

$$\dot{N}(t) = N(t)\left\{r - cN(t) - w\int_{-\infty}^{t}(t-s)\exp[-a(t-s)N(s)\mathrm{d}s]\right\} \tag{3.25}$$

（2）双种群模型。若将竞争的种群放在一个密闭环境中，在某种条件下 A 种群可能会把 B 种群淘汰，而在另一种条件下，B 种群可能会把 A 种群淘汰。如若介于这些条件之间，在一定条件下两个种群能够共存，根据上述的规律，双种群单独生存的话能够符

合上述单种群模型的规律，但是现在每一个种群的增长都会受到另一种群的影响，双种群之间的相互作用可能存在如图 3.8 所示情况。

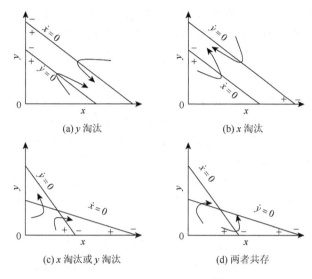

(a) y 淘汰   (b) x 淘汰

(c) x 淘汰或 y 淘汰   (d) 两者共存

图 3.8 双种群相互作用[42]

具有时滞的双种群模型可用表达为

$$\dot{N}_1 = N_1(\varepsilon_1 - \alpha_1 N_1 - r_1 N_2) \tag{3.26}$$

$$\dot{N}_2 = N_2\left[-\varepsilon_2 - \alpha_2 N_2 + r_2 \int_{-\infty}^{t} K(t-\tau)N_1(\tau)\mathrm{d}\tau\right] \tag{3.27}$$

（3）三种群模型。三个种群相互作用要比两个种群的相互作用更为复杂，但在三个种群中，每两个种群之间存在相互作用的四种关系：捕食与被捕食、寄生物与寄主、互相竞争以及互惠共存，三个种群的每一种关系都对应一个数学模型。如果有三个种群，分别为种群 P、种群 Q 和种群 N，三个种群的关系为种群 P 寄生于种群 N，同时种群 Q 捕食种群 N，但它们的作用是相互独立的，而种群 Q 也捕食了种群 P，那么三者之间的数学模型为

$$N_{t+1} = N_t f_0(N_t)[1 - P_1(P_t)][1 - P_2(Q_t)] \tag{3.28}$$

$$P_{t+1} = C_1 N_t P_1(P_t)[1 - P_2(Q_t)] \tag{3.29}$$

$$Q_{t+1} = C_2[N_t P_2(Q_t) + P_1(P_t)P_{21}(Q_t)] \tag{3.30}$$

式中，$P_{21}(Q_t)$ 为 Q 对 P 的捕食概率。

（4）多种群模型。对于四个种群或者更多种群相互作用的模型的建立，若考虑每个种群之间的影响是非线性的，那么可得到如下的多种群生态系统数学模型：

$$X_i = r_i x_i\left[1 - \sum_{i=1}^{m} E_{ij}\left(\frac{x_j}{K_j}\right)^{\theta_j}\right] \tag{3.31}$$

4. 水库水温计算

在生态水力学研究中，湖泊及水库水温分层现象是学者们比较关注的问题。早在20 世纪 60 年代初，美国为了解决湖泊和水库的富营养化问题，以及水利水电工程带来的如河道水温和流量的变化影响农作物灌溉等环境问题，开展了水库、湖泊水温分层现象的研究。

水库的建立，尤其是大型水库的建立对水资源的合理开发利用及当地的经济和社会发展具有重要意义。但是水库的引蓄水导致库区水流速度变缓，水深增加，进而改变水温结构形成水库水温分层现象[43]。水库水温分层现象会给水库本身、水环境甚至是周边生态带来不利的影响，水温分层一方面会引起原有水体在物理性质、化学性质、水生生物特性和分布上的变化，另一方面水库下泄的低温水将会影响坝下河道鱼类生活和繁殖，以及农作物的生长。因此，在水库的设计与建设过程中，不能忽视水库水温的影响，需要提前预测水库形成后水温的结构特点。

预测水库水温分布的方法较多，按性质可以分为经验法和数学模型法。我国的经验法都是在综合分析国内外水库实测资料的基础上提出的，应用简单。我国的三种经验法包括东勘院法[44]、朱伯芳法[45]以及统计法[46]，统计法是在朱伯芳法的基础上，利用数理统计分析，并按最小二乘原理拟合得到的一套计算公式，即水库水温的统计分析公式。数学模型法是为了解决湖泊富营养化以及水利水电工程带来的环境问题而提出的，经过大量观测研究，发现水库水温沿等高线的分布基本上都是平直的[47]，在此基础上学者们进行了一维垂向数学模型的研究，提出了扩散模型和混合层模型（总能量模型）的水库水温数值模拟方法。

3.3.3 生态水力学模型

水文情势、水力条件、河道地形地貌特征共同决定着河流生态结构。生态水力学研究沼泽、湖泊、湿地以及河流等的水动力学和水生态系统之间的关系，相对侧重于对河流水动力学和河流生态系统的关系。根据上面的内容我们已经了解了水力条件的改变对生态系统平衡及生物多样性（如物种的构成、栖息地分布、生态功能的效应等）的影响；研究水生态系统的演变对水文情势的反作用。在这个过程中，生态水力学模型是研究这些复杂过程的有力工具，是进行水利工程生态效应定量评价及调控技术研究的重要手段[48]。在水力学、物理、化学和生物相互作用关系的基础上，尽可能接近生物过程和生态系统的实际特征，采用数值计算和经验规律相结合的方法建立计算机模型，为工程的生态效应分析、调控方案优化提供支持。

生态水力学模型的组成包括水文水动力模块、生态动力学模块以及两者之间的时空耦合过程。水文水动力模块的研究已经比较成熟，但是目前的水生态模型主要还局限在水生生物的生理特征研究和生境评价上，较少联系水动力学部分，属于静态模型[49]。同时生态模型的发展也面临着挑战，主要表现在环境要素的空间异质性和生物的局部相互作用、生物个体特征及行为的差异性。其中，空间异质性和局部相互作用是生态系统斑块现象形成的主要原因，两者的研究对模拟生态动力学过程和解释生态现象具有重要意义。所谓的生态系统斑块指的是一个与周围环境不同的相对均质性非线性区域，具有内部均值的空间单元和生态系统。对斑块进行研究时只要掌握斑块面积、斑块形状、斑块数量以及斑块相关性等特征指标，进而正确处理生态系统模型，其中斑块中的物种数量、能量和矿物营养总量等与其面积正相关。生态水力学模型主要是将水文水动力模块计算出的数据，如水深、流速等，作为生态动力学模块的输入数据，通过栖息地适宜性曲线（habitat suitability curve，HSC）计算网格上每个节点适宜性指标，对栖息地适宜性进行分析。其中栖息地适宜性曲线需要通过现场调查获得，即在现场监测不同的流速、水深等条件下，调查特定鱼类的生物变量（多度），建立物理变量与生物变量（多度）之间的关系曲线，适宜范围为0~1，1表示栖息地质量最佳，为高阈值，0表示栖息地质量最差，为低阈值。根据 HSC，可以针对物理变量流速计算出各节点栖息地流速适宜性指数（velocity habitat suitability index，VHSI），同样地针对水深可以计算出栖息地水深适宜性指数（depth habitat suitability index，DHSI），两者均是无量纲数，取值范围在0~1。栖息地适宜性综合指数（general habitat suitability index，GHSI）可通过式（3.32）获得

$$GHSI = \sqrt{DHSI \times VHSI} \tag{3.32}$$

如前述可知有很多的生物过程是非连续的，如繁殖、捕食、死亡等。另外，不同生物或者同一种生物的不同个体，或者同一个体在不同生长阶段，对相同环境条件的适应性是不同的。因此，在生态水力学模型的生态动力学模块中引入了元胞自动机模型、基于个体的鱼类动态模型和生物栖息地评价模型等。三者在不同的生态模拟中发挥相应作用，例如：①元胞自动机模型对岸边带植被演替的模拟，在水库运行过程中，将导致河流水位波动从而在库内出现较大的消落带，在坝下河道形成更宽的岸边带，这将影响岸边带植被的格局，影响生物栖息地以及生源要素的生物地球化学循环过程。通过构建非结构元胞自动机植被模型，与二维水环境模型耦合模拟预测水库调节作用下岸边带和消落带对植被格局的演替具有重要意义。其中在植被模拟中，用一定大小和形状的网格覆盖岸边带的区域，给网格中每个单元赋予相应的物理和生物属性[40]。②基于个体的鱼类动态模型，传统的集总式模型缺乏目标物种个体特征的差异性以及个体对水环境因子的差异性。引入基于个体模式，耦合水文水动力模块构建基于个体的鱼类动态模块，其中水文水动力模块为鱼类动态模块提供输入因子。鱼类动态模块与水文水动力模块耦合的难点在于时间的耦合，因为鱼类栖息地的变化是大尺度、弱动态的变化，而水动力是小时间尺度、强动态的变化。③生物栖息地评价模型，最早的栖息地模型包括栖息地适宜性指数（habitat suitability index，HSI）和加权可利用面积（weighted usable area，WUA）指标，是栖息地评价的主要方法。但是传统的模型忽略了栖息地空间分布及其影响，在实际情况中，栖息地往往分布在典型的区域，例如对河流中的整个河段而言，栖息地分布非常局部。在加权可利用面积不变的情况下，会出现个别区域栖息地适宜性指数很高，其他绝大多数区域栖息地适宜性指数很低的情况，仅通过栖息地适宜性指数和加权可利用面积两个指标作为栖息地评价的方法是不够的，需要引入景观生态学的概念，增加栖息地空间评价方法完善生物生境评价模型。

目前在水动力和水生态耦合模拟方面常见的有以下几个模型。

1. River 2D 模型

该模型是基于河道内流量增加法（IFIM）中的河流水动力学和鱼类栖息地的二维平均深度模型，可以模拟流量和鱼类栖息地之间的定量关系，可以模拟指示物种不同流量过程下的栖息地适宜性指数与加权可利用面积。在桥梁设计、河道整治、污染物迁移和鱼类栖息地评价方面有很高的应用价值。主要针对水深、流速、底质覆盖物等水力因素、地貌因素与物种栖息地适宜性的关系。前文提及的河道内生态需水量计算方法的栖息地法（即 IFIM），是生境模拟法中应用最早且较广泛的方法。IFIM 假设水深、流速、基质和覆盖物是流量变化对物种数量和分布造成影响的主要因素，通过调查分析指示物种对水深、流速、基质等环境参数的适应度，并绘制各环境参数与喜好（用 0～1 表示）的适宜性曲线，计算目标物种的适宜栖息地面积，即加权可利用面积（WUA）。

River 2D 模型是一个二维的平均深度的有限元模型，用于模拟自然河流的超临界/亚临界水流转换、冰凌覆盖层及可变湿地情况。该模型包括水力模块、鱼类栖息地模块以及简单的冰凌覆盖层模块 3 个模块。这里仅介绍了水力模块和鱼类栖息地模块。

（1）水力模块：基于二维瞬时流的圣维南浅水方程组的沿深度平均的有限元模拟模型，假定沿深度方向流速分布异质，压强符合静水压强[50]：

①质量守恒方程：

$$\frac{\partial H}{\partial t}+\frac{\partial (HV)}{\partial x}+\frac{\partial (HV)}{\partial y}=0 \tag{3.33}$$

②沿 x 轴方向的动量守恒方程：

$$\frac{\partial q_x}{\partial t}+\frac{\partial}{\partial x}(Uq_x)+\frac{\partial}{\partial y}(Vq_x)+\frac{g}{2}\frac{\partial}{\partial x}H^2=gH(S_{0x}-S_{fx})+\frac{1}{\rho}\left[\frac{\partial}{\partial x}(H\tau_{xx})\right]+\frac{1}{\rho}\left[\frac{\partial}{\partial y}(H\tau_{xy})\right] \tag{3.34}$$

③沿 y 轴方向的动量守恒方程：

$$\frac{\partial q_y}{\partial t}+\frac{\partial}{\partial x}(Uq_y)+\frac{\partial}{\partial y}(Vq_y)+\frac{g}{2}\frac{\partial}{\partial y}H^2=gH(S_{0y}-S_{fy})+\frac{1}{\rho}\left[\frac{\partial}{\partial x}(H\tau_{yx})\right]$$
$$+\frac{1}{\rho}\left[\frac{\partial}{\partial y}(H\tau_{yy})\right] \tag{3.35}$$

式中，H 为水深；U、V 分别是沿 x 轴、y 轴方向上的水流量速度；q_x、q_y 分别是 x 轴、y 轴单位宽度上的流量，$q_x=HU$，$q_y=HV$；g 为重力加速度；ρ 为水的密度；S_{0x}、S_{0y} 分别为沿 x 轴、y 轴方向上的河床坡降；S_{fx}、S_{fy} 分别为相应的摩擦比降，代表了河床阻力；τ_{xx}、τ_{xy}、τ_{yx}、τ_{yy} 分别为各方向上的紊动应力张量，由 Boussinesq 型涡黏性方程表示。

（2）鱼类栖息地模块：以加权可利用面积（WUA）概念为基础，这一概念来源于天然栖息地模拟系统 PHABSIM 模型，WUA 指研究区中每一个节点及与该节点相关的"支流域"计算的合成函数适宜性指数（HSI，范围在 0～1 之间，1 代表最适宜状况，0 代表不适合该物种生活，值越大代表该物种出现的频率就越高）的乘积。River 2D 模型中的点是有限元网格的计算节点，而支流域面积是"泰森多边形"面积，它包括该点的邻近区域。

与一维模型相比，二维模型在处理非均匀流的情况下更为有效，River 2D 模型可调节网格密度，加强局部特征河段的模拟精度，对流速和流向的模拟更为准确，处理干湿边界也表现优良[51]。

2. PHABSIM 模型

与 River 2D 模型类似，PHABSIM 模型也是基于河道内流量增加法（IFIM）的一维栖息地评价模型，是 IFIM 中最典型的模型，该模型首先将河道断面按一定步长分割，确定每个部分的平均垂直流速、水位高程、基质属性和河面覆盖类型等。分析并调查指示物种对这些水力条件的适宜要求，从而绘制环境参数的适宜性曲线，将曲线划分得到各环境参数的指示物种环境喜好度，最后计算每个断面以及每个指示物种的总生境适宜性并将其称作加权可利用面积（WUA），计算不同流量下的 WUA，得到 WUA 的流量曲线，能显示出流量变化对指示物种的某个生命期的影响。PHABSIM 模型主要包括两大部分，一是水动力模型，由对数-对数回归法（IFG4）、渠道输送法（MANSQ）、标准步推法（WSP）、STGQS4 和 HEC-2 五种水力学模块组成，其中最普遍使用的是对数-对数回归法；二是栖息地模型，由 HABTAT、HABVQE、HABTAV、HABTAM 和 HABVD 五种栖息地模块组成，其中最主要的是 HABTAT。

水动力模型的主要功能在于计算横断面不同流量的水位及横断面各分区的水深、流速分布。对于推估水位，由流量推估水位的计算常采用 IFG4、MANSQ、WSP 方程式，沿着横断面去预测水位。对于推估流速，采用速度检定法、速度回归检定法、水深检定法 3 种方法。而 PHABSIM 模型的栖息地模型根据水动力模型计算的不同流量各断面流速与水深分布，再通过栖息地模型中对象物种的栖息地适宜性曲线，找出横断面各分区的流速与水深所对应的栖息地适宜性指数，便可以求出研究河段的栖息地的加权可利用面积：

$$WUA = \sum_i F\big[f(V_i),\ f(D_i),\ f(C_i)\big]A_i \tag{3.36}$$

式中，A_i 为研究河段第 i 分区的水域面积；$f(V_i)$、$f(D_i)$、$f(C_i)$ 分别为第 i 分区的流速、水深、河床底质适宜性指数；$F[\cdot]$ 为第 i 分区组合适宜性因子。在 PHABSIM 模型中组合适宜性因子的计算方法有四种，分别是乘积法、几何平均法、最小值法和加权平均法。

3. HABITAT 模型

上述模型在生物栖息地模拟研究和适宜性分析卓有成效，但是它们的局限性在于模型缺乏广泛适应性，对参数选择要求高，与水文、水质模型耦合困难等。HABITAT

模型能够很好处理上述问题，该模型是由荷兰代尔夫特水利研究所开发的软件系统，以生态水力学为核心，能够建立水流中介质与生物栖息地之间的定量关系，计算不同生存环境下水生生物栖息地可利用数量指标。HABITAT 模型利用生物栖息地适宜性指数（HSI）和生物栖息地底图，模拟不同生存环境情况下生态栖息地的变化状况，并通过 GIS 地图对生态栖息地变化情况进行可视化显示。其输入数据格式与 Delft3D 的输出格式相同，因此在水文、水质方面有天然的适宜性。由于影响栖息地环境改变的因素非常多，同时这些因素对生物栖息地的影响程度不尽相同，它们之间的作用关系也非常复杂，因此在 HABITAT 模型应用过程中采用以下两个假设：①模型中所有变量对生物的生存和繁殖具有等同的重要性；②模型中所有变量对生物栖息地的影响都是相互独立的，互不影响。

3.4　景观格局分析

景观生态学是研究相关景观系统的相互作用、空间组织和相互关系的一门学科，即研究由相互作用的生态系统组成的异质地表结构、功能和动态，景观生态学的核心问题是格局-过程-尺度。本节主要介绍景观生态学中景观、景观格局、景观三要素和景观空间异质性的基本概念，探讨景观格局分析的方法及其研究特点。

3.4.1　景观生态学基本概念

1. 景观

景观（landscape）一词在不同的学科范围内有着不同定义。作为美学意义上的概念，景观是风景诗、风景画，是园林风景学科的研究对象；在地理学意义上，景观作为地学的研究对象，主要从空间结构和历史演化上进行研究，是一个科学名词，定义为一种地表景象或综合自然地理区；从生态学角度，将景观定义为由不同生态系统组成的地表综合体，不但要从空间结构及其历史演替上研究，更重要的是从功能上研究。目前学术界从两个角度理解，狭义角度认为景观是指在几平方千米至数百平方千米范围内，由不同类型的生态系统以某种空间组织方式组成的异质性地理空间单元；广义角度认为景观没有地域空间范围的原则性限定，包括从微观到宏观不同空间尺度上，由不同类型的生态系统组成的异质性地理空间单元。

景观的基本特征有：①景观是一个生态学系统。构成景观生态系统的相互作用和相互影响是通过组成景观的生态系统或景观要素之间的物质、能量和信息流动实现的，进而形成整体的结构、功能、过程，以及相应的动态变化规律；②景观是具有一定自然和文化特征的地域空间实体。景观具有明确的空间范围和边界，地域空间范围是由特定的自然地理条件（主要是地貌过程和生态过程）、地域文化特征（包括土地及相关资源利用方式、生态伦理观念、生活方式等方面）以及它们之间的相互关系共同决定的。③景观是异质生态系统的镶嵌体。异质性是景观的基本属性，异质生态系统的空间构型、空间配置和空间格局是景观结构的重要形式，也是决定景观功能、过程及其变化的基础。④景观是人类活动和生存的基本空间。人类需要在多种生态系统的景观尺度上完成各种活动，人类活动与景观之间相互作用，人类活动是构成景观的基本要素。

2. 景观格局

格局-过程-尺度是景观生态学研究的核心问题，景观格局一般指景观空间格局，指大小和形状不同的景观要素在空间上的排列。景观格局决定景观的性质，包括景观多样性、空间异质性、景观连接度等[52]，是景观异质性的具体体现，也是各种自然与人为因素在不同时空尺度上作用的最终结果。景观格局的基本性质是景观异质性，景观异质性是指景观格局在空间和时间上的复杂性和变异性，即景观要素的组成和构型在时空上发生变化。景观过程与景观格局不同，指景观系统内部及内外物质、能量、信息的流通和迁移，强调事件或现象发生、发展的程序和动态特征。景观生态学常常涉及的生态学过程，包括种群动态、种子或生物体的传播、捕食者和猎物的相互作用、群落演替、干扰扩散、养分循环、景观格局变化等[53]。近年来关于景观过程的研究主要体现在景观格局演变过程的分析与模拟、自然生态系统对景观格局演变的响应方面。景观格局与过程的关系研究是景观生态学中的核心内容。

景观尺度主要包括时间尺度和空间尺度。时间尺度主要体现在对景观过程的研究中，较小的时间尺度表示景观采样的时间间隔小，能够反映出景观过程演变的细节信息，与此相反，较大的时间尺度则能够高度概括景观在长时间水平上的变换趋势。空间尺度即景观格局的空间辨识度，主要包括两个方面的概念：一是景观粒度（grain），即景观中最小可辨识单元的空间测度，在最小可辨识单元内认为景观是同质的，最小可辨识单元之间则可能存在异质性[54]；二是景观幅度（extent），指研究对象在空间上的总体量度，可以理解为研究范围大小。景观格局与景观过程往往是不可分割的，同时依赖于景观尺度。首先景观格局的刻画以各种景观格局指数的设计和计算分析为主要手段，若缺乏对景观格局与生态过程之间关系的深刻理解，很容易导致景观格局指数的误用或滥用。其次作为景观格局分析主要工具的景观格局指数，很多情况下其生态学意义不明确，这也为景观格局与生态过程关系的研究制造了一定的困难。综上，景观格局和生态过程耦合是必然趋势。

3. 景观三要素

国外的生态学家认为组成景观的结构单元不外乎 3 种：斑块（patch，也称缀块）、廊道（corridor）和基质（matrix）[55]。近年来以斑块、廊道、基质为核心的一系列概念、理论和方法已逐渐形成了现代景观生态学的一个重要方面，生态学家称之为"斑块、廊道、基质"模式（图 3.9）[56]。

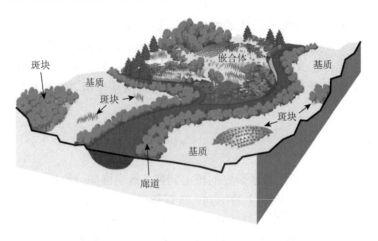

图 3.9　河流景观斑块-廊道-基质格局示意图

斑块是指一个与周围环境不同的相对均质性非线性区域，具有内部均值的空间单元和生态系统。斑块的类型有环境资源斑块、干扰斑块、残存斑块和引入斑块。环境资源斑块是由于环境资源空间分布异质性或镶嵌分布而形成的斑块（如岛屿型斑块、荒漠绿洲型斑块等）；干扰斑块是由基质或者先前的斑块中局部性干扰造成的小面积斑块，如亚马逊热带雨林破碎化、沙漠边缘交错带绿洲景观等；残存斑块是指由于周围受到干扰而自身未受干扰所形成的斑块，例如砍伐后残存的森林斑块、城市蔓延区残存的林地斑块等；引入斑块是指活动将某些生物引入某一地域而形成的斑块，例如种植斑块、聚居斑块。斑块中的物种数量、能量和矿物营养总量与斑块面积正相关。斑块边缘是指斑块的外部地带，具有一定的宽度，在景观水平上，斑块边缘的宽度在几米至几十米之间，斑块边缘可分为固有边缘和诱导边缘，固有边缘是由环境资源差异导致的，诱导边缘是天然的或人为干扰造成的边缘。

廊道是指不同于两侧基质的狭长地带，呈条带状分布的景观要素，通常起物质、能量、信息沟通与传递的作用[57]。按廊道结构和性质可分为线状廊道、带状廊道和河流廊道。廊道具有多种生态功能，如廊道作为某些物种的栖息地和生物源，起到提供资源的作用；廊道有保障和防护作用，是能够分隔地区的屏障。廊道的特征表现在：①廊道面积与数目。廊道内物种多样性随着面积的增加而增加。廊道也能分割生境斑块、阻断基因或物种流，造成生境破碎化（特别是人工廊道）。在廊道设计时，廊道面积和长度要根据当地的景观结构和功能而定。②廊道结构特征。包括内部结构和外部结构，内部结构如廊道宽度、植物配置模式等，外部结构如连接度、环度、曲度、间断等。

基质是指范围广、连接度高，并且在景观功能上起着优势作用的景观要素类型，例如农田景观中的农田、城市景观中的建设用地。基质的作用主要是：①提供小尺度栖息地，如散布在森林基质中的站杆、倒木、林窗等。②提高保护区的质量。要建立一个良好有效的保护区，必须首先考虑或设计其周围的基质，例如在其边缘地段设置缓冲区等。在景观中基质不易区分，判断基质应遵循 3 个标准，首先是相对面积，一般来说基质的面积超过现存其他类型景观要素的面积总和；其次是连通性，如果景观的某一要素连接较为完好，并环绕其他要素，这种要素一般是基质，基质比其他任何要素的连通性更高；最后根据主导的动态控制作用判断，基质在景观的动态发展中发挥了比其他景观要素更大的控制作用。

4. 景观空间异质性

空间异质性（spatial heterogeneity）是指某种生态学变量在空间分布上的不均匀性及其复杂性。异质可以简单地理解为不同，任何景观尺度下和时空条件下的不同是绝对的，包括物种种群、功能、结构以及自然环境。空间异质性是空间斑块性和空间梯度的总和。空间斑块性（也称空间缀块性）主要强调斑块的种类组成特征及其空间分布与配置关系，分为生境斑块性和生物斑块性两类。生境斑块性包括气象、水文、地貌、地质、土壤等因子的空间异质性特征。生物斑块性包括植被格局、繁殖格局、生物间相互作用、扩散过程等。空间梯度指沿某一方向景观特征变化的空间变化速率，在大尺度上可以是某一方向的海拔梯度，在小尺度上可以是斑块核心区至斑块边缘的梯度。

河流景观的空间异质性可以从两个角度理解，首先，空间尺度上河流景观的空间异质性表现为顺水流方向，靠着河流廊道连接上下游的斑块。水流保持连续性，使得洄游鱼类能够完成其生活史的迁徙活动，也能使泥沙和营养物质得到有效输移而不受到阻隔；在河流侧向水陆交错带兼有陆地和水域特征，分布有多样的水生、湿生和陆生植物，呈现出丰富的多样性特征；河流的横断面具有几何形状多样性特征，形成深槽、边滩、池塘和江心洲等多样结构，适于鸟类、禽类和两栖动物生存；河流廊道的平面形态具有蜿蜒性，形成深潭-浅滩序列。其次，从时间尺度分析河流景观的空间异质性可以发现，河流景观随水文周期变化，反映了河流景观的动态特征。洪水季节形成洪水脉冲，淹没了河漫滩，营养物质被输移到水陆交错带，鱼类在主槽外找到了避难所和产卵场；洪水消退，大量腐殖质进入主槽顺流输移。总之，在河流景观的自然格局中，各个景观要素配置形成复杂结构，使河流景观在纵、横、深三维方向都具有多样性和复杂性。水文周期又导致河流景观随时序变化，形成河流景观的动态特征。

3.4.2 景观格局分析及方法

景观格局分析景观的结构组成特征及其空间配置，并借助一定的手段（如文字、图表、景观格局指数等）对其进行描述。景观格局、景观功能和景观动态是景观生态学研究的核心内容[56]，它们的关系如图 3.10 所示。对景观格局进行定量分析是研究景观动态和景观功能的关键。

从"斑块、廊道、基质"出发，景观格局分析的内容可划分为景观要素的空间形态分析、景观要素的空间关系分析和景观要素的空间构型分析三方面[56]。目前景观格局分析呈现两个特点：一是景观格局分析遵循从一维分析到多维分析，单纯的时间或空间特征都不能全面反映景观格局的整体，因此景观格局分析已经从单一维度（单纯的时间维度或空间维度）的分析转变为时空结合的多维度景观格局分析；二是基于整体格局的重点样带分析，生态过程对景观格局的作用经常通过景观的局部地区（如一条样带或者河

流、道路两侧一定距离内的缓冲区等）就可以得到显著反映。这样，通过对景观的局部
地区（或样带）进行分析，就能体现出景观的主体特征，且更易于分析与解释。这种对
局部景观格局进行的分析多见于城市景观生态学，且常常与多维分析相结合，通过剖析
城市主导梯度上景观的时空变异特征来反映城市化对城市景观格局的影响。

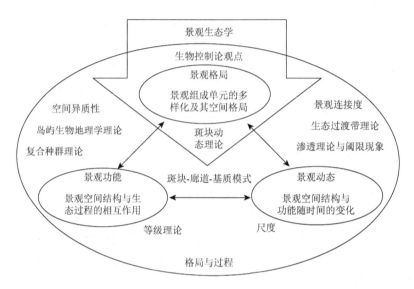

图 3.10　景观格局、景观功能和景观动态的相互关系以及景观生态学的基本概念和理论[39]

　　景观格局分析的目的是通过对景观格局的识别分析生态过程。生态过程包括生物多
样性、种群动态、动物行为、种子或生物体的传播、捕食者和猎物的相互作用、群落演
替、干扰传播、物质循环、能量流动等。生态过程更加隐蔽，景观格局更加直观，因此
如果能够建立景观格局与生态过程之间的相关关系，即可通过景观格局分析对生态过程
进行生态评价。景观格局的分析通常利用遥感影像实现，空间数据的管理则可以通过 GIS
实现。景观格局量化分析方法可分为三大类，分别是景观格局指数法、空间统计学方法
和景观模型方法。研究景观空间异质性的成因及其生态学含义首先需要对景观格局进行
量化，其中景观格局指数是反映景观结构组成、空间配置特征的简单量化指标。景观格
局指数是定量分析景观格局与生态过程的主要方法，是指能够高度浓缩景观格局信息，
反映其结构组成和空间配置特征的简单定量指标。景观格局指数的景观格局分析方法的
具体内容如下。

1. 景观格局指数类型

　　根据描述对象的不同，景观格局指数可分为描述景观要素的格局指数和描述景观水
平的格局指数。就描述景观要素的格局指数而言，依据指数功能可分为景观斑块指数（如
平均斑块面积、斑块密度、类型最大斑块指数等）、景观形状指数（如边缘密度、斑块形
状指数、平均斑块分维数等）、邻近度指数（如斑块平均邻近距离）和构型指数（如聚集
度指数、蔓延度指数）；除了以上四类描述景观要素的格局指数之外，还包括景观多样性

指数，如斑块丰富度指数等。随着 GIS 和计算机技术的迅猛发展，一些新的景观格局指数不断产生[58]，如孔隙度指数、聚集度指数、景观空间负荷对比指数等。

1）景观斑块指数[25]

（1）斑块密度 PD。斑块密度指单位公顷的斑块数量，用于描绘景观类型的多样性程度。PD 越大，空间异质性程度越高。当所有景观类型的总面积保持不变时，斑块密度可视为异质性指数，即某一种景观类型的斑块密度大，意味着其具较高的空间异质性。

$$PD = n_i / A \tag{3.37}$$

式中，n_i 为第 i 类景观类型的斑块数量或研究区域斑块总数；A 为研究区域总面积。

（2）类型最大斑块指数 LPI。用来测定类型最大斑块面积在类型总面积中所占的比例。

$$LPI = \frac{\max\limits_{j=1}^{n}(a_{ij})}{A} \tag{3.38}$$

式中，a_{ij} 为第 i 类景观类型第 j 个斑块面积；A 为景观类型总面积。

2）景观形状指数

（1）边缘密度 ED。景观中单位面积的边缘长度，反映景观的形状复杂程度，边缘密度的大小直接影响边缘效应及物种组成。

$$ED = \frac{1}{A} \sum_{i=1}^{m} \sum_{j=1}^{n} P_{ij} \tag{3.39}$$

式中，m 为研究范围内某一空间分辨率上景观要素类型总数；P_{ij} 为景观中第 i 类景观斑块与邻近第 j 类景观斑块间的边界长度；A 为区域总面积。

（2）斑块景观形状指数 LSI。该指数表示景观空间聚集程度，也可以表示景观形状的复杂程度。如果 LSI 大，表明景观空间分布离散，斑块形状不规则；如果 LSI 小，则景观由几个简单的大斑块聚集而成，形状规则。

$$LSI = e_i / \min(e_i) \tag{3.40}$$

式中，e_i 为景观中类型 i 的总边缘长度；$\min(e_i)$ 为景观类型 i 在总面积一定的情况下聚集成一个简单紧凑的斑块后其最小的边缘长度。

3）景观多样性指数

（1）景观蔓延度指数 CONTAG。CONTAG 指标描述的是景观里不同拼块类型的团聚程度或延展趋势。由于该指标包含空间信息，是描述景观格局最重要的指数之一。一般来说，高蔓延度说明景观中的某种优势拼块类型形成了良好的连接性；反之，则表明景观是具有多种要素的密集格局。

$$CONTAG = \left\{ 1 + \frac{\sum\limits_{i=1}^{m} \sum\limits_{k=1}^{m} \left[\frac{(P_i) \, g_{ik}}{\sum\limits_{k=1}^{m} g_{ik}} \right] \left[\frac{(\ln P_i) \, g_{ik}}{\sum\limits_{k=1}^{m} g_{ik}} \right]}{2\ln m} \right\} / 100 \tag{3.41}$$

式中，m 为斑块类型总数；P_i 为斑块类型 i 所占景观面积的比例；g_{ik} 为斑块类型 i 和 k 之间相邻的格网单元数。

（2）Shannon 景观多样性指数 SHDI（SHDI≥0）。SHDI 是一种基于信息理论的测量指数，在生态学中应用很广泛。该指标能反映景观异质性，特别对景观中各景观类型非均衡分布状况较为敏感，即强调稀有景观类型对信息的贡献，这也是与其他多样性指数不同之处。在比较和分析不同景观或同一景观不同时期的多样性与异质性变化时，SHDI 也是一个敏感指标。如在一个景观系统中，栖息地类型越丰富，其不定性的信息含量也越大，计算出的 SHDI 也就越高。景观生态学中的多样性与生态学中的物种多样性有紧密的联系，但并不是简单的正比关系，研究发现在同一景观中二者的关系一般呈正态分布。

$$\text{SHDI} = \sum_{i=1}^{m}(p_i \ln p_i) \tag{3.42}$$

式中，p_i 为景观类型 i 在景观中的面积比例；m 为景观类型总数。

（3）Shannon 景观均匀度指数 SHEI（0≤SHEI≤1）。SHEI 是比较不同景观或同一景观不同时期多样性变化的重要指标。SHEI = 0 表明景观仅由一种拼块组成，无多样性；SHEI = 1 表明各拼块类型均匀分布，有最大多样性。

$$\text{SHEI} = -\sum_{i=1}^{m} p_i \ln p_i / \ln m \tag{3.43}$$

式中，p_i 为景观类型 i 在景观中的面积比例；m 为景观类型总数。

2. 景观格局指数的相关性

景观生态学中存在的各样景观格局指数尽管表现形态不同，但是有许多景观格局指数所表达的含义类同。如景观优势度指数、景观均匀度指数及景观多样性指数，均表达了景观中各种类型在格局中所占的优势或平均程度；许多研究表明，各景观格局指数之间存在较大的相关性，由此导致在进行景观格局分析时，需要对景观格局指数进行筛选，客观反映景观格局的特征。

3. 景观格局指数与生态过程

景观格局与生态过程之间存在紧密的相互作用关系是景观生态学研究的基本前提，而深入了解和把握这种关系则是景观生态学研究的主要议题。景观格局分析的最终目的是刻画格局与过程之间的相互作用关系。如果一个格局指数具有一定的生态学意义，且能反映景观格局的部分重要特征，那么通过它就可以建立起景观格局与生态过程之间的动态链接[59]。可惜的是，景观格局指数如今形成数量多、类型少、生态学意义模糊的局面，很多景观格局指数的结果难以进行生态学解释，导致许多景观格局分析未能从客观上反映待研究的生态过程。

4. 景观格局指数与尺度效应

景观格局指数对尺度敏感的原因在于取样尺度（测量尺度）与研究对象的本征尺度存在差异。因而，使测量尺度不断接近于本征尺度是准确揭示自然现象和规律的必然选择。遥感和地理信息系统（GIS）的发展为景观生态学家提供了便利、有效的技术手段，在这些技术手段的支持下，许多生态学家对尺度问题进行研究并提出了一系列探究特征尺度的方法。常见的分析方法包括自相关分析法、半方差函数法、孔隙度指数法、尺度方差和小波分析法等[60]。然而，多数景观尺度的研究侧重于景观的空间尺度辨析，忽略了时间尺度。同样地，绝大部分景观格局指数也忽略了景观的时间异质性。在实际情况中，不同等级层次的景观对应着不同的空间和时间尺度。景观格局是不同景观单元和生态过程在一定时间和一定空间内相互作用的表现，它在空间或时间单方面表现出的特征都不能代表其本质的规律性。判别景观格局的特征尺度是进行格局分析的前提，而这个特征尺度包括空间尺度和时间尺度两方面。

3.4.3　景观格局分析特征

（1）景观格局分析的尺度性。尺度是指观察研究对象（物体或过程）的空间分辨度或时间单位[61]，它标志着对所研究对象的了解水平。在生态学研究中，空间尺度是指所研究生态系统的面积大小或最小信息单元的空间分辨率水平；而时间尺度是其动态变化的时间间隔。景观格局和景观异质性都依时间尺度和空间尺度变化而异。因此在景观空间分析中必须考虑尺度的制约作用，在一种尺度上通过空间分析得到的结论需经过研究才能推到另一种尺度上去。

（2）景观格局分析主要是对景观要素镶嵌结构的分析。空间物体或现象（分布对象）沿空间（区域）的分布方式有两种，即离散分布与连续分布。镶嵌是指一个系统的组分在空间上互相拼接而构成的整体。镶嵌的特征是空间对象被聚集、形成清楚的边界，即在空间上的离散性。景观要素镶嵌结构的概念主要源于岛屿生物地理论和古典区位论。前者将生境斑块的面积和隔离度与物种多样性联系起来，把斑块的空间特征与物种数量巧妙地统一在一个公式之中；后者假设研究区是与外界隔绝的"孤立国"，区域内不存在自然条件的差异（即"均质性"），与周边的基质形成了强烈的对比。景观要素是在受气候、地貌、土壤、植被、水文、生物等自然因素及人为干扰作用下形成的有机整体。斑块的大小、形状，廊道的宽窄、曲直，基质的形态、连通性等构成了丰富多彩的镶嵌，深深地影响着景观格局并决定着各种景观功能。斑块镶嵌是景观的基本特征，所谓景观空间结构实质上是指镶嵌结构。因此景观格局分析的重点在于对空间离散现象，即镶嵌景观要素的分析。

（3）景观格局分析的最终目的就是通过对景观要素的空间格局与异质性分析，体现格局与过程之间的相互关系，加深对景观过程的理解认识。景观空间异质性中的空间格局、异质性和斑块性在概念上和实际应用中相互联系，但略有区别。目前比较一致地认为景观异质性表现为景观过程和格局在空间上分布的不均匀性极其复杂，景观格局分析目的就是对景观要素的空间异质性和格局的分析。

（4）景观格局分析是空间分析的具体化。空间分析一般将地表自然或人为要素抽象为点、线、面、曲等空间要素，并利用空间统计、计算几何等数学方法进行研究，最后针对不同的研究目的进行不同的格局解释。而景观格局空间分析中景观要素是赋予了生态学含义且与一定生态功能相联系的空间要素[56]，如斑块是由于自然干扰、环境资源的异质性或人为干扰产生的面状要素，它的大小与形状直接影响景观单位面积生物量、生产力和养分贮存及景观的生物多样性；线状廊道一般认为适用于边缘种的生存，而带状廊道具有丰富的内部种等。

（5）生态过程与水文过程、水力条件是相互联系的，生态过程（如植被等）会影响水文过程、水力条件；反过来，水文过程和水力条件也会影响生态过程（如鱼类洄游产卵等）。生态条件，特别是植物对水文、水力的影响很大，其生长、数量、分布等都会使水的状态、条件发生改变，因此景观格局分析有利于人们进行流域生态系统演变分析，通过 3S 技术的监测数据以及收集到的历史土地覆盖数据等，分析流域土地利用变化导致的流域水环境（如湿地、河流、湖泊）的变化；有利于对流域生态安全进行评价，包括生态敏感性评价、生态服务功能重要性综合评价以及水电开发生态风险综合评价等；有利于构建河流生态修复项目数据库，河流生态修复工程需要涉及如气候、水文特征、底质和土壤特征、河流地貌、水质、生物多样性及栖息地特征等，这些资料具有不同的时空特点，需要通过 GIS 技术把上述数据根据不同的特征整理到不同的图层上，最后将图层叠加形成数据库。

思 考 题

1. 生态过程与水文过程和水力过程之间是如何相互作用的？

2. 生态需水量、生态环境需水量、环境需水量和最小需水量之间的区别，以及对于一个区域计算生态需水量的意义何在？

3. 试述 3S 技术在生态要素分析与计算中的哪些方面发挥了什么作用。

4. 试述生态水文模型与生态水力模型的区别与联系。

5. 景观格局分析在水利水电工程中有何应用？

参 考 文 献

[1] 夏军，丰华丽，谈戈，等. 生态水文学概念、框架和体系[J]. 灌溉排水学报，2003，22（1）：4-10.

[2] Hynes H B N. The ecology of running water[M]. Toronto：University of Toronto Press，1970.

[3] Popper K R. The Open society and its enemies[M]. London：Routledge and Kegan Paul，1980.

[4] Ingram H A P. Ecohydrology of Scottish peatlands[J]. Earth and Environmental Science Transactions of the Royal Society of Edinburgh：Earth Sciences，1987，78（4）：287-296.

[5] Wassen M J，Grootjans A P. Ecohydrology：An interdisciplinary approach for wetland management and restortion[J]. Vegetatio，1996，126（1）：1-4.

[6] 夏军，左其亭，王根绪，等. 生态水文学[M]. 北京：科学出版社，2020.

[7] 刘昌明，孙睿. 水循环的生态学方面：土壤-植被-大气系统水分能量平衡研究进展[J]. 水科学进展，1999，10（3）：251-259.

[8] 刘昌明，刘璇，于静洁，等. 生态水文学兴起：学科理论与实践问题的评述[J]. 北京师范大学学报（自然科学版），2022，58（3）：412-423.

[9] Kundzewicz Z W. Ecohydrology：Seeking consensus on interpretation of the notion[J]. Hydrological Sciences Journal，2002，47（5）：799-804.

[10] Zalewski M. Ecohydrology：The scientific background to use ecosystem properties as management tools toward sustainability of water resources[J]. Ecological Engineering，2000，16（1）：1-8.

[11] Rodriguez-Iturbe I. Ecohydrology：A hydrologic perspective handling on small scale，for the dynamics[J]. Water Resources Research，2000，36（1）：3-9.

[12] Hatton T J，Salvucci G D，Wu H I. Eagleson's optimality theory of an ecohydrological equilibrium：Quo vadis?[J]. Functional Ecology，1997，11（6）：665-674.

[13] Acreman M C. Hydro-ecology：Linking hydrology and aquatic ecology[M]. Dorking：IAHS AISH Publication，2001.

[14] Zalewski M. Ecohydrology：The use of ecological and hydrological processes for sustainable management of water resources[J]. Hydrological Sciences Journal，2002，47（5）：823-832.

[15] 刘昌明，刘璇，杨亚锋，等. 水文地理研究发展若干问题商榷[J]. 地理学报，2022，77（1）：3-15.

[16] Nuttle W K. Eco-hydrology's past and future infocus[J]. Eos，Transactions，American Geophysical Union，2002，83（19）：205-212.

[17] 孟春红，夏军. 土壤-植物-大气系统水热传输的研究[J]. 水动力学研究与进展：A 辑，2005，20（3）：307-312.

[18] GWSP. The global water system project：Science framework and implementation activities[R]. Bonn：Eateh System Science Partnership，2005.

[19] 刘昌明，曾燕. 植被变化对产水量影响的研究[J]. 中国水利，2002（10）：112-117.

[20] Scanlon B R，Reedy R C，Stonestrom D A，et al. Impact of land use and land cover change on groundwater recharge and quality in the southwestern US[J]. Global Change Biology，2005，11（10）：1577-1593.

[21] Schilling K E. Relation of baseflow to row crop intensity in Iowa[J]. Agriculture Ecosystems & Environment，2005，105（1-2）：433-438.

[22] 王文圣，李跃清，金菊良. 基于集对原理的水文相关分析[J]. 四川大学学报（工程科学版），2009，41（2）：1-5.

[23] 徐宗学，赵捷. 生态水文模型开发和应用：回顾与展望[J]. 水利学报，2016，47（3）：346-354.

[24] 黄奕龙，傅伯杰，陈利顶. 生态水文过程研究进展[J]. 生态学报，2003，23（3）：580-587.

[25] 董哲仁. 生态水利工程学[M]. 北京：中国水利水电出版社，2019.

[26] 谢鉴衡. 河床演变及整治[M]. 武汉：武汉大学出版社，2013.

[27] 贾艳红，王兆印，范宝山，等. 松花江中下游河相特性分析[J]. 水力发电学报，2016，35（8）：49-55.

[28] 张红武，张清，江恩惠. 黄河下游河道造床流量的计算方法[J]. 泥沙研究，1994（4）：50-55.

[29] 郭生练，刘章君，熊立华. 设计洪水计算方法研究进展与评价[J]. 水利学报，2016，47（3）：302-314.

[30] 雷慧闽. 华北平原大型灌区生态水文机理与模型研究[D]. 北京：清华大学，2011.

[31] 陈腊娇，朱阿兴，秦承志，等. 流域生态水文模型研究进展[J]. 地理科学进展，2011，30（5）：535-544.

[32] 曾思栋，夏军，杜鸿，等. 生态水文双向耦合模型的研发与应用：I模型原理与方法[J]. 水利学报，2020，51（1）：33-43.

[33] 门宝辉，刘昌明. 河道内生态需水量计算生态水力半径模型及其应用[M]. 北京：中国水利水电出版社，2013.

[34] 王根绪，刘桂民，常娟. 流域尺度生态水文研究评述[J]. 生态学报，2005（4）：892-903.

[35] 刘昌明，门宝辉，宋进喜. 河道内生态需水量估算的生态水力半径法[J]. 自然科学进展，2007，17（1）：42-48.

[36] 王根绪，张钰，刘桂民，等. 干旱内陆河流域河道外生态需水量评价：以黑河流域为例[J]. 生态学报，2005，25（10）：2467-2476.

[37] Euser T，Luxemburg W M J，Everson C S，et al. A new method to measure Bowen ratios using high-resolution vertical dry and wet bulb temperature profiles[J]. Hydrology and Earth System Science，2014，18（6）：2021-2032.

[38] 李丽娟，郑红星. 海滦河流域河流系统生态环境需水量计算[J]. 地理学报，2000，55（4）：495-500.

[39] Martinez C J，Wise W R，Analysis of constructed treatment wetlands hydraulics with the transient storage model OTIS[J]. Ecological Engineering，2003，20（3）：211-222.

[40] 陈求稳. 生态水力学及其在水利工程生态环境效应模拟调控中的应用[J]. 水利学报，2016，47（3）：413-423.

[41] 李玉梁，李玲. 环境水力学的研究进展与发展趋势[J]. 水资源保护，2002（1）：1-6，68.

[42] 李大美. 生态水力学[M]. 北京：科学出版社，2005.

[43] 王煜，戴会超. 大型水库水温分层影响及防治措施[J]. 三峡大学学报（自然科学版），2009，31（6）：11-14，28.

[44] 张大发. 水库水温分析及估算[J]. 水文，1984（1）：19-27.

[45] 朱伯芳. 库水温度估算[J]. 水利学报，1985（2）：12-21.

[46] 岳耀真，赵在望. 水库坝前水温统计分析[J]. 水利水电技术，1997（3）：2-7.

[47] 蒋红. 水库水温计算方法探讨[J]. 水力发电学报，1999（2）：63-72.

[48] Li R N, Chen Q W, Ye F. Modelling the impacts of reservoir operations on the downstream riparian vegetation and fish habitats in the Lijiang River[J]. Journal of Hydroinformatics，2011，13（2）：229-244.

[49] 陈求稳. 河流生态水力学：坝下生态效应与水库生态友好调度[M]. 北京：科学出版社，2010.

[50] 孙嘉宁. 白鹤滩水库回水支流黑水河的鱼类生境模拟研究[D]. 杭州：浙江大学，2013.

[51] Chou W C, Chuang M D. Habitat evaluation using suitability index and habitat type diversity: A case study involving a shallow forest stream in central Taiwan[J]. Environmental Monitoring and Assessment，2011，172（1）：689-704.

[52] Bartel A. Analysis of landscape pattern: Toward a 'top down' indicator for evaluation of landuse[J]. Ecological Modelling，2000，130（1-3）：87-94.

[53] 邬建国. 景观生态学：概念与理论[J]. 生态学杂志，2000（1）：42-52.

[54] 朱明，濮励杰，李建龙. 遥感影像空间分辨率及粒度变化对城市景观格局分析的影响[J]. 生态学报，2008，28（6）：2753-2763.

[55] Forman R T T, Godron M. Landscape ecology[M]. New York: John Wiley and Sons，1986.

[56] 陈文波，肖笃宁，李秀珍. 景观空间分析的特征和主要内容[J]. 生态学报，2002，22（7）：1135-1142.

[57] 刘佳妮，李伟强，包志毅. 道路网络理论在景观破碎化效应研究中的应用[J]. 生态学报，2008，28（9）：4552-4563.

[58] 布仁仓，胡远满，常禹，等. 景观指数之间的相关分析[J]. 生态学报，2005，25（10）：2764-2775.

[59] Wiens J A, Stenseth N C, Van H B, et al. Ecological mechanisms and landscape ecology[J]. Oikos，1993，66：369-380.

[60] 张娜. 生态学中的尺度问题：内涵与分析方法[J]. 生态学报，2006，26（7）：2340-2355.

[61] 肖笃宁，布仁仓，李秀珍. 生态空间理论与景观异质性[J]. 生态学报，1997，17（5）：3-11.

4　水生态修复

　　水生态系统与人类生产、生活密切相关，健康的水生态系统不仅具有供应水源、排涝泄洪、调节气候、改善生态环境的功能，还直接促进社会的经济发展。随着社会经济的快速发展，我国水生态保护出现了一系列问题，如河道干涸、水质恶化、湖泊水库蓝绿藻暴发、水生生物数量锐减等，这直接影响了水生态系统的正常功能，使得流域社会、经济和环境安全受到严重威胁。在此背景下，党的十八大首次将建设生态文明纳入中国特色社会主义事业"五位一体"总体布局，开启建设生态文明新时代。因此，把修复流域生态放在重要位置，做到尊重自然、保护自然，推进水生态保护和修复，是生态水利学的主要内容。

4.1　水生态修复概述

4.1.1　水生态修复的内涵

　　近年来我国的快速工业化、城市化和水电资源的大规模开发，江河湖库的水文状况、地形地貌和水质情况发生了重大变化，导致我国水生态系统严重退化。以《2013 年全国水资源公报》数据为例，在参加评价的河流总长统计中，水质在Ⅲ类以下的河段占河长的31.4%，近三分之一的河段水质不能作为自来水的水源；在参加评价的天然湖泊中，Ⅲ类以下的湖泊占了 68.1%，三分之二以上的天然湖泊不能作为自来水的水源；地下水是全球大部分地区人类饮用水的主要来源，我国地下水污染状况十分严重，2013 年对地下水井进行检测，结果表明不适合作为饮用的Ⅳ～Ⅴ类检测井占总数的 77.1%。在《国际濒危物种贸易公约》列出的 640 种世界性濒危物种中，我国有 156 种，例如长江中的白暨豚作为我国特有的淡水鲸，近十年来再未被发现，已经功能性灭绝。

　　在这种背景下，自党的十八大以来，我国推进了一系列生态文明体制重大改革，创新生态保护理念和修复模式，推动生态保护修复工作发生了根本性转变。2015 年，为切实加大水污染防治力度，保障国家水安全，中央政治局常务委员会会议审议通过《水污染防治行动计划》（简称：水十条），2017 年 6 月第十二届全国人民代表大会常务委员会第二十八次会议修正了《中华人民共和国水污染防治法》，创新性地提出建立河长制管理河湖工作，加大对水污染行为的处罚力度。2018 年的新一轮机构改革，进一步明确和强化了生态保护修复各方职责，从体制上初步理顺了生态保护修复"运动员"和"裁判员"的职责分工。生态环境部统一行使生态监管与行政执法职能，负责指导和协调生态保护修复；自然资源部统一行使所有国土空间用途管制职责，统筹国土空间生态修复；国家林业和草原局负责林业和草原生态保护修复的监督管理；水利部负责指导河湖水生态保护与修复、河湖生态流量水量管理，以及河湖水系连通等。同时，先后印发《关于深化生态环境保护综合行政执法改革的指导意见》《关于建立国土空间规划体系并监督实施的若干意见》《关于划定并严守生态保护红线的若干意见》《关于构建现代环境治理体系的指导意见》等一系列重要文件，生态恢复已成为我国重要的政治任务[1]。

水生态修复是指在充分发挥生态系统自我修复功能的基础上，采取工程和非工程措施，促进水生态系统恢复到更自然的状态，改善其生态完整性和可持续性的生态保护行动。生态完整性是进行水生态系统管理和修复工作的最基本认识。维护水生态完整性是水生态修复的基本目标，其目的在于修复水文、地貌、水体化学性质和水生生物等要素，使各要素相互和谐，让水生态系统能够良好地进行沉淀、传输、栖息、遮蔽等基本过程，能够实现其物质循环、信息传递、能量流动和生物生产等基本功能，可持续保证水生态系统的良好状态，在此基础上，人们才能够有序、有节制地开发其服务功能。生态的可持续性强调的是生态系统的自我维持、生物多样性保护、生态系统的完整性与稳定性，能动态地维持其组成、结构和功能的能力[2]。可持续发展概念的雏形在 1980 年发表的《世界自然资源保护大纲》中给予了阐述。该大纲提出了生物资源保护的三个目标，即维持基本的生态过程和生命支持系统，保持遗传多样性，以及保证生态系统和生物物种的持续利用。世界环境与发展委员会（WCED）于 1987 年在《我们共同的未来》报告中比较系统地提出了可持续发展的概念、定义、标准与对策，即可持续发展是在满足当代人需求的同时，不损害人类后代满足其自身需求的能力[3]。

为了加速修复退化的水生态系统，除了充分发挥水生态系统自适应、自组织、自我调节能力来进行修复以外，往往依靠人工干预进行辅助。比如，通过人工干预对河道进行清淤、疏通、河道垃圾处理等措施改善河道的水利条件，塑造一个自然和谐的河流环境；通过生态护岸工程，可以为生物提供栖息地和增加水体溶解氧，以此来保持周边生物的多样性和水陆缓冲带的连续性；构建人工湿地，构造一个独立的动植物生态环境，从而有效处理受污染水体。通过这些人工干预，尽可能保护水生态系统中尚未退化的部分。

4.1.2　水生态修复目标

水生态修复自 20 世纪 80 年代起，逐渐成为世界各国科学家的研究热点。特别是近年来，水生态修复工作在国内开展得如火如荼，在国家的大力支持下，取得了一系列研究成果。目前，如何开展水生态修复工作并没有一套固定的方法或流程，主要依据生态系统退化的原因、主要保护目标和对象、主要污染物质和水域的功能等因地制宜地确定修复的目标。水生态修复的总体原则是：对于自然保护区或者人迹罕至的地方，最好按照自然规律，不去干扰，利用水生态系统的自我修复功能进行水生态修复，有时不进行进一步的破坏就是最好的修复。对于人类活动的密集区域，不单是要恢复生态功能，也需要利用该系统为人类活动提供服务功能，如对于农业来讲，河道内应该有足够的水进行灌溉；对于娱乐功能来讲，水生态系统中物理和化学组成不能危害人体健康，可以从事划船、游泳等娱乐活动等。

1. 良好的水生态系统所具有的基本特征

生物具有多样性，多样性包括三个方面的内容：遗传多样性、栖息地多样性和物种多样性。水生态系统的结构完整，即生产者、消费者和分解者齐全且种类充足，食物链结构完整，下层物种通过一定数量的冗余支撑上一物种的生存，这样的水生态系统最安稳妥当。外来种少，当地特有的珍稀植物和动物生存状态良好，特有种不仅是地理环境的生态标志，也是最值得保护的。

2. 不同水域在修复时的目标

1）河流

为了人类持续地利用，河流修复的理想目标是为人类提供多种服务功能和水生态系统的功能，前者主要包含行洪、航运、水力发电、供水、灌溉、旅游和文化，后者就是水生态系统良好。需要恢复的内容包括水系连通（纵向、横向和垂向）、自然的水文水动力过程（时间的连通）、平衡的物质输移功能、安全（防洪等）而环境友好的岸坡生态屏障带、水质优良、维系稀有种和特有种生存环境、城市岸边修复美丽的景观等。江水中不惧怕泥沙，也不惧怕营养物质，而是要平衡、适度，能够达到冲淤平衡最好，自然的水文、水动力和水物理化学过程是河流修复的基本目标。

2）天然湖泊

与河流类似，天然湖泊需要恢复的主要功能包括：蓄洪、航运、供水、灌溉、旅游和文化、湿地生态系统良好（水生生物及候鸟、水禽、水牛等），减少水力发电，改善湿地环境。天然湖泊修复的功能包括水系连通、水质优良、生态系统的结构、环境功能齐全、具有野趣及旅游文化价值等，只有良好的水环境才有产生水文化的土壤。湖泊中水域、水域边的滩地、草地等消落带都是保护的核心区，凡是水环境良好的湖泊，其周边湿地一定也是良好的生态屏障带。

3）城市水网及湖泊

城市水网及湖泊修复的基本目标是蓄洪、排涝及水景观的修复。最高目标是：基本目标 + 水生态系统修复 + 水文化挖掘。城市湖泊管理的基础原则可以采用"三线一道管理"思路，即三线管理的方式应该是严控灰线（建筑物离湖边距离线）、扩宽绿线（具有生态屏障功能湖岸或者消落带）和淡化蓝线（随季节自然变幅的湖面线），一道是不仅为社会公众提供交通、旅游的环湖道路或者绿道，而且通过环湖道路的建设彻底截断湖边的排污口，实现截污。

4.1.3 水生态修复的具体任务

水生态修复是利用生态系统原理，修复受损水生态系统的生物群体及结构，重建健康的水生态系统，修复和强化水生态系统的主要功能，并能使水生态系统实现整体协调、自我维持、自我演替的良性循环。因此，水生态修复的具体任务主要包括四大项：河流湖泊地貌特征的恢复，水质、水文条件的提升，生物物种的复原，生物栖息地的恢复。河流湖泊地貌特征的恢复包括恢复河流横向连通性和纵向连通性、恢复河流纵向蜿蜒性和横向形态的多样性、避免裁弯取直、加强岸线管理、保护河漫滩栖息地、避免自然河道渠化。水质、水文条件的提升包括水量水质条件的改善、水文情势的改善、水力学条件的改善。通过水资源的合理配置以维持河道最小的生态需水量。通过污水处理、控制污水排放、生态技术治污提倡源头清洁生产、发展循环经济以改善河流水系的水质。提倡多目标水库生态调度，即在满足社会经济需求的基础上，模拟自然河流的丰水期、平水期和枯水期变化的水文模式，以恢复水库下游的生境。生物物种的复原包括保护濒危、珍稀、特有生物，重视土著生物，防止生物入侵，保证物种丰富度，河湖水库水陆交错带植被恢复以及包含鱼类在内的水生生物资源和恢复，等等。生物栖息地的恢复是通过适度人工干预和保护措施，恢复河流廊道的栖息地多样性，进而改善河流生态系统的结构和功能。

水生态系统的状态一定程度上是在水和以光照为主的能量驱动下，生物物种间及其与系统内物质流动相互作用的平衡状态，其中能量和营养来源于水体之外，与所在区域的光照、降水、绿植、土壤性质、土地利用等因素密切相关。水生态系统的各要素之间相互作用、相互影响，结构复杂、多功能交叉，且具有开放性特征，系统性极强，增加了认知的难度。

4.2 水生态修复规划设计

4.2.1 水生态修复原则

水生态文明是人类遵循人水和谐理念，以实现水资源可持续利用，支撑经济社会和谐发展，保障以生态系统良性循环为主体的人水和谐文化伦理形态，是生态文明的重要部分和基础内容，要把生态文明理念融入水资源开发、利用、治理、配置、节约、保护的各方面和水利规划、建设、管理的各环节。水生态修复应遵循以下原则。

1）节约原则

这是最基本的原则。因为我们在开展生态工程的过程中所使用的每一滴水、每一度电都是生态的代价，生态代价就是对生态的负担。我们在修复过程中，如果能做到节水、节电、节省人力、节省材料，就是对工程之外的生态的保护。

2）自然修复为主，人工干预为辅

我们需要按照自然的规律进行生态修复。河流和湖泊在对待外来干扰时会力图恢复到原来的状态，具有自我修复能力。水生态系统要充分利用自我修复能力，当外界的影响没有超过该系统的修复承载力时，可以依靠自然演替实现自我恢复；能自然净化水质就不需要采取人工措施净化水质；能自然长出草来就不需要人工种草坪。当外界干扰超过该水生态系统的自我修复承载力时，水生态系统的自我修复功能遭到破坏，水生态系统中的鱼虾、水生植物等大量死亡，产生的污染物会导致水质进一步恶化，进而加重破坏水生态系统的自我修复能力，造成水生态系统环境的恶性循环，过程如图 4.1 所示。

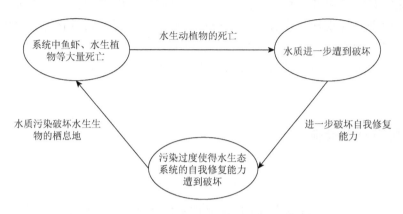

图 4.1 水生态系统环境的恶性循环

此时需要辅助人工干预为水生态系统的修复创造有利条件，当修复达到一定成效之后，充分发挥自然修复功能，使得生态系统可以实现某种程度上的自我修复。国内外众多生态修复工程证明，人类进行生态修复时不是改造自然，也不是控制自然，而是要依据生态系统理论，使得水生态系统恢复到原来的自然情况。

3）有限原则

治理湖水，一定要达到饮用水的标准才能叫合格吗？不是的，高标准的治理不一定是科学的治理，因为它同样意味着更多的消耗和投入。更洁净的湖水需要投放更多的化学试剂，这都是自然的负担，即使是被叫作清洁能源的风力、水力发电，它们的产生同样需要设备的支持，消耗资源。2010 年的常州"毒地"事件，为了修复化工厂污染过的土地，大动干戈地把土挖出来，运走烘焙，再清洁干净，整个过程不仅花费了大量人力物力，还造成了次生污染。因此，治理要适当，要根据其自然特征和客观需要进行有限治理。比如对河流、湖泊的生态修复，首先要考虑它是鱼类等水生生物的重要栖息地，生态治理必须要保证鱼类的生存。

4）宏观原则

它包括系统治理和整体把握。在修复一个水生态系统的时候，要考虑其周边的环境，再确定其治理、修复的强度以及最后的标准。比如在城中心和郊区，可能对昆虫或者有害的物种的治理强度就有所不同。同理，在入海口和非入海口的排污标准也要有所差别。整体把握意味着考虑对整体生态而非某个局部的影响。

5）因地制宜原则

不同河流的地理位置、水文气象条件有较大的差异。河流污染的原因和受人类活动的影响也不尽相同，不同地区社会经济发展水平差异较大。因此河流生态修复必须坚持因地制宜原则，根据本地区和本流域的具体情况和特点，制订合乎流域自然地理条件、适应流域经济发展需要、符合当地经济承受能力的修复方案和措施。

6）生态完整性原则

对水生态系统进行修复时，生态系统结构的完整性尤为重要。生态系统结构完整性的保护比物种数量或者生物量保护更重要。旗舰物种的保护也不如生态系统完整性保护重要。所谓旗舰物种，代表某个物种对一般大众具有特别号召力和吸引力，可促进大众对动物保护的关注。这类物种的存亡可能对保持生态过程或食物链的完整性和连续性无严重的影响，但其外貌或其他特征赢得了人们的喜爱和关注，如大熊猫、鲸类、金丝猴等。

4.2.2　水生态修复措施

1. 水质净化技术

退化河流湖泊等水生态系统的水质净化技术种类有很多，从技术原理上看，可以将这些技术分为物理净化技术、化学修复技术和生物-生态修复技术三大类。其中物理净化技术包括底泥疏浚、引清调水、曝气复氧、物理除藻等，总的来说物理净化技术见效快，短时间内即可明显改善一个水生态系统的环境，但是一般情况下物理净化技术工程量巨大，成本较高，最重要的是无法从根本上解决生态问题。化学修复技术包括化学除藻、絮凝沉淀、重金属化学固定等，这些技术主要是靠向底泥中投放化学药剂，使其与水体中的污染物发生化学反应，从而降低污染物的毒性或者使得污染物变得易降解，但是化学修复技术对环境破坏比较大，有的化学药剂本身具有一定的毒性，容易危害水体中的水生动植物，一般当作应急措施使用。生物-生态修复技术包括稳定塘、人工湿地、生态浮床等，该技术是利用生态平衡、物质循环的原理和技术方法，对受污染、破坏或者胁迫的水体生物生存和发展状态进行改善、改良或恢复、重现，通过对水中污染物进行转移、转化及降解，使水体得到净化的技术。各种技术都具有不同技术、经济特点以及适用条件，客观、系统地分析总结技术的特点和适用条件，具有重要的实用价值。

1）物理净化技术

（1）底泥疏浚。底泥是河流污染的内源因素之一，底泥中的有机物在细菌作用下发生分解，降低水中的溶解氧浓度，同时产生硫化氢、磷化氢等恶臭气体，使水体变黑变臭。底泥疏浚是通过底泥疏挖来减少水生态系统中底泥的数量，从而遏制底泥与水体进行污染物的交换过程。底泥疏浚能永久去除底泥中的污染物，有效减少内源污染，对改善水质有较好的作用，但该技术工程量大，而且淤泥清除力度过大，会将大量的底栖生物、水生植物同时带出水体，破坏原有的生物链系统。另外，疏浚过程中会产生大量的淤泥，如处理不善，会造成严重的二次污染。

底泥疏浚主要包括以下步骤。

底泥调查。底泥调查内容主要包括底泥的时空分布特性，底泥中营养元素、重金属及其他污染物质的分布，底泥中动植物特征，水体水力学特征。其现场调查与勘测除应按一般疏浚工程的要求施工外，还必须符合环境的要求，避免造成水体的二次污染，如设置防渗层、布置围堰等。

确定疏浚的面积和范围。按实际需要和现有的物力财力，选择有重要影响的地区为施工重点；同时清淤工程需考虑设置 200～300m 的安全范围。确定底泥薄层，精确疏浚深度，底泥疏浚深度需多参数系统分析评估，包括水体水文特性、水质及年内变化、底泥地理分布状况、基面标高、底泥土工特性、底泥土壤水运动特点、营养盐含量和垂直分布特性、释放系数、沉水植物种属类型、生物学特性和根系分布等。其疏浚深度误差≤10cm，疏浚底泥扩散距离≤0.5m，并能为后续生物技术介入创造必要的生态环境条件；另外，底泥疏浚深度应考虑沉积底泥水土界面上的高营养含量的半悬浮物的清除。

确定底泥疏浚方法和设备。常用的底泥疏浚方法主要有两种，分别为干法清淤和水下清淤[4]。干法清淤的原理为：先设置临时围堰，之后将水完全排出后进行干地清淤。在具体的清淤过程中，主要借助挖掘机和水力冲挖来完成清淤工作。挖掘机的清淤方式，优势在于便捷、灵活性高、技术要求不高、有较强的适应能力以及不会增加底泥含水率，但是也有其局限性，主要表现为容易受天气的影响。而水力冲挖的清淤方式，主要是利用高压水枪对淤泥进行冲刷，使淤泥成为泥浆，之后再通过泵送的方式将泥浆传送至岸边的堆场或聚浆池中；这一方式的优势在于施工成本较低，且施工操作简单，但也有增加底泥含水率及底泥处理成本的局限性。干法清淤如图 4.2 所示。

(a) 高压水枪干法清淤　　　　　　　　　　　　(b) 挖掘机干法清淤

图 4.2　干法清淤

水下清淤原理为：在船上安装清淤机，以船为施工平面进行水面上的清淤，之后再通过泵送的方式将水下底泥传送至岸上的堆场中。水下清淤主要包括绞吸式挖泥、耙吸式挖泥等形式。在绞吸式挖泥船操作中，先是借助绞刀进行河道底泥的松弛，并使底泥成为泥浆，之后通过泵送的方式将泥浆转送至排泥区；而在耙吸式挖泥船的具体操作中，主要是通过大型自航、装仓式挖泥船来清淤，这种类型的船中装有耙头挖掘机具和水力吸泥装置，先是将耙吸管放至河底，然后借助泥浆的真空作用，通过耙头和吸泥管将河底淤泥泵送至船泥仓中，这种清淤方式的效率相对较高。除此之外还有链斗式挖泥船、铲斗式挖泥船等。在选择设备时应综合考虑底泥的疏浚量、底泥的处理方式与地点、对环境的影响和施工条件等，选择合适的疏浚设备。水下清淤如图 4.3 所示。

(a) 绞吸式挖泥船　　　　　　　　　　　　　(b) 耙吸式挖泥船

图 4.3　水下清淤

确定疏浚的工期。底泥疏浚作业最佳施工期为冬初至春末,此阶段为一般为枯水季节,这时开展疏浚可做到高效省力,最大限度去除营养物质。

确定排泥地点和底泥后期处理。排泥地点要做好防渗处理,防止底泥中的污染物渗透到地表以下,造成污染。底泥中污染物和有毒物含量多,为防止挖出来的底泥对环境造成二次污染,底泥也应该及时处理,常用的底泥处理方法很多[5],常用的处理方法有:海洋投弃,利用海洋的巨大环境容量,将废物直接倾入海洋;卫生填埋,污泥经过简单的灭菌处理,直接倾倒于低地或者谷地,制造人工平原;堆肥农用,即土地利用法,利用自然界广泛存在的微生物,有控制地促进固体废物中可降解有机物转化为稳定的腐殖质的生物化学过程;焚烧,将污泥作为固体燃料投入焚化炉中,使其与氧发生剧烈的化学反应,释放出能量并转化为高温的燃烧气和少量性质稳定的固定残渣;资源化利用,主要包括制造砖瓦、陶粒、回填土、水泥、混凝土骨料等建筑材料,多孔性水处理填料,制取燃气燃油获取电力资源,等等。

根据疏浚目的的不同,疏浚可以分为工程疏浚和环保疏浚。一般情况下,疏浚的实施可达到两个目的:清除内源污染,改善江河湖库水环境,为进一步修复污染水体创造条件;改善江河泄洪能力,改善航道通行条件,增加湖库调蓄能力。环保疏浚主要考虑前者,旨在清除湖泊水体中的污染底泥,并为水生态系统的恢复创造条件,同时还需要与湖泊综合整治方案相协调;工程疏浚则主要为某种工程的需要如疏通航道、增容等而进行,两者的具体区别如表 4.1 所示。

表 4.1　环保疏浚与工程疏浚对比

项目	环保疏浚	工程疏浚
生态要求	尽可能保留部分生态特征,为疏浚区生态重建提供条件	无
工程目标	清除存在于底泥中的污染物	增加水体容积,维持续航深度
边界要求	按污泥层确定分布	底面平坦,断面规则
挖泥层深度	较薄,一般小于 1m,按内源污染控制和生态恢复要求确定有效疏浚深度	较厚,一般几到几十米
对颗粒扩散限制	尽量避免扩散即细颗粒物再悬浮	不做限制
施工精度	5~10cm	20~50cm

续表

项目	环保疏浚	工程疏浚
设备选型	专用设备或经改造后的标准设备	专用设备
工程监控	污染物防扩散、堆场余水排放、污染底泥处置等应进行专项分析、严格控制	一般控制
底泥处理	泥、水根据污染性质进行特殊处理	泥水分离后一般堆置
费用	高	低

对于工程疏浚，其技术要求相对简单，对疏浚对象的疏浚范围及疏浚深度要求不高，实施较容易，但极易出现超挖、欠挖和疏浚过程的二次污染问题。而对于环保疏浚，相应的疏浚方案和技术要求都比较高，对疏浚范围和疏浚深度有严格控制，如果疏浚过程中采取的疏浚方案不当或技术措施不力，很容易导致底泥中的重金属等污染物质重新进入水体，也有可能在水流和风的作用下将释放的污染物质扩散进入表层水体。

（2）引清调水。引清调水又称引水稀释，是指通过水利工程的合理调度将未受污染的清水引入受污染的内河或者湖泊，使原有水体由静变动，流动由慢变快，水体自净能力增强，水中有毒有害物质得到稀释、扩散和迁移，从而使水环境容量增加，使原有内河水环境质量得到改善[6]。引清调水在解决河道污染尤其是在解决河道黑臭问题上具有时间短、见效快等优点，它对河流水质的改善具有立竿见影的效果，是一条既经济、又可在短期内取得成效的改善河流水质的途径，尤其在治理污染严重的水体时备受重视。其作用主要表现在以下几个方面[7]：引清调水操作相对简单，成本较低，在资金缺乏时，可以采用引清调水在短时间内改善水质；比如可以利用外河潮汐动力和清水资源，通过水闸、泵站等工程设施的调度，使河网内主要河道水体定向、有序地流动，加快水体更新速度，改善内河水质的一种水资源调度方式。引清调水使水体自净能力增强，水环境容量增加；引清调水的作用是以水治水，不只是增加水量，稀释污水，更重要的是能使水体自净能力增强；引清调水能激活水流，增加流速，使水体中氧的浓度增加，水生微生物、植物的数量和种类也相应增加，水生生物活性增强，通过多种生物的新陈代谢作用达到净化水质的目的。引清调水可以在一定程度上改善河流的水生动物的结构，增加河流水生动物的多样性，使水体逐渐恢复生态功能。

引清调水主要包括以下步骤。

构建连通方案。水系连通方案的设计要考虑周边水环境特征、水势水情、水质水量、现有水利设施的分布及规模等因素。方案的组成要素包括连通形式与范围、饮水水源、目标水域、饮水路线和受水区域等。水系连通方案可分为外连通方案和内循环调水方案。外连通方案的主要功能是恢复流域水系的动态联系，构筑水系生态通廊，同时增强水体复氧能力，提高水体透明度、改善水质，为生态恢复和重建提供重要条件。内循环调水方案主要是促使河道及连通渠的水体流动，变净水为动水，变死水为活水，变往复流为单向流，增强水体复氧能力，促进水质净化。

选择引水水源。水源的选择主要按照水质、水量、含沙量以及供水设施、自流条件、污染转移等进行综合比较。在不影响工农业生产和居民生活供水的条件下，应优先选择水质好、水量充足、含沙少的水源。对于资源型缺水地区，要重点考虑采用污水处理厂再生水作为河道补水水源。

选择连通渠线。连通渠线的选择主要遵循"河程取长、渠程取短"的原则，应尽量减少连通渠道长度、落差及水能消耗，减少"死水区"。尽可能地利用自然落差（包括潮差），因势利导形成自循环水网，降低调水费用。

设计引水流量。在逐月多年平均的水文条件下建立水质水量综合模型，模拟典型月份不同调水方案实施后的水量、水流流态、水质等的变化过程，分析不同调水方案的水质改善效果。

选择引水方式。引水方式有丰水期（汛期）调水和枯水期调水。丰水期调水受降雨及城市行洪排涝的要求，应该采用大流量、短周期的调水方式。丰水期气温高、河流水体含氧量相对较低，易发黑发臭，快速调水能有效消除水体发臭；高等水生植被度夏困难，快速调水能有效改善水质、降低水温，减少生态修复的风险。枯水期调水分为冬季调水和春季调水。冬季由于天然降雨的补给较少，河流水位降低，故调水目标为维持河流生态需水量和改善河流水质。春季调水可以采用小流量、长周期的调水方式。该方式水温低，水体含氧量相对较高，同时生物活动量相对较少，水体扰动较少，水质相对较好，可长期稳定地改善水质；配合导流设施，可抑制水华的暴发。该方式创造的缓流状态对水生生物的扰动较小，并有利于鱼类的洄游与繁殖。

利用已有的水利工程设施。水利工程设施是实现环境调水的基础条件，应在充分利用已有水利工程设施（包括水闸和泵站等）的基础上，根据环境调水的要求，进行适量的新建、改建，并优化调度方法，实现水利保障和水质改善的共赢。

（3）曝气复氧。曝气复氧是指根据河流受到污染后缺氧的特点[8]，人工向水体中充入空气或氧气，加速水体复氧过程，以提高水体的溶解氧水平，恢复和增强水体中好氧微生物的活力，使水体中的污染物质得以净化，从而改善河流的水质。溶解氧是反映水体污染状态的一个重要指标，受污染水体溶解氧浓度变化的过程反映了河流的自净过程。当水体中存在溶解氧时，河水中的有机物往往被好氧菌所分解，水中溶解氧含量下降，浓度低于饱和值，而水面大气中的氧就溶解到河水中，补充消耗掉的氧。如果有机物含量太多，溶解氧消耗太快，大气中的氧来不及供应，水体的溶解氧将会逐渐下降，乃至消耗殆尽，从而影响水生态系统的平衡。当河水中的溶解氧耗尽之后河流就出现低氧状态甚至无氧状态，有机物的分解就从好氧分解转为厌氧分解，水质就会恶化，甚至出现黑臭现象。由此可见，溶解氧在河水自净过程中起着非常重要的作用，并且水体的自净能力直接与复氧能力有关。

河水中的溶解氧主要来源于大气复氧和水生植物的光合作用，其中大气复氧是水体溶解氧的主要来源。大气复氧是指空气中的氧溶于水中的气-液相传质过程，这一过程也可称为天然曝气。但是，如果单靠天然曝气作用，河水的自净过程将非常缓慢。例如，一条水流滞缓的河流在接纳了一定的污染负荷后，需要50～80km流程才能达到自净；而一条水流湍急且带有许多急弯和跌水的河道在5km范围内即可去除上述同样的污染负荷。产生这种差异的主要原因是急流道的快速充氧作用，即由于河道水流增加了紊动，从而改进了氧的传递和扩散。由此可知，人工曝气也可产生天然曝气的同样效果。当河水受到严重的有机污染，导致污染源下游或下游某段河道处于缺氧或厌氧状态时，如果在适当的位置向河水进行人工曝气，就可以避免出现缺氧或厌氧河段，使整个河道自净过程始终处于好氧状态。因此，可以采用人工曝气的方式向河流水体充氧，加速水体复氧过程，提高水体中好氧微生物的活力，以改善水质。此外，如果向一条已遭受严重有机污染且处于黑臭状态的河道进行人工曝气时，充入的溶解氧可以迅速氧化有机物厌氧降解时产生的 H_2S、甲硫醇及 FeS 等致黑致臭物质，有效地改善、缓和水体的黑臭程度。

曝气复氧技术主要有跌水曝气复氧技术和人工曝气复氧技术两类。

跌水曝气复氧技术[9]是指水流由一定的高度跌落，在跌落的过程中重力势能转化为动力势能，跌落水流与下一级的水体接触时，能量由水流传递给水体，水体在获得能量后，受纳水体的流态发生了急剧的变化，液面呈剧烈的搅动状，使空气卷入，达到充氧的目的；同时，液面的搅动，使混合液连续地上下循环流动，气液接触面不断地更新，空气中的氧不断地向水体中转移，以供给微生物所需的溶解氧。跌水曝气复氧技术包括天然跌水曝气和人工跌水曝气，如图 4.4 所示。在城市的一些河道中，由于大多数没有明显的水头差，因此一般情况下都是抬高一侧水位进行不同程度的人工曝气。跌水曝气复氧技术是一种运用范围广、建造低、运行费用低、便于管理的曝气技术，能够直接利用我国多山地、多丘陵的地形地貌特征，对污水处理设施进行因地制宜的布置，减少土石方的开挖，减少基础建设投资。它还可以结合现有的污水处理技术加以利用，将会极大地降低污水处理厂的修建及运行成本，对我国多山地和丘陵地区的小城镇的环境保护事业来说很有必要。

(a) 天然跌水曝气　　　　　　　　　　(b) 人工跌水曝气

图 4.4　跌水曝气复氧技术

人工曝气复氧技术是采用各种强化曝气技术，人为地向水体中充入空气或氧气，加速水体复氧，以提高水体的溶解氧浓度，恢复和增强水体中好氧微生物的活力，使水体中的污染物质得以净化，从而改善河流水质。人工曝气复氧分为固定式充氧和移动式充氧。固定式充氧技术在需要曝气的河段上安装固定的曝气装置，优点是单位体积的充氧量的成本和充氧设备运行成本较低。移动式充氧技术可以根据需要自由移动的移动式充氧平台，优点是可以根据河流的污染情况灵活地调整曝气设备的位置和运行。

曝气技术根据溶解氧的来源，可分为空气曝气、纯氧曝气和臭氧曝气；根据充氧位置，可分为表面曝气和水下曝气；根据安装方式，可分为固定式充氧站和移动式充氧平台。曝气方式是影响河道治理效果的关键因素，其选择依据包括河道条件、河段水功能要求以及污染源特征。国内外常见的曝气设备主要有以下几种[10, 11]。

鼓风曝气设备。这种曝气设备的具体工作流程为：在大风力鼓风机的作用下将空气引入污水当中，这部分工作需要通过将扩散曝气器与污水输送管道相连接而完成，从而使曝气设备与污水进行充分接触。这种设备的主体结构是由相关曝气装置、大风力鼓风机与连接管道组装而成的，继而引导空气从管道中流入安装在生化池底部的曝气装置当中，然后在鼓风机的作用下使其产生大量大小不一的气泡，这些气泡经过一段运动过程后会在浮出水面的时候破裂，从而完成曝气任务。常用的鼓风机有压缩的浮筒式曝气机、回转式鼓风机、高压离心鼓风机等。

表面曝气设备。表面曝气设备的具体运行流程为：在电动马达的动力作用下，叶轮开始转动，以此引导水流流经管道向周围喷射而出，这时候水流就会以一种细密的水幕的形态喷洒出来，水雾与外界空气接触后遇冷就会变成水滴，在水滴滴入液面的时候所产生的气泡会直接提高水中的氧气含量。和鼓风曝气设备相比，表面曝气设备的实际应用效果显得更好一些，这种优势具体表现为：结构简单、操作简单、工作效率高，而且便于维修。表面曝气设备能够适应多种作业环境，有突出的水处理效果，因此被广泛应用于污水和生活用水的处理中。常用的表面曝气设备有倒伞型表面曝气机、转刷曝气机、转盘曝气机等。

水下曝气设备。水下曝气设备体积小、反应时间短、水处理效率较高，因此具有比较高的性价比，经济效益比较显著。这种设备主要作业于占地面积小，但是深度广的区域，这取决于其能够深入水体深处的优点。另外，该设备供氧速度快，因此水处理的速度也非常快。水下曝气设备主要有潜水射流曝气设备、沉水式曝气设备和深井曝气设备。

潜水射流曝气设备主要由潜水泵、曝气器和进气管三部分组成，通过潜水泵产生水流，水流经过喷嘴加速，形成高速水流，与空气结合产生水气混合流。潜水射流曝气设备可以使氧气的吸收率大大提高，而且占地面积小，因此被广泛应用于水处理的过程中。

沉水式曝气设备可以通过马达驱动叶轮产生离心力，导致叶轮周围的压强小于大气压，为了保持压强平衡，水流会被压进混气室。与此同时，叶轮也会吸入空气，使空气中的氧气与污水混合，净化后的水又会经由离心力高速排出。

深井曝气设备是利用深井作为曝气池来进行曝气处理，工业废水与活性污泥在井上部与空气充分混合，然后流入井底，再反流回深井顶部，进行泥水分离。

水下曝气设备由于在水下进行，会产生不少污染物沉淀，也会有不少的污染物排出，因此最好借助排污设备提高水处理的效果。水下曝气设备对技术的要求也比较高，需要不断提升技术，保证技术层面管理。

（4）物理除藻。随着工业的发展，水体污染日益加剧，水体污染的一个重要表现就是水体富营养化，夏季藻类疯涨，水质恶化。研究有效的除藻技术已经成为提高水质、缓解水体富营养化的一个亟待解决的问题。物理除藻技术即用物理的方法进行除藻，主要有机械除藻、气浮除藻、过滤除藻、活性炭吸附。

机械除藻是采用机械化的手段去除水中藻类的技术，通常采用的有机械捞藻法和超声波除藻法。机械捞藻法就是将藻类从水体中移出，通常应用在蓝藻富集区域。采用机械捞藻法清除蓝藻水华，能直接大量地清除湖面的蓝藻，可以作为蓝藻大面积暴发时的应急措施。超声波除藻法是利用高强度的超声波破坏藻类细胞。超声波除藻法主要原理是利用超声波的机械振动、声流和空化效应，使生物组分发生物理和化学变化，抑制藻类光合作用的进行，达到抑制藻类生长的目的。

气浮除藻是利用水在不同压力下溶解度不同的特性，在加压或者负压条件下使水中产生微气泡，微气泡与藻体充分接触并附着于藻体，带动藻体缓慢上升浮至水面，进而机械收集，分离藻和水，达到除藻的目的。气浮除藻在含藻水源水预处理中得到广泛的应用，技术成熟可靠，主要适用于新鲜蓝藻的去除。

过滤除藻是在各类外力作用下颗粒悬浮液通过过滤介质后，所含颗粒物被介质截留，从而使其与溶剂分离的操作，在水体除藻中被广泛应用。通常湖泊水中的藻体可以利用过滤池或大型过滤器、滤床直接过滤，局部少量水体也可以利用滤网等介质进行微滤，以去除水中直径较大的浮游藻类，方法简单易行。过滤介质对提高除藻的效率十分重要，采用不同的过滤介质，配合不同的工艺，得到的除藻效果不同，其应用对象也有差异。

通过活性炭吸附可获得很好的藻类去除效果。但小剂量的活性炭处理效果不佳，水中的有机物会影响活性炭吸附，活性炭再生也较困难，这些都使得活性炭吸附水处理成本大大提高。

2）化学修复技术

（1）化学除藻。化学除藻技术是控制藻类生长的快速有效方法，在治理湖泊富营养化中已有应用，也可作为严重富营养化河流的应急除藻措施。化学除藻技术操作简单，可在短时间内取得明显的除藻效果，提高水体透明度。但化学除藻技术具有副作用，应根据水体的功能和要求慎重使用，副作用具体表现在：不能将氮、磷等营养物质清除出水体，不能从根本上解决水体富营养化的问题；选择性差，会清除有益藻类；易造成鱼虾等水生生物因缺氧或中毒而大量死亡；水体因外源性化学物质出现二次污染；易倒藻，使水质更加恶劣；等等。因此，除非应急和健康许可，化学除藻技术一般不宜采用。

最常见的化学除藻技术就是使用化学剂除藻，化学剂除藻可以分为氧化型和非氧化型两大类[12]。氧化型除藻剂主要为卤素化合物，主要是氯（Cl）和溴（Br），其次是碘（I）、罕用氟（F）及其化合物，以及臭氧（O_3），还有高锰酸钾、过氧化氢等具有强氧化性质的化学药剂。其中过氧化氢具有一个独特的优势，即它本身的氧化产物为水，不会向水体增加任何副产物。氧化性能及杀生效果：臭氧（O_3）＞二氧化氯（ClO_2）＞氯氨（NH_2Cl）＞次氯酸（$HClO$）＞次溴酸（$HBrO$）。氯除藻：其机理是破坏生物的酶系统。臭氧除藻：在臭氧的强氧化作用下，有大量藻细胞的物理形态被破坏，细胞质外泄，甚至整个藻体被完全分解，从而达到去除藻类的效果。对于藻类外泄的藻毒素及嗅味等，臭氧的强氧化能力也能将其氧化，从而达到去除的效果。高锰酸钾除藻：其对于藻类的去除作用主要为氧化作用，原理和臭氧相似，同时对于藻细胞也有一定的助凝作用。但是高锰酸钾有颜色，投加过量后会增加水的色度，浊度也会增加。二氧化氯除藻：二氧化氯氧化除藻机理在于藻类叶绿素中的吡咯环与苯环非常相似，二氧化氯对苯环具有一定的亲和性，能使苯环发生变化并无臭无味。非氧化型除藻剂主要有无机金属化合物及重金属制剂、有机金属化合物及重金属制剂，以及铜剂、汞剂、锡剂、铬酸盐、有机硫系、有机氯系（有机卤系）、季膦盐、异噻唑啉酮、五氯苯酚盐、戊二醛、羟胺类和季铵盐类等。

（2）絮凝沉淀。絮凝是颗粒物在水中作絮凝沉淀的过程。在水中投加絮凝剂后，其中悬浮物的胶体及分散颗粒在分子力的相互作用下生成絮状体且在沉降过程中互相碰撞凝聚，其尺寸和质量不断变大，沉淀速度不断增加。悬浮物的去除率不但取决于沉淀速度，而且与沉淀深度有关。在水中投加絮凝剂后形成的矾花，生活污水中的有机悬浮物，以及活性污泥在沉淀过程中都会出现絮凝沉淀的现象，可以达到净化水质的目的。

絮凝剂可以分为无机絮凝剂、有机絮凝剂、复合絮凝剂和微生物絮凝剂[13]。

无机絮凝剂主要是铝盐和铁盐及其水解聚合产物，在水处理中的用量很大、应用最广泛的是铝盐，如硫酸铝、聚氯化铝、聚硅硫酸铝等；其次是铁盐，如氯化铁、聚合氯化铁、液体聚合硫酸铁、聚合硅酸类复合铁、聚合磷酸类复合铁盐、铝铁共聚复合絮凝剂等。硫酸铝是世界上使用最早、最多的铝盐絮凝剂，其具有运用便利、处理效果好等优点。铝盐絮凝的机理主要是其水解过程的中间产物能与水中不同阴离子和负电溶胶形成聚合体，即产生聚合絮凝作用。铁盐絮凝的机理是其水解产物能与水体颗粒物进行电中和脱稳、吸附架桥或黏附网捕卷扫，从而形成粗大密实絮体，通过对絮体的去除，达到净化水体的作用。有实验表明，在最适宜的 pH 下，聚合硫酸铁铝在处理含 Zn^{2+} 和 Cu^{2+} 的单一或混合废水时，对 Zn^{2+} 和 Cu^{2+} 的去除率分别达到 99.89% 和 99.72%，其残留质量浓度均达排放标准[14]。

有机絮凝剂种类繁多，包括天然的和人工合成的两部分。前者包括壳聚糖、纤维素、淀粉、单宁、木质素、多糖类和蛋白质等类别及它们的衍生物；后者包括运用较多的二甲基二烯丙基氯化铵、聚丙烯酸钠、聚丙烯酰胺等有机絮凝剂，主要分为合成高分子型和天然高分子型。有机絮凝剂的特点是用量少、絮凝速度快、受共存盐类、pH 及温度的影响小，生成的污泥量小，且带有多种带电基团，可为链状、环状、网状结构，有利于污染物进入絮体。

近几年复合絮凝剂得到了迅猛的发展，它不仅能克服使用单一絮凝剂的许多不足，同时又具备了单一絮凝剂的优点，适应范围广，对低浓度和高浓度废水等多种工业废水都有良好的净化效果，还能提高絮凝过程中有机物的去除率，并能降低残余重金属离子浓度，减少二次污染。从化学组成来看，复合絮凝剂大致可以分为无机复合絮凝剂、有机复合絮凝剂、天然高分子复合絮凝剂，以及不同组分之间的复合絮凝剂。

微生物絮凝剂是一类由微生物产生并分泌到细胞外，具有絮凝活性的代谢产物，主要由具有两性多聚电解质特性的糖蛋白、多糖、蛋白质、纤维素和 DNA 等生物高分子化合物，以及有絮凝活性的菌体等组成。因微生物絮凝剂无二次污染，具有使用安全、方便、絮凝效果良好以及独特的脱色效果，适用范围广、絮凝活性高、易于生物降解，属于绿色环保产品，被称为三代絮凝剂。微生物絮凝剂被广泛用于给水或污水处理。通过其电荷性质和高分子特性在液体介质中起电荷中和、架桥、网捕、吸附等作用，使胶体脱稳、絮凝、沉淀、固液分离。

　3）生物-生态修复技术

　（1）稳定塘。稳定塘属于污水中的生物处理设施，又称氧化塘[15]。稳定塘净化污水的原理与自然水域的自净机理十分相似。污水在塘内滞留的过程中，水中的有机物通过好氧微生物的代谢活动被氧化分解，或者经过厌氧微生物的分解而达到稳定化的目的。好氧微生物代谢所需的溶解氧由塘表面的大气复氧作用以及藻类的光合作用提供，有时也可以通过人工曝气补充。

　根据水体微生物优势群体的类型和水体溶解氧的浓度来划分，稳定塘主要分为四类，即好氧塘、兼性塘、厌氧塘、曝气塘。

　好氧塘一般比较浅，深度在 0.5m 左右，阳光能透到塘底。稳定塘内藻类在阳光的照射下，进行光合作用，释放氧气，把氧气供给细菌，好氧菌把进入稳定塘的有机污染物进行氧化分解，生成的产物有 CO_2、NH_4^+ 和 PO_4^{3-} 等，这些代谢产物又为藻类所利用，因而稳定塘处理污水，实质上是菌藻共生系统在起作用。它是一种自养生物（藻类）和好氧性异养生物（异养菌）利用生理上相辅相成作用进行污水处理的生态系统。好氧塘工作原理如图 4.5 所示。

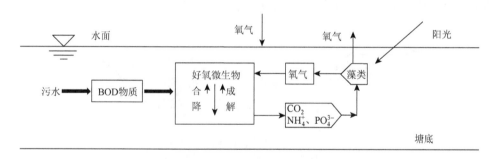

图 4.5　好氧塘工作原理示意图

　兼性塘是最常见的一种污水稳定塘。其特点是塘水较深，一般为 1.2～2.5m，因此塘中存在着不同的区域：上层阳光能投射到的区域（从塘面到 0.5m 水深），藻类光合作用显著，溶解氧比较充足，为好氧区；塘的底部主要是厌氧微生物占主导作用，对沉淀于塘底的底泥进行厌氧发酵，为厌氧区；好氧区和厌氧区之间为兼性区。兼性塘内好氧菌、兼性菌和厌氧菌共同发挥作用，对污染物进行降解，兼性塘各区相互联系。厌氧区中生成的 CH_4、CO_2 等气体在经上部两区的水层溢出的过程中，有可能为好氧层的藻类所利用，生成有机酸、醇等转移至兼性区。好氧区和兼性区中的细菌和藻类因死亡而下沉至厌氧区，厌氧菌对其进行分解。兼性塘工作原理如图 4.6 所示。

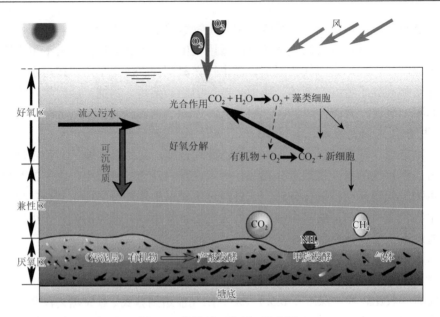

图 4.6　兼性塘工作原理示意图

厌氧塘水深一般在 2.0m 以上，整个塘基本都呈厌氧状态，在其中进行水解、产酸以及甲烷发酵等厌氧反应全过程。厌氧塘净化速度低，水力停留时间长，一般作为高浓度有机废水的一级处理工艺，之后还设有兼性塘、好氧塘甚至深度处理塘，一同作为高浓度有机废水处理工艺运作。厌氧塘工作原理如图 4.7 所示。

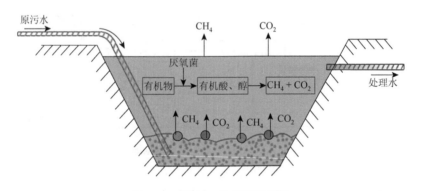

图 4.7　厌氧塘工作原理示意图

曝气塘是经过人工强化的稳定塘，塘深一般在 2.0m 以上。曝气塘由表面曝气机供氧，并对塘水进行搅动，在曝气条件下，藻类的生长与光合作用受到抑制，塘水呈好氧状态，污水停留时间短。曝气塘适用于土地面积有限不足以建成完全以自然净化为特征的塘系统的场合，或者由超负荷的兼性塘改建而成，目的在于使出水达到常规二级处理水平。曝气塘分为完全混合曝气塘和部分混合曝气塘，完全混合曝气塘中曝气装置的强度应能使塘内的全部固体呈悬浮状态，并使水体有足够的溶解氧供微生物分解有机污染物；部分混合曝气塘不要求保持全部固体呈悬浮状态，部分固体沉淀并进行厌氧消化。部分塘内曝气机布置较完全混合曝气塘稀疏。曝气塘工作原理如图 4.8 所示。

(a) 完全混合曝气塘　　　　　　　　　　　(b) 部分混合曝气塘

图 4.8　曝气塘工作原理示意图

（2）人工湿地。人工湿地是一种利用自然湿地生态系统中物质迁移转化的原理，由人工建造和运行的生态型污水处理技术，具有高效、低耗、抗水力冲击能力强等优势，是控制面源污染的一种高效率"绿色"技术，尤其在广大农村地区具有广阔的应用空间和发展前景[16]。作为一种典型的水生态修复技术，人工湿地在全球范围内的运行数量和污水处理规模持续快速增加，已成为重要的水污染处理技术和重要的湿地生态系统类型。在水质净化的同时，湿地通过吸收 CO_2 和释放 O_2 来调节局部区域微气候，有效调控大气组分；湿地生态系统具有复杂多样的植物群落，为鸟类、两栖动物等提供生存、繁衍、迁徙的空间，有利于保护生物多样性。此外，人工湿地还能提供涵养水源、蓄洪防旱等多种生态服务功能，有效维持生态平衡，具有显著的环境、生态和经济效益。

人工湿地由基质、水体、植物、动物和微生物五部分组成。其中人工湿地净化污水的作用主要依靠基质、植物以及微生物三者相互依存的组合体，主要包括了物理、化学以及生物过程，对不同的污染物，去除机理也不同[17]。基质是湿地组成中必不可少的部分，可以为植物生长提供支撑，还可通过自身的吸附作用净化水中的污染物。在选择基质时，要考虑基质的生物稳定性、化学稳定性、透水性、孔隙率等性质。目前，常用的基质包括粉煤灰、砂子、沸石、陶粒、碎石、泥炭等物质。此外，建筑废料也可作为基质用于人工湿地。植物在吸附、吸收以及富集污染物的同时，还起到输氧、抑制藻类生长以及促进微生物生长的作用。湿地植物不仅要求生物量大、有较大的根系表面积、耐污能力较强，还要适应污水带来的环境改变，如酸碱环境。根据污水的性质和当地气候等情况，可以选择具有观赏性能的湿地植物，也可以选择一些经济作物。目前人工湿地中最常用的植物是芦苇、梭鱼草、美人蕉、凤眼莲等。此外，金鱼藻、空心莲子草、香根草、茭白、苔草等也比较常见。微生物对污水中不同的化学组分均有同化、转化和循环的作用。研究表明，由于多层结构中的变形菌优势菌高于单层结构，硝化细菌和反硝化细菌也高于单层结构，使得多层结构的处理效果更好。水力负荷不仅会影响人工湿地的停留时间，也会影响其处理效能，一般水力停留时间越长，去除效果越好。此外，温度也会影响人工湿地的去除效果。过高或过低的温度不适合微生物的生长，导致人工湿地的处理效果较低。

根据水体在湿地中流动方式的不同或湿地布水方式的不同，人工湿地系统一般被分为表面流人工湿地、水平潜流人工湿地和垂直流人工湿地[18]。然而，这些采用传统布水方式的人工湿地通常无法兼顾好氧和厌氧环境。因此，为实现更好的污染物去除效果，尤其是氮素和磷素的去除，出现了由不同类型湿地组合而成的复合流人工湿地。在生产实践中，人工湿地类型的选择应当充分考虑污水处理系统的处理对象、处理目标、处理成本、可用土地面积等。

表面流人工湿地类似于沼泽，在整个湿地表面形成自由水面，水流沿着一定方向前进，在流动过程中与填料介质、植物根系及附着生长的生物膜接触，实现对污水的净化，并从出水口流出。表面流人工湿地水位较浅，一般在 0.1～0.6m，主要是通过植物的拦截作用和根茎附近的生物膜净化污水。表面流人工湿地投资运行费用低、操作管理简单，但占地大、水力负荷小、冬季容易结冰、夏季易滋生蚊蝇，净化能力受表面水深影响较大，远不如其他几种类型的湿地。因此，表面流人工湿地仅适用于低污染污水处理。表面流人工湿地如图 4.9 所示。

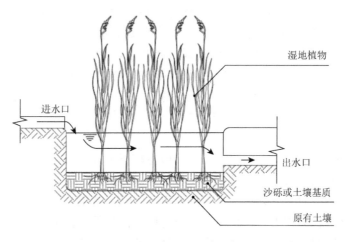

图 4.9　表面流人工湿地示意图

由填料基质、植物和微生物组成的水平潜流人工湿地，床底有隔水层，纵向有坡度。污水从布水沟进入填料床，在向另一端水平渗滤直至流出的过程中，通过填料吸附、过滤、植物吸收、微生物降解作用等实现污染物去除。水平潜流人工湿地可由多个填料床组成，因此，水力负荷与污染负荷较大，对 TSS、BOD_5、COD 等去除效果好。但受限于填料床层氧气不足，氨氮去除量有限。在所有类型的人工湿地中，水平潜流人工湿地内部的氧化还原条件相对稳定，有助于污水中磷的去除。水平潜流人工湿地如图 4.10 所示。

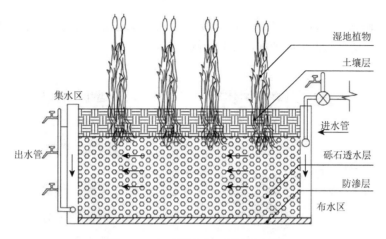

图 4.10 水平潜流人工湿地示意图

垂直流人工湿地作为渗滤型土地处理系统的一种强化形式，通过地表与地下渗滤过程中发生的物理、化学和生物反应使污水得到净化。在垂直流人工湿地中，氧气主要通过植物根系传输与大气扩散进入湿地内部，床体不同深度溶解氧状态也不同。表层由于溶解氧充足，硝化能力强，床层深处因为缺氧而实现反硝化，在碳源充足时，垂直流人工湿地可以达到较高的总氮去除率，因而适合处理高氨氮污水。但是，垂直流人工湿地由于受间歇进水影响，填料床中的溶解氧易引起颗粒表面磷的解吸释放，导致总磷去除性能不稳定。垂直流人工湿地如图 4.11 所示。

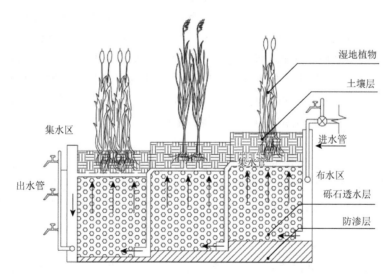

图 4.11 垂直流人工湿地示意图

传统单一的人工湿地难以同时实现好氧和厌氧环境，从而限制湿地的脱氮性能。因此，研究者将水平潜流和垂直流人工湿地进行组合，开发了复合流人工湿地。在复合流人工湿地中，垂直流区块进行有机物和悬浮颗粒的去除，同时进行硝化反应；水平潜流区块则进行反硝化反应以及有机物降解。复合流人工湿地能有效去除水中 TSS、BOD_5、COD 和 NH_4^+。复合流人工湿地如图 4.12 所示。

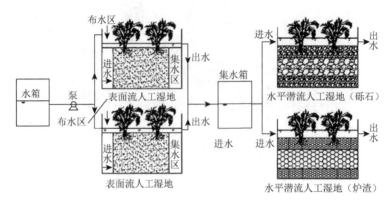

图 4.12 复合流人工湿地示意图

（3）生态浮床。生态浮床，别名为人工浮床、生态浮岛、生物浮岛等，是指人工制造的具有生态修复和水质净化功能的漂浮于水面上的床体或小岛[19]。生态浮床是基于无土栽培技术而构建的装置，以能够漂浮在水面上的材质为载体，把水生植物和陆生植物放到载体上种植，植物根系直接接触水体，这样水中的氮、磷化合物和有机污染物被植物的根部吸收或吸附，从而达到净化水体的作用。生态浮床主要适用于富营养化的湖泊和受污染的河流。整个生态浮床由多个浮床单体组装而成，每个浮床单体边长可为 1～5m，但为了方便搬运和施工及考虑耐久性等问题，一般采用 2～3m。在形状方面，以四方形居多。考虑景观美观、结构稳固等因素，也有三角形及六边蜂巢形等。

水生植物对污染水体的净化包括截留、吸附、吸收等多重作用。生态浮床主要是通过植物的根系来达到净化水体的效果，浮床植物的根系一方面可吸收吸附水中的氮、磷物质，另一方面可分泌大量的酶来促进水中有机物的分解[20]。此外，浮床植物在水面上占据一定面积，可以减弱藻类的光合作用，某些植物还可以克制藻类的生长。其机理如下。

吸收作用：植物需要大量的营养物质来维持自身的生长的需要，而污水中含有大量的氮、磷等营养元素，植物可以吸收、利用、分解水中的氮、磷营养物质，通过同化作用使其成为植物体的组分，也可通过挥发代谢等作用将其转化成水和二氧化碳等物质。吸收了营养物质的植物体需要定期收割，否则植物内的营养物质可能重新释放到水中，对水体水质造成二次污染。

物理化学作用：植物根系对氮、磷和有机质有着截留、吸附、沉降等作用，植物根系较大的表面积使其成为水中污染物和微生物良好的载体。植物根系、浮床基质可以有效吸附水体中的悬浮物并富集水中的氮、磷等营养盐，当水体流经植物根系时，不溶性物质被根系吸附沉淀下来，同时，根系周围的菌体形成的菌胶团可以沉降悬浮性有机物质。

抑制藻类生长：相比于藻类，植物个体大、生命周期长，在光能和营养上与藻类相互竞争，吸收能力强。同时，水生植物会将某些生化物质释放到水体中，可以有效抑制藻类生长。

微生物降解作用：植物根系表面可以形成生物膜，而生物膜上包括相当数量的细菌和原生动物，这些微生物可大量分泌酶，加速大分子污染物降解，从而净化水质。硝化细菌、反硝化细菌在有氧和缺氧条件下去除污水中的无机氮，高效除磷菌通常可以摄取比自身含量高很多的磷物质。

植物与微生物的协同效应：通过气体的传输和释放，植物可将氧气输送至根区，在根区形成有氧和缺氧共存区域，好氧、兼性厌氧、厌氧微生物均可以在根区找到适宜自己生存的环境。微生物进一步分解并处理营养盐和污染物质。

依据水与植物接触与否，生态浮床可以分为干式浮床和湿式浮床。干式浮床的特点是植物与水不接触，因此可以栽培大型木本、园艺植物，形成不同的木本组合，为鸟类提供良好的栖息场所，同时也能够美化周围的自然景观。但干式浮床不能起到有效净化水质的作用。一般大型的干式浮床由混凝土或发泡聚苯乙烯制作。湿式浮床是植物与水体相接触的一类浮床，分为有框和无框两种，有框湿式浮床，其框架一般可以用纤维强化塑料、不锈钢加发泡聚苯乙烯、特殊发泡聚苯乙烯加特殊合成树脂、盐化乙烯合成树脂、混凝土等材料制作，无框湿式浮床的漂浮载体一般用椰子纤维编织、合成纤维加合成树脂等材料制作。湿式浮床中植物与水有着良好的接触，可以利用植物根系的强大吸收与吸附作用减少水中营养物质，降低水体富营养化程度。

较适合且使用广泛的浮床结构为有框湿式浮床结构，典型的有框湿式浮床一般由4个部分组成，即浮床框体、浮床床体、浮床基质、浮床植物[21]。浮床框体的主要作用是保持浮床稳定、安全、长久运行。框体要求坚固、耐用、抗风浪，目前一般用PVC管、不锈钢管、镀锌管、木材、毛竹等。PVC管无毒无污染，持久耐用，价格便宜，重量轻，能承受一定冲击力。不锈钢管、镀锌管硬度更高、抗冲击能力更强，持久耐用，但缺点是质量大，需要另加浮筒增加浮力，价格较贵。木材、毛竹作为框架比前两者更加贴近自然，价格低廉，但常年浸没在水中，容易腐烂，耐久性相对较差。浮床床体是植物栽种的支撑物，同时是整个浮床浮力的主要提供者。目前主要使用的是聚苯乙烯泡沫板，这种材料具有成本低廉、浮力强大、性能稳定的特点，且原材料来源充裕、不污染水质、材料本身无毒疏水，方便设计和施工，重复利用率相对较高。此外还有将陶粒、蛭石、珍珠岩等无机材料作为床体，这类材料具有多孔结构，适合于微生物附着而形成生物膜，有利于降解污染物质。但局限于制作工艺和成本的问题，这类浮床材料目前还停留在实验室研究阶段，实际使用很少。浮床基质用于固定植物植株，不仅要保证植物根系能接触到生长所需的水分、氧气，还能作为肥料载体，因此基质材料必须具有弹性足、固定力强、吸附水分、养分能力强、不腐烂、不污染水体、能重复利用的特点，而且必须具有较好的蓄肥、保肥、供肥能力，保证植物直立与正常生长。目前使用的浮床基质多为海绵、椰子纤维等，另外也有直接用土壤作为基质，但缺点是较重，同时可能造成水质污染，应用较少，不推荐使用。浮床植物是浮床净化水体的主体，需要满足以下要求：适宜当地气候、水质条件，成活率高，优先选择本地种；根系发达、根茎繁殖能力强；植物生长快、生物量大；植株优美，具有一定的观赏性；具有一定的经济价值。目前经常使用的浮床植物有美人蕉、芦苇、荻、水稻、香根草、香蒲、菖蒲、石菖蒲、水浮莲、凤眼莲、水芹菜、蕹菜等。在实际工作中要根据现场气候、水质条件等影响因素进行植物筛选。

2. 栖息地构建技术

栖息地[22]一词最先由美国生态学家 Grinnell 提出，即生物出现的环境空间范围，一般指生物居住的地方，或是生物生活的地理环境。对于栖息地的定义，不同专家有不同的解释，其中最为广泛流传的是 1971 年美国生态学家 E. P. Odum 提出的概念，即栖息地是指生物生活的地方，亦是整个群落占据的地方，主要由理化的或非生物的综合因子形成，因而一个生物或一群生物（种群）的栖息地包括其生物性以及非生物性的环境，它可以说是维持生物整个或者部分生命周期中正常生命活动所依赖的各种环境资源的总和。

2007 年我国学者张冰[23]指出栖息地是所有具有生命的生物体存在的基本要求，是构成物种存活和繁殖不可缺少的成分。栖息地的定义为：栖息地是野生动物集中分布、活动、觅食的场所，是野生动物赖以生存的最基本条件，也是生态系统的重要组成部分。鱼类栖息地是指鱼类能够正常生活、生长、觅食、繁殖以及进行生命循环周期中其他重要组成部分的环境总和，包括产卵场、索饵场、越冬场以及连接不同生活史阶段水域的洄游通道等。影响鱼类生存的因素包括非生物因素和生物因素。非生物因素主要包括：微生境（microhabitat）因素如水深、流速、基质、覆盖物；中生境（mesohabitat）因素如河道形态（深潭、浅滩、急流等）；大生境（macrohabitat）因素如水质、水温、浊度和透光度等。生物因素主要包括：食物链的组成和食料种类丰度等。鱼类栖息地主要由水体、湖泊底质、滨水植物、驳岸等因素构成，生态水利栖息构建的策略主要从水域构建、生态驳岸构建、滨水植物群落构建、洄游通道恢复四个方面进行。

1）水域构建

（1）水深设计。

河湖中有着丰富的鱼类，这些鱼类的生存活动对水体的深度有着不同的要求。水深的设计不仅要满足各种鱼类的需求（表 4.2），还要满足不同水生植物的水深需求（表 4.3），这样才能保证各类型水生植物的生存空间，为鱼类提供充足的饵料植物与生物。

表 4.2　淡水河湖中不同鱼类生存活动对水深的要求

生活水深	鱼类名称
0～1.0m	所有幼鱼及宽鳍鱲、餐条、红鳍鲌、银飘、中华鳑鲏、高体鳑鲏、彩石鲋、无须鱊、彩副鱊、大鳍刺鳑鲏、越南刺鳑鲏、斑条刺鳑鲏、短须刺鳑鲏、麦穗鱼、细纹颌须鮈、泥鳅、光泽黄颡鱼、青鳉、黄鳝、圆尾斗鱼、刺鳅等
1.0～2.0m	胭脂鱼、鳡鱼、赤眼鳟、翘嘴红鲌、戴氏红鲌、蒙古红鲌、细鳞斜颌鲴、鳙鱼、鲢鱼、白鲫、蛇鮈等
2.0～3.0m	青鱼、草鱼、鳈鱼、长春鳊、团头鲂、三角鲂、银鲴、逆鱼、刺鲃、厚唇鱼、鲤鱼、唇鱊、花鳕、似刺鳊鮈、华鳈、银色颌须鮈、乌鳢、月鳢、鲫鱼、鳜鱼、黄颡鱼等
3.0m 以上	鳗鲡、胡子鲶、鲇鱼、长吻鮠、松江鲈鱼等

表 4.3 不同水生植物对水深的要求

适宜水深	水生植物名称
常水位以上	野荞麦、斑茅、蒲苇等
<0.3m	菖蒲、风车草、水葱、花叶芦竹、落羽杉、池杉、水杉、泽泻、窄叶泽泻、花叶芦苇、花叶香蒲、荧蔺、蜘蛛兰、灯心草、香菇草、节节草、砖子苗、石菖蒲等
<0.6m	萍蓬草、千屈菜、石龙芮、茭白、花叶水葱、香蒲、黄菖蒲、水毛花、藨草、梭鱼草、慈姑、水葱、芦竹、芦苇、再力花等
<1.0m	水罂粟、睡莲、荷花、芦苇等
<2.0m	黑藻、苦草、菹草、荇菜、菱等

河湖中，按照不同水深大致分为三个区域：浅滩区、浅水区及深水区（图 4.13）。不同区域对鱼类起着不同的生态功能：

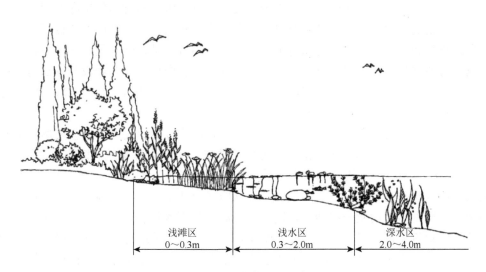

图 4.13 河湖的分区示意

浅滩区（0～0.3m）：位于水陆交错带，是部分湿生植物与挺水植物的生长区。该处对鱼类栖息的功能主要有：拦截城市污水、洪水，对鱼类生存水域水质起到过滤、净化作用；缓冲过度的外界干扰，为鱼类提供相对安全的生存环境；浅水湿地具有丰富的生物量，可为一些近岸鱼类及幼鱼提供丰富的食物源；此处或是水草丛生或是浅水卵石滩，这样的环境是草上产卵型与石砾产卵型鱼类的理想产卵场，如鲤亚科鱼类、鲌亚科鱼类及鳘、麦穗鱼等；水草环境或沿岸的乔灌木可为鱼类提供大量的庇荫区。

浅水区（0.3～2.0m）：在河湖泊水域面积中所占比例最大，一般在 50%以上，是各类鱼群活动最多的场地。浅水区是水生植物的主要生长场所，包括挺水、浮水及沉水植物。植物所创造的复杂多样性环境可为多数水生生物（如水生昆虫、浮游动物、浮游植物等）提供合适的生存环境，因此，此处必然是鱼类食物源最丰富的地方。另外，水草丛生的环境也是鱼类躲避天敌与产卵的理想场所。

深水区（2.0～4.0m）：位于远离水岸的河湖心区，主要功能是为深水鱼类提供索饵场、产卵场及越冬场，同时还是一些洄游鱼类的洄游通道。

据美国国家城市野生生物研究所（NIUW）研究表明，25%～50%的水域面积且水深达到 0.4～0.6m，50%～75%水域面积且水深为 0.9～1.2m 的水域设计可使野生生物的生态价值达到最大化。也有研究者认为当水深为 1m 左右，控制水生植物生长密度在 2～3kg/m² （湿重）时，对净化水质和保证水体透明度是比较适宜的，同时对产黏性鱼卵的鱼类，以及底栖动物的产卵、摄食和栖息也是比较有利的。经过很多专家的研究证明，浅水区比深水区更适合野生生物栖息。

（2）底质设计。

对于鱼类来说，河湖底质是其赖以生存的基础之一，不仅可以为其提供栖息场所、防止敌害，而且可以提供营养来源（如植物、其他小的生物等）。另外，水生动物的分布，在很大程度上与底质结构、稳定程度、类型以及底质所含有的营养物质类型和数量有着密切的关系，并受这些因素的制约。渗透性的底泥可为水生植物提供生存空间，同时也有利于微生物的生存；不同粒径砾石自然组合形成的底质，是鱼类产卵的良好场所。根据底质的材料和大小的不同，可以将水体的底质分为岩石型、砾石型、木质型、砂质型以及黏土与淤泥型等。底质的颗粒大小、稳定程度、表面构造和营养成分等都对底栖动物有很大的影响。例如，1995 年 France 对加拿大 11 个湖泊进行了调查比较，发现砾石型底质对底栖动物的现存量具有极高的贡献率。

因此，为了鱼类的产卵及其饵料生物的生存，底质的设计改善亦是鱼类栖息地修复必不可少之举。第一，需要对河湖进行定期的清淤。河湖生态系统有时容易淤积泥沙，久积的泥沙会降低水深，从而对该生态系统产生消极影响。第二，对于清淤过后的底面，需要做一些改善处理：对于沙质的底面，可以局部地铺撒一些不等粒径砾石；对于淤泥底质地面，要先局部铺撒一些沙土，然后再铺撒一些不等粒径砾石。第三，对于底面仍需保证一定比例的原有底质、沙土亦或淤泥，因为这些底质是河蚌及其他甲壳类动物栖息藏身之处，而这些动物对于维持该生态系统的稳定必不可少。第四，在日本的河道整治中，有一种做法是将直径 0.8～1.0m 的自然石经排列埋入河床造成深沟和浅滩，形成鱼礁，打造有利于鱼类等生长的河床。所以无论是对于湖泊和河流，我们都可以参考这一方法，比如在湖泊的浅水区适量投放一些石块，有些淹没于水中，并隔空底部，可以作为一些小型浅水鱼及幼鱼的庇护所；有些可以露出水面，既可以减少波浪对岸边的冲击，又可以起到景观置石的作用。第五，要严禁杜绝为了保水、清洁等原因对底面进行硬化处理或铺设塑料防渗膜，它会使鱼类及其他生物丧失栖息地，失去生态功能。

（3）岸线设置。

岸线设置应尽量避免平直，凹凸变化的水岸线能够创造各种类型的水域环境，为鱼类提供丰富多变的栖息场所。岸线转弯、凹入处形成的隐湾可为鱼类创造很好的庇护条件，水湾处形成的水流也可为鱼类提供丰富的食物源；岸线凸出的地方又可为人类提供亲水、赏景的空间；同时曲折的岸线加大了水陆接触面，可以增加雨水排放路径及水体净化效果。

2）生态驳岸构建

驳岸是连接水生态系统和陆地生态系统的缓冲带，是景观的一种边界，它特定的形态结构和功能作用，对维持水陆交错带生态系统的动态平衡有着重要的意义。生态驳岸是指通过使用植物、植物与土木工程或非生命植物材料的结合，减轻坡面及坡脚的不稳定性和侵蚀，同时实现多种生物的共生与繁殖。简单来说，驳岸就是保护水岸免受水浪的侵蚀、冲击而构筑的水边设施。生态驳岸具有以下作用：①生态驳岸是水生态系统与陆地生态系统之间生态流（物质流、水流、能量流、物种流）流动的通道。②生态驳岸起着过滤和障碍作用。驳岸犹如细胞膜，对于横穿水陆景观单元的能量、有机体、水和营养物质等生态流起着过滤作用。驳岸的障碍作用主要指：岸边植物树冠能够降低空气中的悬浮颗粒和有害物质，从而达到净化空气的作用；地被植物则能够降低地表径流流速、吸收和拦阻地表径流及其中的杂质、沉积侵蚀物，拦截吸附在沉积物上的 N、Ca、P 和 Mg 等。另外，护岸带的泥土、生物及植物根系等能够降解、吸收和截留来自高处地下水中携带的大量营养物质和农药。③生态驳岸还具有生境作用。驳岸的生境作用主要是由于其特有的结构、水陆交错的特殊环境以及洪、旱交替的特征创造了许多丰富的小生境，为大量动植物提供了生存空间。例如，岸边的浅草滩可为鱼类提供产卵场，岸带中丰富的水生植物及碎屑可为鱼类提供丰盛的饵料，复杂的交错带结构是鱼类理想的庇护所，而近岸平缓的水流是幼鱼十分青睐的活动场所。

生态驳岸的类型有很多种，不同的角度有着不同的划分方法。按照水体的断面形状分类，生态驳岸可以分为立式驳岸、斜式驳岸、阶梯式驳岸。按照材质分类，生态驳岸可以分为自然原型驳岸、自然型驳岸和人工自然驳岸。

立式驳岸一般用在水体与陆地的平面差距很大，或者是由于因建筑面积受限制，没有充分的空间而不得不建造的驳岸（图 4.14）。立式驳岸一般能够起到很好的抗洪效果，但缺点是亲水效果较差，而生态直立式驳岸用植被和岸坡置石弥补了传统直立式驳岸的缺点。为了避免立式驳岸形式生硬，对于已经修建好的立式驳岸应当加以改造，通过利用植被绿化来弥补视觉上的单调感，增设多级亲水平台，增加层次感。单调、过高的直墙会让河道显得压抑和狭长，通过设计各种形式的种植槽，种植水生植物，与攀藤类的植物相呼应，从而在色彩上产生变化，使得直墙充满新的生命。

图 4.14 立式驳岸

斜式驳岸能更加容易让人接触到水面，亲水性强，安全系数也比较高（图 4.15）。在生态驳岸的施工建设中，经常使用天然石材，在石块间留有一定缝隙，可以使鱼类在石缝间隙栖息，植物也能在石缝间生长，有利于自然驳岸的形成。在进行施工时选择当地的石块，并从动植物角度出发，考虑鱼虾的生息，水面下的石头间要留有足够的空隙；为便于植物生长，坡面上的石缝要填土，将石块斜式驳岸修整为中间缝隙填土的施工工程，这样就能变成与周围环境统一的绿色空间。

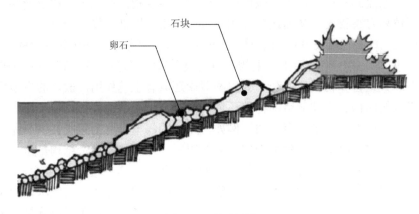

图 4.15　斜式驳岸

阶梯式驳岸比斜式驳岸更易亲水，经过人工建设，游客可以站在台阶上近处接触河岸（图 4.16）。人们可以接触水体，感受体验水的温度，这种驳岸能很大程度地满足人们亲水的需要。但是这种驳岸可能会在平台上积水，比较容易滑倒，安全度低。对于阶梯式驳岸我们可以预留一条供人行走的通道，可以对其进行植被覆盖，如果对混凝土驳岸不做任何处理，驳岸上不会有植物生存，对混凝土进行覆土，可以起到绿化驳岸的作用。

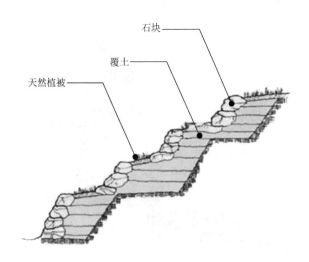

图 4.16　阶梯式驳岸

自然原型驳岸通常是采用固土植物来保护河堤和生态。在生态驳岸建设过程中，主要措施之一就是在河道驳岸上合理地引入草本植物和木本植物。植被的作用主要体现在植物根系对驳岸起稳定作用，改善河道内栖息地、减少对水生植物生存环境的破坏，同时降低造价。

自然型驳岸是在河岸边坡较陡的地方，采用木桩、木框加块石、石笼等工程措施，这种驳岸既能稳定河床，又能改善生态和美化环境，避免混凝土工程带来的负面作用。在应用草皮、木桩护坡时也可以运用生态袋，石笼，内部灌有泥土、粗沙及草籽的混合物，既抗冲刷，又能长出绿草，还可以给水生动物提供生活空间，能够改善河流的生态环境。

人工自然驳岸应用于防洪要求较高且腹地较小的河段，在必须建造重力式挡墙时要采取台阶式的分层处理。在自然型护堤的基础上，再运用钢筋混凝土等材料提升其抗洪能力，如以钢筋混凝土材料稳固或形成框架，其间投入自然块石，沿河种植水生植物，再加种草及灌木，使驳岸显得郁郁葱葱，草木茂盛。

3) 滨水植物群落构建

滨水是指同海、湖、江、河等水域濒临的陆地边缘地带。植物作为滨水环境中最活跃、最关键的因子，具有十分重要的生态意义，因此滨水植物群落的配置是鱼类栖息地构建的重要环节。植物对鱼类的影响主要有直接影响和间接影响两个方面。直接影响主要有：植物能够给一些草食性鱼类提供食物源，如茭白、菹草、聚草、苦草、水花生等都是鱼类喜食的植物；稳定的植物群落能够为鱼类提供栖息、庇护与产卵的场所，如黄颡鱼、大银鱼、鲤鱼等都是在水草丛中产卵的。间接影响主要表现在：水生植物能够为浮游动物、底栖动物等提供食物源和栖息场所，这些均可作为鱼类的饵料生物；大型水生植物具有非常重要的生态功能，如维持水域的清水稳态、介导水域的氮磷生物地球化学循环、稳定底质和调节底质营养释放、保持水土、消减雨洪、阻止城市污水进入河湖等，从而为鱼类提供一个健康、可持续的生存环境。

基于鱼类栖息地修复的城市湖泊公园在植物种类选择上应注重以下几个方面：优先考虑本土植物，植物选择过程中应根据本地的气候特征、土壤条件、水文状况等选择适应本地生长的本土植物，这样不仅能够形成生态良好的景观，还能减少大量的养护管理费用；注重净化污水型植物的运用，对于不同的水域需要不同的植物进行净化，比如湖泊多为静水，水流交换周期长，故生态环境非常脆弱，水体极易被污染，因此要尽量选择净化功能强的植物种类；选择部分可为鱼类提供食物源及产卵场的植物，植物是鱼类栖息地的重要组成部分，它们可为鱼类提供食物源、产卵场、庇护所及遮阴等，因此在植物的配置中结合有益于鱼类栖息修复的植物种类，可以达到既美观又生态实用的效果；注重植物的观赏特性，注重植物的花、叶、枝、色、香、韵等丰富变化，合理搭配，必要时也可适当引进一些姿态优美、极具观赏价值的植物，以形成具有丰富变化、四季可赏的湿地植物景观。

滨水植物群落可选择的植物种类多样，根据驳岸形式，通过搭配可以形成丰富多样的群落类型。各类型群落对鱼类的栖息具有不一样的功能。下面推荐几种滨水区常见的群落类型配置模式。

复合型植物群落。这种群落类型常见于自然式生态驳岸中。由水岸伸向湖心，形成乔木-灌木-草木-挺水植物-浮水（叶）植物-沉水植物组成的群落带。根据植物对水深的不同要求，选择合适的植物种类，经过合理的搭配，形成层次丰富、物种多样化的生境空间，为各类水生动物提供生存空间。丰富的生物群落集聚于此，形成了鱼类的天然索饵场。同时，这种类型的群落也是鱼类日常栖息与产卵的好地方。

湿生林植物群落。湿生林也是公园中常见的群落建植模式，这种植物群落夏天能形成良好的林荫，降低水温，为鱼类提供避暑的场所。林木掉落的枯枝能汇集落叶及其他废弃物，为鱼类提供躲避天敌场所，同时枯枝落叶产生的有机腐屑也是鱼类的优良饵料。可建植的湿生林植物群落主要有水杉林、池杉林、落羽杉林、南川柳林、旱柳林、乌哺鸡竹林等。

草本植物群落。草本植物群落是选用一种或几种水生植物，大片种植，使之形成具有一定规模的建群种。这种类型的群落不但能够形成优美的风景，还能提供良好的鱼类栖息地。高密度群落形成相对阴湿的环境是很多水生动物生存的环境，浮游动植物、水生昆虫、螺蛳等富集于此，是鱼类的天然粮仓。水草区还可以遮挡阳光的照射，使水体温度降低，又有较好的光合作用增加氧气，是夏季鱼类理想的庇护、嬉戏场所。常见草本植物群落如芦苇群落、荻群落、再力花群落、水稻群落、荷花群落、水烛群落等。

滨水疏林草地植物群落。疏林草地主要是为了满足公园中人们游赏休憩功能而建的。可以在草坪种植一棵或数棵观赏性良好、夏季具有良好遮阴效果的大乔木，如香樟、朴树、悬铃木等。草坡入水的地方，为了增加美观度，也为了给鱼类提供能亲近的环境，通常在草坡入水处铺设卵石或砾石，形成多孔隙环境，或者再种植一些水生植物，如水生鸢尾、再力花、水葱等，创造鱼类栖息环境。

4）洄游通道恢复

许多鱼类的繁殖、索饵以及越冬等生命行为需要在不同的环境中完成，具有在不同水域空间进行周期性迁徙的习性，我们称之为洄游。洄游是鱼类在漫长的进化中形成的适合于生态系统特点的生活习性，是一种主动、定向、集群的周期性运动，随着鱼类生命周期各个环节而转移，每年重复进行[24]。洄游不仅是指江海洄游，还包括不同尺度的区域性迁徙，如有些鱼类为完成产卵、觅食、育肥等生活史进行的江湖洄游和在江段之间的迁移，这些行为对鱼类维持自身种群和所处生态系统的稳定都是十分重要的。近几十年来，各种水库、大坝、水闸等水工建筑物的建设影响了天然河道的自然连通性，导致很多鱼类无法洄游，如果鱼类洄游过程被打断，将对生物多样性和生态系统造成威胁。因此，开展鱼类洄游通道的恢复工作，是保护和恢复河流生态系统生物多样性，维护河流生态系统正常结构和功能，缓解人类活动对河流生态系统胁迫的重要措施。

依据不同洄游目的，鱼类洄游可划分为生殖洄游、索饵洄游和越冬洄游。依据鱼类生活史阶段栖息场所及其变化，鱼类洄游可划分为海洋性鱼类洄游（oceanodromous migration）、过河口性鱼类洄游（diadromous migration）和淡水鱼类洄游（pota-modromous migration）。其中过河口性鱼类洄游又可分为生活在海洋而洄游到河流产卵的鱼类溯河洄游（anadromous migration），如鲑科的鲑属和大马哈鱼属等的洄游，以及生活在淡水洄游到海洋产卵的鱼类降海洄游（catadromous migration），如鳗鲡属的洄游。淡水鱼类洄游发生在淡水中，又称江湖洄游，如我国四大家鱼的洄游。

鱼类洄游通道恢复是一项技术要求高，且风险非常大的工程，无论是目标鱼种的确定、洄游线路的设计，还是单个过鱼设施工程的设计，都要求准确合理，任何技术上的缺陷，都可能导致通道功能的丧失。欧洲有 300 多年鱼道建设和鱼类洄游通道恢复的历史，已经积累了丰富的鱼类洄游通道恢复设计建设经验，形成了一套切实可行、操作性强的技术方案。欧洲鱼类洄游通道的恢复一般按三步走：第一步，确定鱼类洄游通道恢复的目标；第二步，确定优先水域；第三步，确定优先措施。

不同情形下鱼类洄游通道恢复的目标是不同的，有的恢复目标可能是实现鱼类从河口到源头的自由迁徙，有的则可能仅仅是保证目前鱼类洄游的状况不再恶化，因此鱼类洄游通道的恢复首先要确定其恢复目标。一条河流流域的通道恢复计划应当是寻求保证和促进目前该河流所有鱼类的自由迁徙。河流鱼类洄游通道恢复的目标应该贯彻和支持整个流域的生态保护目标。目标鱼类的确定是河流鱼类洄游通道恢复目标确定的重要内容，目标鱼类的确定应该遵循以下标准：河流流域的土著种；存在可持续种群恢复可能性的物种；对栖息地质量和栖息地连通性需求较大的洄游性物种；国家保护物种；具有较高经济价值的鱼类。

经过几个世纪的水利水电开发，很多国家的每条河流都分布着大量的大坝、水闸和河堰等阻碍鱼类洄游的障碍物，完全消除这些障碍，实现鱼类的自由洄游，是不现实的，在经济上也不能承受。欧盟国家一般根据流域鱼类洄游通道恢复目标，在充分调查河流障碍物类型、分布、对鱼类阻隔程度以及目标鱼类洄游特性、洄游线路等的基础上，由生物学家、工程师、水文学家、水资源管理者、规划专家等组成的团队确定河流鱼类洄游通道恢复的优先水域。荷兰、捷克、比利时等目前都已经建立了基于 GIS 工具的覆盖整个河流流域或全国的鱼类洄游通道恢复优先水域空间信息库，信息库包含障碍物分布、优先水域、近期恢复水域、远期恢复水域、不需恢复水域等信息。美国国家鱼道计划也建立了一个涵盖河流障碍物信息和鱼类生态信息的全国范围内国家鱼道决策支持系统。

一旦确定恢复目标和优先水域就应该针对具体的河流障碍物选择合适的解决措施，障碍物工程特性不同，所采取的技术解决方案也不同。鱼类洄游通道的恢复方法主要有三种措施：直接拆除水工建筑物、修建过鱼设施和河湖闸口生态调度。目前，对于不能拆除的水工建筑物，为减缓其对鱼类的阻断作用，应重点开展过鱼设施设计，建设关键技术研究。过鱼设施主要类型有鱼道、鱼闸、升鱼机、集运渔船等。我国已建的过鱼设施主要为鱼道，很少建立其他类型的过鱼设施。

3. 水生生物恢复设计

生物多样性是人类社会赖以生存和发展的基础，是一个描述自然界多样化程度的广泛概念，包括地球上所有动物、植物、微生物物种和它们所拥有的基因，以及所形成的生态过程和所有的生态系统。我国境内河流、湖泊、水库众多，淡水水生生物资源较丰富，种类繁多。对于一个流域的水生态系统，良好的水生生物系统是由千差万别的生物物种组成的，这些生物通过自身的生命活动，吸收和利用上游来水中的营养物质，使水体水质得以改善。缺失某种生物，就会造成食物链的残缺，对水体其他生物的生存产生威胁，进而影响整体水质安全。因此，维持水生生物多样性，是提高水体自净能力、改善水质的先决条件，我们必须加以重视。

1）水生植物恢复技术

目前，人类赖以生存的淡水生态系统日益退化，水生高等植物逐渐消失。有目的地选择优良水草品种，组建水生植物群落，促进退化湖泊生态系统水生植物的恢复是当代湖泊生态学研究的前沿课题之一。扎根于底泥中的水生植物不仅是水体和底泥间营养元素交换的直接媒介，还能通过改变水体的动力学状态和减小水对底泥的冲刷强度，间接地促进营养元素由水体向底泥的转移。在治理水污染方面，水生植物可以通过自身生长代谢大量吸收水体中的氮、磷等营养物质，一些植物还能富集重金属和吸收、降解某些有机污染物。水生植物还可以通过促进微生物的生长代谢，使水中大部分有机物得到降解，同时抑制藻类生长，从而控制水体富营养化。水生植物的恢复是水利生态恢复必不可少的环节。

根据区域生态环境和植被现状，水生植物恢复方式可以分为自然恢复和人工恢复。在生态环境破坏较轻、植物退化不严重、土壤种子库丰富的区域，采取自然恢复措施。结合地形地貌与水文条件构建，通过休养生息，促进湿地植被自然恢复。在植被退化严重、植被难以自然恢复或自然恢复进程缓慢区域，应进行人工恢复，通过植物种类筛选、植被群落结构配置和优化等措施恢复湿地植被。

水生植物恢复技术要点包括植物选择和种植要点。植物种类的选择是实施水生植物恢复的首要步骤，根据修复区域的实地情况，选择适用于修复区的物种，一般遵循以下 5 方面原则：选择定植能力强、适应性强、耐受力强的物种；选择扩增速度快、生物量较大，同时易于管理的物种；选择净化能力强，且具有观赏价值的物种；尽量使用本地种，选择曾在该区域作为优势种出现的物种或物种组合；严格控制或杜绝外来种，尤其是恶性入侵物种的使用。

水生植物的恢复是从无到有、从有到优、从优到稳定发展的过程，其中包含了水生植物与环境的相互改造、相互适应和协同发展。在人为的协助下，水生植物的恢复离不开各类水生植物的规模种植。在水生植物的恢复中，主要进行挺水植物、浮水植物和沉水植物种植，种植要点如下[25]。

（1）挺水植物是一类根生于底质而茎直立的植物，主要通过根系从水体吸收污染物，从底泥中吸收营养元素，降低底泥中营养物含量，并且通过水流阻尼作用，使悬浮物沉降，并具有与共生生物群落共同净化水质的作用[26]。挺水植物有很强的适应性和抗逆性，生长快、产量高，并能带来一定经济效益。常见的挺水植物有香蒲、茭白、芦苇、水葱等。种植挺水植物时，一般选择根系相对完整的幼苗进行移栽。针对不同物种，选择适宜株高，根据植株大小开挖种植槽，按照相应的密度要求将幼苗根部完全埋入种植槽中，成活后保持浅水状态。

（2）浮水植物是茎叶浮水、根固着或自由漂浮的植物，分为根生浮叶和自由漂浮植物，其根茎能吸收污染物，叶次之。大多数浮水植物为喜温植物，夏季生长迅速，耐污性强，对水质有很好的净化作用，也有一定的经济价值，但扩展能力较强，易泛滥。常见的种类有凤眼莲、浮萍、睡莲等。种植浮水植物时，一般选择带有根系的幼苗进行移栽，在水深适宜的种植区以扦插种植的方式按照密度要求进行种植。

（3）沉水植物在大部分生活周期中沉水生活，部分根扎于水底，部分根悬浮于水中，其根茎叶对水体污染物都有较好的吸收作用，是净化水质较为理想的水生植物。其种类繁多，一般指淡水植物，常见的有金鱼藻、苦草、伊乐藻、眼子菜等。沉水植物在种植时，在重点修复区域使用成活率高的扦插技术；在开敞水面区域使用种苗抛撒种植技术，使用含水率较低的湖泥或黏土包裹种苗根部，将其参照种植密度抛撒在种植区，避开在流速较快的区域，从而扩大植被种植区域。

为了保证水生植物健康生长，维护植物群落的平衡与稳定，必须进行科学的维护管理。根据植物的生长规律、区域气候特征和水质变化情况定期开展水生植物收割。水生植物的过剩生长，可能在更大程度上加大水体富营养化程度，通过收割去除过量的水生植物，避免水生植物腐败分解，污染水体。收割可让植物二次萌芽，延长植物生长期，有利于植物安全越冬。另外，冬季部分水生植物死亡，其残体易引起二次污染，应在枯死前收割。目前，国内外来入侵植物有很多，常见的有水葫芦、水花生等。少量的水葫芦、水花生在生长初期，可以吸收水中的氨氮成分，在一定程度上可以净化水体，但水葫芦生长能力特别强，会迅速挤占其他植物的生存空间，且大量植物死后腐烂会导致水体富营养化。因此，应对其进行定期清捞，宜选择在高温后集中打捞。水位对水生植物生长影响明显，通过水位调控以防水位过高或过低对水草生存产生不利影响。在水生植物恢复初期保持低水位能促进植物的生长发育，实现水生植物的恢复。水生植物恢复后，在冬春季控制低水位有利于植物多样性的维持、夏季保持高水位则有利于植物生物量控制。

2）水生动物恢复技术

多种多样的水生动物在水中形成完整的生物链，与水生植物互相依赖、互相作用，形成了平衡的生态系统，使水体中的营养物质不断地消耗和降解，水体得以维持自净功能。水生动物在水体净化中很重要，是维持河流生态系统健康必不可少的组成部分。水生动物包括浮游动物、底栖动物和水生脊椎动物。水污染必然对水生态系统的结构、功能产生影响，使其不能进行正常的物质循环和能量流动。水生动物的污染生态学和恢复生态学研究已引起了国内外学者的普遍关注，这方面的研究无论在生态学基本理论还是在环境保护及实际生产上都具有极其重要的意义。

水生动物群落构建通常包括顶级动物群落构建、滤食性水生动物种群构建、食碎屑鱼类的引进等。根据水体的生态环境条件和鱼类组成特点，选择合适的物种，特别是先锋种；因地制宜确定顶级消费者物种群落的构建模式，利用顶级生物的下行效应改善水质、维持良好的生态环境。依据水体生态环境条件和浮游生物生长情况，结合滤食性水生动物的基础生物学特性，确定滤食性水生动物的放养种类、数量、规格和方式；目前常用的滤食性水生动物主要有鲢鱼、鳙鱼等。依据有机碎屑的资源量，引种增殖食碎屑鱼类，并保持适宜的种群数量。

水生动物恢复的途径有以下 3 种方式。

（1）底栖动物恢复。影响底栖动物的主要因素包括底质、流速、水深、营养元素、水生植物等。底质主要为底栖动物提供沉积物碎屑和栖息环境，而流速、水深等影响底栖动物以及碎屑的分布。营养元素通过影响食物和水环境条件影响底栖动物，水中适量的总氮、总磷和有机物增加均有助于底栖动物的增长，而水体中的有机物含量过高将导致底泥溶解氧含量过低，从而影响底栖动物的生长。因此，对上述因素进行研究，采取必要的控制措施，将上述因素降低到底栖动物能够接受的范围内，从而逐步实现底栖动物的恢复。

（2）鱼类恢复。水生态系统破坏严重，导致鱼类的栖息环境和繁殖条件被破坏，即使水环境条件恢复，鱼类恢复也需要采取必要的人工措施进行强化。首先，恢复河流生态系统的物理化学环境，包括河流水文、水动力学特性以及物理化学特性等；其次，恢复河流中的土著种，采取人工放养或者自然恢复的措施，促进鱼类繁殖和建立适宜的生物链，从而实现鱼类的恢复。

（3）生物操纵技术。1975 年美国明尼苏达大学的 Shapiro 及其同事首先提出了"生物操纵"的概念，生物操纵又称食物网操纵，是以食物链/网理论和生物的相生相克关系为基础，通过改变水体的生物群落结构来达到改善水质、恢复生态系统平衡的目的。通常情况下是通过对水生生物群落结构及其栖息地的一系列调节和改变，增强其中的某些相互作用，通过生物操纵方法降低浮游植物生物量。需注意的是在使用生物操纵技术时，必须维持食物链改变后水生态系统的稳定性。

生物操纵技术通常可分为经典生物操纵和非经典生物操纵两类。

经典生物操纵的主要原理是通过调整鱼群结构，促进滤食效率高的植食性大型浮游动物（特别是枝角类）群落的发展，从而控制藻类的过度生长，降低藻类生物量，提高水体透明度，改善水质。这种方法就是通过放养食肉性鱼类，壮大浮游动物种群，利用浮游动物对浮游植物的捕食来抑制藻类的生物量。其核心包括两方面：大型浮游动物对藻类的摄食及其种群的建立。

浮游动物作为浮游植物的直接捕食者，作用于藻类的"下行效应"，对于调节藻类种群结构有重要作用。目前常采用的浮游动物为大型溞、轮虫或甲壳类，能有效控制浮游植物过量生长，减少藻类种群内数量，但是对藻类群落结构影响较小。目前主要有两种方法建立摄食藻类的大型浮游动物种群：放养食鱼性鱼类或者捕杀以浮游动物为食的肉食性鱼类；为避免生物滞迟效应，可在水中培养或直接在水中投放浮游动物。事实上，水生食物网链的营养关系比较复杂，要保持肉食性鱼类和浮游动物种群稳定存在一定难度。过分强调藻类的去除，导致大型浮游动物（如枝角类）的食物来源减少，使得浮游动物种群无法保持稳定。

经典生物操纵在应用中会面临浮游植物的抵御机制。由于增加了对可食用藻类的捕食压力，不可食用的藻类逐渐成为优势种，特别是一些丝状藻类（如颤藻）和有害蓝藻（如微囊藻）等。一方面，蓝藻的个体较大，能达到数百微米，这导致浮游动物对其无法食用或摄取率较低，而且蓝藻的营养价值较绿藻低，有些还能释放毒素抑制其他水生动物的生长发育。另一方面，由于缺少捕食压力以及其他藻类的竞争压力，蓝藻数量快速增长，会逐渐形成蓝藻水华。因此，经典生物操纵理论在治理蓝藻水华中未能取得良好的效果。

基于世界各地报道的一些经典生物操纵失败的案例以及浮游动物无法有效控制富营养化湖泊中的蓝藻水华的事实，出现了非经典生物操纵。非经典生物操纵就是利用有特殊摄食特性、消化机制且群落结构稳定的滤食性鱼类来直接控制藻类，其核心目标定位是控制蓝藻水华。在非经典生物操纵应用实践中，鳙鱼、鲢鱼以人工繁殖存活率高、存活期长、食谱较宽以及在湖泊中种群容易控制等优点成为最常用的种类。鳙鱼、鲢鱼易消化的主要食料是硅藻、金藻、隐藻和部分甲藻、裸藻等，黄藻类的黄丝藻及大部分绿藻和蓝藻等也是常见的摄食消化种类，并且对蓝藻毒素有较强的耐性。目前常用且简单的办法是在水体中因地制宜地投放一些鱼虫、红蚯蚓等，也投放一些河蚌、螺蛳等底栖动物并促使其生长繁殖；同时，放养鲫鱼、旁皮鱼、穿条鱼、鲢鱼、鳙鱼等野生鱼类，逐步建设和修补水中生物链，形成生物的多样性。

4.3　水生态健康指标

水生态系统与社会、经济、人文以及生态环境等密切相关。目前，水生态系统的健康状况不容乐观，人类文明的进步与社会经济的发展都对水生态系统造成了不同程度的负面影响[27]。比如，生活污水与生产废水在不加处理的情况下排入河湖，会严重污染水体，造成水体富营养化现象；而人类生产生活中，为了发展，也存在过度取水、围湖造田等现象，这是一种社会发展的畸形，此类大面积侵占水资源的方式打破了水生态系统的规律，最终造成水量减少、水资源短缺的现象，这不利于人类生产与生活的可持续发展。为了对河湖进行修复，对其现状进行了解与调研，对水生态系统进行健康评价，并以此为基础，合理利用水资源，改善生态环境，是当前我国发展的主要目标。目前，我国的水生态系统健康评价的内涵并没有统一的定义，尚未形成一套成熟的方法，还处于实验和摸索阶段。河湖健康评价可以用于诊断河湖健康状况，指导受损水生态系统的治理、保护和管理。河湖水生态系统的健康评价涉及水生生物、水文、地理、人文、社会经济等多方面，为水生态修复技术和管理工作提供方向性的指引。

4.3.1　河湖健康评价遵循原则

全国河湖健康评价工作应遵循以下原则：①科学性原则，评价指标设置合理，体现普适性与区域差异性，评价方法、程序正确，基础数据来源客观、真实，评价结果准确反映河湖健康状况；②实用性原则，评价指标体系符合我国的国情、水情与河湖管理实际，评价成果能够帮助公众了解河湖真实健康状况，有效服务于河长制、湖长制工作，为各级河长、湖长及相关主管部门履行河湖管理保护职责提供参考；③可操作性原则，评价所需基础数据应易获取、可监测。评价指标体系具有开放性，既对河湖健康进行综合评价，也对河湖"盆"、"水"、生物、社会服务功能或其中的指标进行单项评价；除必选指标外，各地可结合实际情况选择备选指标或自选指标。

4.3.2 我国河湖健康评价方法

国内的河湖健康评价方法大多基于国外已有的成熟体系进行适当的改造，常用的有生物学评价、熵权综合健康指数评价、灰色关联评价和模糊评价[28]。

1. 生物学评价

1) 指示物种评价

指示物种评价法比较适用于一些自然生态系统的健康评价。生态系统在没有外界胁迫的条件下，自然演替为这些指示物种造就了适宜的生境，致使这些指示物种与生态系统趋于和谐的稳定发展状态。当生态系统受到外界胁迫后，生态系统的结构和功能受到影响，这些指示物种的适宜生境受到胁迫（或破坏），指示物种结构功能指标将产生明显变化。通过指示物种的数量、生物量、生产力、结构指标、功能指标及其一些生理生态指标的变化程度来描述生态系统的健康状况。同时也可以通过这些指示物种的恢复能力的强弱，表示生态系统受胁迫的恢复能力。

2) 多样性指数评价

Shannon-Wiener 多样性指数（H'）是评价生态系统健康状况重要的可度量指标，是环保工作者常用的评价指标。多样性指数描述的是水体中生物细胞密度和种群结构的变化。指数越高，该群落结构越复杂，生态系统稳定性就越高。而当水体受到污染时，敏感型种类消失，多样性指数减小，群落结构趋于简单，稳定性变差。计算式为

$$H' = -\sum (n_i / N) \times \log_2 (n_i / N)$$

式中，N 为样品中的个体总数；n_i 为第 i 种的个体数。

3) 群落学指标评价

近来，通过对海洋等生态系统健康的研究，一些学者提出客观评价生态系统健康的度量指标——多样性-丰度关系。健康的生态系统中，多样性-丰度关系可以用对数正态分布表征。这种分布里中等丰度的物种最多，常见和稀有种都较少。对数正态分布是抽样的统计特征，且具有生态学的有效性。在恶劣条件下，多样性-丰度关系常常变化且不再表现为对数正态分布。一个群落的多样性和丰度分布偏离对数正态分布越远，群落或其所在的生态系统就越不健康。

将偏离对数正态分布用于评价生态系统健康，须以物种多样性和样本足够大为前提，通过仔细选择生态系统中的功能团，仍可用多样性-丰度的对数正态分布来度量生态系统健康。对数正态分布为生态系统健康测定提供了一个有价值的尺度，它说明在生态学上生态系统健康的客观可测性。多样性-丰度的对数正态关系是基于生态学原理并已显示出作为评价生态系统健康的潜在的强有力工具，但仍需进行更广泛和深入的检验以确定其是否具有普遍价值。

4）生物完整性指数法评价

生物完整性指数（index of biological integrity，IBI）主要是从生物集合群（as-semblages）的组成成分（多样性）和结构两个方面反映生态系统的健康状况，是目前水生态系统健康研究中应用最广泛的指标之一。生物完整性指数是用多个生物参数综合反映水体的生物学状况，从而评价河流乃至整个流域的健康。每个生物参数都对一类或几类干扰反映敏感，但各参数反映水体受干扰后的敏感程度及范围不同，单独一个生物参数并不能准确和完全地反映水体健康状况和受干扰的强度。因此，若同时用两个以上参数共同评价水体健康时，就可以比较准确地反映干扰强度与水体健康的关系。

一个好的生物完整性指数应该能很好地反映：水生态系统的健康状况；何种人类活动会对水生态系统健康产生影响；这些活动是如何影响水生态系统对人类的服务价值；什么样的政策和生态恢复措施有利于生态系统的健康。这也是未来运用 IBI 评价水生态系统健康的研究重点和迫切需要解决的关键。

5）污染耐受指数评价

污染耐受指数 PTI（也叫 Hilsenhoff 生物指数）是描述水生底栖动物对污染的耐受程度，其值越大表示水体污染越厉害，水生态系统遭受破坏越严重。计算式为

$$PTI = \sum (n_i \times t_i) / N$$

式中，t_i 为第 i 种生物的污染耐受值；N 为样品中的个体总数；n_i 为第 i 种的个体数。

6）均匀度指数评价

Pielous 均匀度指数（J）反映的是水体中各类生物是否比较均匀，优势种是否存在。均匀度指数越高，物种的空间分布越均匀，生态系统稳定性就越好。计算式为

$$J = H' / \ln S$$

式中，S 为种类数；H' 为 Shannon-Wiener 多样性指数。

7）King 指数与 Goodnight 修正指数评价

King 指数（KI）与 Goodnight 修正指数（GBI）的研究对象分别是水生昆虫和寡毛类，其中 KI 反映的是湿生物的比重，二者所得值越大表示水体受污染越轻，生态系统稳定性也好。计算式为

$$KI = 水生昆虫类湿重 / 寡毛类湿重$$

$$GBI = N - N_{oil} / N$$

式中，N_{oil} 为寡毛类个体数；N 为样品中的个体总数。

8）底栖动物群落恢复指数评价

底栖动物群落恢复指数（I_{ZR}）结合 Chandler 指数和科级生物指数的特点，在污染评价均值法的基础上进行修正和扩展。与其他生物指数相比，I_{ZR} 指数使用简单，所涉及种类为常见种，容易辨认，如辨认技术要求较高的水生昆虫只需辨认到科，而且放大了少数敏感种的指示效果。此外，该指数能明确反映底栖动物群落的结构状况。其值越大，

表示水体的自净恢复能力越强，水生态系统越好。计算式为

$$I_{ZR} = \sum \left[(P_i / N) \times I_{ci} \right]$$

式中，P_i 是第 i 种类的个体数量，个/m^2，若 $P_i/N < 5\%$，按 5% 计算；I_{ci} 为每个种类对应的清洁指数，清洁指数权值的衡量标准参考科级生物指数，根据当地底栖动物群落结构情况进行调整。

2. 熵权综合健康指数评价

生态系统健康应包含两方面内涵：生态系统本身自我维持与更新的能力和满足人类社会合理需求的能力。因此，在选择湖泊生态系统健康评价指标和评价方法时，应综合考虑自然因素和社会因素，宏观与微观相结合，熵权综合健康指数法即是为满足这一要求提出的。它的计算公式为

$$\mathrm{EHI}_C = \sum_{i=1}^{n} I_i \times w_i$$

式中，EHI_C 为湖泊生态系统综合健康指数；I_i 为第 i 个指标的归一化值，$0 \leqslant I_i \leqslant 1$；$w_i$ 为第 i 个指标的权重，可由熵值法确定。熵权综合健康指数评价分为以下几个基本步骤：建立评价指标体系；计算各指标的归一化值；确定各指标的熵权；计算湖泊生态系统熵权综合健康指数。

3. 灰色关联评价

灰色关联评价法是用灰色系统的方法来评价河流水体状况。由于在水环境质量及水生态健康评价中所获得的数据总是在有限的时间和空间范围内监测所得，所提供的信息不完全或不确切，因此水域可以说是一个灰色系统，即部分信息已知，部分信息未知或不确切。可以用灰色系统的原理来进行综合评价。

灰色关联评价法是一种用于比较和评估不同序列之间关联程度的方法。它是基于灰色理论的思想，可以用于分析各种自然科学和社会科学的问题。在水质评价中，灰色关联评价法通常用于比较实测序列与理想序列之间的关联程度，以确定水质的综合级别。在灰色关联评价法中，首先将实测序列和理想序列进行归一化处理，然后计算实测序列与理想序列之间的关联度。关联度的计算通常基于距离度量或相关系数的方法，通过比较关联度的大小来评估实测序列与理想序列的贴近程度。关联度越高，表示实测序列越接近理想序列，水质状况越好。把灰色关联评价法应用于研究具有多断面的区域水环境质量评价问题，就得到了区域水质综合评价的灰色关联评价法。

关联度的计算通常采用灰色关联度分析法，该方法使用灰色关联度作为相似性指标。具体计算过程包括以下步骤。

（1）计算实际序列与理想序列的累加生成序列。

（2）计算实际序列与理想序列的关联度。

（3）根据关联度的大小，确定实际序列的综合评价。

关联度的计算可以采用灰色关联度函数或灰色关联度级数，具体选择取决于应用场景和需要。

4. 模糊评价

1965 年美国 L.A.Zadeh 教授著名的《模糊集合》一文的发表，标志着模糊数学的诞生并很快发展起来。由于水生态系统中存在大量不确定性因素，水质级别、水生态状况、分类标准都是一些模糊概念，因此模糊数学在水生态系统健康评价中也有应用。应用模糊数学进行水生态系统评价时，对一个断面只需要一个由 P 项因子指标组成的实测样本，由实测值建立各因子指标对各级标准的隶属度集。如果标准级别为 Q 级，则构成 $P \times Q$ 的隶属度矩阵，再把因子的权重集与隶属度矩阵进行模糊积，获得一个综合判集，表明断面水体对各级标准水体的隶属程度，反映了综合水生态健康状况的模糊性。

从理论上讲，模糊评价法由于体现了水环境中客观存在的模糊性和不确定性，符合客观规律，具有一定的合理性。从目前的研究情况来看，在模糊综合评价中，一般采用线性加权平均模型得到评判集，使评判结果易出现失真、失效、均化、跳跃等现象，存在水质类别判断不准确或者结果不可比的问题，而且评价过程复杂，可操作性差。因此在应用模糊理论进行水生态系统健康评价方面还需进一步研究，研究的关键性问题是解决权重合理分配和可比性。

4.3.3 《河湖健康评价指南（试行）》简介

我国自 20 世纪 90 年代以来在河湖管理中开始重视水生态保护和修复，河湖健康逐渐成为河湖管理的重要目标。水利部先后提出了"维持黄河健康生命""维护健康长江，促进人水和谐""维护河流健康，建设绿色珠江""湿润海河、清洁梅河"等管理目标。自 2010 年以来，国家更加重视河湖生态保护，有关河湖生态保护与修复的重要政策、制度及意见明确要定期开展河湖健康评价工作。2010 年水利部办公厅印发《全国重要河湖健康评估（试点）工作大纲》和《河流健康评估指标、标准与方法（试点工作用）》，在全国范围内正式启动了河湖健康评价试点工作，我国的河湖水生态修复也从过去单纯的水质保护扩展到对整个水生态系统的综合保护。为深入贯彻落实中共中央办公厅、国务院办公厅印发的《关于全面推行河长制的意见》（厅字〔2016〕42 号）和《关于在湖泊实施湖长制的指导意见》（厅字〔2017〕51 号）要求，指导各地做好河湖健康评价工作，水利部河湖管理司组织南京水利科学研究院等单位编制了《河湖健康评价指南（试行）》，并于2020 年 8 月印发。《河湖健康评价指南（试行）》结合我国国情、水情和河湖管理实际，基于河湖健康概念从生态系统结构完整性、生态系统抗扰动弹性、社会服务功能可持续性三个方面建立河湖健康评价指标体系与评价方法，从"盆"、"水"、生物、社会服务功能 4 个准则层对河湖健康状态进行评价，有助于快速辨识问题，及时分析原因，帮助公众了解河湖真实健康状况，为各级河长、湖长及相关主管部门履行河湖管理保护职责提供参考。下面主要对《河湖健康评价指南（试行）》中的河湖健康评价方法进行简要介绍。

1. 工作流程

《河湖健康评价指南（试行）》中的河湖健康评价按图 4.17 所示工作流程进行。技术准备：开展资料、数据收集与踏勘工作，根据指南确定河湖健康评价指标，自选指标还应研究制定评价标准，提出评价指标专项调查监测方案与技术细则，形成河湖健康评价工作大纲。调查监测：组织开展河湖健康评价调查与专项监测。报告编制：系统整理调查与监测数据，根据指南对河湖健康评价指标进行计算赋分，评价河湖健康状况，编制河湖健康评价报告。

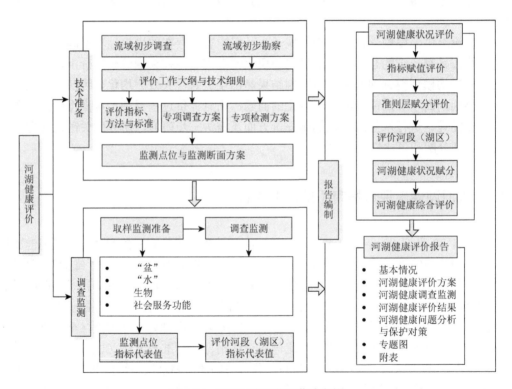

图 4.17　河湖健康评价工作流程图

2. 评价指标

河湖健康评价指标体系见表 4.4、表 4.5。"备选"指标选择原则：省级河长/湖长管理的河湖原则上全选，市、县、乡级河长/湖长管理的河湖根据实际情况选择。有防洪、供水、岸线开发利用功能的河湖，防洪达标率、供水水量保证程度、河流（湖泊）集中式饮用水水源地水质达标率和岸线利用管理指数应为必选。

表 4.4　河流评价指标体系表

目标层	准则层		指标层	指标类型
河流健康	"盆"		河流纵向连通指数	备选指标
			岸线自然状况	必选指标
			河岸带宽度指数	备选指标
			违规开发利用水域岸线程度	必选指标
	"水"	水量	生态流量/水位满足程度	必选指标
			流量过程变异程度	备选指标
		水质	水质优劣程度	必选指标
			底泥污染状况	备选指标
			水体自净能力	必选指标
	生物		大型底栖无脊椎动物生物完整性指数	备选指标
			鱼类保有指数	必选指标
			水鸟状况	备选指标
			水生植物群落状况	备选指标
	社会服务功能		防洪达标率	必选指标
			供水水量保证程度	必选指标
			河流集中式饮用水水源地水质达标率	必选指标
			岸线利用管理指数	必选指标
			通航保证率	备选指标
			公众满意度	必选指标

表 4.5　湖泊评价指标体系表

目标层	准则层		指标层	指标类型
湖泊健康	"盆"		湖泊连通指数	备选指标
			湖泊面积萎缩比例	必选指标
			岸线自然状况	必选指标
			违规开发利用水域岸线程度	必选指标
	"水"	水量	最低生态水位满足程度	必选指标
			入湖流量变异程度	备选指标
		水质	水质优劣程度	必选指标
			湖泊营养状态	必选指标
			底泥污染状况	备选指标
			水体自净能力	必选指标

目标层	准则层	指标层	指标类型
湖泊健康	生物	大型底栖无脊椎动物生物完整性指数	备选指标
		鱼类保有指数	必选指标
		水鸟状况	备选指标
		浮游植物密度	必选指标
		大型水生植物覆盖度	备选指标
	社会服务功能	防洪达标率	必选指标
		供水水量保证程度	必选指标
		湖泊集中式饮用水水源地水质达标率	必选指标
		岸线利用管理指数	必选指标
		公众满意度	必选指标

3. 赋分标准

《河湖健康评价指南（试行）》对"盆"、"水"、生物、社会服务功能中的各个指标层都确定了详细的赋分标准，在 0～100 分的区间分为五个等级，每个等级的分数取值确定得十分详细，具体参看《河湖健康评价指南（试行）》，这里不作赘述。

4. 河湖健康综合评价

1）评价赋分

河湖健康评价采用分级指标评分法，逐级加权，综合计算评分，赋分权重应符合表 4.6 的规定。

表 4.6　河湖健康准则层赋分权重表

目标层	准则层		
名称	名称		权重
河湖健康	"盆"		0.2
	"水"	水量	0.3
		水质	
	生物		0.2
	社会服务功能		0.3

2）评价分类标准

河湖健康分为五类：一类（非常健康）、二类（健康）、三类（亚健康）、四类（不健康）、五类（劣态）。河湖健康分类根据评估指标综合赋分确定，采用百分制，河湖健康分类、状态、赋分范围说明见表4.7。

表4.7 河湖健康评价分类表

分类	状态	赋分范围
一类河湖	非常健康	[90，100]
二类河湖	健康	[75，90)
三类河湖	亚健康	[60，75)
四类河湖	不健康	[40，60)
五类河湖	劣态	[0，40)

评定为一类河湖，说明河湖在形态结构完整性、水生态完整性与抗扰动弹性、生物多样性、社会服务功能可持续性等方面都保持非常健康状态。评定为二类河湖，说明河湖在形态结构完整性、水生态完整性与抗扰动弹性、生物多样性、社会服务功能可持续性等方面保持健康状态，但在某些方面还存在一定缺陷，应当加强日常管护，持续对河湖健康提档升级。评定为三类河湖，说明河湖在形态结构完整性、水生态完整性与抗扰动弹性、生物多样性、社会服务功能可持续性等方面存在缺陷，处于亚健康状态，应当加大日常维护和监管力度，及时对局部缺陷进行治理修复，消除影响健康的隐患。评定为四类河湖，说明河湖在形态结构完整性、水生态完整性与抗扰动弹性、生物多样性等方面存在明显缺陷，处于不健康状态，社会服务功能难以发挥，应当采取综合措施对河湖进行治理修复，改善河湖面貌，提升河湖水环境水生态。评定为五类河湖，说明河湖在形态结构完整性、水生态完整性与抗扰动弹性、生物多样性等方面存在非常严重问题，处于劣态，社会服务功能丧失，必须采取根本性措施，重塑河湖形态和生境。

4.4 国内外水生态系统修复案例

4.4.1 国外水生态系统修复案例

1. 新加坡加冷河生态修复

1）概况

20世纪60年代，新加坡经济高速发展，人口急剧增加，带来水污染、洪涝、干旱等环境问题。为缓解洪涝灾害，新加坡将天然河流系统大规模转变为混凝土河道和排水渠系统。碧山宏茂桥公园于60年代末建成，园内生物种类单调；加冷河通过工程技术进行硬质处理，改为混凝土河道，在当时缓解了问题，但随着时代发展，笔直的运河与其他基础设施缺乏联系，已不能满足基础设施功能需求，同时与周边景观相容性差、功能复合性差，生态系统服务功能弱，因此需要进行生态修复[29]。

2006年，新加坡推出"活跃、美丽和干净的水计划"（Active Beautiful Clean，简称ABC），改造沟渠和水道，供水到溪流、河流和湖泊；提出用新的水敏城市设计方法管理雨水的可持续应用；创建近水社区空间。碧山宏茂桥公园与加冷河修复是计划的旗舰项目之一。

加冷河位于新加坡中心区域碧山宏茂桥公园内，旁边有地铁南北线碧山站和大型居住社区。生态修复由新加坡公用事业局、国家水务局、国家公园局委托三家单位分别进行景观设计、生态工程、工程合作，于2007~2010年设计，2009~2012年施工，分两期建设完成，项目荣获2012新加坡游憩场地设计奖、2012世界建筑节年度最佳景观设计项目奖。生态修复后的碧山宏茂桥公园总面积62hm²；加冷河从笔直的混凝土排水渠改造为蜿蜒的天然河流，河道长度由2.7km变为3km（图4.18、图4.19）。

图4.18　加冷河项目改造设计分析

(a) 项目改造前　　　　　　　　　　　(b) 项目改造后

图4.19　加冷河项目改造前后对比

2）水生态修复策略

（1）改造河道形态。

改造方案首先对河道形态进行调整，从直线形混凝土河道到曲折的自然河道（图4.18），直接改变这一流域的生态本底，并且丰富了空间性质。构建水力模型模拟河流动态变化，并参照水体流速、土壤侵蚀速率等指标确定关键水利设施节点的建造方式与技术选择。运用土壤生物工程技术加固河岸、减缓水流侵蚀速度，并通过日渐增强的稳固性实现河道的自我修复[30]。

（2）改造生态驳岸。

设计团队创造性地在沿公园 60m 的水渠内建造一处试验河床，选用 10 种不同的工程技术和本土植被进行试验，并反复调试土壤条件、坡度和植被根部强度，最终确定将土工布、芦苇卷、梢捆、石笼、植被和筐等应用于加冷河生态驳岸修复工程之中，把土木工程与天然材料、植物相结合，用岩石控制土壤流失并减缓排水速度，用植物进行结构支持，如图 4.20 所示。该方法不仅有益于增加生物多样性，同时具备动态演变和适应环境的能力，能够进行持续的自我修复和生长。

图 4.20　加冷河改造后的生态驳岸

（3）创造生物净化群落。

"生态"是整个设计考量中较为关键的因素，尤其是公园特殊地形赋予了生物多样性发展的条件。自然河道滋养了诸多生物，创建了多种生物栖息地，营造出新加坡首个生物净化群落，在实现水资源有效处理的同时也创造出洁净、美丽的景观环境。生物净化群落选址于加冷河上游一个既存的湿地，由精心挑选的各类水生植物承担主要净化任务，削减污染物和吸收营养物质，采用自然的方式在水体源头维持水质清洁，日均约 8640m³ 的湖水、348m³ 的河水被净化，净化后的水直接用于公园内水上乐园的供给。逐渐趋于自然化的水文生态使城市恢复生物多样性，为区域内因河道修复而产生的自然景观提供了有力的补充。

（4）构建雨水调控系统。

无雨期：提供活动空间。在常规无雨天气里，河道内日常水位处于低水平，公园及自然河道为人们提供环境优良、景观优美的公共活动空间，人们在此可以进行放风筝、跑步、交友和与水亲密互动等娱乐活动，提升社区活力，在蓝色水文系统、绿色生态系统和橙色社区系统之间建立紧密的联系。

降雨期：局部滞蓄雨水。在短时雨量较小的情况下，河道及公园内其他雨水管理措施短暂滞留雨水，河道内水位没有明显上升情况，公园滨水空间仍然发挥公共活动场地的功能。当遭遇持续大量降雨时，河道水位缓慢填充，当水位达到安全预警红线时，河流监测系统将启动安全预警装置，给人们足够的时间从河边转移至安全区域。此时公园绿地充分发挥其缓冲作用,加冷河作为泄洪通道吸纳园内自身雨水径流并承接周边客水。公园的弹性修复策略可以灵活地应对雨量大小和持续时间,并快速地在开放空间和雨水调蓄之间找寻平衡(图4.21)。

图 4.21   降雨期加冷河状态

降雨后:这些蓄积的雨水被缓慢释放,其中少量雨水经自然渗透回补地下水位;部分雨水经生态群落过滤净化后输送至园内水上乐园循环利用;超标雨水通过管道汇流至加冷河河道顺势排至下游进入城市集水系统。消解至低水位的滨水空间重新恢复生机,再次成为具有休憩娱乐、雨洪管理及生态景观修复功能的公共空间(图4.22)。

图 4.22   降雨后加冷河状态

3)经验总结

加冷河在修复完成后河道具备弹性的演替能力,改造前河道拥有17~24m最大宽度的洪涝容量,经过更为科学、生态的方式扩宽至100m,其运输能力提高40%,直接改变生态系统在面对环境变化时的抵抗力和韧性,在适应水文变化的过程中,能够持续地自我修复和完善。在加冷河修复过程中,没有引进任何野生生物,但自然化的河流再现使得周边区域生物多样性多了30%,已经识别的野生生物包括66种野花、59种鸟类和22种蜻蜓。同时,由于新加坡位于亚洲—大洋洲鸟类迁徙飞行路径上,加冷河所在的碧山宏茂桥公园成为迁徙鸟类的落脚点,人们惊讶地在公园发现了一些迁徙鸟类的到访,包括来自非洲桑给巴尔岛的红衣主教鸟、来自印度尼西亚的丛林斑点猫头鹰和来自安达曼岛的长尾鹦鹉。

加冷河河流生态修复的最大创新之处在于将混凝土水渠改建成为蜿蜒型自然河道的同时，融入了雨水管理设计。这种将河流管理与雨洪管理相结合、生态环境与休闲娱乐场所相结合、自然与城市相结合的河流生态修复为解决城市的旱涝灾害、生态退化等问题提供了发展空间，能够为众多城市河流的修复提供良好的借鉴。

2. 日本琵琶湖生态修复

1）概况

琵琶湖位于日本本州岛中部滋贺县境内，有 400 多万年历史，是世界上第三大古老的湖泊。琵琶湖流域面积占滋贺县行政区总面积的 93%，琵琶湖水面面积为 670.25km^2，约占滋贺县面积的 1/6。琵琶湖南北长约 63.5km，最大宽度 22.8km，湖岸线长度 235.2km，以最狭窄处的琵琶湖大桥为界，可将琵琶湖分为南、北两湖。流域年均降水量 1601mm。北湖最大水深达 104m，平均水深 43m，是典型的大中型深水湖，而南湖平均水深仅 4m，具有浅水湖泊特征。北湖与南湖的面积比为 11∶1，贮水量差异巨大，分别为 2.73×10^{8}m^3 和 2×10^{8}m^3。由于南、北湖盆形态特征不同，南湖和北湖在水质和水生生物等方面差异甚大。琵琶湖四面环山，约有 460 条大小河流汇入，而出口只有濑田川，经由淀川河最终流入大阪湾。琵琶湖因其独特的湖泊构造形态，在湖泊生态学、湖泊地形与地质学及陆地水文学研究领域有极高的研究价值。琵琶湖是日本最大的淡水湖，自古又称"淡海""近江"。琵琶湖流域风景秀丽，是人们休闲娱乐的胜地。与我国太湖相比，琵琶湖水域面积只有太湖的约 1/3，而贮水量却是太湖的 6 倍[31]。

随着琵琶湖流域内人口剧增和工业发展，排放的污染物增加，以及琵琶湖自身生态变化，原本是贫营养湖的琵琶湖在 20 世纪 70 年代初达到水质恶化的高峰，生态系统严重失衡，出现大范围、多频次的水华。随着湖泊富营养化的加剧，琵琶湖的整体生态环境质量急剧下降，体现在：湖滨带芦苇大幅减少；特有种的续存危机；渔获量大幅下降。造成这些问题的主要原因有：长期以来水位的下降、内湖的开垦以及芦苇带面积的减小等造成浅滩湖岸带面积减小；琵琶湖水位季节节律的变化；湖岸大堤的建设及河道的改修隔断了生物洄游路径；外来种捕食、竞争及基因杂交产生的遗传因子污染；富营养化及有害物质的流入。自 1972 年起，日本政府全面启动了"琵琶湖综合发展工程"，历时 40 年左右，琵琶湖水质由地表水质五类标准提高到三类标准。

2）修复规划

琵琶湖综合治理从 20 世纪 70 年代开始经历了艰辛的历程。第一阶段（1972～1997 年）遵从《琵琶湖综合开发规划》，解决了琵琶湖水资源利用及防洪防灾的重大问题，并建立了庞大的流域下水道污水处理系统，有效地控制了流域污染源的排放；第二阶段遵从《琵琶湖综合保护整治计划》（即《母亲湖 21 世纪规划》）并于 1999 年正式实施。该规划的主要目标是水质保护、水源涵养及自然环境与景观保护。该规划分两期，第一期为 1999～2010 年，第二期为 2010～2020 年。第二阶段的琵琶湖综合治理在第一阶段的基础上进一步控源，并加大了流域生态系统修复与建设，尤其重要的一点是第二阶段的第二期规划将流域生态建设作为其主要内容。

针对琵琶湖面临的生态问题，滋贺县政府于 1992 年制定了《芦苇群落保护条例》，这是日本第一次以生态保护为目的而制定的具有划时代意义的条例，2010 年进一步颁布了《芦苇群落保护基本规划》。琵琶湖于 1993 年被列入《湿地公约》国际重要湿地名录，1997 年滋贺县政府修正了《河川法》，对河流的整治突出了保全生态环境的重要性，尤其是 2000 年颁布的《琵琶湖综合保护整治计划》，已将琵琶湖流域的生态系统保护作为其中长期保护目标[32]。

3）修复措施

根据琵琶湖综合整治规划的阶段性目标，琵琶湖生态修复措施主要包括流域污染源排放控制措施和流域生态保护与重建措施。

（1）琵琶湖流域污染源排放控制措施。

城市生活污水处理。为保护琵琶湖的水质，滋贺县从 1969 年起开始修建城市下水道。琵琶湖流域下水道处理系统（即大型集中式污水处理净化中心）是流域水污染控制的核心。每年滋贺县琵琶湖综合治理财政支出的一半用于下水道管网、污水处理厂建设与运营，2012 年琵琶湖流域城镇下水道普及率已达 86.4%，高于日本全国 75.1%的平均水平。污水处理厂及设施已全面实现高度处理（即三级深度处理），污水高度处理率达 83%，遥遥领先于日本全国 14%的平均水平，在世界上也处于前列。

城镇工业污染治理。琵琶湖流域的所有工厂与企业都严格遵守《水质污染防止法》、《公害防止条例》及《富营养化防止条例》所规定的排放标准。琵琶湖流域所实行的相关法规比日本国家标准严格近 10 倍，有关部门可通过入内检查及排放污水水质检查对流域内的工厂与企业进行无阻碍监管，并对其中不符合法规的工厂与企业实行司法处置，严格的法规与监管体制使琵琶湖流域内工厂及企业的工业点源得到有效控制。

农村面源污染治理。严格控制潮区及周边畜禽养殖和水产养殖，主要种植污染较少的粮食蔬果和进行天然水产养殖。通过制定鼓励环保型农业政策，与当地农民协商减少 50%的化肥使用量，以减轻农业对环境的污染。同时，滋贺县 409 个村落全部配有污水处理设施，农业灌溉排水也实现了循环利用，有效解决了生活污水和灌溉用水直接入田入湖问题。

河流净化工程。采取了疏浚入湖河道和湖泊底泥以及用沙覆盖底泥，在河流入口种植芦苇等水生植物等措施，修建河水蓄积设施，在涨水时暂时蓄积河水，使污染物沉降后再流入琵琶湖。

公众参与环境治理。在琵琶湖保护过程中，当地民众常年组织参与义务植树造林、拾捡垃圾、清除湖体污垢、割刈水草芦苇、监督企业排污等活动，并积极宣传《富营养化防止条例》，自觉抵制使用合成含磷洗涤剂。

（2）琵琶湖流域生态系统保护与重建措施。

琵琶湖流域森林建设和保护。滋贺县森林覆盖率约为 50%，是琵琶湖水源涵养的宝贵财富，也是流域生态系统的重要组成部分。滋贺县政府在流域森林建设与保护方面采取了一系列重大措施，包括：2004 年 3 月制定了《琵琶湖森林建设条例》；同年 12 月，制定了《琵琶湖森林建设基本规划》；2010 年 2 月又推出了以"滋贺县木材安定供给体制的整备与地球温暖化防止的森林保护整备的推进"为主题的新的战略计划。为充分发挥森林的公益服务功能,2006 年 4 月实施了琵琶湖森林建设县民税条例,每年个人交纳 800 日元、企业法人交纳 2200~88000 日元。此外,还通过县民森林建设义务活动、"琵琶湖木材"产地证明制度的推进、企业的造林活动、"绿色募捐"活动的推进及森林建设的调查研究等一系列举措开展琵琶湖流域的森林建设与保护活动。

内湖重建工程。琵琶湖的周边分布着众多内湖,芦苇带密布,作为水生植物、鱼类、鸟类等生物的栖息地,在琵琶湖的生态系统及水质保护以及景观构造上发挥了重要作用,但大部分的内湖随着经济高速发展都被开垦。近年来随着对内湖生态功能的深入调查研究,逐步认识到内湖在琵琶湖生态系统保护中的重要位置,加大了对周边内湖的保护。对具有示范作用的北部区域早崎的 17hm² 开垦地进行浸水恢复内湖的工程,5 年后通过调查其动植物的变迁及水质的变化,共观察确认了 449 种植物、107 种鸟类及 23 种鱼类,表明早崎内湖的生态系统得到良好的重建。

多自然河流治理工程。多自然河流治理,是指将整个河流的自然状态纳入视野,在基于水利安全的基础上,注重与地域生活、历史及文化的协调,恢复河流原有的生物生栖、生育、繁殖环境以及景观多样性,采用在原河道上人为造滩、营造湿地、培育水生物种以求形成类似于自然状态的多自然河流等的河流管理措施。日本国土交通省提出《多自然河流建设基本指南》的河流综合整备国策,提出了适用于日本国内河流的调查、计划、设计、施工及维护管理等的一系列河流管理行为。在《琵琶湖综合保护整治计划》的中长期目标总体框架下,滋贺县制定了"滋贺县河川整备方针",从治水、利水、水量水质、生物、景观及历史与文化的角度提出了流域河流整备目标。

芦苇群落的保护。为修复琵琶湖生态系统,滋贺县政府将湖岸带芦苇群落的保护作为其重要一环,为此在 1992 年制定了《芦苇群落保护条例》,并于 2010 年进一步制定了《芦苇群落保护基本规划》,其中主要包括:指定琵琶湖湖岸及周边区域芦苇群落保护地域;芦苇带的栽植与恢复;芦苇群落的维护管理及资源利用。

4)经验总结

日本的琵琶湖在经历了日本高度经济增长期片面的水资源开发利用阶段后,已转向开发利用与保护相结合的阶段。在琵琶湖的污染治理与生态修复过程中,不仅重视自然条件的改善,而且更加注重生态与环境的保护以及人口与资源、环境的协调发展。通过琵琶湖的长期性战略规划的实施,实现对琵琶湖的综合开发利用,形成了以琵琶湖流域为单元、政府主导与全民参与的湖泊保护管理模式。琵琶湖的成功治理经验将为我国湖泊的治理提供宝贵借鉴。主要成功经验包括:建立完善的湖泊保护和治理相关的法律法规体系;制定分阶段的湖泊综合保护与治理规划;入湖污染源控制和流域生态系统保护与修复相结合;重视协商和公众参与管理。

4.4.2　国内水生态系统修复案例

1.广州东濠涌水生态修复

1)概况

古时广州是一座"河道如巷、水系成网"的水城,从宋代开始挖掘的六脉渠,贯通整座城市的南北，通达广州城区每个角落。"河、涌、濠、渠"纵横交错，丰富的水资源及悠久的水事活动使广州形成独具特色的城市水文化。在众多的河涌当中，东濠涌是广州仅存的古城护城河，源自白云山麓的麓湖湖畔，北接白云山，南连珠江水，明代成化年间开凿为护城河，至今已有近六百年历史。旧时的东濠涌涌宽水深，可以通舟船，是当时广州居民的主要供水渠。它全长4510m，宽7~11m，水量为广州市区各濠涌之冠，担负着保卫城池、提供生活用水和水运主干道等主要功能[33]。

近代，由于白云山森林面积缩小，1958年修建人工湖麓湖蓄水，东濠涌的流量大为减少。2001年为了防止污水污染麓湖水质，广州市政府进行了麓湖截污工程，湖区周边的娱乐场所、酒家和居民生活污水由原来排入麓湖湖区改成经污水管汇入东濠涌，自此东濠涌由原来以防洪排涝和水运为主的功能变成了以纳污为主。涌体由于长期接受周围居住区未经处理直接排泄的污水，导致涌底积淤，水体发臭，部分河道甚至因堵塞而枯水，整体环境恶劣。从而造成了东濠涌多年来的黑臭问题。据数据统计，在2001~2004年间，东濠涌的主要污染源分为两大类：一是垃圾污染，每小时产生的垃圾达300多公斤，每天约7.2t；二是废水污染，东濠涌汇集了沿涌中小型工厂的工业废水，医院、餐饮等第三产业污水和居民生活污水。经测试，东濠涌的水质总体水平属重度污染水体，涌内各项指标均超III类标准，且各项污染指标的总超标率呈逐年上升趋势，其中2004年较2001年上升43%，较2003年上升25%。面对日益严重的河水污染问题，广州市政府自20世纪90年代开始就不断投入人力物力进行整治，河水的污染也得到一定控制，但整治效果一直不佳。2007年，借着召开亚运会的东风，广州市政府决定用大力气、投入巨资治理河涌，还"绿水"于民。目标是到2010年广州亚运会前广州水环境质量得到根本好转。征地拆迁难、调水补水难、污染源治理难、工程量巨大而复杂等都是东濠涌综合整治过程中遇到的种种困难。2010年6月，历时一年半、耗资近10亿元、凝聚着智慧与心血的东濠涌综合整治工程基本完成。从此东濠涌告别黑臭，水环境有了极大的改善。

2）水生态修复策略

东濠涌综合整治工程的重点为河涌南段即东濠涌东风东路至珠江边的1.89km明渠段。通过全段截污、雨污分流、净水补水、河道拓宽、生态堤岸及景观改造，将东濠涌恢复成为一条"生态历史河涌绿廊"。

（1）截污工程。截污工程是东濠涌综合整治工程中的首要任务。要从根本上解决河涌水质问题，就必须通过截污减少污染源，不让污水直接排入河道。东濠涌原为城区中集污水、雨水排放和防洪排涝功能于一体的合流河涌，且流域地处旧城区中心，建筑物密度大。故东濠涌截污工程按照上游中北段（麓湖至东风东路段）合流2.62km，下游南段（东风东路至江湾大酒店段）截污1.89km，改善明涌段水质；实现全流域截污，雨天只有少部分污水进入河涌的目标；最终实现全流域雨污分流。

东濠涌上游为合流渠箱覆盖，覆盖段成为街区公共活动场所；下游为明涌截污。在合流渠箱与明涌截污的分界点，即越秀桥处，设置两组7.0m×2.5m截污钢闸。晴天时，紧闭闸门，污水流入东濠涌两岸截污管，将污水收集并接入集污箱，最后送至污水处理厂进行处理，实现"雨污分流"；暴雨时，若截污管的流量大于2倍污水量，则打开截污闸，合流水直排珠江。此外，在截污闸的北部处建立全自动控制式的泵站，具有雨季排洪和为污水处理厂输送污水两大功能。输送污水量为 11m³/s，总排洪能力为 80m³/s。设置 8 台大容量、流量为 6.5m³/s 的潜水轴流泵用于排洪，设置 6 台流量为 2.75m³/s 的潜水轴流泵用于输送污水，洪峰期间污水输送设施参与排洪，泵站同时具备旱期回抽珠江水入东濠涌的功能，以保持河涌的景观环境。2006 年，东濠涌经过截污、清淤等工序，水体透明度有明显改善。

（2）调水-补水工程。

对东濠涌进行截污及雨污分流外，调水-补水工程是东濠涌整治工程中最关键的一环（图 4.23）。从宏观上看，"活水"才是治理河涌的根本。千百年来，广州纵横交错的河道水系之所以如此发达，是因为其河道是以潮汐作用为优势类型，进潮量为下泄径流量的 3.6 倍。然而，自 20 世纪 50 年代以来，由于珠江江面不断缩窄，河面涌面被侵占，广州河涌的水域大减，导致河涌径流和潮流动力不足。另外，随着白云山麓湖水量逐步减少，麓湖不能再承担为东濠涌补水的任务，也是造成河涌淤塞黑臭的根本原因之一。因此对东濠涌进行调水排污将有效地增加流域水资源量，加快水体有序流动，缩短污染物在水体中的滞留时间，从而降低污染物浓度指标，使水体水质得到改善。基于以上原则，东濠涌整治工程利用珠江潮汐把珠江水引入现有河涌，形成"东濠涌—珠江—东濠涌"的水流大循环，以解决涌水长期发黑发臭、浑浊不清的问题。补水工程在距离珠江边 10m 左右的空地处建立东濠涌补水泵站，沿东濠涌涌口至东风东路的河涌底埋设直径 1m 宽的补水管道，通过泵站从珠江前航道抽取潮水、经涌底或岸边的补水管道至东风东路处净水厂，珠江水经净水厂处理后从东濠涌越秀桥处流入东濠涌，从而完成对越秀桥至沿江路段的补水过程。整个补水规模是每天引珠江水 10 万 t，通过补水管，每天早上 6 点到晚上 10 点进行 16h 的调水、补水、净水循环，补水流量为 1.5m³/s，通过流量和速度来实现东濠涌水质清澈和动态平衡。

图 4.23　东濠涌调水-补水过程分析图

（3）净水工程。

为了达到东濠涌整治对城市娱乐景观用水标准的要求，从珠江抽取的河水在流入东濠涌前必须经过净化过程。因此，项目在东濠涌南北段分界处，即东风东路段建立了东濠涌净水厂。净水厂建设采用综合式的地下气浮生物滤池为主体工艺，通过混合絮凝、气浮过滤、紫外线光催化氧化等主要流程，对补水水源进行净化处理。该工艺是在传统的混凝沉淀＋过滤技术的基础上，针对项目水质特点，把混凝沉淀换为效率更高的混合絮凝气浮＋过滤，对水体中小颗粒有机、无机悬浮物及藻类的分离特别有效，去除率可达 90%～98%，出水水质可保持在 3 浊度以下。同时，气浮工艺可大大提高水体的溶解氧，为水中有机物氧化分解提供有利条件，并降低水体色度、臭味及氨氮，去除率大于40%。除了混合絮凝、气浮过滤外，净水厂还引入一套紫外线光催化设备对水体进行消毒处理，保证水体除了在视觉上清澈外，还能通过紫外线照射有效杀死水中细菌，大大减少了传统药物消毒工艺所造成的二次污染，做到对人畜无害，充分体现绿色环保的理念。经此工艺处理过的河水能达到清澈、透明、可触摸，对人体皮肤无伤害的理想效果。

（4）生态河岸景观设计。

实施改造前，东濠涌原有的河道护坡采用的是 U 形渠道化护岸形式，即采用浆砌块石或混凝土硬质驳岸，两岸陡直，并且与河床一道采用钢筋混凝土浇筑成单一断面。此种护坡设计只注重防洪要求，河道景观效果差，缺乏人与水体的亲水功能。本次河岸景观改造工程遵循生态建设原则，在满足防洪排涝的基础上采用生态堤岸的形式，重新恢复河道的植被、河漫滩等，加强涌体的自净能力，同时通过绿化护岸达到生态平衡的效果，并在一定程度上实现涌的亲水性。以下为项目采用的几种主要生态护坡方式。

自然驳岸。在过水断面有条件的区段，以自然驳岸代替原有直壁式石砌挡墙，利用原有起伏的驳岸地形，在上面覆盖红土和岩石，模拟自然河道驳岸的生态断面，选用沉水植物、挺水植物、湿生植物等，为鱼类提供栖息和繁殖的条件，创造一个野趣盎然的河岸景观。

生态砌块。工程中还采用了一种生态砌块的护坡方法。它是一种利于生物生长的水泥种植槽，槽内种上植物，具有净水及护岸的优势。该砌块可以充分保证河岸与河流水体之间的水分交换和调节功能，具有滞洪、调节水位、生态修复、蓄洪等优点。砌块既能使河涌沿岸原有的生态群落、土壤条件、渗水要求等达到与自然条件的高度模拟，其良好的抗冲性又完全满足水利防洪工程要求。

格宾石笼。格宾石笼是一种对保持和恢复河流的生态环境具有良好效果的护坡形式，是一种由金属线材编织而成的六角形网笼，内填块石，并在其上覆土、播种。采用格宾石笼可以使河流水体与边坡土体中地下水之间正常交换，利于水生动植物生长，满足河道洪水期抗冲的需要，而且适应地基变形、施工简单、相对廉价。东濠涌南段靠近中山路段使用了格宾石笼的做法，如今石笼网上种植的肾蕨、蜘蛛兰、紫芋、水生美人蕉等植物已茂密地遮挡住网垫，植被的根部与石笼网、堤岸紧密结合，不但起到防浪效果，生态环境也恢复良好。

（5）亲水空间的景观设计。

结合东濠涌沿线历史人文风情，考虑市民活动的需要，东濠涌景观整治工程强调了河涌的亲水性设计。因此滨水带景观设计的重点是增设亲水平台、绿化广场等设施，做到水岸相接，为市民创造亲水性公共空间。市民可以在水边散步、休憩、观赏、戏水。例如，位于东风路与东濠涌交界处的自然生态综合广场，其亲水空间的景观设计最具特色。设计将此处的河涌堤岸整体下沉 2.7m，让阳光照进东濠涌，2.7m 的高差形成不同形式的坡度植以花草，吸引市民来到涌边的平台戏水玩耍，降低涌岸平台的设计不但使人的活动空间更为开阔，同时高架桥上交通噪声对市民活动广场的影响也大大降低。这片下沉的空间仿佛是一处与世隔绝的桃花源地，为市民提供了一个亲水乐水的游憩空间。

（6）沿岸植物配置设计。植物种植设计方面，东濠涌绿化工程利用岭南地区植物的不同习性、形态、色彩及质地等营造出沿线不同区域特色的乔、灌、草相结合的多层次植物群落系统。按照适地适树原则，科学配置桂花、白兰、鸡蛋花、黄葛、红花羊蹄甲、红棉、细叶榕、垂叶榕、假连翘、扶桑、黄槐、细叶紫薇、美人蕉等体现岭南地区特色的植被，形成色彩丰富的生态绿色长廊；尤其在中心段（东风东路至中山路段）沿岸采用垂柳、芒果树等树种营造出两岸摇曳多姿的岭南水乡景色。河床边种植水生植物如紫芋、肾蕨、蜘蛛兰、绿萝等，与岸上的藤本植物和喜阳灌木连成一片，在河岸灌木群边缘稍加点缀四季开花的簕杜鹃便成了河道沿岸景观的亮点；此外，整个东濠涌沿线保留了30多棵古树，形成不同特色重要景观景点，如古榕树绿荫小广场、红棉广场等。

3）经验总结

作为2010年亚运会重点工程的东濠涌综合整治项目体现着广州城市建设中人与自然和谐共存的新理念。东濠涌的整治，不仅极大地改善了城市的生态环境，也唤起"羊城"市民对老广州的"水城记忆"。这些离现代城市生活远去的古老的水文化通过治水与环境综合整治后重新展现在世人面前。这条有着过悠久历史的广州城市水脉，在经历工业化、快速城市化进程所带来的阵痛后，如今又恢复了水清岸绿的原貌。经过治水、利水的治理阶段后，未来的东濠涌将迈向保水、亲水的发展阶段。为此，广州市政府对东濠涌沿线的旧城中心进行总体规划，考虑将东濠涌高架桥拆卸，改桥为隧，以东濠涌为绿链（green chain）将城市周边的开放性绿色空间，如城市公园（麓湖公园、烈士陵园、农讲所）、广场（英雄广场）、林荫大道（越秀路、黄华路）、社区绿地，以及沿江滨水绿带连为一体，形成以绿点、绿楔、绿道相结合的贯穿旧城中心的"翡翠绿链"，为广州市民提供一条完善的具有岭南水乡特色的广府文化生态绿廊。

2. 太湖蓝藻治理

1）概况

我国第三大淡水湖太湖水面达2340km^2，蓄水量达47.5亿 m^3，湖岸达436km^2，环湖堤坝290km^2。太湖是主要饮用水水源地，对流域的生态平衡乃至整个经济社会的发展都具有不可替代的巨大作用。太湖周边城市因太湖而生，因太湖而兴，因太湖而美，太湖岸线大部分已建成或准备建成风景旅游区域。太湖存在的生态环境问题主要是蓝藻暴发、规模"湖泛"、富营养化和生态退化。蓝藻暴发的变化过程与人类对水体污染的干预程度和栖息地变化有关[34]。在1986年及以前，没有出现蓝藻暴发现象，由于城市化程度不高，池塘生活污水都被用作农业肥料；太湖湖底的淤泥经过一段时间的人工清理，每年约产生1.6～2t淤泥。畜禽粪便污水全部作为植物肥料使用，土地不使用化肥和农药，太湖植被覆盖率高达25%～28%；太湖海域蓝藻生长速度较慢，密度较低，蓝藻暴发不明显，部分水域每年都会发生"白化"现象。

1987～1989年，太湖发生了一次小型蓝藻暴发，对人类的消极干预越来越少。随着城市化进程的加快，逐渐加重了人类对湖水的需求。在20世纪80年代后期，太湖梅梁湖的富营养化程度较高,水质未达到《地表水环境质量标准》(GB 3838—88)的要求。在太湖水域,农民活动减少,驱逐者增加。太湖植被退化,生物多样性下降,城镇快速发展,环境污染加剧,太湖湖体从贫营养型到中营养型,再变为轻营养型,属于营养不良期,太湖蓝藻产生于部分适宜生境区域。

1990 年至 2007 年 6 月,蓝藻暴发面积上升到 64%。自 1990 年以来,农民生活条件得到了彻底改善,猪、家禽排泄物大量排入江河湖泊,化肥农药使用量大。环湖大堤才完全建成,另建有下游太浦闸。1998 年 12 月 13 日,太湖治污行动展开,缓解了太湖污染现状,但不久太湖继续出现富营养化,并迅速暴发。2007 年太湖出现了有史以来最大规模的蓝藻暴发型"湖泛",造成 200 多万人饮水的供水危机。此后,国家和太湖流域各级政府,高度重视,共同努力治理太湖水环境,采取了控源截污、打捞蓝藻、生态调水、生态清淤和生态修复五类工程技术措施和相应的保障措施,使治理太湖的力度超过了污染发展速度,已取得较好的阶段性成果。

2)太湖蓝藻治理基本措施

(1)控源截污。

控源截污是治理太湖的最基本措施,只有实施好此措施,其他各项治理措施才能发挥其最佳作用。如蠡湖(又称五里湖,太湖北部的小型湖湾),由于全部入湖河道均已建水闸控制,建成 7.6km² 可封闭水域,基本控制了全部河道及周围区域的 N、P 负荷入湖,在各类措施共同作用下发挥良好的治理效果。其水质由劣 V 类水改善为 2010 年的 IV 类水[35]。

控源截污包括控源和截污两部分。控源的关键是控制西部及南部入湖河道污染,原因是 2009 年太湖西部河道 N、P 负荷分别占河道入太湖总量的 75.8%和 77%,南部河道入湖分别占 20.8%和 14.1%。截污,一是截住已排放的污水和污染物;二是在太湖中游梅梁湖、贡湖、五里湖的河道实行关闸拦污,阻住已排放的污水入太湖,直至入湖河道水质达标。

控源截污主要措施有:建设大量污水处理厂;调整经济结构,"关停并转"严重污染企业,封闭排污口;严格控制点源、面源污染,改变经济发展方向,节水减排,减少全部点面源的污染负荷;控制外源实行分片(区域)控制、"河长制",逐步实现各片(区域)污染负荷"零"排放;建立污染补偿机制,以经济杠杆作用削减污染负荷,上游污染补偿下游,对超标排污者处罚,使违法成本大于守法成本,对减排污者或削减污染者,给予补偿。

(2)打捞蓝藻。

大规模打捞蓝藻是国内标本兼治的一项长期重要的创新措施。无锡等太湖周边城市大规模打捞蓝藻,据统计,至 2015 年流域共建造或配置藻水分离站 18 座,2007～2015 年太湖周边城市共打捞藻水 850 万 m³(含藻率 0.5%),相当于清除蓝藻干物质(dw)42 500t,经测定太湖蓝藻含 N、P、有机质分别为 6.7%、0.68%、76.7%,相应分别清除 2850t、290t、3.26 万 t。藻水分离所得的藻泥基本实现资源化利用,主要用于生产沼气和有机肥,或经干化销往美国生产生物塑料。太湖打捞蓝藻主要采用气浮法,使水中、水底的蓝藻浮于水面,再用打捞船或拖网法等常规设备或方法将水面的蓝藻打捞上岸,一年四季可实施,其中拖网法在太湖、巢湖使用多年,有较好的汇聚水面蓝藻作用,可作为机械打捞的配套方法，但需根据藻类及其多细胞体的体积大小正确选择网孔的规格。

打捞蓝藻从手工开始至目前的机械化操作和资源化利用，一定程度地控制了蓝藻暴发程度，消除了太湖西部及北部油漆似的高浓度蓝藻暴发现象。

（3）生态调水。

据统计望虞河"引江济太"调水自 2007~2015 年共入湖 86.6 亿 m³，梅梁湖调水出湖 73.1 亿 m³。计算两者合计带走 TN 2.83 万 t、TP 0.103 万 t，蓝藻干物质（dw）3.05 万 t 及其所含氮磷，使太湖水体自净能力增加。同时"引江济太"调水入湖和梅梁湖调水出湖两者的联合运行有效化解了 2007 年 6 月的太湖供水危机。

（4）生态清淤。

据统计，2007~2014 年太湖连续实施清淤，合计清除太湖底部淤泥 3000 万 m³，相当于清除 TN 2.31 万 t、TP 1.47 万 t、有机质 43.8 万 t，减少底泥氮磷释放及去除"湖泛"基础条件。其中清除受蓝藻暴发严重污染的淤泥 1210 万 m³，相当于减少淤泥表层的蓝藻（dw）0.726 万 t，其中许多为活的蓝藻种源。清淤重点是自来水取水口水源地、蓝藻大量死亡沉积区以及河道入湖口。

（5）生态修复。

以往在太湖湖体实施了数十个水生态保护或修复的试验或示范工程，有相当多的生态修复水域被成功保留下来，如东太湖修复的 37km² 芦苇湿地；另外还有苏州的三山、宜兴的太湖沿岸、五里湖的沿岸和梅梁湖的康山湾等水域成功进行了小规模生态修复，并且保存下来，有些水域湿地得到一定程度的自然修复。生态修复一定程度地改善了太湖水环境，抑制蓝藻生长繁殖。但也有相当多的生态修复水域在验收后由于存在资金、机制、人员等问题而没有很好地保留下来，如五里湖 863 项目 1km² 沉水植物、梅梁湖小湾里 7km² 的生态修复区在验收后的 1~2 年就消失了。

3）修复结果

治理太湖是一个长期过程，需多方协同，分区、分片逐级负责，共同参与，共同治理。在长期治理过程中，流域采取了控源治污、保护水源、整治河道、打捞蓝藻、调水和清淤等一系列保障措施。太湖经过自 2007 年至今的治理，已经取得了一系列阶段性的成果，消除了贡湖蓝藻暴发型规模的"湖泛"，保证水源地安全供水；五里湖水环境较好改善，水质达到Ⅳ类，藻类中蓝藻已不占优势，植被覆盖率增加 9 倍，成为无锡城市景观湖泊和全国治理小型湖泊的典范。太湖经治理后，其生物多样性提高，生态、人居、旅游和投资环境均得到改善。

虽然治理太湖已经取得较好的阶段性成果，五里湖等水域治理已取得良好效果，但蓝藻暴发程度仍然严重，特别是温度较高年份。植被面积较太湖全盛期相差较多，太湖全盛期的植被覆盖率有 600km²，现仅存 400km²。

太湖水质目前仍处于营养污染状态，根据水利部太湖流域管理局 2018 年度水资源公报显示[36]，太湖全湖水质 2012 年之前（总氮总磷不参评）为Ⅲ类以上，2012 年以后（总氮不参评）为Ⅳ类，面积占比 60.1%~83.0%。在总氮总磷参评情况下，太湖全湖水质 2014 年、2015 年、2017 年和 2018 年为Ⅴ类，其余年份为劣Ⅴ类，面积占比介于 58.4%~81.1%之间，具体数据如表 4.8 所示。

表 4.8　2007~2018 年太湖水质年度变化

年份	2007	2008	2009	2010	2011	2012	2013	2014	2015	2016	2017	2018
全湖	Ⅲ类 83.0%	Ⅲ类 64.5%	Ⅱ类 75.6%	Ⅱ类 61.0%	Ⅲ类 78.4%	Ⅲ类 71.0%	Ⅳ类 78.3%	Ⅳ类 78.2%	Ⅳ类 64.4%	Ⅳ类 71.8%	Ⅳ类 71.8%	Ⅳ类 77.1%
全湖（总氮总磷参评）	劣Ⅴ类 81.1%	劣Ⅴ类 65.4%	劣Ⅴ类 73.9%	劣Ⅴ类 80.9%	劣Ⅴ类 58.4%	劣Ⅴ类 73.9%	劣Ⅴ类 73.9%	Ⅴ类 64.1%	Ⅴ类 62.4%	劣Ⅴ类 73.9%	Ⅴ类 69.4%	Ⅴ类 62.4%

　　注：1.数据根据 2007~2018 年太湖水资源公报计算整理，表中百分数为面积占比；2.除全湖（总氮总磷参评）数据外，其他数据为 2007~2012 年总氮总磷不参评、2013~2018 年总氮不参评。

　　由表 4.8 可以看出，全湖水质（总氮总磷参评）总体上向好，由劣Ⅴ类上升为Ⅴ类，面积占比总体有下降趋势，幅度不大，且不够稳定。太湖水质及营养情况不容乐观，近几年治理没有较明显的效果，只是保持稳定状态，目前还处于中度富营养污染状态。

　　太湖流域是一个经济发达、人口稠密的地区，在消除蓝藻方面需要雄厚的财力、物力和人力。要彻底消除太湖蓝藻，还需要增强各级责任人的积极性、主动性，激发流域人民的斗志，提高流域管理水平。

思　考　题

1. 水生态修复的具体任务是什么？
2. 为什么不同水域的水生态修复的目标有所差别？
3. 化学除藻技术见效快，但为什么一般不宜使用化学除藻技术？
4. 复合流人工湿地相较于传统单一的人工湿地，具有什么特点？
5. 水生植物恢复时应遵循什么原则？
6. 河湖健康共分为几类？分别表现河湖什么状态？

参 考 文 献

[1]　王夏晖，张箫. 我国新时期生态保护修复总体战略与重大任务[J]. 中国环境管理，2020，12（6）：82-87.

[2]　刘苑秋. 退化红壤区重建森林的生态可持续性研究[D]. 南京：南京林业大学，2002.

[3]　United Nations Environment Programme World Conservation Union. World conservation strategy[J]. Environmental Policy and Law. 1980，6（2）：102.

[4]　何云斌，刘书敏，林嬿，等. 河道底泥环保疏浚技术与处理措施[J]. 化工设计通讯，2022，48（3）：174-176.

[5]　朱澄浩. 城市河道底泥污染特征与处理方法研究[D]. 宜昌：三峡大学，2021.

[6]　阮仁良. 平原河网地区水资源调度改善水质的机理和实践研究[D]. 上海：华东师范大学，2003.

[7]　张尧. 河网水质的引清调水修复及优化调度方案研究[D]. 上海：上海交通大学，2009.

[8]　徐续. 曝气复氧技术在苏州水环境质量改善中的应用研究[D]. 南京：河海大学，2005.

[9]　陈一辉. 跌水曝气生物滤池处理小城镇污水试验研究[D]. 重庆：重庆大学，2012.

[10]　张华俊. 分析环境工程水处理中对曝气设备的应用[J]. 资源节约与环保，2017（10）：71-72.

[11]　李兰田. 环境工程水处理中曝气设备的应用[J]. 节能与环保，2019（3）：108-109.

[12]　刘洁，王毓丹，陈建，等. 论现代除藻技术[J]. 重庆工商大学学报（自然科学版），2011，28（5）：532-535.

[13]　黄俊. 加载絮凝沉淀工艺在重金属废水处理中的试验研究[D]. 广州：广州大学，2013.

[14] 唐文伟,桂文池,曾新平. 聚硫酸铁铝制备改进及其处理重金属废水[J]. 深圳大学学报(理工版),2011,28(3):276-282.

[15] 韩雪. 稳定塘工艺处理农村生活污水的模拟试验研究[D]. 哈尔滨:东北农业大学,2011.

[16] 祝惠,阎百兴,王鑫壹. 我国人工湿地的研究与应用进展及未来发展建议[J]. 中国科学基金,2022,36(3):391-397.

[17] 付柯,冷健. 人工湿地污水处理技术的研究进展[J]. 城镇供水,2022(1):75-80.

[18] 金洛楠,吴家俊,魏乐成,等. 人工湿地污水生态处理工艺强化应用进展[J]. 浙江农业科学,2021,62(9):1830-1834.

[19] 崔贺,张欣,董磊. 生态浮床技术流域水环境治理中的研究与应用进展[J]. 净水技术,2021,40(S1):343-350.

[20] 王俭,吴阳,王晶彤,等. 生态浮床技术研究进展[J]. 辽宁大学学报(自然科学版),2016,43(1):50-55.

[21] 曹勇,孙从军. 生态浮床的结构设计[J]. 环境科学与技术,2009,32(2):121-124.

[22] 潘珍珍. 基于鱼类栖息地修复的浙江省城市湖泊公园设计研究[D]. 杭州:浙江农林大学,2013.

[23] 张冰. 美国濒危物种法栖息地保护制度[J]. 牡丹江师范学院学报(自然科学版). 2007(3):43-44.

[24] 胡望斌,韩德举,高勇,等. 鱼类洄游通道恢复:国外的经验及中国的对策[J]. 长江流域资源与环境,2008(6):898-903.

[25] 王瑶. 洪湖湿地水生植被恢复技术要点[J]. 南方农业,2021,15(14):207-208.

[26] 夏晓方,钟成华,刘洁,等. 水生植物修复污染水体的研究进展[J]. 重庆工商大学学报(自然科学版),2011,28(4):398-400.

[27] 吴琼,王莹,张青. 河湖生态系统健康评价研究现状与展望[J]. 中国资源综合利用,2021,39(3):131-133.

[28] 陈曦,胡瑾,王林. 水生态系统健康评价中常见方法评述[J]. 治淮,2010(12):27-29.

[29] 陈敏,张臻. 基于恢复生态学视角下的基础设施生态化策略研究:以新加坡碧山宏茂桥公园与加冷河为例[C]//第十七届中国科协年会·分1 经济高速发展下的生态保护与生态文明建设研讨会论文集,广州,2015:17-21.

[30] 吴漫,陈东田,郭春君,等. 通过水生态修复弹性应对雨洪的公园设计研究:以新加坡加冷河-碧山宏茂桥公园为例[J]. 华中建筑,2020,38(7):73-76.

[31] 福英泰. 中国太湖和日本琵琶湖水质修复措施对比分析[J]. 节能与环保,2019(10):42-44.

[32] 陈静. 日本琵琶湖环境保护与治理经验[J]. 环境科学导刊,2008(1):37-39.

[33] 吴隽宇,肖艺. 棕水变绿水广州市东濠涌水环境及景观改造综合整治工程[C]//2011 International Conference on Environmental Systems Science and Engineering(ICESSE 2011),大连,2011:661-666.

[34] 金杰,李洁,陈国兴. 太湖蓝藻爆发现状及创新治理措施[J]. 世界热带农业信息,2021(4):58-59.

[35] 朱喜. 太湖水环境治理和效果[C]//第六届中国城镇水务发展国际研讨会论文集,济南,2011:275-280.

[36] 祖国峰. 环太湖区域水环境现状与问题分析[J]. 科学咨询,2020(45):31-32.

5 河湖生态模型构建

水环境保护是国家水安全保障的重中之重，掌握新形势下水环境演变过程是开展水环境保护工作的关键[1]。研究水环境问题的手段主要包括野外观测、室内试验和数值模拟。随着科学技术的进步，水环境数学模型逐渐成为研究中不可或缺的角色。地表水环境数学模型（surface water environment numerical models，SWENM）主要分为水动力模型、水质模型和水生态模型，基本原理是将气象条件、水动力条件、边界条件等因素进行定量化约束，通过求解方程组，获得污染物的时空分布特征及迁移转化规律，分析和判别各环境因子间的相互关系，实现模拟水环境关键过程与预测水环境演变情况等功能。

"十四五"规划提出坚持山水林田湖草系统治理，坚持精准、科学、依法治污，以水生态保护为核心，统筹水资源、水生态、水环境等流域要素，巩固深化碧水保卫战成果，表明水资源治理已经不再停留在仅解决单一或是简单几种污染物问题的层面上，将河湖作为一个相互影响的生态系统来统一考虑，就要结合水动力、水质、生物组成和结构等多方面因素，仅依赖物理模型的研究远不能满足实际需求，因此水环境数学模型的研究与应用已成为水环境领域的热点。

水生态模型从出现到发展至今，模拟变量以及功能板块不断发展，现如今国内外已有大量采用发展较为成熟的水生态模型进行辅助水环境生态治理的成功案例。本章将介绍地表水环境数学模型，并选取 EwE（Ecopath with Ecosim）、AQUATOX、EFDC（environmental fluid dynamics code）三种水生态模型进行简单机理以及案例介绍。

5.1 地表水环境数学模型

5.1.1 水动力模型

近代的水动力模型是基于纳维-斯托克斯（N-S）方程建立的，水动力模型的原理是将水动力学的理论基础应用于模型，研究水体在各种外力条件下的特征以及水体中特定物质的分布情况。随后，法国科学家圣维南（Saint-Venant）于1871年首次提出计算一维河道及河网水流的一维水流运动基本方程——圣维南方程，自此打开了水动力模型应用于河流和河网的局面。20世纪60~70年代，随着圣维南方程的广泛应用，各种求解方法的数值稳定性和精度问题得到深入研究，同时在实际应用过程中发现，平原地区河道交错，流向、流速易受潮汐、水利调度等影响，由此推动了涉及面更广的河网模型的发展[2]。在湖库方面，Hesen 在1956年开发了可以应用于平面二维的浅水水动力模型，这一里程碑式的研究对于近代以来水动力模型的发展产生了极大的影响，在这之后的模型计算侧重水流运动，包括风生环流、吞吐流以及深水湖库因温度分层而存在的垂向密度流[3-5]。随着紊流理论的发展以及计算机技术的进步，水动力模型在计算方法、网络技术、紊流模型、大涡模拟等方面有了全新的发展与突破，直接数值模拟（direct numerical simulation，DNS）、雷诺平均纳维-斯托克斯（Reynolds average Navier-Stokes，RANS）模型和大涡模拟（large eddy simulation，LES）等方法得以应用，进一步修正了 N-S 方程[6]。此外，水动力模型在洋流领域的应用研究推动了对紊流机理的深入探索，洋流模型由最初的普林斯顿海洋模型（Princeton ocean model，POM）发展至浅海三维水动力模型（3D estuarine coastaland ocean model，ECOM），直至如今更为完善的有限体积海岸海洋模型（finite volume coastal ocean model，FVCOM）。在河口海岸区域，水动力模型解决了潮汐作用下的紊流混合[7]、因盐度差而形成的密度流以及因径流和盐度密度流产生的入海口滞留问题[8]。

当前有关水动力模型的研究更加蓬勃发展，用户可以根据研究对象特性、所需精度以及计算效率选择合适的模型。一维水动力模型具有计算效率高，所需要基础数据少等优点，但应用范围较为局限，主要用来模拟计算城市地下管网、河网、街道的洪水演进，但不适用于街道交汇处和广场等区域，应用较多的模型包括 MIKE11、InfoWorks、贵仁模型等。二维水动力模型则主要用来模拟街道交汇处、广场、湖泊等具有明显二维流动特性的区域。从众多研究成果中可以发现，城市地表洪水模拟主要采用二维水动力模型，应用较多的模型包括 HEC-RAS、MIKE21、LISFLOOD-FP 等。三维水动力模型由于在算法实现上的难度以及模拟计算时的工作量等原因，在洪水模拟、河道壅水等情况比较少用到。近年来三维水动力模型越来越多地被学者应用于湖库的环流研究上，相较于二维水动力模型，选用三维精细的模型更为符合湖库环流的真实情况，应用较多的模型包括 EFDC、Delft3D、FLOW-3D 等。模型模拟结果实例如图 5.1 和图 5.2 所示。

总体而言，水动力模型是地表水环境模型最重要的组成部分，是其他模块应用的基础，模型整体质量的优劣往往取决于水动力模块的构建。

5.1.2　水质模型

水质模型最早可以追溯到 20 世纪 20 年代 Streeter 和 Phelps 共同构建的 BOD-DO 耦合模型（又称 S-P 模型），其以水动力模型为基础，被用来研究分析特定污染在水体中对流扩散以及产生生物化学反应变化的过程。水质模型据今为止经历了 90 多年的发展，已经取得许多重要的成果，从单项水质因子发展到多项水质因子，从稳态模型发展到非稳态模型，从点源模型发展到点源和面源耦合模型，从零维模型发展到一维、二维、三维模型[9]。根据不同时段的研究特性，大致可以将水质模型的发展过程分为 4 个阶段。

（1）1925～1965 年，水质模型主要进行简单的氧平衡分析，部分涉及非耗氧物质，以一维研究计算方法为主，围绕着 BOD-DO 模型，并在此基础上不断修正，主要用来模拟受工业污染比较重的河流污染状况。

（2）1966～1985 年，美国的研发机构相继推出 QUAL-I 以及 WASP（water quality analysis simulation program modeling system），这一系列的水质模型软件综合考虑了不同形态污染物对水质的影响，污染源、水体底泥以及其他水体边界对污染物分布的影响后

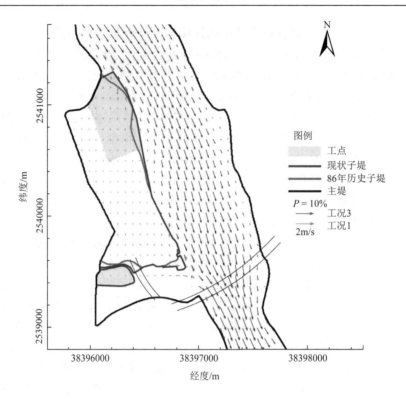

图 5.1 基于 HEC-RAS 二维河道模拟流速结果局部图

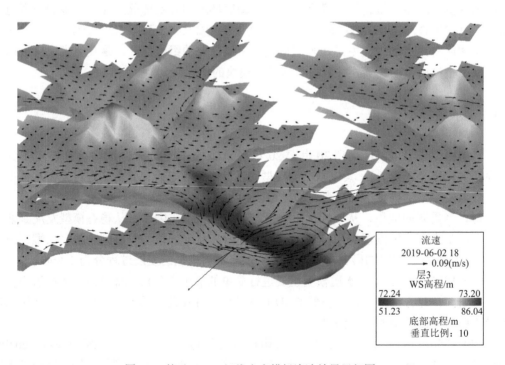

图 5.2 基于 EFDC 三维水库模拟流速结果局部图

续被纳入模型之中，使得模型更贴近于天然水体的实际情况，广泛应用于河流综合水质规划管理[10]。

（3）1986~1998 年，水质模型进行了深入研究，考虑了更多更复杂的问题，水质模型得以全面化发展，应用也更加广泛，模拟对象涵盖河流、湖泊（水库）、河口、海岸带等。

（4）1999 年至今，水质模型逐渐向集成化和设计人性化发展。MIKE、EFDC、Delft3D 等模型集成水动力、水质、泥沙、生态等模块，并提供网格生成以及前、后处理工具。新兴技术也逐步被引入水质模型，人工智能提高了水质模型的预测水平[11]，遗传算法、模拟退火算法强化了参数识别[12]，神经网络明晰了河网物理结构[13]。以 EFDC 为例，其水质模块的发展基于切萨皮克湾水质模型（CE-QUAL-IC），可以模拟 DO、COD、BOD_5、NH_4^+、NO_3^-、TN、PO_4^{3-}、TP 和叶绿素 a 等 22 个水质变量，广泛用于河流、湖库、河口、海洋和湿地等地表水环境系统。王敏等[14]应用 EFDC 建立了拟建工程马莲河水库二维水质模型，模拟结果表明马莲库区坝前、库中水体水质总体良好，平水年 COD_{cr}、TP、NH_3-N 浓度均可满足水功能区水质标准要求。库区水质主要受上游来水水质影响。来水水质指标浓度较高时，坝址断面 COD_{cr}、TP、NH_3-N 浓度偏高；来水水质指标浓度较低时，坝址断面 COD_{cr}、TP、NH_3-N 浓度偏低。

总体而言，水质模型与水动力模型类似，根据不同的研究区域以及研究重点选择不同维度的模型，除此之外，水质模型涉及水文、水生物、水动力等多个领域，在包括水体富营养化、水体污染等方面有重要意义，如何将各类数据作为模块构建统一平台从而完善数值模拟的准确性，成为流域控制和规划的依据，也是目前水质模型的发展热点。

5.1.3　水生态模型

水生态模型是描述水生态系统中生物个体或种群间的内在变化机制，以及构建水文、水质、气象等因素连接的复杂模型，主要用于研究水体富营养化、水质评价、生物富集及水域系统食物网中生物群落的变化等问题[15]。

水生态模型以 20 世纪 70 年代初期诞生的简单总磷模型为基石，20 世纪 80 年代，美国和日本开发了第一批三维生态数学模型。至今，得益于水动力模型以及水质模型的发展进步，水生态模型迅速发展到包含几十个生态变量的多种水生态动力模型，水生植物、鱼类迁移及生物栖息等模块也不断发展。例如，陈彦熹等[16]以华北某生态小城镇内的景观湖泊为研究对象，建立了基于 AQUATOX 的水生态模型，对景观湖泊富营养化与水生态系统的相互关系进行了研究，并对植物和动物修复的生态修复方案进行了对比分析。River 2D 模型已被用于识别在研究范围内最小水深和宽度处的成年大鳞大马哈鱼[17]。基于 HABITAT 模型建立的生物栖息地评价模型，能够反映泸沽湖水质变化对宁蒗裂腹鱼的影响[18]。此外"水生态足迹"概念的提出衍生出水生态足迹计算模型、水生态承载力计算模型和水生态赤字或盈余计算模型[19]。

当前研究较多的水生态模型主要集中运用于湖泊、水库以及城市景观水体。早在 20 世纪 60 年代，水库、湖泊的水生态模型已经有了初步研究，经历了 60 多年的发展历程，模型的研究与应用得以不断成熟完善。从结构方面来看，模型已经从简单单一的零维模型一步一步发展，渐渐衍化为成分较多、参数众多、结构复杂的水质-水动力-水生态耦合模型和生态结构动力学模型。例如，太湖富营养化机理模型耦合了太湖三维风生湖流模型、垂向平均的二维水质模型和富营养化模型，考虑了水温、总氮、总磷和太阳辐射等因子对藻类生长的影响，模拟了藻类生消过程以及其随风生流迁移的规律[20, 21]，从模型结构难易程度上来看，可以将湖库水生态模型分为四种类型：回归模型、营养盐负荷模型、浮游植物模型、生态系统动力学模型。

现代水生态模型更多地考虑了自然界中多因素的相互作用及时空变化，是耦合了湿地水质、水生态、水动力及其他因素的综合模型。目前应用较多的水生态模型是 EwE 模型、AQUATOX 模型、EFDC 模型，5.2 节～5.10 节将依次对模型原理进行详细介绍以及通过案例对建模过程进行简要介绍。

5.1.4　水环境模型耦合

近年来，水环境数学模型不断更新换代，模拟功能更加强大，但水环境系统是一个受气象、陆地和水体中各种要素综合影响的复杂系统，纵观现有模型，仍然缺乏一套能完全涵盖水环境综合模拟需求因素的模型体系，不同模型各有利弊，对于不同的水环境问题具有针对性[22]。相较于重新开发综合性的集成软件，基于现有模型进行组合应用更节省成本，也更利于现有软件的后续开发使用。这就需要在实际应用中，根据应用目的，从诸多模型中选择合适的模型模块，开展模型的耦合工作。耦合不同功能的模型，充分发挥模型各自的长处，既能针对性地解决主要问题，又能够提高模拟精度、增加模型可信度。

5.2　EwE 模型

EwE 模型是一款用于定量研究水生态系统食物网结构和能量流动特征的模型。EwE 模型通过尽可能地模拟全部生物间相互作用来建立水生态系统的食物网，反映生态系统的时空静态和时空动态营养级结构和能量传递效率，科学评估人类活动对生态系统结构的影响[23]。EwE 模型能够量化食物网的营养动力学特征，在食物网构建、渔业管理和生态系统预测、分区域研究食物网结构以及追踪污染物的浓度等领域得到了广泛的应用[24]。

5.2.1　EwE 模型的发展历程及主要结构

EwE 模型是包括 4 个核心模块，其结构原理见图 5.3，其中 B、P/B、Q/B、P/Q、EE、DC 含义见表 5.1。Ecopath 最早由 Polovina 在 1984 年提出，用来分析水域的食物网结构、能量流动等。为了在时间动态上探究 Ecopath 的结果，1995 年 Walters 等构建了 Ecosim[25]。1998 年 Walters 等在 Ecosim 的基础上增加了空间模拟功能，构建了 Ecospace，用于模拟和预测不同区域食物网的空间差异和变动[26]。污染物在水生生物中的放大效应是环境生物学中一个不可忽视的问题，为了定量分析污染物在不同营养级中的迁移和积累情况，2004 年 Walters 等构建了 Ecotracer。随着开发者对 EwE 模型不断地完善与发展，EwE 模型得以更广泛地应用于水生态系统的研究之中。

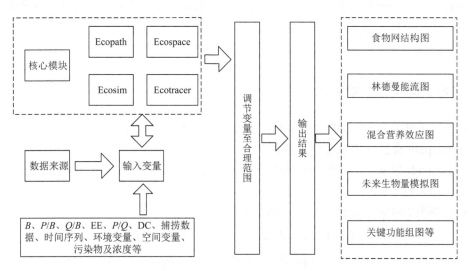

图 5.3　EwE 模型结构原理图

表 5.1　Ecopath 模块主要参数及其来源

主要参数	参数含义	获取来源	取值范围
生物量（B）	各功能组在某个时间段内的平均生物量	来自实测值或者调查资料	无
生产量/生物量（P/B）	各功能组在某个时间段内的生产力	P/B 为捕捞死亡率（F）和自然死亡率（M）之和，其中 F 根据实际捕捞量进行计算，M 根据 Pauly 的经验公式进行计算。鱼类 P/B 根据 fishbase 等网站计算得到	无
消费量/生物量（Q/B）	各功能组在某个时间段内的消费能力	采用实测值或参考邻近水域或通过日消费比值进行估计或使用 fishbase 等网站估计；鱼类 Q/B 可通过 Pauly 的经验公式估计，无脊椎动物 Q/B 使用 P/Q 来代替	无
生产量/消费量（P/Q）	各功能组生产量和消费量的比值	Ecopath 根据 P/B 和 Q/B 来计算或参考相关研究的取值	通常为 0.05～0.30，根据体重变化调整
生态营养效率（EE）	各功能组生产量被利用的效率	Ecopath 根据 B、P/B 和 Q/B 计算或根据相关研究估计	取值范围为 0～1，其取值通常接近 1
饮食结构（DC）	各功能组营养级数值的确定	采用胃含物分析法和稳定同位素法测定。鱼类 DC 可通过 fishbase 等网站获取，浮游生物和底栖动物 DC 参考其他研究	各功能组 DC 比例之和为 1

EwE 模型采用 Ecopath 模块先建立描述生态系统食物网关系的静态模型，使生态系统中的各个参数符合生态学规律，达到能量平衡的状态，然后将 Ecopath 的结果用于驱动 Ecosim、Ecospace 以及 Ecotracer，在 Ecosim 模块中加入强制时间序列，在 Ecospace 模块中加入关于空间地理位置的数据，在 Ecotracer 模块中加入环境及生物体内污染物浓度的数据，从而分析在系统背景下种群数量和生物量的动态变化。其中，Ecosim 模块成功运行之后，Ecotracer 才可以运行。

5.2.2 Ecopath 主要参数及原理

表 5.1 列出了 Ecopath 的主要参数、参数含义、参数的获取来源和参数的取值范围，为构建 Ecopath 食物网模型提供参考。

在 Ecopath 中以 2 个方程为基础来计算各个功能组的能量流动、功能组间的相互作用等结果，即方程（5.1）和方程（5.2）。

将功能组 i 的生产量 P_i 分解为不同的去向，公式为

$$P_i = Y_i + B_i \times M2_i + E_i + BA_i + P_i \times (1 - EE_i) \tag{5.1}$$

式中，P_i 为功能组 i 的生产量，t/(km²·a)；Y_i 为捕捞量，t/(km²·a)；$M2_i$ 为捕食死亡率，a⁻¹；B_i 为生物量，t/km²；E_i 为净迁移量（迁出–迁入），t/(km²·a)；BA_i 为同化量，t/(km²·a)；EE_i 为功能组 i 的生态营养效率。

通过分解消费量来为功能组 i 的能量平衡，公式为

$$Q_i = P_i + R_i + U_i \tag{5.2}$$

式中，Q_i 为功能组 i 的消费量，t/(km²·a)；R_i 为呼吸量，t/(km²·a)；U_i 为未同化的量，t/(km²·a)。

在 Ecopath 中采用 2 种不同的方法计算食物网结构和能量传递中功能组的营养级：①描述食物网中每个功能组营养级时，将生产者和碎屑功能组的营养级定为 1，消费者等功能组的营养级根据其 DC 的营养级加权平均值进行计算，取值可以是小数；②描述生态系统能量传递时，生产者和碎屑在第 I 营养级，每个营养级为在该营养级上所有功能组的集合，消费者在第 II、III、IV 等整数营养级。

5.2.3 Ecosim 原理

在 Ecopath 的基础上，对 Ecosim 构建不同功能组的生物量的动力学微分方程，公式为

$$\frac{\mathrm{d}B_i}{\mathrm{d}t} = g_i \Sigma_j Q_{ji} - \Sigma_j Q_{ij} + I_i - (M_i + F_i + e_i)B_i \tag{5.3}$$

式中，$\frac{\mathrm{d}B_i}{\mathrm{d}t}$ 为时间 t 内的生长速率，t/(km²·a)；B_i 为生物量，t/km²；g_i 为净生长效率；$\Sigma_j Q_{ji}$ 为功能组 i 作为捕食者的净消费率，t/(km²·a)；$\Sigma_j Q_{ij}$ 为功能组 i 作为被捕食者的被捕食率，t/(km²·a)；I_i 为 B 的净迁入率，t/(km²·a)；M_i 为自然死亡率，a⁻¹；F_i 为捕捞死亡率，a⁻¹；e_i 为净迁出率，a⁻¹。

5.2.4 Ecospace 原理

在 Ecosim 的基础上，使用 Ecospace 将不同功能组的生物量分布在不同的栅格地图中，能够分区域阐述不同功能组间的能量流动过程，公式为

$$\frac{\mathrm{d}B_{ik}}{\mathrm{d}t} = n_i Q_{ik} - Z_{ik} B_{ik} - \Sigma_k m_{ikk'} B_{ik} + \Sigma_{k'} m_{ik'k} B_{ik'} \tag{5.4}$$

式中，B_{ik} 是栅格 k 中功能组 i 的生物量，t/km^2；n_i 是摄食量的净生产效率；Q_{ik} 是栅格 k 中功能组 i 的消费量，$t/(km^2 \cdot a)$；Z_{ik} 是栅格 k 中功能组 i 的瞬时死亡率，a^{-1}；k 和 k' 分别代表栅格；$\Sigma_k m_{ikk'} B_{ik}$ 是功能组 i 从栅格 k 向外的移动率，$t/(km^2 \cdot a)$；$\Sigma_{k'} m_{ik'k} B_{ik'}$ 为功能组 i 从四个相邻的栅格 k 向栅格 k 的移动率，$t/(km^2 \cdot a)$。

5.2.5 Ecotracer 原理

在 Ecospace 的基础上，用 Ecotracer 来追踪污染物在物种和区间中的迁移过程，公式为

$$\frac{\mathrm{d}C_i}{\mathrm{d}t} = \text{intake} - \text{loss} \tag{5.5}$$

式中，$\dfrac{\mathrm{d}C_i}{\mathrm{d}t}$ 中的变量 C_i 是一个区间 i 内的总污染量，t/km^2；intake 为区间 t 污染物瞬时吸收速率，$t/(km^2 \cdot a)$，包括从食物中获取、从环境中直接摄取、迁入物种携带等作用的输入速率；loss 为区间 i 中污染物瞬时损失速率，$t/(km^2 \cdot a)$，包括被捕食、通过排泄和死亡流向碎屑、迁出物种带出、生物代谢和自然衰减等作用的输出速率。

5.3 EwE 模型在千岛湖的应用

5.3 节与 5.4 节主要借用实际案例介绍 EwE 建模的主要流程以及建模所需的数据来源，并简要介绍模型导出结果，关于建模的研究目的等不作过多介绍。

本节案例引用自邓悦等[27]撰写的《利用 Ecopath 模型评价鲢鳙放养对千岛湖生态系统的影响》。

5.3.1 研究区概况

千岛湖位于浙江西部与安徽南部交界的淳安县境内，地处 29°11′N～30°02′N、118°34′E～119°15′E，是 20 世纪 50 年代为修建新安江水电站筑坝拦蓄新安江上游而形成的淡水湖泊。千岛湖水域面积约为 570km²，东西长约 60m，南北宽约 50km，正常库容量为 178.4×10⁸m³，最深处达 97m，平均水深 34m，多年平均水温 15.8℃。千岛湖是饮用水重要水源地，其渔业也十分发达，是淳安县的支柱产业。

5.3.2　Ecopath 模型构建

1. 划分功能组

功能组是指具有共同栖息地、相似食性、相似尺寸、相似生活史特征的物种集合。为使模型更具可比性，参考了 2004 年的划分标准，将千岛湖生态系统划分为 17 个功能组。由于千岛湖生态系统种群结构的变动，2004 年、2010 年和 2016 年的功能组组成有所不同（表 5.2）。

表 5.2　千岛湖生态系统 3 个年份的功能组

	2004 年		2010 年		2016 年
编号	功能组名称	编号	功能组名称	编号	功能组名称
1	鳡 *Elopichthys bambusa*	1	蒙古鲌 *Culter mongolicus*	1	鳜 *Siniperca chuatsi*
2	鲌 *Culter*	2	翘嘴鲌 *Culter alburnus*	2	太阳鱼 *Lepomis gibbosus*
3	鳙 *Aristichthys nobilis*	3	鳙 *Aristichthys nobilis*	3	鲌 *Culter*
4	鲢 *Hypophthalmichthys molitrix*	4	鲢 *Hypophthalmichthys molitrix*	4	黄颡鱼 *Pelteobagrus fulvidraco*
5	大眼华鳊 *Sinibrama macrops*	5	大眼华鳊 *Sinibrama macrops*	5	银飘鱼 *Pseudolaubuca sinensis*
6	国王鲤 *Cyprinus carpio*	6	国王鲤 *Cyprinus carpio*	6	鳊 *Parabramis pekinensis*
7	银飘鱼 *Pseudolaubuca sinensis*	7	银飘鱼 *Pseudolaubuca sinensis*	7	参条 *Hemiculter leucisculus*
8	鲴 Xenocyprinae	8	参条 *Hemiculter leucisculus*	8	鲴 Xenocyprinae
9	其他鱼类	9	鲴 Xenocyprinae	9	国王鲤 *Cyprinus carpio*
10	虾	10	其他鱼类	10	鲫 *Carassius auratus*
11	软体动物	11	虾蟹类	11	鳙 *Aristichthys nobilis*
12	小型底栖动物	12	软体动物	12	虾
13	浮游动物	13	小型底栖动物	13	鲢 *Hypophthalmichthys molitrix*
14	浮游植物	14	浮游动物	14	草鱼 *Ctenopharyngodon idellus*
15	底栖生产者	15	浮游植物	15	大型底栖动物
16	有机碎屑	16	水生植物	16	浮游动物
—	—	17	有机碎屑	17	浮游植物
—	—	—	—	18	有机碎屑

2. 计算生态学参数

各功能组的各类生态学参数的估计如下。

1）生物量（B）

生物量在 Ecopath 模型中选用生物湿重（t/km²）的能量形式来表示。部分鱼类的生物量数据由捕捞量数据计算而出，具体的计算方法为

$$B = \frac{Y}{F} = \frac{Y}{Z-M} \tag{5.6}$$

式中，Y 为渔获量；F 为捕食死亡率；Z 为总死亡系数，$Z = P/B$；M 为自然死亡系数。M 的数值由 Pauly 在 1980 年提出的经验公式估算出，公式为

$$\lg M = -0.2107 - 0.0824 \lg W_{\infty} + 0.6757 \lg K + 0.4627 \lg T \tag{5.7}$$

$$\lg M = -0.0066 - 0.279 \lg L_{\infty} + 0.6543 \lg K + 0.4634 \lg T \tag{5.8}$$

式中，W_{∞} 为渐进体重，g；K 为生长系数；T 为该水域年平均水温，℃，取 15.8℃；L_{∞} 为渐进体长，cm。

研究中其他底栖生物、浮游动物、浮游植物的生物量参考 2008～2010 年的实测数据[28-30]。部分功能组的生物量因为无已知的生态调查数据，故采用预设的生态营养效率 EE 算出。参照其他许多生态系统模型通行的方法[31]，将虾蟹类、软体动物和底栖藻类的 EE 分别假定为 0.95、0.95 和 0.5。碎屑的生物量计算采用与初级生产碳相关的相关经验公式[32]。

2）生产量/生物量（P/B）

P/B 指年生产量和生物量的比值。鱼类和虾蟹类的 P/B 参考千岛湖和竺山湖的相关研究[33]；软体动物和其他底栖生物的 P/B 参考太湖的相关研究[34]；浮游动植物以及底栖藻类的 P/B 引自千岛湖相关研究[35]。

3）消耗量/生物量（Q/B）

Q/B 为单位时间某种生物的消耗量与生物量的比值。研究中鱼类的 Q/B 由 Pauly 的经验公式计算，公式为

$$\lg\left(\frac{Q}{B}\right) = 7.964 - 0.204 \lg W_{\infty} - 1.965 T' + 0.083 A + 0.532 h + 0.398 d \tag{5.9}$$

$$T' = \frac{1000}{T + 273.15} \tag{5.10}$$

$$A = \frac{H^2}{a} \tag{5.11}$$

式中，W_{∞} 是渐进体重，g；T 为该水域的表层水温，℃；A 为尾鳍形状参数（一般鱼类取 1.32）；h 为草食鱼类的布尔型变量（草食鱼类取 1，其他类取 0）；d 为碎屑食性鱼类的布尔型变量（碎屑食性的鱼类取 1，其他类取为 0）；H 为鱼类的尾鳍高度，cm；a 则为尾鳍面积，cm²。

所需要的参数数据通过查询渔业数据库网站（http://www.fishbase.org）获得，也可参考相关的文献[35]。

虾类、软体动物、小型底栖动物和浮游动物的 Q/B 由 $Q/B = （P/B）/（P/Q）$ 间接计算而来，P/Q 的取值参照一些公认的资料[36]，分别为 0.075、0.125、0.02 和 0.05。

　　4）捕捞量和迁移量产出（EX）

参考千岛湖鱼类资源数据中做的渔业捕捞系统调查得到，统计中额外考虑鲢、鳙鱼每年的投放量，作入量计。

　　5）生态营养效率（EE）

虾、软体动物和底栖藻类的 EE 分别假定为 0.95、0.95 和 0.5[31]，部分鱼类功能组参考相关文献来取值[24, 35]。

　　6）食物矩阵

鱼类的食性组成参考千岛湖和太湖的相关文献[24,33]。对包含几种动物的功能组，食物组成则根据权重算出。浮游动物、软体动物、水蚯蚓和虾蟹类的食性参照目前的食性研究结果[32]。

　　3. 模型调试

基本参数输入模型后，需要保证各功能组的生态营养效率 EE 都要调整到 0 和 1 之间。因为超过 1 的 EE 是不正常的，任一个物种被捕食和被捕捞的量不可能大于其自身的能量产出。这时需要通过调节部分参数，使模型中各个功能组的输入和输出达到平衡。模型在首次运行时出现有的功能组的 EE 大于 1，通过调整 P/B 或者 DC 等使 $0<EE_i<1$。

5.3.3　模拟结果

　　1. 生物量和生态系统营养级结构特征

参数输入模型后，进行模型的平衡与计算，输出千岛湖生态系统 Ecopath 模型的运行结果如表 5.3 所示。将其中一些重要的参数与刘其根[35]构建的 2004 年模型结果以及于佳等[37]的 2016 年模型结果进行比较。参数列表如表 5.4 所示，由于千岛湖生态系统种群结构的变动以及划分功能组的不同，此处选取一些具有代表性的功能组作对比。

各功能组生物量变化可以由表 5.4 看出。鲢、鳙属于人工放养鱼类，其生物量大小主要取决于放养和捕捞情况。其他鱼类里，鳡鱼的生物量经由 1999 年和 2000 年的除鳡行动在 2004 年已经大幅减少，到 2010 年几乎完全消失。鲌鱼、飘鱼、参条和鲴鱼等在 2004 年的生物量相较于保水渔业实施前有短期的提升[35]，在 2010 年大幅度减少，到 2016 年仍呈现继续减少的趋势。除此之外，底栖动物的生物量也大幅减少，浮游植物和有机碎屑的生物量却成倍增长。

表 5.3　千岛湖 2010 年生态系统模型功能组参数和输出结果

组名	营养级	生物量/(t/km²)	生产量/生物量	消耗量/生物量	生态营养效率 EE	捕捞量和迁移量产出 EX/(t/km²)
蒙古鲌 *Culter mongolicus*	3.39	0.63	0.98	3.62	0.704	0.367

组名	营养级	生物量/(t/km²)	生产量/生物量	消耗量/生物量	生态营养效率 EE	捕捞量和迁移量产出 EX/(t/km²)
翘嘴鲌 *Culier alburnus*	3.48	0.32	0.32	1.05	0.831	0.206
鳙 *Aristichthys nobilis*	2.9	3.78	3.78	1.299	0.93	1.341
鲢 *Hypophthalmichthys molitrix*	2.1	2.91	2.91	1.503	0.95	1.006
大眼华鳊 *Sinibrama macrops*	2.39	0.21	0.21	1.75	0.89	0.151
国王鲤 *Cyprinus carpio*	3.02	0.05	1.035	1.035	0.79	0.052
银飘鱼 *Pseudolaubuca sinensis*	3.06	0.42	1.17	3.97	0.73	0.047
参条 *Hemiculter leucisculus*	2.12	0.68	1.16	3.8	0.76	0.040
鲴 *Xenocyprinae*	2.02	0.60	1.36	14.7	0.83	0.426
其他鱼类	2.69	0.10	1.198	12	0.90	0.054
虾蟹类	2.33	0.23	3.09	41.2	0.95	0.227
软体动物	2	0.52	1.33	10.64	0.95	0.23
小型底栖动物	2.1	2.25	4.03	201.5	0.95	—
浮游动物	2	16.40	15.81	316.2	0.294	—
浮游植物	1	35.01	200.75	—	0.53	—
底栖生产者	1	0.36	80.00	—	0.50	—
有机碎屑	1	37.15	—	—	0.26	—

表5.4 3个年份的各功能组生物量对照

2004 年		2010 年		2016 年	
组名	生物量/(t/km²)	组名	生物量/(t/km²)	组名	生物量/(t/km²)
鳡 *Elopichthys bambusa*	0.0385	蒙古鲌 *Culter mongolicus*	0.532	鲌 *Culter*	0.07

续表

2004 年		2010 年		2016 年	
组名	生物量/ (t/km²)	组名	生物量/ (t/km²)	组名	生物量/ (t/km²)
鲌 *Culter*	1.958	翘嘴鲌 *Culter alburnus*	0.236	黄颡鱼 *Pelteobagrus fulvidraco*	0.07
鳙 *Aristichthys nobilis*	4.82	鳙 *Aristichthys nobilis*	3.78	鳙 *Aristichthys nobilis*	11.11
鲢 *Hypophthalmichthys molitrix*	1.52	鲢 *Hypophthalmichthys molitrix*	2.91	鲢 *Hypophthalmichthys molitrix*	8.18
大眼华鳊 *Sinibrama macrops*	2.92	大眼华鳊 *Sinibrama macrops*	0.196	鳊 *Parabramis pekinensis*	0.13
国王鲤 *Cyprinus carpio*	0.21	国王鲤 *Cyprinus carpio*	0.06	国王鲤 *Cyprinus carpio*	0.04
银飘鱼 *Pseudolaubuca sinensis*	0.47	银飘鱼 *Pseudolaubuca sinensis*	0.47	银飘鱼 *Pseudolaubuca sinensis*	0.06
鲴 *Xenocyprinae*	1.489	鲴 *Xenocyprinae*	0.64	鲴 *Xenocyprinae*	0.06
其他鱼类	0.35	参条 *Hemiculter leucisculus*	0.72	参条 *Hemiculter leucisculus*	0.03
虾	0.87	虾蟹类	0.21	虾	0.05
软体动物	0.65	软体动物	0.567	草鱼 *Ctenopharyngodon idellus*	0.02
小型底栖动物	9.50	小型底栖动物	2.25	大型底栖动物	0.543
浮游动物	10.30	浮游动物	16.40	浮游动物	11.56
浮游植物	20.44	浮游植物	35.01	浮游植物	45.62
底栖生产者	3.83	水生植物	0.36	—	—
有机碎屑	6.68	有机碎屑	37.15	有机碎屑	51.18

2. 生态系统能量流动特征

为了更直观地表示食物网关系，将不同功能组的营养流合并为数个营养级，称为整合营养级（aggregated trophic level）。2010 年的能量流动过程可以形象地用图 5.4 的林氏锥分析法图来表示。在忽略了生物量和生产量等都非常低的营养级之后，千岛湖生态系统 2004 年、2010 年和 2016 年的整合营养级为 4 个（表 5.5）。其中低营养级的能量流动在整体系统中占比较大，越往顶级占比越小，呈典型的金字塔形。2004 年营养级 I 和 II 的总流量分别为 4214t/(km²·a)和 2285t/(km²·a)，占全部营养级流量的 64.5%和 35.0%；2010 年营养级 I 和 II 的总流量分别为 7057t/(km²·a)和 3737t/(km²·a)，占总流量的 65.0%和 34.4%；2016 年营养级 I 和 II 的总流量分别为 9991t/(km²·a)和

3683t/(km²·a)，占总流量的 72.8%和 26.8%。在流向碎屑的总能量上，2004 年为3483t/(km²·a)、2010 年为 5921t/(km²·a)和 2016 年为 8826t/(km²·a)，分别占总流量的53.3%、54.6%和 64.3%。

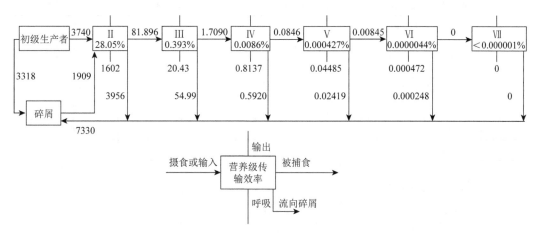

图 5.4　千岛湖 2010 年生态系统各营养级之间的能量流动［单位：t/(km²·a)］

表 5.5　千岛湖 3 个年份生态系统整合营养级流量分布　　　　［单位：t/(km²·a)］

营养级	整合营养级流量分布					
	2004 年		2010 年		2016 年	
	流向碎屑量	总流量	流向碎屑量	总流量	流向碎屑量	总流量
IV	0.506	2.000	0.384	1.105	0.077	0.331
III	9.42	29.46	37.60	53.70	16.24	42.21
II	1544	2285	2565	3737	2502	3683
I	1929	4214	3318	7057	6308	9991
合计	3483	6531	5921	10851	8826	13716

3. 生态系统总体特征

从表 5.6 可见，2010 年的生态系统在生产力和营养物总流量上较 2004 年有较大程度的增加，2016 年则又在 2010 年的基础上提升明显。2004 年系统的总生产量为 4440.0t/(km²·a)，到 2010 年升高为 7341.1t/(km²·a)，增加了 65%，2016 年则为 10 243t/(km²·a)，为 2004 年的2.3 倍；总净初生产量为初级生产者产出的产量总和，2010 年和 2016 年分别为7058.526t/(km²·a)和 9990.779t/(km²·a)，增幅分别为 67%和 137%；在总消耗量和总呼吸量上，2004～2010 年逐渐增大，至 2016 年略有降低；系统的总流量通常可以表征生态系统的规模，2004 年为 16 041.00t/(km²·a)，2010 年和 2016 年则分别为 20 112.58t/(km²·a)和24 698.27t/(km²·a)，呈现持续增大的趋势。

表 5.6　千岛湖生态系统 3 个年份的总体特征

参数	2004 年	2010 年	2016 年
总消耗量/[t/(km²·a)]	5 336.244	5 733.298	5 047.776
总输出量/[t/(km²·a)]	3 087.157	5 425.390	8 453.850
总呼吸量/[t/(km²·a)]	1 130.893	1 623.460	1 536.946
流入碎屑的总流量/[t/(km²·a)]	6 487.187	7330.43	9 659.694
系统总流量/[t/(km²·a)]	16 041.00	20 112.58	24 698.27
总生产量/[t/(km²·a)]	4 440.0	7 341.1	10 243.5
渔获物平均营养级	2.600	2.575	2.315
计算的总净初生产量/[t/(km²·a)]	4 218.050	7 058.526	9 990.779
总初生产量/总呼吸量	3.730	4.348	6.509
总初生产量/总生物量	74.050	109.472	128.738
总初生物量/总流量	0.004	0.003	0.003
总生物量(除去碎屑)/(t/km²)	56.962	64.478	77.605
连接指数	0.276	0.219	0.263
系统杂食指数	0.096	0.100	0.131

　　生态系统总是处在发展和演变的过程之中，由"幼态"逐渐走向"成熟"[38]。Odum[39]从能量流动、物质循环、群落结构及稳态等多个方面提出了 24 个关于生态系统发展的表征参数。在 Ecopath 模型中，选取总初生产量/总呼吸量（TPP/TR）、连接指数（connectance index，CI）、系统杂食指数（system omnivory index，SOI）等多个指标加以量化来表征生态系统的成熟度。对于 TPP/TR，在生态系统发育的早期阶段，由于生物多样性较低且多为初级生产者，TPP 一般高于 TR，即 TPP/TR＞1；随着生态系统的不断发育成熟，TR 增大，在生态系统成熟阶段 TPP/TR 接近 1[40]。CI 和 SOI 则是表征生态系统内部各功能组间联系复杂程度的指标。CI 是指系统内各功能组间实际连接数量与理论连接数量的比值，SOI 则表征功能组连接区域或称摄食范围，可反映各功能组在摄食相互作用方面的强弱。随着生态系统的发育，各功能组间的联系更加复杂，从食物链逐渐发展为食物网，CI 和 SOI 也接近于 1。成熟的生态系统各功能组间联系紧密、抗干扰能力强，系统趋于稳定。

　　表 5.6 表明，系统总初生产量/总呼吸量（TPP/TR）在 2004 年、2010 年和 2016 年分别为 3.730、4.348 和 6.509，远大于 1 且逐渐升高。千岛湖生态系统 2004 年、2010 年和 2016 年的连接指数（CI）和系统杂食指数（SOI）相差不大，在系统杂食指数上略有增大的趋势。Finn 氏循环指数（Finn's cycling index，FCI）和 Finn 氏平均路径长度（Finn's mean path length，FMPL）也与系统成熟度、恢复力和稳定性密切相关，FCI 代表一个生态系统的循环量，与整个系统的稳定性、恢复力和成熟度相关。它的值较高说明一个系统更加稳定和成熟，较低则表示生态系统较为脆弱，对营养输入的改变比较敏感[41]。如表 5.7 所示，千岛湖生态系统 2004 年、2010 年和 2016 年的 Finn 氏循环指数（FCI）分别为 26.27%、11.13%和 5.27%，Fimn 氏平均路径长度（FMPL）分别为 3.803、2.853 和 2.472，两项指标的数值都大幅减小。

千岛湖生态系统 2010 年的 TPP/TR 为 4.35，大于其在 2004 年的值，与 1999 年和 2000 年的值（分别为 2.07 和 1.99）相比也更大[42]，反映出其成熟度的降低。同时，千岛湖生态系统的 CI 和 SOl 分别为 0.219 和 0.100，相比于三峡水库（0.371 和 0.205）[43]，表现出在食物网结构和饮食组成的多样性方面仍缺乏复杂性。除此之外，2010 年生态系统的 FCI 和 FMPL 分别为 10.62% 和 2.843，与同类型其他水库相比较低。由此可见，千岛湖 2010 年的生态系统稳定性较差，比较容易受到外界因素的干扰或破坏。

表 5.7　千岛湖生态系统 3 个年份的网络分析指数

参数	2004 年	2010 年	2016 年
Finn 氏循环指数(总流量的百分比)/%	26.27	11.13	5.27
Finn 氏平均路径长度	3.803	2.853	2.472

5.4　Ecopath 模型在长江口的应用

本节案例引用自徐超等[38]的《基于 Ecopath 模型的长江口生态系统营养结构和能量流动研究》。

5.4.1　研究区概况

长江是中华文明的发源地和摇篮之一，拥有独特的生态系统，是我国重要的生态宝库。长江口呈“三级分汊、四口入海”的格局，是一个陆海双相、潮流强、径流大、挟沙多的河口，其生态系统结构复杂，功能独特。同时由于其饵料资源丰富，长江口也是许多水生物种繁殖、育幼和栖息的场所，渔业资源丰富。但人类社会发展和城市化进程给长江口资源与环境带来了巨大的压力。上游来水来沙量的减少、营养盐结构的改变、富营养化加重等都对长江口生物群落乃至生态系统产生影响[44, 45]。因此，亟须对长江口生态系统的结构和功能进行研究和评估。

5.4.2　Ecopath 模型构建

1. 划分功能组

结合 2020 年长江口春秋季生态环境调查数据，根据生物种类将长江口生态系统功能组初步划分为浮游植物、浮游动物、底栖生物、虾类、蟹类和鱼类；根据主要优势类群，将底栖生物进一步划分为软体动物、多毛类和其他底栖生物 3 个功能组；根据重要经济物种，将蟹类划分为中华绒螯蟹和其他蟹类 2 个功能组；根据重要经济物种和东海高营养层次鱼类功能群研究情况[46]将鱼类进一步划分为龙头鱼、凤鲚、刀鲚、舌鳎、浮游动物食性鱼类、底栖生物食性鱼类、游泳生物食性鱼类和杂食性鱼类共 8 个功能组。综上，增设有机碎屑功能组后将长江口生态系统共划分为 17 个功能组（表 5.8），整体覆盖了长江口生态系统的结构和能量流动过程。在长江口 Ecopath 模型构建中暂不考虑哺乳动物对生态系统的影响。

表 5.8　长江口 Ecopath 模型功能组划分及主要种类组成

功能组	组成
龙头鱼	龙头鱼（*Harpadon nehereus*）
凤鲚	凤鲚（*Coilia mystus*）
刀鲚	刀鲚（*Coilia nasus*）
舌鳎	半滑舌鳎（*Cynoglossus semilaevis*）、焦氏舌鳎（*Cynoglossus joyneri*）、大鳞舌鳎（*Cynoglossus macrolepidotus*）、窄体舌鳎（*Cynoglossus gracilis*）
浮游动物食性鱼类	斑鰶（*Konosirus punctatus*）、鳓（*lisha elongata*）、黄鲫（*Setipinna taty*）、赤鼻棱鳀（*Thryssa kammalensis*）、银鲳（*Pampusargenteus*）、光泽黄颡鱼（*Pelteobaggrus nitidus*）、竹荚鱼（*Trachurus japonicus*）
底栖生物食性鱼类	丝鳍海鲇（*Arius arius*）、红娘鱼（*Lepidotrigla microptera*）、小眼绿鳍鱼（*Chelidonichthys spinosus*）、皮氏叫姑鱼（*Johniusbelangerii*）、红狼牙虎鱼（*Odontamblyopus rubicundus*）、睛尾蝌蚪虾虎鱼（*Lophiogobius ocellicauda*）、孔虾虎鱼（*Trypauchen vagina*）、六丝钝尾虾虎鱼（*Amblychaeturichthys hexanena*）、矛尾虾虎鱼（*Chaemrichthys stignatias*）、髭缟虾虎鱼（*Tridentiger barbatus*）
游泳生物食性鱼类	长吻鮠（*Leiocassis longirostris*）、带鱼（*Trichiurus lepturus*）、鮟鱇（*Lophiformes*）、鮸（*Miichthys miiuy*）、花鲈（*Lateolabrax japonicus*）
杂食性鱼类	黄鳍东方鲀（*Takifugu xanthopterus*）、黄姑鱼（*Nibea albiflora*）、灰鲳（*Pampus cinereus*）、大黄鱼（*Larimichthys crocea*）、小黄鱼（*Larimichthys polyactis*）、棘头梅童鱼（*Collichthys lucidus*）、星康吉鳗（*Conger myriaster*）、褐菖鲉（*Sebastiscus marmoratus*）、大泷六线鱼（*Hexagrammos otaki*）
虾类	安氏白虾（*Palaemon amnandalei*）、脊尾白虾（*Exopalaemon carinicauda*）、巨指长臂虾（*Palaemon macrodactylus*）、葛氏长臂虾（*Palaemon gravieri*）、细指长臂虾（*Palaemnon tenuidactylus*）、细巧仿对虾（*Parapenaeopsis tenella*）、周氏新对虾（*Joyneris shrimp*）、日本沼虾（*Macrobrachium nipponense*）、日本鼓虾（*Alpheus japonicus*）、细鳌虾（*Leptochela gracilis*）、鹰爪虾（*Trachypenaeus curvirostris*）、口虾姑（*Oratosquilla oratoria*）、窝纹网虾蛄（*Dictyosquilla foveolata*）
中华绒螯蟹	中华绒螯蟹（*Eriocheir sinensis*）
其他蟹类	豆形拳蟹（*Pyrhila pisun*）、隆线强蟹（*Eucrate crenata*）、锯缘青蟹（*Scylla serrata*）、拟穴青蟹（*Scylla paramamosain*）、三疣梭子蟹（*Portunus trituberculatus*）、红星梭子蟹（*Portunus sanguinolentus*）、狭颚绒螯蟹（*Eriochier leptognathus*）、中华虎头蟹（*Orithyia sinica*）、细足掘沙蟹（*Scalopidia spinosipes*）、绒毛细足蟹（*Raphidopus ciliatus*）、日本关公蟹（*Dorippe japonica*）、日本蟳（*Charybdis japonica*）
软体动物	长蛸（*Octopus variabilis*）、光滑河蓝蛤（*Potanocorbula laevis*）、河蚬（*Corbicula ftuninea*）、缢蛏（*Sinonovacula constricta*）、不倒翁虫（*Sternaspis sculata*）、背蚓虫（*Notomastus latericeus*）、日本刺沙蚕（*Neanthes japonica*）、圆锯齿吻沙蚕（*Dentinephtys glabra*）等
多毛类	不倒翁虫（*Sernaspis sculata*）、背蚓虫（*Notonastus latericeus*）、日本刺沙蚕（*Neanthes japonica*）、圆锯齿吻沙蚕（*Dentinephtys glabra*）等
其他底栖生物	纽虫（*Nemertinea sp.*）、海葵（*Actiniaria*）、螺赢蜚（*Corophium sp.*）等
浮游动物	桡足类（*Copepods*）、枝角类（*Cladocera*）、糠虾类（*Mysidacea*）、端足类（*Amphipoda*）等
浮游植物	蓝藻（*Cyanophyta*）、绿藻（*Chlorophyta*）、硅藻（*Bacillariophyta*）等
有机碎屑	有机碎屑

2. 计算生态学参数

各功能组的各类生态学参数的估计如下。

1）生物量（B）

生物量数据来源于 2020 年春季（5 月）和秋季（11 月）长江口水域水生生态和渔业资源调查数据，其中渔业资源生物量结合网具可捕系数进行换算，其中网具可捕系数参考当地网具最小网目尺寸以及最小可捕标准。

2）生产量/生物量（P/B）

鱼类的 P/B 为瞬时死亡率（Z），一般可利用 Gulland 提出的总渔获量曲线法来估算，其中自然死亡系数（M）采用 Pauly 的经验公式估算，具体公式详见 5.3.2 节。

3）消耗量/生物量（Q/B）

鱼类的 Q/B 依据 Palomares 等提出的尾鳍外形比的多元回归模型来计算[47]。由于部分功能组中包含不同的鱼类，很难确定其 P/B 和 Q/B，对含有多种鱼类的功能组参数的选择重点参考现有长江口 Ecopath 模型和同纬度模型中类似功能组参数[38, 40, 48]。

4）捕捞数据

渔获量引用《中国渔业统计年鉴》中相关数据。

5）生态营养效率（EE）

EE 由模型计算得到。

6）食物矩阵

DC 数据通过胃含物分析进行估算，并参考相关文献[49-52]和渔业数据库网站（http://www.fishbase.org）数据确定。

3. 模型调试

关于 Ecopath 模型建成后平衡调试方法参照 5.3.2 节。

5.4.3　模拟结果

1. 生态系统营养级特征

参数输入模型后，进行模型的平衡与计算，千岛湖生态系统 Ecopath 模型的运行结果如表 5.9 所示。2020 年长江口生态系统 17 个功能组营养级集中在 1.000～4.438，其中龙头鱼作为高级肉食性鱼营养级最高，为 4.438，游泳生物食性鱼类、底栖生物食性鱼类、杂食性鱼类和舌鳎等中低级肉食性鱼类的营养级集中在 3.396～3.768，浮游动物食性鱼类营养级为 2.837，主要经济鱼类凤鲚、刀鲚的营养级都为 2.907，其他底栖生物、软体动物、虾类和蟹类的营养级集中在 2.365～2.826，多毛类和浮游动物营养级分别为 2.100 和2.000，浮游植物和有机碎屑为自养营养级，营养级为 1.000。各功能组所处营养级符合生态学规律。

表 5.9　长江口 Ecopath 模型功能组估算参数

功能组	营养级	生物量 B/（t/km²）	生产量/生物量（P/B）	消耗量/生物量（Q/B）	生态营养效率 EE	渔获量/(t/km)
龙头鱼	4.438	0.174	1.89	6.67	0.510	—
凤鲚	2.907	0.521	2.86	26.50	0.025	—
刀鲚	2.907	0.475	2.86	26.50	0.027	—
舌鳎	3.421	0.034	1.60	7.80	0.396	—
浮游动物食性鱼类	2.837	0.261	2.30	9.40	0.931	0.010
底栖生物食性鱼类	3.510	0.234	2.50	9.00	0.901	—
游泳生物食性鱼类	3.768	0.478	1.00	4.50	0.857	0.013
杂食性鱼类	3.396	0.192	1.60	7.80	0.983	0.006
虾类	2.700	0.298	7.60	28.90	0.989	0.0001
中华绒螯蟹	2.826	0.032	4.00	15.00	0.619	0.002
其他蟹类	2.707	0.235	3.00	12.00	0.995	0.016
软体动物	2.549	30.397	2.50	9.00	0.407	0.044
多毛类	2.100	11.320	6.70	24.20	0.953	—
其他底栖生物	2.365	29.605	2.00	8.60	0.997	—
浮游动物	2.000	4.108	25.00	180.00	0.966	—
浮游植物	1.000	16.890	180.00	0	0.299	—
有机碎屑	1.000	46.423	—	—	0.164	—

2. 生态系统能量流动特征

通过营养级聚合，长江口生态系统可合并为 5 个整营养级（图 5.5）。从图 5.5 可以看出，2020 年长江口生态系统中来自营养级 Ⅰ 的能量流动在系统总能量流动中占比最高，

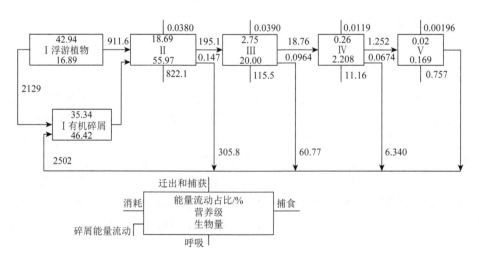

图 5.5　长江口生态系统各营养级间的物质流动

为 78.28%。其中浮游植物和有机碎屑占比分别为 42.94% 和 35.34%，浮游植物和有机碎屑是系统的主要能量来源。营养级Ⅱ所占比例为 18.69%。低营养级的能量流在系统中占比较大，营养级Ⅰ、Ⅱ合计占比大于 95%，说明各营养级的能量流动分布主要集中在营养级Ⅰ~Ⅱ中。营养级Ⅱ~Ⅴ的能量流动随其营养级的增加而依次降低，Ⅲ级以上营养级间的能量流动可忽略不计。长江口生态系统中能量流动的分布情况与生物量相同，即在生态系统中生物量和能量流动随营养级的增加而降低，整体呈金字塔形分布。

3. 生态系统能量转化特征

生态系统中每一营养级输出的和被捕食的能量流动之和与生态系统总能量流动的比值为该营养级的能量转化效率，也体现了该营养级被长江口生态系统利用的效率。长江口生态系统各营养级之间的能量转化效率见表 5.10。从表 5.10 可以看出，长江口初级生产者（浮游植物）到营养级Ⅱ的转化效率为 15.132%，碎屑到营养级Ⅱ的转化效率为 13.913%，生产者和碎屑总能量转化效率为 14.754%。营养级Ⅱ~Ⅲ、营养级Ⅲ~Ⅳ总能量转化效率分别为 9.637% 和 6.737%。各营养级的能量转化效率不同，但都随营养级升高而降低，这可能是由于不同营养级中生物代谢水平差异造成的。2020 年长江口生态系统总转化效率为 9.856%，初级生产者（浮游植物）转化效率为 9.925%，碎屑转化效率为 9.699%。长江口的生态系统能量主要来源于碎屑和初级生产者（浮游植物），分别占 42% 和 58%，表明长江口生态系统的能量流动以牧食食物链传递为主。

表 5.10 长江口生态系统各营养级转化效率 （单位：%）

来源	营养级Ⅱ	营养级Ⅲ	营养级Ⅳ	营养级Ⅴ
生产者	15.132	9.685	6.674	7.294
碎屑	13.913	9.521	6.889	7.127
总能量	14.754	9.637	6.737	7.245

4. 生态系统总体特征

连接指数（CI）和系统杂食指数（SOI）可以在一定程度上反映出生态系统内部食物网联系的复杂程度，具体参考 5.3.3 节。

利用长江口 Ecopath 模型估算 2020 年长江口生态系统特征参数（表 5.11），其中 TPP/TR 为 3.20，大于 1，表明生态系统中仍有较多的剩余能量未消耗，仍处于不成熟状态。长江口生态系统的 CI 和 SOI 分别为 0.38 和 0.23，表明长江口生态系统的成熟度较低，系统稳定性和抵抗外力干扰的能力较差。与过去相比，2020 年长江口生态系统 TPP/TR 较高，CI 与 SOI 有所上升，但仍小于 1，表明多年来长江口生态系统还处于未成熟阶段。

表 5.11　2020 年长江口生态系统特征参数

参数	数值
总消耗量/[t/(km²·a)]	1589.50
总输出量/[t/(km²·a)]	2090.64
总呼吸量/[t/(km²·a)]	949.55
流入碎屑的总流量/[t/(km²·a)]	2502.03
系统总流量/[t/(km²·a)]	7131.73
总生产量/[t/(km²·a)]	3362.24
净效率（捕捞量/净初生产量）/%	0.00003
总净初生产量/[t/(km²·a)]	3040.20
总初生产量/总呼吸量	3.20
净生产量/[t/(km²·a)]	2090.64
总初生产量/总生物量	31.91
总生产量/总流量	0.01
总生物量（除去碎屑）/（t/km²）	95.25
连接指数	0.38
系统杂食指数	0.23

5.5　AQUATOX 模型

AQUATOX 模型可用于构建水生态系统模型，模拟及预测系统中的污染物（如营养盐、化学有毒物质等）在水环境中的迁移和转化，以及水生态系统中各种生物组分对环境条件变化所产生的响应。该模型可计算单位时间步长下物理过程、化学过程和生物过程，得到水生生物的生物量、化学物质浓度在水生态系统中的变化过程，找出生物变化跟水质变化的因果关系[53]。目前已有研究利用该模型对湖泊、水库、河流、池塘等多种水生态系统进行建模和研究。Akkoyunlu 和 Karaaslan[54]使用 AQUATOX 模型模拟 Mogan 湖的富营养化情况，并通过情景工况模拟认为增加人工湿地可以促进和改善 Mogan 湖的水质状况。Yan[55]等利用 AQUATOX 模型模拟了华北海河河口初级生产力和生态系统呼吸随时间的变化，表明初级生产力对最大光合速率最敏感，呼吸速率与温度关系密切。魏星瑶等[56]利用 AQUATOX 模型模拟殷村港的水生态环境，分析营养盐、温度、流速等因子对殷村港富营养化水平的影响，结果表明，控磷比控氮更有利于抑制殷村港藻类生长；水温降低 15%，藻类总量有所增加，但蓝藻显著减少；流速增大 15%时，蓝藻的生物量削减在 15%左右，而绿藻、硅藻生物量增多。

5.5.1　AQUATOX 的发展历程及主要结构

AQUATOX 模型由美国国家环境保护局（EPA）开发，其软件具有良好界面和强大功能，近年来软件也在不断进行开发与更新，较之过去的 Release1 等版本，AQUATOX 3.1 和 AQUATOX 3.1 PLUS 更加完善。2012 年，AQUATOX 3.1 升级了毒理回归数据，增加了沉积物稳定状态诊断模型，修正了反硝化代码，提高了敏感性和不确定性分析，能较全面完整地反映水量、水质对水生态系统的综合影响。目前的最新版本为 AQUATOX 3.2，更新了数据库管理系统且允许用户在不使用图形用户界面的情况下通过文本文件查看和更改模型输入。

　　AQUATOX 模型的变量包括水生动物和植物、溶解氧、碎屑物质、营养盐等状态变量以及风速、光照强度、气温等驱动变量，这些变量均需要输入初始条件和外源负荷，用户可以根据研究区域的实际情况增加或删除状态变量。AQUATOX 模型有 5 个参数库，可供建模者参照，分别为动物库、植物库、场所库、矿化库及化合物库。模型对每个参数都设置了默认值，用户可根据参数默认值设置初始变量，并结合研究区域的实际情况，在变量中编辑参数值，模拟过程概念图如图 5.6 所示。

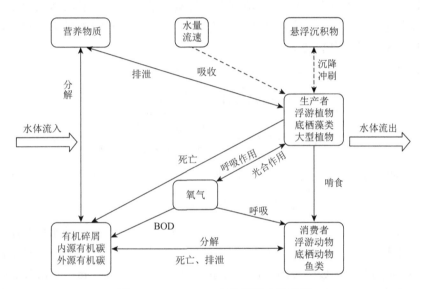

图 5.6　AQUATOX 食物网概念模型图

5.5.2　AQUATOX 主要原理

1. 物理模拟过程

1）水体体积

模型在计算水体营养盐和生物量时，水体体积起着重要作用。AQUATOX 计算水体体积时分为河流、湖泊（水库）、河口三种情况。

（1）AQUATOX 计算河流水体体积时的公式为

$$\text{ManningVol} = Y \times \text{CLength} \times \text{Width} \tag{5.12}$$

$$Y = \left(\frac{Q \times \text{Manning}}{\sqrt{\text{Slope} \times \text{Width}}} \right)^{\frac{3}{5}} \tag{5.13}$$

式中，ManningVol 为河流水体积，m^3；Y 为动力平均水深，m；CLength 为河段长度，m；Width 为河宽，m；Q 为河水流量，m^3/s；Manning 为曼宁粗糙度系数，$\text{s/m}^{1/3}$（若为混凝

土基质，取值为 0.02，若为已清淤或较为规则河道，取值为 0.03，若为自然河道，取值为 0.04）；Slope 为河岸坡度。

（2）AQUATOX 计算湖泊（水库）水体体积时的公式为

$$\frac{\text{dVolume}}{\text{d}t} = \text{Inflow} - \text{Discharge} - \text{Evap} \tag{5.14}$$

$$\text{Evap} = \frac{\text{MeanEvap}}{365} \times 0.0254 \times \text{Area} \tag{5.15}$$

式中，dVolume/dt 为各级池塘水体体积在单位计算时间步长内的变化值，m^3/d；Inflow 为流入池塘的水流量在单位计算时间步长内的变化值；Discharge 为流出池塘的水流量在单位计算时间步长内变化值；Evap 为池塘水体日蒸发量变化值，m^3/d；MeanEvap 为各级池塘水体平均的年蒸发量，in[①]/a；365 为一年的天数，d/a；0.0254 是英寸到厘米的转化系数，m/in；Area 为各级池塘水体面积，m^2。

（3）AQUATOX 计算河口水体体积时的公式为

$$\begin{cases} \text{FreshwaterHead} = \dfrac{\text{ResidFlow}}{\text{Area}} \\ \text{FracUpper} = 1.5 \times \dfrac{\text{FreshwaterHead}}{\text{TidalAmplitude} + \text{FreshwaterHead}} \end{cases} \tag{5.16}$$

$$\begin{aligned} \text{TidalAmplitude} = \sum_{\text{Con}} \{ & \text{Amp}_{\text{Con}} \times \text{Nodefactor}_{\text{Con, Year}} \times \cos[(\text{Speed}_{\text{Con}} \times \text{Hours}) \\ & + \text{Equil}_{\text{Con, Year}} - \text{Epoch}_{\text{Con}}]\} \end{aligned} \tag{5.17}$$

式中，FreshwaterHead 为淡水入流高度，m/d；ResidFlow 为减去挥发后淡水剩余流量，m^3/d；Area 为河口面积，m^2；FracUpper 为混合层上层平均深度所占比例；TidalAmplitude 为潮汐振幅，m；Con 为 8 个组成部分的综合；Amp_{con} 为每一分潮振幅，m；$\text{Nodefactor}_{\text{Con, Year}}$ 为每年每一分潮节点因子，degree；$\text{Speed}_{\text{con}}$ 为每一分潮速度，degree/h；Hours 为每年起始时间，h；$\text{Equil}_{\text{con, Year}}$ 为以格林尼治子午线为准，各个分潮的平衡参数，degree；$\text{Epoch}_{\text{con}}$ 为每一分潮相位滞后程度，degree。

2）水体流速

$$V = \frac{\text{AvgFlow}}{\text{XScArea}} \times \frac{1}{86400} \times 100 \tag{5.18}$$

$$\text{AvgFlow} = \frac{\text{Inflow} + \text{Discharge}}{2} \tag{5.19}$$

式中，V 为水流速度，cm/s；AvgFlow 为该区域的平均流量，m^3/d；XSecArea 为横截面积，m^2；Inflow 为流入该水体的河段水量，m^3/d；Discharge 为流出该水体水量，m^3/d。

2. 生物模拟过程

1）藻类

在 AQUATOX 模型的模拟结果中，植物和动物的生物量为干质量，浮游藻类的生物

---

① 1 英寸（in）= 2.54 厘米（cm）。

量单位 mg/L dry，附着藻类生物量单位为 g/m^2 dry。藻类生物量变化过程与藻类输入负荷、光合作用、呼吸作用、分泌、死亡和被摄食等多种因素有关。藻类生物量随时间变化的计算方程公式如式（5.20）和式（5.21）所示：

$$\frac{dBio_{Phyto}}{dt} = Load_{Phyto} + Photosynthesis - Respiration - Excretion$$
$$- Mortality - Predation \pm Sinking \pm Floating - Washout \qquad （5.20）$$
$$\pm TurbDiff + Washin + Diffusion_{Seg} + \frac{Slough}{3}$$

$$\frac{dBio_{Peri}}{dt} = Load_{Peri} + Photosynthesis - Respiration - Excretion$$
$$- Mortality - Predation + Sed_{Peri} - Slough \qquad （5.21）$$

式中，$dBio_{Phyto}/dt$ 为浮游藻类生物量在单位计算时间步长内的变化量，mg/(L·d)；$Load_{Phyto}$ 为从模型上边界输入的浮游藻类的生物量；Photosynthesis 为光合作用促使藻类生物量增长的量；Respiration 为呼吸作用导致藻类生物量减少的量；Excretion 为分泌导致藻类生物量减少的量；Mortality 为非摄食性死亡导致藻类生物量减少的量；Predation 为被摄食导致藻类生物量减少的量；Sinking 为沉积作用导致浮游藻类生物量变化的量；Floating 为表面漂浮导致浮游藻类生物量变化的量；Washout 为冲刷作用至下游导致浮游藻类生物量减少的量；TurbDiff 为紊流扩散作用导致浮游藻类生物量变化的量；Washin 为上游输入促使浮游藻类生物量增长的量；$Diffusion_{Seg}$ 为模块间扩散导致浮游藻类生物量变化的量；Slough 为脱落促使藻类生物量变化的量；$dBio_{Peri}/dt$ 为附着藻类生物量在单位计算时间步长内的变化，g/(m²·d)；$Load_{Peri}$ 为从模型上边界输入的附着藻类的生物量；Sed_{Peri} 为沉积促使附着藻类生物量增长的量。

AQUATOX 模型中没有直接模拟叶绿素 a 的浓度，而是近似地以浮游植物生物量转换为叶绿素 a 的浓度。碳与叶绿素 a 的比例有较大的取值区间，这与藻类的营养状况息息相关。在缺乏物种特定数据的情况下，AQUATOX 使用蓝藻的默认值为 45μgC/μg 叶绿素 a，WASP 文件中设置的其他浮游植物碳与叶绿素 a 的比例的默认值为 28μgC/μg 叶绿素 a。叶绿素 a 浓度计算方法为

$$ChlA = \sum \frac{Bio_{Phyto} \times CT_0Org}{CT_0Chla_{Phyto}} \qquad （5.22）$$

式中，ChlA 为估算的叶绿素 a 浓度，μg/L；Bio_{Phyto} 为浮游藻类生物量，mg/L；CT_0Org 为碳与生物量的比值（取值为 0.56，量纲一）；CT_0Chla_{Phyto} 为碳与叶绿素 a 的比值，gC/g 叶绿素。

2）动物

鱼类和无脊椎动物的生物量随时间变化的过程模拟基本一致。模型模拟水生动物生物量变化过程与动物负荷、捕食、排泄、呼吸、分泌、死亡、被捕食和配子损失等多种因子有关。模型中计算动物生物量变化方法为

$$\frac{dBio}{dt} = Load_{animal} + Consumption - Defecation - Respiration - Excretion$$
$$- Mortality - Predation - GameteLoss - Washout \pm Migration - Promotion$$
$$+ Recruit - Entrainment$$

（5.23）

式中， $dBio/dt$ 为动物在单位计算时间步长内的变化量，mg/L dry；$Load_{animal}$ 为从模型上边界输入的动物生物量；Consumption 为捕食促使动物生物量增长的量；Defecation 为排泄导致动物生物量减少的量；Respiration 为呼吸作用导致动物生物量减少的量；Excretion 为排泄导致动物生物量减少的量；Mortality 为非捕食性死亡导致动物生物量减少的量；Predation 为被其他动物捕食而导致动物生物量减少的量；GameteLoss 为配子损失导致动物生物量减少的量；Washout 为冲刷作用导致动物生物量减少的量；Migration 为垂向迁移引起动物生物量变化的量；Promotion 为动物幼体成长至下一年龄段引起动物生物量增加的量；Recruit 为成功产卵促使动物生物量增加的量；Entrainment 为洪水夹带作用促使动物生物量增加的量。

3）大型水生植物

AQUATOX 模型中水生植物代表大型有根水生植物。由于浮游植物大量增殖或有机碎屑增加导致的水体浊度升高，会使大型水生植物生物量减少。因此，预测大型水生植物占据面积的多少依赖于水体清晰度，公式为

$$\frac{dBio}{dt} = Loading + Photosynthesis - Respiration - Excretion - Mortality$$
$$- Predation - Breakage + Washout_{FreeFloat} - Washin_{FreeFloat}$$

（5.24）

式中， $dBio/dt$ 为大型水生植物生物量随时间的变化量，g/(m·d)；Loading 为大型水生植物初始值，g/(m·d)；Photosynthesis 为光合作用速率，g/(m²·d)；Respiration 为呼吸损失，g/(m²·d)；Excretion 为排泄或光呼吸值，g/(m·d)；Mortality 为非捕食死亡数，g/(m·d)；Predation 为捕食死亡数，g/(m·d)；Breakage 为破损损失，g/(m·d)；$Washout_{FreeFloat}$ 为冲刷走的自由漂浮大型水生植物量，g/(m²·d)；$Washin_{FreeFloat}$ 为上游河段携带入的大型水生植物量，g/(m·d)。

3. 矿化模拟过程

模型中的矿化模拟包括碎屑、氮、磷、溶解氧等过程。

1）碎屑模拟

碎屑包括所有无生命的有机物质和相关分解者（细菌和真菌），可根据存在形式划分为颗粒状和溶解态物质，可再细分为 8 种存在形态：稳定的溶解态、悬浮态、沉积物、埋藏物（碎屑）和不稳定的溶解态、悬浮态、沉积物、埋藏物（碎屑）（图 5.7）。食屑者不可以直接利用稳定碎屑，而是需要在微生物作用下分解为不稳定碎屑；食屑者可以直接利用不稳定碎屑。

2）氮的模拟

水中氨氮和硝酸盐的氮浓度随时间的变化过程在模型中可以被模拟。通常认为亚硝酸盐的浓度很低，且容易通过硝化和反硝化作用转化，因此，利用方程对硝酸盐浓

度建模。非离子氨不作为单独的状态变量建模，而是以氨氮的浓度估算。因为固氮作用和反硝化作用都受环境条件的制约，且较难建立精确的模型。综上，氮循环是具有较大的不确定性的。AQUATOX 模型将总氮浓度估算作为输出数据。总氮为水体中氨氮和硝酸盐量的综合，以及与溶解、悬浮的颗粒有机物和浮游植物相关的氮。模型中氮循环过程如图 5.8 所示。

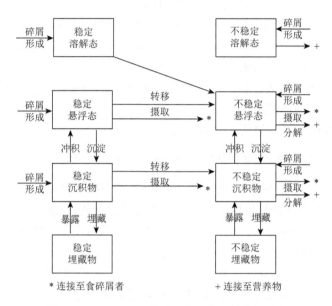

图 5.7 AQUATOX 模型对碎屑物质的模拟过程

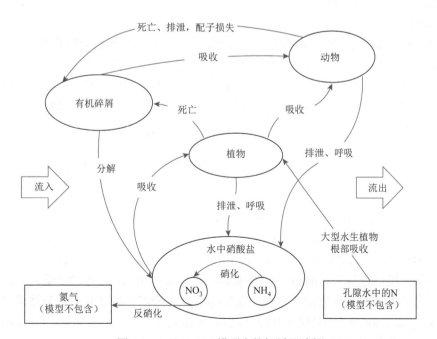

图 5.8 AQUATOX 模型中的氮循环过程

模型中计算氨氮含量变化的方法公式为

$$\frac{\mathrm{dAmmonia}}{\mathrm{d}t} = \mathrm{Load_{ammonia}} + \mathrm{Remineralization} - \mathrm{Nitrify} - \mathrm{Assimilation_{Ammonia}}$$
$$- \mathrm{Washout} + \mathrm{Washin} \pm \mathrm{TurbDiff} \pm \mathrm{Diffusion_{Seg}} + \mathrm{Flux_{Diagenesis}}$$

（5.25）

式中，dAmmonia/dt 为各级池塘氨氮在单位计算时间步长内的浓度变化量，mg/(L·d)；
$\mathrm{Load_{ammonia}}$ 为从模型上边界输入的氨氮浓度；Remineraliation 为氨氮因矿化作用导致的浓度变化量；Nitrify 为氨氮因硝化作用引起的浓度减小量；$\mathrm{Assimilation_{Ammonia}}$ 为氨氮因植物的同化作用导致的减小量；Washout 为氨氮因冲刷流作用导致的浓度减小量；Washin 为氨氮因上游流入负荷引起的浓度增大量；TurbDiff 为氨氮因紊流扩散作用导致的浓度变化量；$\mathrm{Diffusion_{Seg}}$ 为氨氮因迁移扩散导致的浓度变化量；$\mathrm{Flux_{Diagenesis}}$ 为氨氮因沉积物成岩模型潜在通量导致的浓度变化量。

模型中计算硝酸盐氮含量变化的方法公式为

$$\frac{\mathrm{dNitrate}}{\mathrm{d}t} = \mathrm{Load_{Nitrate}} + \mathrm{Nitrify} - \mathrm{Denitrify} - \mathrm{Assimilation_{Nitrate}}$$
$$- \mathrm{Washout} + \mathrm{Washin} \pm \mathrm{TurbDiff} \pm \mathrm{Diffusion_{Seg}} + \mathrm{Flux_{Diagenesis}}$$

（5.26）

式中，dNitrate/dt 为硝酸盐氮单位计算时间步长内的变化值，mg/(L·d)；$\mathrm{Load_{nitrate}}$ 为从模型上边界输入的硝酸盐浓度；Nitrify 为硝酸盐因硝化作用导致的浓度减小量；Denitrify 为硝酸盐因反硝化作用导致的浓度减小量；$\mathrm{Assimilation_{Nitrate}}$ 为硝酸盐在植物的同化作用下导致的浓度减小量；Washout 为硝酸盐因冲刷作用导致的浓度减小量；Washin 为硝酸盐因上游流入负荷导致浓度增大量；TurbDiff 为硝酸盐因紊流扩散导致的浓度变化量；$\mathrm{Diffusion_{Seg}}$ 为硝酸盐因迁移扩散导致的浓度变化量；$\mathrm{Flux_{Diagenesis}}$ 为硝酸盐因沉积物成岩模型潜在通量导致的浓度变化量。

3）磷模拟

磷循环相较氮循环简单。磷的分解、排泄和吸收是与氮循环相似的重要过程。总磷被 AQUATOX 模型估算，并作为输出数据之一。总磷是水体中溶解态磷酸盐、溶解态或悬浮态有机磷以及浮游植物相关的磷酸盐总和。AQUATOX 模型中磷循环过程如图 5.9 所示。

AQUATOX 模型可模拟水中磷酸盐的变化过程，具体计算方法公式为

$$\frac{\mathrm{dPhosphate}}{\mathrm{d}t} = \mathrm{Load_{Phosphate}} + \mathrm{Remineralization} - \mathrm{Assimilation_{Phosphate}}$$
$$- \mathrm{Washout} + \mathrm{Washin} \pm \mathrm{TurbDiff} \pm \mathrm{Diffusion_{Seg}} + \mathrm{Flux_{Diagenesis}} - \mathrm{SorptionP}$$

（5.27）

式中，dPhosphate/dt 为磷酸盐单位计算时间步长内的变化量，mg/(L·d)；$\mathrm{Load_{Phosphate}}$ 为从模型上边界输入的正磷酸盐浓度；Remineralization 为磷酸盐因矿化作用引起的浓度增大量；$\mathrm{Assimilation_{Phosphate}}$ 为磷酸盐因同化作用导致的浓度降低量；Washout 为磷酸盐因冲刷作用导致的浓度降低量；Washin 为磷酸盐因上游入负荷引起的浓度增加量；TurbDiff 为磷酸盐因紊流扩散导致浓度的变化量；$\mathrm{Diffusion_{Seg}}$ 为磷酸盐因迁移扩散导致浓度的变化量；$\mathrm{Flux_{Diagenesis}}$ 为磷酸盐因沉积物成岩模型潜在通量导致浓度的变化量；SorptionP 为磷对方解石的吸附作用引起的磷酸盐浓度降低量。

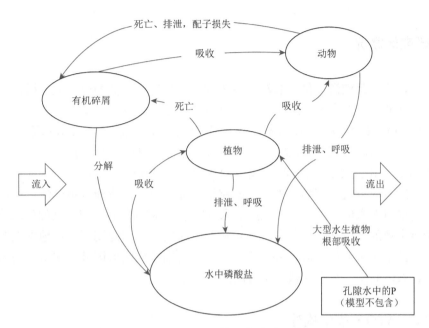

图 5.9　AQUATOX 模型中磷循环过程

4）溶解氧模拟

溶解氧是池塘水生态系统中的重要指标，它是曝气、光合作用、呼吸、分解和硝化作用的综合作用。模型模拟溶解氧的方法公式为

$$\frac{\mathrm{dOxygen}}{\mathrm{d}t} = \mathrm{Load_{Oxygen}} + \mathrm{Reaeration} + \mathrm{Photosynthesized} - \mathrm{BOD} - \mathrm{Respiration}$$
$$- \mathrm{NitroDemand} - \mathrm{Washout} + \mathrm{Washin} \pm \mathrm{TurbDiff} \pm \mathrm{Diffusion_{Seg}}$$

（5.28）

式中，dOxygen/dt 为溶解氧在单位计算时间步长内的浓度变化量，mg/(L·d)；$\mathrm{Load_{Oxygen}}$ 为从模型上边界输入的溶解氧浓度；Reaeration 为溶解氧因大气与水体的氧交换作用引起浓度的增加量；Photosynthesized 为溶解氧因光合作用引起浓度的增加量；BOD 为生化需氧量；Respiration 为溶解氧因水生生物的呼吸作用引起浓度的减少量；NitroDemand 为溶解氧因硝化作用引起浓度的减少量；Washout 为溶解氧因冲刷作用引起浓度的降低量；Washin 为溶解氧因上游流入负荷引起浓度的增加量；TurbDiff 为溶解氧因紊流扩散作用引起浓度的变化量；$\mathrm{Diffusion_{Seg}}$ 为溶解氧因迁移扩散作用导致浓度的变化量。

5.6　AQUATOX 模型在淀山湖的应用

5.6 节与 5.7 节主要借用实际案例介绍 AQUATOX 的建模大致流程以及建模所需数据来源，由于大部分研究是通过 AQUATOX 模型建立情景工况来预测研究区域未来的水环境状况，因此关于建模后续的数据分析等不作过多介绍。

本节案例引用自刘扬[57]撰写的《淀山湖生态风险评价模型及其应用》。

5.6.1 研究区概况

淀山湖, 原名薛淀湖, 位于长江下游太湖流域上海和江苏的交界处, 横跨上海青浦区和江苏昆山市, 地理位置为 31°04′N～30°12′N、120°54′E～121°01′E, 距上海市区约 50km, 是上海境内最大的天然淡水湖。湖泊东西宽 8.1km, 南北长 14.5km, 总面积约 62km², 其中上海辖区 46.7km²（约占全湖 75.3%）；最大水深 4.36m, 平均水深 2.5m, 湖泊调蓄量约 8 亿 m³。淀山湖是吞吐性浅水湖泊, 主要承泄太湖来水。太湖水由西北向东南经急水港、大朱库等河港进入湖体, 然后经拦路港、淀浦河等河流泄入黄浦江, 淀山湖是上海市主要的饮用水源地, 供水量占上海原水供应量的 80%左右, 淀山湖的生态状况和水质直接影响上海的饮用水质量, 是上海市民的生命之水, 因此湖区所在地被上海市政府划定为黄浦江上游水源保护区, 并列为太湖流域特别排放限值区域。淀山湖还同时兼有交通运输、农田灌排、水产养殖、调蓄洪涝等功能。

5.6.2 AQUATOX 模型构建

1. 模型所需淀山湖水文特征数据

收集整理了淀山湖 2009～2011 年淀山湖月平均监测数据。模型中采用的淀山湖主要特征数据见表 5.12。

表 5.12 模型中淀山湖主要特征数据

湖泊面积/km²	湖泊最大长度/km	平均水深/m	最大水深/m	容积/(10^8m³)	纬度/(°)	平均光强/(W/m²)	平均水温/℃	平均蒸发量/(mm/a)
62	14.50	2.11	3.59	1.3082	31.13	335.3	18.8	1032.7

2. 模型的状态变量和驱动变量

模型中设置的变量包括状态变量和驱动变量, 变量的选定很大程度上取决于模型应用的目的。模型中选用的状态变量和驱动变量共有 27 个。其中 NH_3-N、NO_3-N、TSP、DO、TSS、悬浮碎屑、流量、水温、风速、光强、pH 采用 2009～2011 年月平均实测数据。营养盐不仅考虑上游来水, 在大气干湿沉降、点源非点源（工业、生活、农业等）方面都有采用相关文献的值（表 5.13）。

表 5.13 淀山湖生态动力学模型变量设置

	类别	变量名称	数据来源
状态变量	氧	溶解氧(DO)/(mg/L)	2009～2011 年常规水质月平均监测数据
	营养盐	氨氮(NH_3-N)/(mg/L)	2009～2011 年常规水质月平均监测数据
		硝酸盐氮(NO_3-N)/(mg/L)	

类别		变量名称	数据来源
状态变量	营养盐	溶解性磷(TSP)/(mg/L)	2009～2011 年常规水质月平均监测数据
		二氧化碳(CO_2)/(mg/L)	来自《淀山湖渔业资源的初步调查报告》
	无机物	总悬浮颗粒物（TSS）	2009～2011 年常规水质月平均监测数据
	有机物	底泥中的碎屑	模型默认值（无文献值，参考模型）
		悬浮碎屑	2009～2011 年常规水质月平均监测数据（以 BOD 表示）
	藻类	蓝藻	模型将藻类分为：蓝藻门、硅藻门、绿藻门以及其他藻类，根据 2006 年浮游植物监测数据以及 2010 年淀山湖水文水质同步浮游植物监测数据，选定各门藻类的优势种作为模拟变量，以重点考察各门藻类生长情况
		绿藻	
		硅藻	
		隐藻	
	无脊椎动物	虾	根据 2010 年淀山湖水文水质同步生物监测数据，选择淀山湖浮游动物、底栖动物的优势种作为模拟的状态变量，构建水生态系统的食物网，以模拟营养盐在生态系统中的转化过程
		颤蚓类（正颤蚓）	
		轮虫类（角突臂尾轮虫）	
		枝角类（蚤）	
		贝类（蛏）	
		螺类	
	鱼类	鲤鱼	根据淀山湖鱼类现状《淀山湖鱼类多样性分析》，选择淀山湖鱼类的优势种作为模拟的状态变量，构建水生态系统的食物网，以模拟营养盐在生态系统中的转化过程
		鲶鱼	
驱动变量	气象因子	光强	2009～2011 年常规水质月平均监测数据
		水温	2009～2011 年常规水质月平均监测数据
		风速	2009～2011 年常规水质月平均监测数据
	水文因子	流量	2009～2011 年常规水质月平均监测数据
		体积	2009～2011 年淀山湖水文监测数据
		水深	
		pH	2009～2011 年常规水质月平均监测数据

3. 模型的验证

使用平均绝对误差（MAE）、平均相对误差（MRE）评估模型的拟合优度（表 5.14），计算公式为

$$MAE = \frac{1}{n} \sum_{i=1}^{n} |O_i - P_i| \qquad (5.29)$$

$$MRE = \frac{1}{n} \sum_{i=1}^{n} \frac{|O_i - P_i|}{P_i} \qquad (5.30)$$

式中，O_i 为第 i 时间实测值；P_i 为第 i 时间模拟值；n 为实测值次数。

表 5.14　模型验证拟合优度指数

项目	MAE/(mg/L)	MRE/%
总氮 TN	0.7616	24.79
总磷 TP	0.0436	20.76
水温	0.4459	2.43
pH	0.0705	0.93
溶解氧（DO）	2.1260	24.89
生物需氧量（BOD）	0.9222	22.51
叶绿素 a	9.1996	65.08

5.7　AQUATOX 模型在北运河的应用

本节案例引用自闫金霞[58]的《AQUATOX 生态模拟原理与模拟应用》。

5.7.1　研究区概况

北运河水系为海河北系四大河流之一，发源于燕山南麓，自西北向东南流经北京市、河北省和天津市，在天津市红桥区注入海河。上游为山区丘陵地带，中下游为华北冲积平原，全长 142.7km，总流域面积为 6166km²。前地区形成洪积扇，地形坡度较陡，有大、小支沟 39 条分别汇流为北沙河、东沙河和南沙河。三条沙河汇合于昌平区沙河镇后称温榆河，沿途流经顺义、朝阳、通州区的平原区，依次汇入葡沟河、清河、龙道河、坝河、小中河等支流，集流于北关闸。沙河闸至北关闸以上称温榆河，以下至天津红桥称北运河。支流为南北沙河、清河、通惠河、凉水河等十余条支流，是北京生态环境的重要支撑水系，承担城市河湖景观、休闲旅游、排水等重要功能。

5.7.2　AQUATOX 模型构建

1. 模型所需北运河水文特征数据

收集整理了北运河 2013 年平均监测数据。模型中采用的北运河主要特征数据见表 5.15。

表 5.15　北运河的主要水文特征数据

长度/km	平均水深/m	平均河宽/m	面积/m²	平均水量/(10⁹m³)	纬度/(°)	平均光强/(lx/d)	平均气温/℃	蒸发量/(in/a)
148	1.80	102	$2.6×10^7$	0.12	39.70	335.50	11.60	37.30

2. 模型的状态变量和驱动变量

模型中设置的变量包括状态变量和驱动变量，变量的选定很大程度上取决于模型应用的目的。模型中选用的状态变量和驱动变量共有 24 个。其中，有关样品的采集与测定方法如下。

（1）浮游动物、浮游藻类。浮游藻类用采水器采集水样 1000mL，放入样品瓶后立即加 1.0%～1.5%的鲁氏碘液固定。浮游动物用采水器采集水样 7500mL，再用 25 号浮游生物网过滤浓缩至 50mL，水样放入样品瓶后立即加 5%的福尔马林溶液固定。根据《湖泊生态系统观测方法》中的测定方法确定浮游藻类和浮游动物生物量。

（2）大型水生植物。根据北运河水生植物分布规律，选取典型样带，将样地划分为 2m×2m 的样方。在采样点，将铁夹完全张开，投入水中，带铁夹沉入水底后将其关闭上拉，倒出网内植物。去除枯死的枝、叶及杂质，放入编有号码的样品袋内。根据《湖泊生态系统观测方法》中的测定方法确定大型水生植物干重。

（3）底栖藻类。采样时按照每个断面附近 100m 左右采集 4～5 块河底石头，用软毛牙刷刷取石头上的藻类，并用蒸馏水冲洗干净，装入样本瓶后加 3%～5%甲醛保存，用冰盒保存后带回实验室，测量刷取藻类面积。底栖藻类生物量采用无灰干重表示。分别取 3 份平行样品 2mL 蒸馏水悬浮，然后用孔径为 0.2μm 的玻璃纤维膜过滤，称重，在 105℃环境中干燥 24h 后再次称重，最后在 500℃马弗炉内烘干 1h 后称量样品灰，计算无灰干重（ash-free dry mass，AFDM），单位为 $g \cdot m^2$。

（4）底栖动物。底栖动物用彼得逊采样器采集，每个采样点采集 3～4 次，以减少随机误差。采样器提出水面后，底泥放入分样筛中清洗、筛选，检出的底栖动物放入采样瓶中，用 5%甲醛溶液固定，带回实验室进行鉴定分析。优势种鉴定到种，其他种类至少鉴定到属。底栖动物每个采样点按不同种类准确称重，要求标本表面水分已用吸水纸吸干，软体动物外套腔内的水分已从外面吸干。

（5）鱼类。样方的划定与大型水生植物相同。采用渔民捕鱼的渔网进行鱼类采样。鱼体的质量以 g 或 mg 为单位，在称量过程中，所有的样品鱼应保持标准湿度，以免造成误差。

北运河生态动力学模型变量数据来源如表 5.16 所示。

表 5.16　北运河生态动力学模型变量设置

类别		变量名称	数据来源
状态变量	氧	溶解氧(DO)/(mg/L)	采用 YSI 多功能参数仪现场测定
		化学需氧量(COD$_{Cr}$)/(mg/L)	依据 protocols 测定[59]
		生物需氧量(BOD$_5$)/(mg/L)	
	营养盐	氨氮(NH$_3$-N)/(mg/L)	采用 YSI 多功能参数仪现场测定
		总氮(TN)/(mg/L)	依据 protocols 测定[59]
		总磷(TP)/(mg/L)	
		PO$_4^{3-}$/(mg/L)	

类别		变量名称	数据来源
状态变量	无机物	透明度（cm）	采用 YSI 多功能参数仪现场测定
	有机物	底泥中的碎屑	模型默认值（无文献值，参考模型）
	藻类	蓝藻	模型将藻类分为：蓝藻门、硅藻门、绿藻门以及其他藻类，根据《湖泊生态系统观测方法》对研究区采样点水样进行测定
		绿藻	
		硅藻	
	大型水生植物	狐尾藻	根据《湖泊生态系统观测方法》对研究区采样点水样进行测定
	无脊椎动物	轮虫	选定北运河浮游动物、底栖动物的优势种作为模拟的状态变量，构建水生态系统的食物网，以模拟营养盐在生态系统中的转化过程
		水蚤	
		颤蚓	
		摇蚊	
	鱼类	鲤鱼	选定北运河鱼类的优势种作为模拟的状态变量
驱动变量	气象因子	光强	2013 年平均监测数据
		水温	
	水文因子	流量	2013 年平均监测数据
		体积	
		水深	
		pH	采用 YSI 多功能参数仪现场测定

3. 模型的验证

模型的校正采用生物群落生物量模拟值与实测值进行，使用校正模型的一致修正指数（d_1）、有效修正系数（E_1）、均方根误差（RMSE）和平均绝对误差（MAE）评估模型的拟合优度，计算公式如式（5.31）和式（5.32）所示，校正结果根据 5 个等级进行分类，具体结果分类如表 5.17 所示。表 5.18 结果表明，一致修正指数 d_1 范围为 0.65～0.83，有效修正系数 E_1 范围为 0.50～0.71，这证明模拟拟合很好，模型预测值与实测值分布趋势相同。同时，模型模拟均方根误差（RMSE）和平均绝对误差（MAE）很小。因此，我们判断模型校正充分，预测结果合理可信。

$$\begin{cases} d_1 = 1 - \dfrac{\sum\limits_{i=1}^{n}|O_i - P_i|}{\sum\limits_{i=1}^{n}|P_i - \overline{O}| + |O_i - O|} \\[4mm] E_1 = 1 - \dfrac{\sum\limits_{i=1}^{n}|O_i - P_i|}{\sum\limits_{i=1}^{n}|O_i - \overline{O}|} \end{cases} \quad (5.31)$$

$$
\begin{cases}
\mathrm{RMSE} = \sqrt{\dfrac{1}{n}\sum_{i=1}^{n}(O_i - P_i)^2} \\[4mm]
\mathrm{MAE} = \dfrac{1}{n}\sum_{i=1}^{n}\left|O_i - P_i\right|
\end{cases}
\tag{5.32}
$$

式中，O_i 为第 i 时间实测值；P_i 为第 i 时间模拟值；$\overline{O}$ 为观测平均值；n 为实测值次数。

表 5.17　模型校正结果分类

指数值（d_1、E_1）	<0.20	0.20～0.50	0.50～0.65	0.65～0.85	>0.85
分类	非常差	差	好	很好	极好

表 5.18　模型验证拟合优度指数

群落	d_1	E_1	RMSE	MAE
浮游藻类	0.83	0.71	0.07	0.06
底栖藻类	0.74	0.61	0.031	0.023
大型水生植物	0.71	0.58	0.046	0.032
浮游动物	0.72	0.55	0.049	0.037
底栖动物	0.65	0.50	0.092	0.064
鱼类	0.70	0.51	0.033	0.015

5.8　EFDC 模型

5.8.1　EFDC 的发展历程及主要结构

EFDC 模型是美国国家环境保护局推荐使用的水环境生态模型之一，最早由美国弗吉尼亚海洋科学研究所开发，当前由美国 DSI（Dynamic Solutions International）公司维护和开发，并进行商业运营。EFDC 是基于 Fortran 语言开发的三维环境流体动力学程序。其功能强大，集成了包括一维、二维和三维的水动力、泥沙输运、物质输移、水质与富营养化、沉水植物以及底泥沉积成岩等模块，主要用于地表水的模拟，包括河流、湖泊、水库、河口、近海岸水域、海洋等水体。其中，水质富营养化模块可以模拟物理、化学、生物过程，包含蓝藻、绿藻、硅藻等藻类的模拟。

5.8.2　EFDC 主要原理

1. 水动力模块

水动力模块是 EFDC 模型的核心，也是泥沙输运和物质输移的必要基础，为物质输移、水质与富营养化等模块的构建提供水流信息。动力学方程借助有限差分法进行求解，水平方向采用交错网格离散，时间采用二阶精度的有限差分法和内外模式分裂法进行积分，即通过剪切应力或斜压力的内部模块和自由表面重力波或正压力的外模块分开计算。其中，外模块采用半隐式格式，允许较大的时间步长；内模块使用垂直扩散的隐式格式，并且在潮间带区域采用干湿网格技术，能够很好地刻画水面的干湿变化过程。

EFDC 模型水动力模块基本方程包括：动量方程、连续性方程、密度方程，以及盐度和温度输移方程，公式如下。

（1）动量方程：

$$\partial_t(mHu) + \partial_x(m_yHuu) + \partial_y(m_xHvu) + \partial_z(mwu) - (mf + v\partial_xm_y - u\partial_ym_x)Hv =$$

$$-m_yH\partial_x(g\zeta + p) - m_y(\partial_xh - z\partial_xH)\partial_zp + \partial_z(mH^{-1}A_v\partial_zu) + Q_u \tag{5.33}$$

$$\partial_t(mHu) + \partial_x(m_yHuv) + \partial_y(m_xHvv) + \partial_z(mwu) + (mf + v\partial_xm_y - u\partial_ym_x)Hu =$$
$$-m_xH\partial_y(g\zeta + p) - m_x(\partial_yh - z\partial_yH)\partial_zp + \partial_z(mH^{-1}A_v\partial_zv) + Q_v \tag{5.34}$$

$$\partial_zp = -gH(\rho - \rho_0)\rho_0^{-1} = -gHb \tag{5.35}$$

（2）连续性方程（内、外模式）：

$$\partial_t(m\zeta) + \partial_x(m_yHu) + \partial_y(m_xHv) + \partial_z(mw) = S_h \tag{5.36}$$

$$\partial_t(m\zeta) + \partial_x\left(m_yH\int_0^1 udz\right) + \partial_y\left(m_xH\int_0^1 vdz\right) = S_h \tag{5.37}$$

（3）密度方程：

$$\rho = \rho(p, \ S, \ T, \ C) \tag{5.38}$$

（4）盐度和温度输移方程：

$$\partial_t(mHS) + \partial_x(m_yHuS) + \partial_y(m_xHvS) + \partial_z(mwS) = \partial_z(mH^{-1}A_b\partial_zS) + Q_S \tag{5.39}$$

$$\partial_t(mHT) + \partial_x(m_yHuT) + \partial_y(m_xHvT) + \partial_z(mwT) = \partial_z(mH^{-1}A_b\partial_zT) + Q_T \tag{5.40}$$

式中，u、v、w 分别为 x、y、z 方向上的边界拟合正交曲线速度分量，m/s；m_x、m_y 分别为 x、y 坐标变换系数，在笛卡儿坐标下，变换系数等于 1；m 为 Jacobian 曲线正交坐标转换系数，$m = m_xm_y$；H 为总水深，m；h 为基于参考高度以下的水深，m；ζ 为相对参考高度的水面高程，m；A_v 是垂向紊动黏滞系数，m²/s；f 是科里奥利参数，涵盖网格曲率加速度；p 为相对静水压力；ρ 是混合密度；ρ_0 为参考密度；Q_u、Q_v 分别为动量在方向 x、y 方向上的源汇项；S 为盐度，ng/L；T 为温度，℃；C 为总悬浮无机颗粒浓度，g/m³；A_b 为垂向紊动扩散系数，m²/s；Q_S、Q_T 分别是盐度、温度的源汇项。

以上方程式为变量 u、v、w、p、ζ、ρ、S 和 T 提供了一个封闭系统，条件是垂直湍流黏度和扩散率以及源汇项为确定参数。

2. 水质与富营养化模块

水质与富营养化模块也是 EFDC 模型的核心模块，其变量定义和动力学过程描述来源于 CE-QUAL-ICM 水质模型。表 5.19 中完整地列出了该模块变量分组及名称，共有 27 个水质状态变量，分为 6 组；图 5.10 为变量关系结构图，较为全面地表达了不同变量之间的关系。其中，有机形态的碳、氮和磷按溶解性难易程度，均细分为难溶性、活性和溶解性颗粒态。这种分类的应用从化学反应的角度为有机物质形态提供了更加合理的分布。

表 5.19 EFDC 模型水质变量

变量分组	变量名称
藻类	蓝藻（Bc）
	硅藻（Bd）
	绿藻（Bg）
	大型藻类（Bm）
有机碳	难容性颗粒态有机碳（RPOC）
	活性颗粒态有机碳（LPOC）
	溶解性颗粒态有机碳（DOC）
磷类	难溶性颗粒态有机磷（RPOP）
	活性颗粒态有机磷（LPOP）
	溶解性颗粒态有机磷（DOP）
	总磷酸盐（PO_{4t}）
	溶解性磷酸盐（PO_{4d}）
	颗粒态磷酸盐（PO_{4p}）
氮类	难溶性颗粒态有机氮（RPON）
	活性颗粒态有机氮（LPON）
	溶解性颗粒态有机氮（DON）
	氨氮（NH_4）
	硝态氮（$NO_2 + NO_3$）
硅类	颗粒态生物硅（SU）
	可用硅（SA）
	溶解性可用硅（SA_d）
	颗粒态可用硅（SA_p）
其他	化学需氧量（COD）
	溶解氧（DO）
	总活性金属（TAM）
	总可溶性固体（TSS）
	粪大肠杆菌（FC）

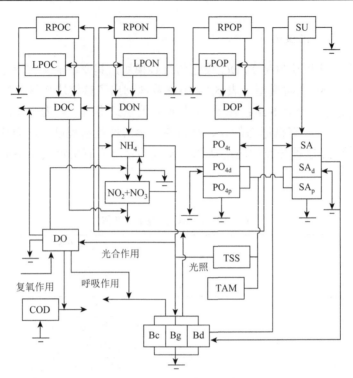

图 5.10　EFDC 模型水质模型变量关系结构图
表中有但图中无的变量表示未参与此过程

水质模块可以模拟污染物在水动力模块基础上的转化，其中包括硝化作用、反硝化作用、有机物的降解矿化、复氧作用、藻类数量变化等化学变化过程。藻类在水体富营养化模块中起着核心作用。在模拟藻类动力学中，EFDC 解释了藻类的生长、基础代谢、捕食和沉淀。藻类的生长取决于养分利用率、环境光照和温度。藻类利用无机营养物质，通过光合作用产生氧气，并通过代谢消耗溶解氧，释放有机物；有机碳经历无数次转化，消耗溶解氧；有机氮和有机磷通过水解和矿化转化为无机形态。

每个水质状态变量的控制质量平衡方程可表示为

$$\partial_t (m_x m_y HC) + \partial_x (m_y HuC) + \partial_y (m_x HvC) + \partial_z (m_x m_y wC) =$$

$$\partial_x \left(m_y m_x^{-1} HA_x \partial_x C \right) + \partial_y \left(m_x m_y^{-1} HA_y \partial_y C \right) + \partial_z \left(m_y m_x^{-1} H^{-1} A_z \partial_z C \right) + m_x m_y HS_C$$

（5.41）

式中，C 为水质状态变量的浓度，mg/L；A_x、A_y、A_z 分别为 x、y、z 方向的紊动扩散系数，m^2/s；S_C 为单位体积内部、外部的源和汇；H 为水柱高度，m；m_x 和 m_y 分别为水平-曲线坐标变化因子。

式（5.41）中包含了物理运移、平流扩散、外部污染输入和水质变量之间的相互生态作用：方程等号左边的后三项代表物理运移；方程等号右边前三项代表扩散传输，这 6 项和水动力模型所用到的温度或者盐度方程一样。等号右边最后一项代表水质变量的反应动力学。在求解方程时，将反应动力学项与物理运移项脱耦，将其分解为两部分。一部分为运移扩散的物理过程：

$$(m_x m_y HC) + \partial_x (m_y HuC) + \partial_y (m_x HvC) + \partial_z (m_x m_y wC) =$$

$$\partial_x \left(m_y m_x^{-1} HA_x \partial_x C \right) + \partial_y \left(m_x m_y^{-1} HA_y \partial_y C \right) + \partial_z \left(m_y m_x^{-1} H^{-1} A_z \partial_z C \right) + m_x m_y HS_{CP} \tag{5.42}$$

另一部分代表物理运移过程的质量守恒方程：

$$\frac{\partial C}{\partial t_K} = S_{CK} \tag{5.43}$$

$$\frac{\partial}{\partial t} (m_x m_y HC) = \frac{\partial}{\partial t_P} (m_x m_y HC) + (m_x m_y H) \frac{\partial C}{\partial t_K} \tag{5.44}$$

在方程式中，源汇项已分为与体积流入和流出相关的物理源和汇，以及动力学源和汇。由于水柱深度的变化与体积传输场的发散有关，因此在对应于物理传输步骤末端的深度场的恒定水柱深度下进行动力学步骤。这样可以从动力学步骤式（5.43）中消除深度和比例因子，可以进一步将其分解为反应性和内部源和汇。

式（5.42）是与时间有关或者关于动态过程的一种数学描述，这种过程可以是物理变化（如吸附作用、大气沉降），可以是化学变化（如硝化反应），也可以是生化过程（藻类生长）。在 EFDC 模型水质模块中，可以表示为

$$\frac{\partial C_K}{\partial t_K} = KC + R \tag{5.45}$$

式中，K 为物质反应速率常数，T^{-1}；R 代表内部源或汇项，$\mathrm{ML}^{-1}\mathrm{T}^{-1}$。

藻类要吸收和利用水中营养盐而生长。在藻类种群动态中，Monod 方程和 Droop 方程是两个基本的动力学方程，它们将营养盐可利用性与微型生物生长直接联系起来。藻类在整个模型中起到核心的作用，可以将其分为 4 种：蓝藻、硅藻、绿藻和大型藻类。下标 x 为 4 个藻类群：Bc 代表蓝藻，Bd 代表硅藻，Bg 代表绿藻，Bm 代表大型藻类。

模型中包含的源和汇包括：生长（生产）率、基础代谢、被捕食、沉降、外部负荷。描述这些过程的方程对于 4 个藻类群来说是基本相同的，不同的是方程中参数的取值：

$$\frac{\partial B_x}{\partial t} = (P_x - \mathrm{BM}_x - \mathrm{PR}_x) B_x + \frac{\partial}{\partial Z} (\mathrm{WS}_x \cdot B_x) + \frac{\mathrm{WB}_x}{V} \tag{5.46}$$

式中，B_x 为藻类群 x 的生物量，$\mathrm{g/m^3}$；t 为时间，d；P_x 为藻类群 x 的生产率，$1/\mathrm{d}$；BM_x 为藻类群 x 的基础代谢率，$1/\mathrm{d}$；PR_x 为藻类群 x 的捕食率，$1/\mathrm{d}$；WS_x 为藻类群 x 的正沉降速度，$\mathrm{m/d}$；WB_x 为藻类群 x 的外部负荷，$\mathrm{g/d}$；V 为细胞体积，$\mathrm{m^3}$。

目前的模型不包括浮游动物及鱼类参数的设定。而是通过为藻类捕食指定一个恒定的速率来间接表示，这隐含地假设捕食者的生物量是藻类生物量的恒定部分。或者，捕食率与藻类生物量成正比。利用与新陈代谢相似的温度效应，给出捕食率：

$$\mathrm{PR}_x = \mathrm{PRR}_x \left(\frac{B_x}{B_{xP}} \right)^{\alpha_P} \cdot \exp[\mathrm{KTP}_x (T - \mathrm{TR}_x)] \tag{5.47}$$

式中，PRR_x 为藻类群 x 在 B_{xP} 和 TR_x 的参考捕食率，$1/\mathrm{d}$；B_{xP} 为捕食的参考藻类群浓度，$\mathrm{g/m^3}$；α_P 为指数相关因子；KTP_x 为温度对捕食藻类群 x 的影响系数，$1/^{\circ}\mathrm{C}$。

在捕食过程中，藻类物质（碳、氮、磷和硅）返回到环境中的有机库和无机库，主

要是颗粒有机物。除此之外，EFDC 模型水质模块中的捕食遵循 CE-QUAL-ICM 中的原始公式，该公式使用捕食速率常数，总捕食损失与藻类浓度成正比。

5.9 EFDC 模型在官厅水库的应用

5.9 节与 5.10 节主要借用实际案例介绍 EFDC 模型的建模大致流程以及建模所需数据来源，并简要介绍模型导出结果，关于建模的研究目的等不作过多介绍。

本节案例引用自熊勇峰等[60]撰写的《基于 EFDC 模型的官厅水库富营养化模拟》。

5.9.1 研究区概况

官厅水库（115°34′2″E～115°49′30″E，40°13′446″N～40°25′42″N）地处河北省张家口市与北京市延庆区界内，位于永定河上游，是北京市生活及工农业用水的重要备用水源地。水库控制流域面积为 43 402km²，占永定河流域面积的 92.8%。水库属温带大陆性季风气候，为半湿润、半干旱型气候过渡区，多年平均气温为 6.9℃，多年平均降水量在 360～550mm，主要集中在 6～9 月；春季较干旱多风沙，夏季炎热多雨，秋季较凉爽少雨，冬季寒冷较干燥。流域内主要入库河流为永定河和妫水河，分别位于水库西北岸和东北岸。永定河由洋河与桑干河汇入而成。

5.9.2 EFDC 模型构建

1. 网格划分

根据研究区域边界进行网格划分，并对生成的网格进行正交化处理，同时对局部区域进行手动正交调整（网格正交性的判断主要是根据节点夹角的余弦值，余弦值越小正交性越好，本研究中余弦值均小于 0.02）。网格大小为 180m×250m，共计 2449 个网格单元。为了更好模拟库区地形，垂直方向采用 σ 坐标，官厅水库最大水深超过 10m，因此垂向均分为 10 层，模型自动根据每个单元水深进行均分，垂直方向网格每一层均为总水深的十分之一。

2. 边界条件

水动力模块边界条件主要包括流量边界与大气边界，官厅水库入库流量主要来源于洋河、桑干河及妫水河，洋河与桑干河汇合于河北省怀来县夹河村，统称永定河，因此，将出入官厅水库的河流概化为永定河入库、妫水河入库和官厅水库出库口。以这些河流年内的逐日平均流量作为流量边界条件（数据来源于《海河流域水文年鉴第 3 卷·第 3 册》）。

官厅水库水质模块在水动力模块基础上考虑了出入库河流水质、大气沉降等因素，水质边界采用 2016～2017 年每月一次的水质监测数据，其中永定河入库采用八号桥站点监测数据，妫水河入库水质采用延庆站点水质监测数据，出库采用零梯度出口条件。此外，模型中还用到了大气压强、气温、降雨、相对湿度官厅水库是典型的北方水库，来流较小，水体流速较慢，水库流场受风力和风向影响较大，故模型中加入风驱动场，考虑了风对水库流场的影响，风的数据是2016～2017年实测风速、风向资料。由于水域面积较大，各处风场并不均匀，但因缺乏多站点实测值，所以用同一站点的实测风场资料代替整个计算域的风场资料进行计算。太阳辐射、云量、蒸发量资料用来构建模型的气象驱动场。

3. 初始条件

模型运行的初始水位取 473.26m 作为实际初始条件的近似，水深通过底高程数据和水位计算得出，并设置初始流速为 0m/s，初始温度全场设为 2℃，库底糙率根据相关文献初步选取 0.02。本次模拟时间为 2016 年 1 月 1 日至 2017 年 12 月 31 日，时间步长设置为动态时间步长，基础时间步长为 10s。为了适应水位波动，在模型中设置干湿边界，设置临界干水深为 0.05m。

初始水质指标浓度根据 2016 年 1 月库区监测点实测值进行空间内插而来，由于 CNP 各组分的实测数据缺乏，根据测量的水质指标浓度对难溶性、活性和溶解性的有机碳、氮、磷组分进行一定比例分配。各变量初始值见表 5.20。

表 5.20 官厅水库水质变量初始值

序号	水质状态变量	符号	单位	初始值
1	蓝藻	Bc	mg/LC	0.0039
2	硅藻	Bd	mg/LC	0.0039
3	绿藻	Bg	mg/LC	0.0039
4	难溶性颗粒态有机碳	RPOC	mg/L	0.039
5	活性颗粒态有机碳	LPOC	mg/L	0.0624
6	溶解性颗粒态有机碳	DOC	mg/L	0.0546
7	难溶性颗粒态有机磷	RPOP	mg/L	0.0112
8	活性颗粒态有机磷	LPOP	mg/L	0.04144
9	溶解性颗粒态有机磷	DOP	mg/L	0.05936
10	总磷酸盐	PO_{4t}	mg/L	0.048
11	难溶性颗粒态有机氮	RPON	mg/L	2.316
12	活性颗粒态有机氮	LPON	mg/L	2.702
13	溶解性颗粒态有机氮	DON	mg/L	2.702
14	氨氮	NH_4	mg/L	1.67
15	硝态氮	$NO_2 + NO_3$	mg/L	0.27
16	颗粒态生物硅	SU	mg/L	0
17	可用硅	SA	mg/L	0
18	化学需氧量	COD	mg/L	10
19	溶解氧	DO	mg/L	12
20	总活性金属	TAM	mol/m^3	0
21	粪大肠杆菌	FC	MPN/100mL	0
22	大型藻类/底栖藻类	BM	Mg/LC	0

4. 参数率定

本节采用 2016 年 1 月 1 日至 2016 年 12 月 31 日的官厅水库水位及库区各测点水温、水质等观测资料对模型进行率定。官厅水库中绝大多数种类都是富营养化水体的特征藻类,结合藻类的细胞密度,官厅水库的浮游植物群落结构类型为蓝藻＋绿藻型,因此在水质参数率定过程中,主要针对蓝藻与绿藻进行调整参数。对于本节模型中涉及的参数,其取值主要通过相关实验数据、参考文献和模型率定等方式联合确定。模型中涉及的主要水质参数见表 5.21。

表 5.21　水质模块主要参数率定结果

参数定义	符号	率定值	参考单位	参数组
蓝藻最大生长速率	PMc	3	1/d	藻类
蓝藻基础代谢速率	BMRc	0.04	1/d	
蓝藻被捕食速率	PRRc	0.02	1/d	
绿藻生长最佳温度下限	TMg1	22	℃	
绿藻生长最佳温度上限	TMg2	24	℃	
蓝藻生长最佳温度下限	TMc1	25	℃	
蓝藻生长最佳温度上限	TMc2	30	℃	
绿藻新陈代谢参考温度	TMg	20	℃	
C 水解参考温度	TRHDR	20	℃	
C 矿化参考温度	TRMNL	20	℃	
最大硝化率	rNitM	0.07	1/d	硝化
复氧速率常数	KRO	3.5	—	DO
化学需氧量衰减速率	K_{CD}	0.015	1/d	COD
难溶性颗粒态有机氮最小水解速率	K_{RN}	0.001	1/d	水解与矿化
活性颗粒态有机氮最小水解速率	K_{LN}	0.01	1/d	
溶解性颗粒态有机氮最小矿化速率	K_{DN}	0.05	1/d	
难溶性颗粒态有机碳最小水解速率	K_{RC}	0.01	1/d	
活性颗粒态有机碳最小水解速率	K_{LC}	0.1	1/d	
溶解性颗粒态有机碳最小水解速率	K_{DC}	0.1	1/d	
难溶性颗粒态有机碳最小水解速率	K_{RP}	0.04	1/d	
活性颗粒态有机磷最小水解速率	K_{LP}	0.075	1/d	
溶解性颗粒态有机磷最小矿化速率	K_{DP}	0.1	1/d	
背景消光系数	Ke_b	0.50	1/m	光照
悬浮物颗粒物消光系数	Ke_{TSS}	0.05	$m^{-1}/(g/m^3)$	
叶绿素 a 消光系数	Ke_{Chl}	0.05	$m^{-1}/(g/m^3)$	
最小合适太阳辐射	Isx_{MIN}	60	lan/d	
溶解氧硝化半饱和常数	$KHNit_{DO}$	0.8	g/m^3	半饱和常数
氨氮硝化半饱和常数	$KHNit_N$	0.8	g/m^3	
化学需氧量氧化所需溶解氧半饱和常数	KH_{COD}	1.2	g/L	

续表

参数定义	符号	率定值	参考单位	参数组
氧呼吸半饱和系数	$KHOR_{DO}$	0.5	g/m^3	半饱和常数
蓝藻吸收氧半饱和常数	KHNc	0.01	mg/L	
蓝藻吸收磷半饱和常数	KHPc	0.02	mg/L	
硝酸盐反硝化半饱和常数	$KHDN_N$	0.1	g/m^3	
绿藻吸收氮半饱和常数	KHNg	0.2	—	
绿藻吸收磷半饱和常数	KHPg	0.001	—	

5. 模型的验证

在参数误差分析过程中采用平均误差（AE）、平均绝对误差（MAE）、均方根误差（RMSE）以及相对误差（RE）等统计变量对模型验证结果进行分析，见表 5.22。

$$AE = \frac{1}{n}\sum_{i=1}^{n}(O_i - P_i) \tag{5.48}$$

$$MAE = \frac{1}{n}\sum_{i=1}^{n}|O_i - P_i| \tag{5.49}$$

$$RMSE = \sqrt{\frac{\sum_{i=1}^{n}(O_i - P_i)^2}{n}} \tag{5.50}$$

$$RE = \frac{1}{n}\sum_{i=1}^{n}\frac{(O_i - P_i)}{P_i} \tag{5.51}$$

式中，O_i 为第 i 时间实测值；P_i 为第 i 时间模拟值；n 为实测值次数。

表 5.22　水质指标误差统计表

水质指标	实测平均值	模拟平均值	平均误差 AE	平均绝对误差 MAE	均方根误差 RMSE	相对误差 RE/%
表层水温/℃	14.4	14.05	0.35	2.06	2.75	14.29
溶解氧/(mg/L)	9.7	9.47	0.24	1.07	1.48	11.01
总氮/(mg/L)	1.36	1.35	−0.04	0.23	0.27	17.7
氨氮/(mg/L)	0.31	0.33	−0.02	0.06	0.07	17.91
总磷/(mg/L)	0.04	0.03	0.01	0.01	0.01	23.7
COD/(mg/L)	18.53	15.85	2.68	3.05	4.56	16.44

从误差统计角度来看，模型验证阶段溶解氧的模拟效果最好，水温次之，COD、总氮和氨氮效果较差，总磷相对最差。总磷模拟效果相对最差的主要原因是水体中水环境因子变化复杂，彼此相互影响，并且受到复杂的水动力影响。此外，模拟过程未考虑水生植物的影响也是造成误差的原因之一。

5.10 EFDC 模型在长潭水库（河道型水库）的应用

本节案例引用自李一平等[61]撰写的《基于 EFDC 模型的河道型水库藻类生长对流域污染负荷削减的响应：以广东长潭水库为例》。

5.10.1 研究区概况

长潭水库（24°422"N～24°5015"N、116°48"E～116°81"E）位于广东省梅州蕉岭县蕉城镇西北约 6km 的石窟河长潭峡谷中，是以发电、供水、防洪为主要功能的大型水库。长潭水库长兴电站坝址至长潭水库坝址之间全长约 22km，宽 100～350m，平均水深 30m，库容 $1.4 \times 10^3 m^3$，水面面积 $4.3 km^2$，属于典型的河道型水库。河道型水库形成后，其水动力学特征介于湖泊和河道之间[62]，水体滞留时间变长，水流变缓慢，比河流更容易发生富营养化。

长潭水库入库河流有石窟河干流（中山河）、中赤河、查干河。石窟河是韩江一级支流，又名石窟溪、蕉岭河，源于福建武平县东留，流经平远县、蕉岭县、梅县等，于梅县丙村镇东州坝注入梅江。石窟河干流长 178km，流域面积 $3777 km^2$。长潭水库于 1978 年 3 月开始建设，于 1987 年开始蓄水发电，于 1991 年 3 月竣工。水库设计洪水位为 151.50m，正常库容为 $1.145 \times 10^3 m^3$，死库容为 $0.5985 \times 10^3 m^3$，设计正常高水位为 148.00m，汛期防洪限制水位为 144.00m，死水位为 136.50m，属季节调节水库。长潭水库多年平均流量为 $55.59 m^3/s$，多年平均径流量为 $17.85 \times 10^8 m^3$，多年平均径流系数为 0.52。

然而，据当地有关部门反映，长潭水库一年中发生数次类似蓝藻水华的事件。根据水环境调查情况[63]，长潭水库上游及闽粤省界水体富营养化污染较重，浮游植物以蓝藻、绿藻为优势种，长潭水库总氮、总磷超标严重，目前水库水质为Ⅳ～Ⅴ类水，不满足集中式生活饮用水地表水源地水质所需要满足的Ⅲ类水（GB 3838—2002 规定）的要求。

5.10.2 EFDC 模型构建

1. 网格划分

EFDC 模型是基于有限差分法求解水动力方程的数值模拟系统，因此本研究需要进行网格概化。模型上边界始于长兴电站，下边界为长潭水库大坝坝址，共 22km，模型在平面上共划分为 11 214 个正方形网格，网格距为 20m，模型在垂向上采用 σ 坐标，平均分为 10 层，用库底和表层水体厚度来定义垂向网格的高度，垂向上分为 10 层，各层所占的水深比例均为 0.1。

2. 边界条件

模型边界条件包括水动力边界和气象边界条件，水动力边界条件包括 1 个主河道和 7

条主要入库支流，长兴电站的调度资料构成水动力上边界，长潭电站的水位资料构成水动力下边界。气象边界条件包括气压、气温、相对湿度、降雨量、风向、风速、云量等逐日数据，来源于梅州气象站。

3. 初始条件

本次模拟的初始条件设置为模拟时段第 1 天长兴电站坝下水位的观测值，水质的初始参数设置为 2011 年 5 月长潭水库水质监测的实测值，水温设置为 20℃，总磷、总氮、铵态氮和硝态氮的浓度分别为 0.06mg/L、2.17mg/L、0.10mg/L 和 1.58mg/L。

4. 参数率定

表 5.23 为长潭水库水生态动力模型中主要参数的含义与取值，EFDC 模型对水动力的模拟已经十分成熟，在水动力的模拟中，大部分物理参数都未作改变。

表 5.23 长潭水库水生态动力模型参数取值

参数	意义及单位	取值
Z_0	河道糙率高度/m	0.02
AHO	水平能动或物质扩散系数/(m²/s)	1.0
AHD	量纲一水平扩散系数	0.2
AVO	运动黏性系数背景值/(m²/s)	0.001
ABO	分子扩散系数背景值/(m²/s)	10^{-9}
AVMN	最小动能黏性系数/(m²/s)	10^{-4}
ABMN	最小黏性系数/(m²/s)	10^{-8}
WSC	风遮挡系数	1.0
PM_C	蓝藻最大生长速率/d⁻¹	1.8
BMR_C	蓝藻基础代谢速率/d⁻¹	0.01
PRR_C	蓝藻被捕食速率/d⁻¹	0.03
WS_C	蓝藻沉降速率/(m/d)	0.1
TMR_C	蓝藻生长最适温度/℃	25
KHN_c	蓝藻吸收氮半饱和常数	0.6
KHP_c	蓝藻吸收磷半饱和常数	0.001
Ke_b	背景消光系数	0.1

5. 模型的验证

以长潭水库水位、叶绿素 a、总氮、总磷浓度实测资料为对照，利用 2011 年的水质监测数据作为该模型的验证资料，比较模型计算值与实测值之间的误差。由于参考文献中只通过图片表明模拟值与实测值变化趋势的对比，未曾通过误差分析对验证结果进行统计，因此本节不做描述。

5.11 成熟水生态模型软件的特征比较

目前，水生态模型正朝着系统化、综合化、法规化方向发展，模型涉及的要素越来越复杂，与许多新兴技术的结合，使得模型的发展充满了机遇与挑战，世界各国的研究者正在为完善湖泊的水生态模型而努力，当前的水生态模型正在向以下几个方面发展：将水生态模型与 GIS 软件集成，把植物的动态变化与水环境的变化结合起来以研究某一时段内水生态系统的变化，从而提高模拟的精确性；尽量增加采样密度和采样频率，得到充分的实验验证数据，将生态模拟结果与实测值进行比较，对模型进行校准，对模拟结果进行敏感性分析；细化食物链和食物网，将微生物和细菌的作用考虑其中；在水生态模型模拟结果的数据处理中引入神经网络预测模型，使数据处理结果更加精确；研究更长的再生时间序列的适应性，来增进模型的内部控制[64]。

下面列举了三种水生态模型，模型侧重点各不相同，内容如表 5.24 所示。

表 5.24 EwE、AQUATOX、EFDC 模型软件的特征比较

	EwE	AQUATOX	EFDC
研究主体	洋流、河流、潟湖、池塘等	湖泊、水库、河流、池塘等	河流、湖泊、水库、河口、近海岸水域、海洋等
维度	零维	零维	一维、二维、三维
模拟问题	模拟生态系统食物网关系，量化食物网的营养动力学特征，能够得出生态系统的稳定性和成熟度、各有效营养级间能量流动的效率以及生物间彼此互利或危害的程度	预测不同的污染物的相互转化、在环境中的归宿及其对生态系统的影响	功能强大，主要用于不同时空尺度的流场、水温、泥沙以及水质等因子的模拟
模型模块	Ecopath、Ecosim、Ecospace、Ecotracer	论述模块（EXM）、食物网模块（FWM）、水动力模块（HDM）、颗粒输送模块（PTM）、站点描述符模块（SDM）、生物累积模块（BAM）、生态毒理学模块（ETM）、风险评估模块（RAM）等八大模块	水动力、泥沙输运、有毒物质污染与运移、水质与富营养化、物质输运、温度和传热、拉格朗日粒子追踪等
参数	生物量、生产量/生物量、消费量/生物量、生产量/消费量、生态营养效率、饮食结构	化合物库、动物库、植物库、场所库和矿化库等 5 个数据库	参数众多，不同模块中包含不同的参数
生物成分	鱼类、浮游动物、浮游植物、水生植物、底栖动物、无脊椎动物	藻类、大型水生植物、无脊椎动物、鱼类	藻类
局限	生态系统模型建立在假设之上，充满不确定性，生态系统基础调查难度大，模型所需参数难以找齐	不考虑无机污染物以及不能模拟金属影响等	模拟不包括浮游动物和碎屑，该模型模拟藻类生长时，由于模拟藻类群数量有限，最多只能模拟 3 组，无法反映模型中未考虑的其他藻类因素
主要特点	相比于其他模型，它所需要的参数非常少，能够利用最少的关键参数来诠释复杂的生态系统。通过这个模型的模拟，可以得知生态系统中不同组分对生态系统的物质循环、能量流动的影响程度	相比其他风险评价模型，它是目前应用最为综合的水生态模型，该模型旨在促进新应用与情景的开发，目前模型多数应用研究侧重于基于食物网的有毒物质生态风险评估	相比于其他软件，它能快速耦合水动力、泥沙和水质模块，省略了不同模块接口程序的研发过程。同时EFDC 开发有完整的前、后处理软件，采用可视化的界面操作，能快速的生成网格数据和处理图像文件

思 考 题

1. 简单阐述水环境数学模型的概念。
2. 分别列举水动力模型、水质模型、水生态模型的主要特点。
3. 详细了解一种生态模型，包括发展过程、机理公式、应用实例。
4. 运用一种生态模型进行简单的运算，记录操作过程中的思考与感受。
5. 比较两种及以上不同生态模型的优缺点。
6. 思考生态模型的发展前景。

参 考 文 献

[1] 曹慧群，赵鑫. 流域水环境数值模拟技术应用及研究展望[J]. 长江科学院院报，2015，32（6）：20-24.

[2] 卢士强，徐祖信. 平原河网水动力模型及求解方法探讨[J]. 水资源保护，2003（3）：5-9.

[3] Li Y P，Tang C Y，Wang J W，et al. Effect of wave-current interactions on sediment resuspension in large shallow Lake Taihu, China[J]. Environmental Science and Pollution Research，2017，24（4）：4029-4039.

[4] 李一平，罗凡，郭晋川，等. 我国南方桉树（*Eucalyptus*）人工林区水库突发性泛黑形成机理初探[J]. 湖泊科学，2018，30（1）：15-24.

[5] 甘衍军，李兰，武见，等. 基于 EFDC 的二滩水库水温模拟及水温分层影响研究[J]. 长江流域资源与环境，2013，22（4）：476-485.

[6] Cha K J，Jung J H，Seo K C，et al. A numerical simulation of wave run-uparound circular cylinders in waves[J]. Journal of the Korean Society of Marine Environment & Safety，2016，22（6）：750-757.

[7] Rippeth T P，Vlasenko V，Stashchuk N，et al. Tidal conversion and mixing poleward of the critical latitude（an arctic case study）[J]. Geophysical Research Letters，2017，44（24）：12349-12357.

[8] 聂学富. 径流及盐度对瓯江口滞留时间影响的数值模拟研究[J]. 浙江水利水电学院学报，2017，29（4）：12-19.

[9] Quinn N W T，Yang Z. Review of hydrodynamics and water quality：Modeling rivers，lakes，and estuaries by Zhen-Gang Ji. second edition[J]. Environmental Modelling & Software，2019，115：211-212.

[10] 周华，王浩. 河流综合水质模型 QUAL2K 研究综述[J]. 水电能源科学，2010，28（6）：22-24.

[11] 崔宝侠，高鸿雁，左传金，等. 人工智能在水质模型改进中的应用[J]. 沈阳工业大学学报，2004（5）：543-546.

[12] 王建平，程声通，贾海峰. 环境模型参数识别方法研究综述[J]. 水科学进展，2006，17（4）：574-580.

[13] Zheng W. Control model of watershed water environment system simulating human neural network structure[J]. NeuroQuantology，2018，16（5）：783-788.

[14] 王敏，姜利兵，黄海真，等. 大型水库水质数值模拟及应用[J]. 环境影响评价，2021，43（1）：47-51.

[15] Anagnostou E，Gianni A，Zacharias I. Ecological modeling and eutrophication：A review[J]. Natural Resource Modeling，2017，30（3）：e12130.

[16] 陈彦熹，牛志广，张宏伟，等. 基于 AQUATOX 的景观水体水生态模拟及生态修复[J]. 天津大学学报，2012，45（1）：29-35.

[17] Cowan W R，Rankin D E，Gard M. Evaluation of central valley spring-run chinook salmon passage through lower butte creek using hydraulic modelling techniques[J]. River Research and Applications，2017，33（3）：328-340.

[18] 邢可霞，郭怀成. 环境模型不确定性分析方法综述[J]. 环境科学与技术，2006（5）：112-115.

[19] 张义，张合平，郭琳. 我国水生态足迹研究进展[J]. 水电能源科学，2013，31（2）：57-60.

[20] Wang J J，Pang Y，Li Y P，et al. Experimental study of wind-induced sediment suspension and nutrient release in Meiliang Bay of Lake Taihu，China[J]. Environmental Science and Pollution Research，2015，22（14）：10471-10479.

[21]　Jalil A，Li Y P，Du W，et al. The role of wind field induced flow velocities in destratification and hypoxia reduction at Meiling Bay of large shallow Lake Taihu，China[J]. Environmental Pollution，2018，232：591-602.

[22]　王永桂，张潇，张万顺. 基于河长制的流域水环境精细化管理理念与需求[J]. 中国水利，2018（4）：26-28.

[23]　Janssen A B G，de Jager V C L，Janse J H，et al. Spatial identification of critical nutrient loads of large shallow lakes：Implications for Lake Taihu（China）[J]. Water Research，2017，119：276-287.

[24]　Heymans J J，Coll M，Link J S，et al. Best practice in Ecopath with Ecosim food-web models for ecosystem-based management[J]. Ecological Modelling，2016，331：173-184.

[25]　Walters C，Christensen V，Pauly D. Structuring dynamic models of exploited ecosystems from trophic mass-balance assessments[J]. Reviews in Fish Biology and Fisheries，1997，7（2）：139-172.

[26]　Walters C，Pauly D，Christensen V. Ecospace：Prediction of mesoscale spatial patterns in trophic relationships of exploited ecosystems，with emphasis on the impacts of marine protected areas[J]. Ecosystems（New York），1999，2（6）：539-554.

[27]　邓悦，郑一琛，常剑波. 利用 Ecopath 模型评价鲢鳙放养对千岛湖生态系统的影响[J]. 生态学报，2022，42（16）：1-10.

[28]　胡忠军，孙月娟，刘其根，等. 浙江千岛湖深水区大型底栖动物时空变化格局[J]. 湖泊科学，2010，22（2）：265-271.

[29]　杨丽丽，何光喜，胡忠军，等. 鲢鳙占优势的千岛湖浮游动物群落结构特征及其与环境因子的相关性[J]. 水产学报，2013，37（6）：894-903.

[30]　胡忠军，莫丹玫，周小玉，等. 千岛湖浮游植物群落结构时空分布及其与环境因子的关系[J]. 水生态学杂志，2017，38（5）：46-54.

[31]　Blanchard J L，Pinnegar J K，Mackinson S. Exploring marine mammal-fishery interactions using 'Ecopath with Ecosim'：Modeling the Barents Sea ecosystem[R]. Science Series Technical Report，Center for Environment，Fisheries and Aquaculture Science，Lowestoft，2002，117：1-52.

[32]　Pauly D，Soriano-Bartz M L，Palomares M L D. Improved construction，parametrization and interpretation of steady-state ecosystem models[C]//Trophic models of aquatic ecosystems，ICLARM Conference Proceedings. 1993，26：1-13.

[33]　咸义，叶春，李春华，等. 竺山湾湖泊缓冲带湿地生态系统 EWE 模型构建与分析[J]. 应用生态学报，2016，27（7）：2101-2110.

[34]　宋兵. 太湖渔业和环境的生态系统模型研究[D]. 上海：华东师范大学，2004.

[35]　刘其根. 千岛湖保水渔业及其对湖泊生态系统的影响[D]. 上海：华东师范大学，2005.

[36]　Halfon E，Schito N，Ulanowicz R E. Energy flow through the Lake Ontario food web：Conceptual model and an attempt at mass balance[J]. Ecological Modelling，1996，86（1）：1-36.

[37]　于佳，刘佳睿，王利，等. 基于 Ecopath 模型的千岛湖生态系统结构和功能分析[J]. 水生生物学报，2021，45（2）：308-317.

[38]　徐超，王思凯，赵峰，等. 基于 Ecopath 模型的长江口生态系统营养结构和能量流动研究[J]. 海洋渔业，2018，40（3）：309-318.

[39]　Odum E P. The strategy of ecosystem development[J]. Science，1969，164（3877）：262-270.

[40]　林群，金显仕，张波，等. 基于营养通道模型的渤海生态系统结构十年变化比较[J]. 生态学报，2009，29（7）：3613-3620.

[41]　Christensen V，Walters C J，Pauly D. Ecopath with Ecosim：A user's guide[J]. Vancouver，2005，154：31.

[42]　刘其根，王钰博，陈立侨，等. 保水渔业对千岛湖生态系统特征影响的分析[J]. 长江流域资源与环境，2010，19（6）：659-665.

[43]　Han R，Chen Q W，Wang L，et al. Preliminary investigation on the changes in trophic structure and energy flow in the Yangtze estuary and adjacent coastal ecosystem due to the Three Gorges Reservoir[J]. Ecological Informatics，2016，36：152-161.

[44]　李从先，杨守业，范代读，等. 三峡大坝建成后长江输沙量的减少及其对长江三角洲的影响[J]. 第四纪研究，2004，24（5）：495-500.

[45]　线薇薇，刘瑞玉，罗秉征. 三峡水库蓄水前长江口生态与环境[J]. 长江流域资源与环境，2004，13（2）：119-123.

[46]　张波，唐启升，金显仕. 东海高营养层次鱼类功能群及其主要种类[J]. 中国水产科学，2007，14（6）：939-949.

[47]　Palomares M L D，Pauly D. Predicting food consumption of fish populations as functions of mortality，food type，

morphometrics，temperature and salinity[J]. Marine and Freshwater Research，1998，49（5）：447-453.

[48]　江红，程和琴，徐海根. 大型水母爆发对东海生态系统中上层能量平衡的影响[J]. 海洋环境科学，2010（1）：91-95.

[49]　李云凯. 东海大陆架渔业生态系统模型研究[D]. 上海：华东师范大学，2009.

[50]　林显鹏，朱增军，李鹏飞. 东海区龙头鱼摄食习性的研究[J]. 海洋渔业，2010，32（3）：290-296.

[51]　庄平，罗刚，张涛，等. 长江口水域中华鲟幼鱼与 6 种主要经济鱼类的食性及食物竞争[J]. 生态学报，2010（20）：5544-5554.

[52]　刘其根，吴杰洋，颜克涛，等. 淀山湖光泽黄颡鱼食性研究[J]. 水产学报，2015，39（6）：859-866.

[53]　Park R A，Clough J S，Wellman M C. AQUATOX：Modeling environmental fate and ecological effects in aquatic ecosystems[J]. Ecological Modelling，2008，213（1）：1-15.

[54]　Akkoyunlu A，Karaaslan Y. Assessment of improvement scenario for water quality in Mogan Lake by using the AQUATOX Model[J]. Environmental Science and Pollution Research，2015，22（18）：14349-14357.

[55]　Yan J X，Liu J L，You X G，et al. Simulating the gross primary production and ecosystem respiration of estuarine ecosystem in North China with AQUATOX[J]. Ecological Modelling，2018，373：1-12.

[56]　魏星瑶，王超，王沛芳. 基于 AQUATOX 模型的入湖河道富营养化模拟研究[J]. 水电能源科学，2016，34（3）：44-48.

[57]　刘扬. 淀山湖生态风险评价模型及其应用[D]. 上海：东华大学，2012.

[58]　闫金霞. AQUATOX 生态模拟原理与模拟应用[M]. 北京：中国水利水电出版社，2020.

[59]　奚旦立，孙裕生. 环境监测：第 4 版[M]. 北京：高等教育出版社，2010.

[60]　熊勇峰，孙先忍，周刚，等. 基于 EFDC 模型的官厅水库富营养化模拟[C]//中国水利学会 2020 学术年会论文集第一分册，北京：中国水利水电出版社，2021.

[61]　李一平，王静雨，滑磊. 基于 EFDC 模型的河道型水库藻类生长对流域污染负荷削减的响应：以广东长潭水库为例[J]. 湖泊科学，2015，27（5）：811-818.

[62]　张远，郑丙辉，富国，等. 河道型水库基于敏感性分区的营养状态标准与评价方法研究[J]. 环境科学学报，2006，26（6）：1016-1021.

[63]　王超，高越超，王沛芳，等. 广东长潭水库富营养化与浮游植物分布特征[J]. 湖泊科学，2013，25（5）：749-755.

[64]　牛志广，王秀俊，陈彦熹. 湖泊的水生态模型[J]. 生态学杂志，2013，32（1）：217-225.

6 河流廊道自然化工程

近年来我国水利行业不断发展壮大，在发电、供水、防洪和灌溉等方面取得显著成效。但由于长期人类活动对自然流域水体的干扰作用，不可避免地会导致一些生态环境问题，如生态环境恶化、江河断流、河流污染等。为此有学者开始反思单一水利工程的功能性，并提出将生态学融入水利工程以及亲近自然的河道治理理念[1]。在这些理论指导下的工程将"生态"这一主题融入设计当中，通过生态设计最大程度降低对环境的不利影响，减少对资源的剥夺和加强对物种多样性的保护，以促进生态系统健康实现"人与自然和谐共生"。

河流廊道自然化工程是以生态水利建设理念为指导的工程。要求项目设计者考虑河流的生态类型，以满足人们对河道安全性、亲水性和景观性的需求。在此基础上，实施生态恢复管理措施，从而改善或增强河流的自然功能，减少人类活动对河流的干扰。传统的河流廊道工程通常采用浆砌石、混凝土等灰色材料施工，这些材料有着坚硬、牢固和抗冲刷的特点，在防止水土流失、防洪排涝、稳定河流廊道等方面发挥着重要作用，但是其人工痕迹明显，缺少景观性和美感，不能满足河流廊道的自然化要求。因此在生态水利新工程建设理念的指导下，传统工程设计方案逐渐被淘汰，取而代之的是考虑工程安全、资源可持续利用和生态保护需要等诸多因素的河流廊道自然化工程。河流廊道自然化工程主要包括自然型岸坡防护技术、河道栖息地改善工程和河漫滩生态修复技术。这些工程技术以"生态"为主题，贯彻"人与自然和谐共生"的社会主义生态文明建设的理念，对河流廊道展开"自然化"改造，在改善环境质量与增加物种多样性的同时提高河流廊道的美观性和城市宜居性。

6.1 自然型岸坡防护技术

6.1.1 岸坡防护概念与意义

岸坡作为河流与陆地生态系统之间的过渡带与连接带，起着两者物质、能量和信息交换的作用，兼顾行洪排涝与生态平衡两个主要功效，是生态系统的重要组成部分。岸坡时常受到水文和人类活动等因素的影响而发生破坏和改变，从而影响地貌和威胁人民财产安全，因此岸坡防护技术孕育而生。

岸坡防护（护坡）是用于保护河道因自然或人为因素影响而发生岸坡破坏的工程。在防洪抗汛方面，当雨季洪水来临时，河道水位显著上涨，将会改变岸坡的地下渗流场，加大动水、静水压力，水面的加宽，水深加大，浪蚀作用的加强，岸坡再造的发生，会改变原有的岸坡形态。而岸坡防护工程能够有效防止河流廊道的再塑形，在历年抗洪和维护河势稳定中发挥重要作用，成为防洪工程体系的组成部分和河势控制规划中的重要工程措施[2]。

在生态环境方面，岸坡可以被视作一个沟通河流与陆地生态系统的过渡带小型生态系统，自然状态下的岸坡为一些栖息在河流周边的生物提供生存的场所。而自然型岸坡防护的建设能够提高岸坡生态系统的稳定性，保持物种多样性，增加河流与陆地生态系统的交互，构建良好的河流生态系统。

在城市景观方面，岸坡是河流廊道景观的一部分，也是人们与自然水体亲近的纽带。建设自然型岸坡防护工程，要求在满足防洪抗汛标准的基础上最大程度保留自然要素将生态学理念带入工程设计，将水利工程融入自然景观之中，这有助于提升河流整体的美观性，拉近人与自然的亲密程度，利于打造亲近水体、亲近自然的城市生活环境，提高城市居民的幸福感。

6.1.2 自然型河道护坡设计原理

传统岸坡防护的设计理念是利用浆砌石、混凝土等灰色材料的固定作用和植物根系的固土保水能力来维持岸坡稳定，减少其受外界因素的干扰。这种设计方式简单高效，能够很好地实现岸坡的稳定性要求，但隔绝了河流与陆地生态系统之间的联系，一定程度上破坏了河流生态系统的完整性。

在自然型河道护坡设计理念指导下的工程不仅要实现岸坡结构上的稳定，还需要保持河流岸坡生态系统的稳定，将人工岸坡很好地融入河流生态系统中，增加物种多样性，维持河流与岸坡的物质、能量和信息交换，并满足城市景观的要求。自然型河道护坡的建设需要从工程力学、生态学与景观学三方面考虑[3]，这也是其设计原理所涵盖的内容。

1. 工程力学设计

河道护坡设计的安全性和结构的稳定性是其实现一切功能的基础，因此在设计河道护坡前需要分析岸坡处的土力学参数，以保障工程的可靠性。

1）抗剪强度计算

土壤的抗剪强度是决定岸坡是否发生滑动的关键因素，主要受到土壤结构、颗粒形态以及孔隙水含量的影响。干燥的土壤因土壤颗粒间的接触应力大，其抗剪强度也大，随着土壤含水量的增加其抗剪强度逐渐减小。土壤的抗剪强度 τ 由公式（6.1）确定：

$$\tau = \sigma \tan \varphi + c \tag{6.1}$$

式中，σ 为总的法向应力；φ 为内摩擦角；c 为土壤黏聚力。

对于非黏聚性土壤（如净砂与砾石），由于黏聚力 c 为零，抗剪强度由公式（6.2）计算：

$$\tau = \sigma' \tan \varphi' \tag{6.2}$$

土壤内摩擦角和黏聚力等有效应力强度参数一般通过实验室三轴抗压试验，或者通过剪切盒试验来测定。

2）安全系数计算

安全系数是用来衡量岸坡稳定性的重要指标。当水岸所能承受的作用力（包括土壤重力及因渗流引起的剪切应力）超过岸坡的最大抗剪强度时，岸坡就会发生滑动。因此，要考虑岸坡结构的安全系数（F_s）这一因素。可按照公式（6.3）计算：

$$F_s = \frac{土壤抗剪强度}{土壤承受的剪应力} = \frac{\tau}{\tau'} \tag{6.3}$$

当 $F_s = 1.0$ 时，岸坡处于崩塌的临界点；稳定性随 F_s 的增大而增大。通常情况下为了保证岸坡的稳定性，防止因岸坡坍塌造成较大的生命财产损失，F_s 需要达到 1.4 或更高。具体情况需要参照相关规范确定。

3）稳定性分析

护坡发生滑动的形式是多样的，因此对于不同的滑动类型分析方法也有区别。对于无黏聚性土体护坡，其浅层滑动可以把护坡视作一个无限延伸的均质边坡分析，水线以上的部分是干燥的。可从坡面上取一微小单元土体分析其稳定条件。如图 6.1 所示，设微小土体的重量为 W，W 沿坡面的滑动力 $T = W \sin \alpha$。垂直于坡面的正压力 $N = W \cos \alpha$，正压力产生于摩擦阻力，由于黏聚力为 0，摩阻力阻抗土体下滑，称抗滑力，其值 $R = N \tan \varphi = W \cos \alpha \tan \varphi$。定义土体的稳定安全系数为 F_s，可按公式（6.4）计算。

$$F_s = \frac{抗滑力}{滑动力} = \frac{R}{T} = \frac{W \cos \alpha}{W \sin \alpha} = \frac{\tan \varphi}{\tan \alpha} \tag{6.4}$$

式中，φ 为土体内摩擦角；α 为土坡的坡角。

对于黏聚性土体护坡的稳定性分析有整体圆弧滑动法、瑞典条分法、毕肖甫法和简布法等。可采用有限元软件对分析结果做较为准确的运算。

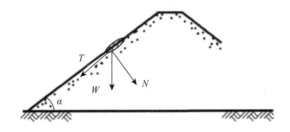

图 6.1　无黏聚性土体护坡浅层滑动示意图

2. 生态学设计

生态学设计是自然型河道护坡不同于传统护坡的设计内容，也是新时代生态水利理念对水利工程的新要求。护坡的生态学设计即在保障护坡安全性的基础上为动植物提供合适的生存空间的设计方法，这契合了城市河道治理构建美丽水生态景观的设计理念。生态学设计具有以下几大功能。

1）护坡功能

岸坡表面植被的浅根有加筋的作用，深根有锚固的作用；能降低坡体空隙水压力、截留雨水、弱化溅蚀、控制水土流失。

2）改善环境功能

岸坡表面植被能改善被破坏的生态环境，降低城市噪声，减少光污染，促进有机污染物的降解，净化城市空气，调节气候[4]。

3）增加生物多样性

水岸区域具有明显的边缘效应和丰富的生物多样性，水岸具有丰富的小环境，护坡的生态学设计能够连通河流和水陆生态系统，能够吸收和积累物质能量，为水生植物、水生动物以及微生物提供栖息场所[3]。

3. 景观学设计

1）自然美学设计

河流在自然界中本是一道风景，在城市水系，其景观效果及生态效益更是一座城市的历史文化的象征。美学设计可分为自然美、社会美和艺术美，古今中外大量对水岸景观的欣赏和赞美很多都是从自然角度出发的，在设计护坡时若能最大程度地保留河道的自然风貌，是设计者匠心独运的很好体现。

2）社会美学设计

社会美是生活现象的体现，简单地说它包括劳动者本身的美和劳动成果的美。水岸景观不是孤立的，而是和周围的环境、历史、人文艺术以及政治经济等相联系的，因此综合起来看，其又体现着社会美的特点和性质[5]。

3）艺术美学设计

自然河流、湖泊的形态特征能使人产生美感，并能引起人们的想象和情感活动。当岸线的设计和构思融入艺术之美以曲线元素为主，那么水体也随之具备了活泼、流动的特性，其变化、蜿蜒、曲折的形式会使得水体具有新的活力。适合的护岸高度及坡度，也会使护坡能自然地融入水岸整体风景当中。植物的配置也是生态护岸景观学中的重要考量，要充分考虑和利用不同植物的色彩、质地、线条等特征与环境的关系，体现不同的植物种类或群体的形式美和意境美[6]。

6.1.3 护岸设计原则

1. 安全原则

1）结构安全原则

工程结构的安全稳定是河道岸坡防护设计最基本的要求。岸坡常常会因为某些因素产生结构不稳定，例如，地表径流和波浪对岸坡的冲刷，冻融作用，岸坡干湿循环以及穴居动物破坏，等等。故岸坡防护设计需要满足以下三点[4]：①不因水力冲刷而导致岸坡失稳；②不因表层土滑动导致岸坡失稳；③不因深层土滑动导致岸坡失稳。

2）防洪安全原则

河流廊道水作为城市水系的一部分，往往承担着调节城市洪涝灾害的功能。在汛期，应采用蓄洪、泄洪、排水等方式调节和减少洪峰，从而缓解洪水对土地的影响。由于洪水因素的影响，河流水位将发生较大变化，特别是一些季节性水系的河床变化较大，造成河流发生洪涝事故的风险。因此，在河流廊道天然护岸建设中应保证防洪安全。

3）水质安全原则

岸坡是连接水陆的纽带，也是人们接触自然河水的场所。城市居民或游客在浅滩、岸边戏水时会与河流水体进行直接接触，因此需要保障景区水体质量，保护人们的生命财产安全。目前，由于淡水资源的缺乏，我国越来越多的城市对雨水和城市污水进行了净化处理，作为景观和娱乐用水，这样做有利于环境保护和降低环境成本，也有利于保护水生生物的生态平衡。但雨水和再生水作为景观用水也有其缺点，即在使用前必须经过一系列的净化处理[3]。

2. 生态和谐原则

护岸设计要依据生态和谐原则，遵循生态规律的方法，与生态过程相协调，尽量使其对环境的破坏达到最小。这意味着设计应以尊重物种多样性，减少对资源的剥夺，保持营养和水循环，维持植物生存环境和动物栖息地的质量，有助于改善人居环境及生态系统的健康为总体原则[4]。其包含的主要理论有滨岸生态系统理论、生态交错带理论、自然地理学理论及生态位原则、功能协调原则等，以及前人的成功实践。除此之外护岸设计要从生态角度出发，根据岸带生物物种之间、生物物种与环境的关系，构建多样性的护岸形式，形成丰富的生物栖息环境，满足不同生物生长需求，从而使得水体岸带物质和能量、信息交换达到最佳状态，使岸带生态系统保持稳定健康发展[3]。

6.1.4　自然型河道岸坡防护种类

1. 河道传统护坡

传统护坡主要是利用一些易于就地取材的材料对河道护坡进行加固防护处理，城市河道传统护坡由于受到城市土地制约，且在渠道设计、护坡结构和材料选择上基本都是依据最佳水力半径理论计算出最经济断面在最短时间输送最大水量，将河道渠化直化。主要类型有砌石类河道护坡、混凝土河道护坡、挡墙护岸和工程桩护岸等。

1）砌石类河道护坡

指在较为稳定的土质边坡或石质边坡上铺砌片石、块石、条石等以防止地表径流或坡面水流对边坡的冲刷。

砌石类河道护坡适宜使用在基脚可能遭受水流冲刷的沟岸、河岸的护坡面，或者洪水冲击力强的防护地段，护坡的坡度宜在 1：1～1：2。砌石类河道护坡由面层和起反滤层作用的垫层组成。该类护坡的优点是：技术简单、取材方便、造价较低且应用范围较大。缺点是岸坡和陆地与流水联系完全被切断，且外观不美观，较为单调。

2）混凝土河道护坡

混凝土河道护坡是通过预制或者现浇混凝土浇灌在河道边坡上，多应用于河道边坡坡面变化多样的地方。该类护坡的优点是：混凝土结构稳定能够防止坡面水流或地表径流对河道边坡的冲刷。缺点是：混凝土采用搅拌站集中拌制的方式，混凝土取料不方便，施工对外界影响较大。

3）挡墙护岸

挡墙指的是为防止填土或边坡土坍塌而修筑的、承载土体侧压力的墙式建筑物，多建在河流邻近建筑物或道路的岸坡处。挡墙是用来支撑天然边坡、挖方边坡或人工填土边坡的构建物，以保持土体的稳定性。挡墙的优点是稳定性、整体性好，兼顾经济性且施工速度快。缺点是岸坡与水流联系完全被切断，结构厚重，外形单一。

4）工程桩护岸

工程桩护岸常见于城市河道护岸中，多用于城市内土地资源紧缺，民用和工业用房密集，对建筑物、构筑物和基础防护有较高要求的河段。工程桩形式主要有混凝土预制桩、灌注桩、地下连续墙、板桩、金属桩等。优点是稳定性、整体性好，可减少工程拆迁量、土方开挖量，工期短、周边影响小。缺点是造价高，岸坡与水流联系完全被切断，外形单一[7]。

传统护坡能够很好地起到防洪排水的作用，但其保证了河流稳定性的同时牺牲了环境景观和生态。主要表现在以下几处[8]：①破坏生态环境。护坡硬化后，使河流关闭，土壤和水中生物能源循环被阻断，不利于水生生物的成长和生存，甚至会导致灭绝现象，从而生态环境持续恶化，愈演愈烈。②居民生活环境无法改善。传统硬质护坡严重影响了自然河流水质和水环境，对人们的生活质量和身心健康带来了巨大影响，甚至严重威胁人们的生存环境。同时，由于缺乏对绿色植物的传统保护，河流失去了原有活力，与现代城市的文化景观不协调。③景观功能丧失。河岸受到硬质护坡的保护，生物多样性逐渐趋于单调，不利于回归自然，城市居民无法实现人与环境的和谐发展。

2. 河道生态护坡

生态护坡与传统护坡最明显的区别在于它没有隔绝水陆生态系统，而是将两者联系起来，真正实现了岸坡在河流生态系统中的纽带作用。生态护坡按照建造的材料种类分可以分为自然原型护坡、半自然型护坡和复合型护坡。

1）自然原型护坡

自然原型护坡是采用全部种植植物的简单建造方式，以达到与自然河道相似的目的。该类护坡有与自然接近、生物多样性丰富、景观效果好、成本低以及建造简单的优点；但是由于没有采用硬质材料抵御水流冲刷，其防洪抗冲刷能力弱。该类护坡被广泛应用在生态景观要求高，水流冲刷小的河流湖泊中。

2）半自然型护坡

半自然型护坡在自然原型护坡的基础上采用了石料和木材等天然材料提高坡面的抗冲刷能力。通常，设计采用在常水位线以下用石料和木材加固护坡的方法，同时在其上部种植作物，使得护坡达到了显著美观效果的同时也达到了稳定河道的目的。天然的石料和木材在砌筑时形成了很多的孔隙，这些孔隙为河道里的水生动植物提供了适宜的生存环境，并且河水与护坡有机结合形成了一个具有可持续性的完整生态系统，从而相互协调，共同发展。

3）复合型护坡

复合型护坡相比于自然原型护坡，增加了工程措施和人工材料，采用了混凝土、新型复合材料等加固岸坡，使得岸坡抗冲刷能力得到提高。其在岸坡冲刷和抵抗侵蚀性能方面具有优势，但造价比较昂贵。常用在城市河道等占地小、地势变化大，汛期及雨季河流湍急，水位变动大，对景观要求高的地区。常见的复合型护坡有：可降解纤维织物袋装土护坡、生态石笼袋护坡、植被型生态混凝土护坡、骨架内植草护坡、土壤固化剂护坡、水泥生态种植基护坡、土工材料复合种植护坡和净水箱护坡，共八种护坡[8]。

6.1.5 新型河道护坡

近年来在国内水利工程中应用较多的新型河道护坡主要为复合型护坡，此处介绍应用最为广泛的三种新型护坡形式，包括三维土工网垫技术、底柱表孔型现浇绿化混凝土技术和生态袋柔性护坡技术[9]。

1）三维土工网垫技术

三维土工网垫又被称作三维植被网垫，是土工材料复合种植护坡的一种。三维土工网垫采用高分子聚乙烯加工而成的复合网包结构，内部可充填土壤、沙砾和细石，保证植物生长。三维土工网垫植草防护技术，近几年已在国内外公路、铁路、水利、农业环保体育场等工程中得到广泛应用。三维土工网垫护坡作用机理可分为两个阶段：网垫铺设完成后，在植物幼苗期，土壤基本上处于裸露状态，植物的护坡作用几乎可以忽略，此时的护坡系统主要由铆钉、网垫、填充网垫的客土以及偶尔的降雨径流组成；在植物长成后，植物的根系与网垫网包交错缠绕，深入地表以下，网垫、植被和泥土三者形成复杂的加筋体系，牢固地贴合在土质边坡上，抵抗河道水流冲刷和雨水侵袭，可有效地防止水土流失。

2）底柱表孔型现浇绿化混凝土技术

底柱表孔型现浇绿化混凝土是植被型生态混凝土护坡的一种。普通现浇混凝土护坡在河道工程中被广泛应用，但其结构特性不利于植物生长，不具有绿化功能，同时也阻断了生物交换。绿化混凝土是一种由粗骨料、胶凝材料以及各种添加剂按一定比例混合制作而成的特殊混凝土。它具有孔隙率高、透水透气性好等特点，可以满足植物生长的水土条件。底柱表孔型现浇绿化混凝土在上海市宝山区美兰湖水系河道、江苏启东滨海园区江枫河和南京秦淮新河岸坡改造等一系列河道治理工程中，都取得了良好的绿化和防护效果。底柱表孔型现浇绿化混凝土是由碎石、水泥、水与特殊添加剂组合，并采用特殊的设备制作而成。其底部采用特殊的方法产生分布均匀的小柱子像钉子一样牢牢扎入土中，使护坡更牢固。根据其材料特性，随着孔隙率的增大，混凝土抗压强度下降，能够适应的抗冲刷能力也会随之降低。

3）生态袋柔性护坡技术

生态袋柔性护坡技术是可降解纤维织物袋装土护坡的一种。生态袋是由聚丙烯或者聚酯纤维为原材料制成的双面熨烫针刺无纺布加工而成的袋子。生态袋柔性护坡技术原理主要是根据"土力学""植物学"等基础原理以及土工格栅的加筋耐久作用，在生态袋内加入营养土，构建稳定的护坡挡土结构，并在坡面种植草本、灌木等植物，实现治理环境和美化环境的目的。生态袋主要运用于建造柔性生态边坡，现已成为河岸护坡、人工湿地、矿山复绿、高速公路边坡绿化等工程领域重要的施工方法之一。通过植物根系和土工格栅的作用，袋体与岸坡土体紧紧联系在一起，与常规的植被防护技术相比，能抵御较大的流速，并起到护脚和增加岸坡稳定性的作用。生态袋袋体柔软，具有较高的挠曲性，可适应坡面的局部变形，在实际应用中可根据地形条件堆叠成阶梯坡状或直立挡墙状，因而特别适合岸坡较陡和坡度不均匀的区域。

6.1.6　自然型岸坡防护实例

1. 生态石笼袋——房山区大石河综合治理工程

生态石笼袋护坡是一种集节能、减排、生态、环保、绿化为一体的新型柔性边坡防护技术，不需要重型机械设备，具有施工简单、可就地取材、保护环境且零污染的特点。这种永久性的生态边坡在近年来的河道整治项目中均取得了较好的经济效益和生态效益，本案例为北京市房山区大石河综合治理工程，其中运用了生态石笼袋的施工技术的要点。

房山区大石河综合治理工程位于北京市房山区河北镇，全长共计 20.78km。青龙湖镇辛开口村以上为山区流域，长约 12.77km；辛开口村以下为洪积扇与平原区，长约 8.01km。工程主要内容包括河流疏浚及岸坡防护、道路桥梁、排水口等。本工程中生态石笼袋施工部位为河道两岸迎水面的护坡。

施工材料主要包括土石笼袋、铅丝石笼和机织有纺土工布，如图 6.2～图 6.4 所示。土石笼袋是镀锌铅丝石笼内部衬以的透水织物，织物材料为具有抗紫外线处理的高拉力合成土工织物，可就地取材，填放沙土、砾石或天然级配碎石，快速形成挡水结构体。其形态为圆编织布袋身，除上盖外，袋身无接缝，具有足够的抗拉强度、抗穿刺力、抗老化及抗冻等特性，土石笼袋规格一般为 1250mm×1250mm×600mm，有上盖，与铅丝

图 6.2　土石笼袋

图 6.3 铅丝石笼

图 6.4 机织有纺土工布

石笼配合使用。铅丝石笼是生态石笼的主要组成部分,依靠自身的强度及强耐腐蚀性构成护坡的基本单元,通过铅丝相互连接的铅丝石笼形成护坡,实现防治水土流失、加固岸坡的功能。铅丝石笼所用铅丝为高镀锌铅丝,使用年限 20 年以上,规格为1250mm×1250mm×500mm,有上盖,与土石笼袋配合使用。机织有纺土工布是经聚丙烯加炭黑处理、由单一纤维单股编织而成的低透水织布,具有抗老化、抗冻性、高撕裂度及优延展性等特点。其铺设在图示土石笼袋和铅丝石笼的下方,主要作用为减少施工基础石料不均匀沉陷、冲蚀,防止水土流失、坍塌。

施工流程需要在施工开始前设计好,其中每一个步骤都会对生态石笼袋护坡的质量产生影响,所以必须根据施工现场实际情况拟定切实可行的施工方案,在保证安全、保质保量的前提下,最大程度地减少非必要消耗。基本施工流程如下:①放坡开挖;②土工布铺设;③生态石笼袋编织与铺设;④生态石笼袋装填;⑤生态石笼袋封盖。

房山区大石河综合治理工程于 2013 年完成,至 2016 年年底,经过三年多的风吹日晒以及数次强降水后,工程内有一小部分护坡上的绿化植被被冲毁,但是坡体没有受到任何影响，绝大部分生态石笼袋护坡的完整性依然很好，没有出现垮塌、破损、滑落等现象。由此可见生态石笼袋护坡在该工程的应用是比较成功的[10]。

2. 生态框格——西条堆河治理工程

生态框格是一种以混凝土为主要材料的预制品构件[11]。将生态框格成品字形铺设于河道边坡，使用防腐螺栓连接，形成骨架结构，然后在框格内回填土并整平，能够有效提高河道边坡的整体性、稳定性。施工时，可采用起重设备配合人工，显著提高工作效率。在施工过程中无噪声、不排污、不污染环境、施工机具简单、防护费用低廉，具有良好的经济效益、生态效益和社会效益。随着技术和工艺的发展，生态框格已广泛应用于交通、市政等行业的边坡防护工程中。在我国水利工程领域，生态框格防护具有使用设备少、施工工期短、施工成本低、生态性能好等方面的优点。但目前在水利工程中利用生态框格进行边坡防护仍然较少。

西条堆河从运南南渠首向西，流经城厢镇、临河镇，接马化河，为灌溉输水河道，全长 12.37km。该河道设计灌溉面积 4.85 万亩，河道设计引水流量 7.90m³/s。西条堆河灌区分自流灌区和提水灌区。自流灌区已全部由农田改为鱼塘，能够自流进水；提水灌溉范围是黄河故道中泓以南，洪泽湖以北，成子河与西民便河之间地区（洪泽湖周边洼地圩区除外）。工程地质情况如下：首层为素填土，杂色，松散，主要成分为粉土、粉质黏土，局部含大量植物根系；第二层为粉质黏土，灰黄色、灰黑色，软塑，局部流塑，稍有光泽反应，中等干强度，中等韧性；第三层为粉土，灰黄色、黄褐色，稍密至中密，湿，无光泽反应，低干强度，低韧性，局部夹薄层软塑状粉质黏土。

河道采用梯形断面，河底布置两排 1.0m×1.0m×0.5m 框格，两侧河槽坡面坡比按不陡于 1:1.8 刷坡，品字形布置 3 排 1m×1m×0.3m 框格，边坡以上平台宽度为 1m，间隔布置 1 排 1.0m×1.0m×0.3m 框格。框格采用 M12 防腐螺栓连接为整体，螺帽一侧采用橡胶垫片。铺设完成后，框格内回填黏土。生态框格防护具有施工工艺简单、施工速度快、生态性好等优点。护砌型式见图 6.5、图 6.6。

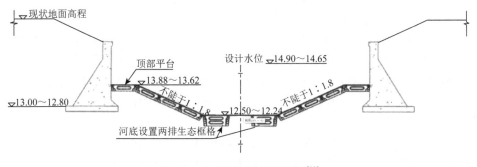

图 6.5　生态框格防护断面图[11]

标高单位为 m

施工方案如下：清淤后，放置生态框格，然后进行土方回填及坡面土方整理；可配合小型机械静压入生态框格，人工整理坡面，对两侧原挡墙基础扰动小，对施工面无要求，方便快捷；关于河底坡的稳定，采用防腐螺栓连接框格，整体稳定，满足要求。

西条堆河岸坡防护工程实施完成之后的两年经历了两个汛期，运行平稳，工程正在发挥效益。但是框格空间小，内部填土压实困难，导致部分框格内存在回填土流失现象，目前已进入稳定形态。采用生态框格进行河道岸坡防护，具有施工速度快、工艺简单、便捷、造价低、生态性好等特点，特别是对工期紧、降水困难的项目具有更大的实用性[12]。

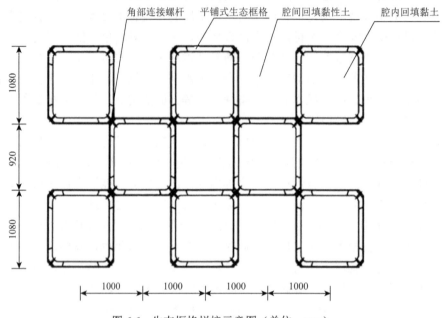

图 6.6 生态框格拼接示意图（单位：mm）

3. 蜂巢格室——衡水市水系生态修复工程

蜂巢格室约束系统具有施工工序少、施工效率高、施工成本低、所需工人及工种较少、施工过程较为安全环保、耐久性好、不易破损等特点，可以用于稳固软土地基、支撑管道、驳岸修复以及生态挡墙等工程。

衡水市主城区水系生态修复 PPP 项目班曹店排干渠工程位于河北省衡水市桃城区，主要包括水安全、水生态、水景观、机电与金结工程。通过本次工程建设，将主城区水系生态系统融入城市生态网络，构建完善的水生态环境。其主要任务是疏浚、开卡及规整河道断面，调整、恢复两岸河口，提高城区河段整体防洪排涝能力，并结合景观工程利用河槽蓄水，恢复河流水系生态环境。

本工程河道边坡护坡包括蜂巢格室约束系统护坡和生态墙壁砖护坡两种形式。工程选用的蜂巢格室采用在高分子材料基础上改良而成的环保型高分子聚乙烯合成材料，经过超声波焊接形成三维网状物。蜂巢格室约束系统护坡施工流程为：边坡整理→土工布铺设→蜂巢格室约束系统铺设→覆土→绿化→养护。生态墙壁砖护坡施工流程为：边坡整理→土工布铺设→生态墙壁砖基础浇筑→生态墙壁砖码放安置→覆土→绿化→养护。

蜂巢格室底部土工布经清表和修整后，铺设在基面上，堤顶和河底位置需伸出蜂巢格室边以外 20～30cm，防止后期施工中因为压力等使土工布缩入蜂巢格室底部，导致土工布下铺尺寸不足现象发生。由于生态墙壁砖码放方式为自下而上逐步错台形式，使得土工布实际使用尺寸大于边坡平面尺寸，所以铺设前需经过计算得出土工布的有效使用长度。土工布规格为 350g/m²，每卷尺寸为 6m×50m，如遇特殊部位可将原材料剪裁成合适形状进行铺设。土工布间连接采用搭接方式，搭接宽度 30～50cm，搭接部位使用手持缝纫机将相邻两块土工布进行缝合，每处搭接缝合线不少于 2 道。

　　本工程蜂巢格室约束系统护坡形式采用蜂巢格室约束系统 + 填充种植土防护。蜂巢格室约束系统由蜂巢格室本体 + 连接材料、连键 + 锚固材料、锚杆 + 限位帽三部分构成。蜂巢格室壁板有多孔和压纹结构，通过孔穴内填充物，提供强大的剪切力、摩擦力和侧向排水通道，把上部载荷均匀扩散到地基，以提高地基的承载力，适应地基的不均匀沉降，便于河道运营期的机械作业和日常养护工作，避免冬季的冻胀破坏。坡面专用锚杆 + 限位帽间距 1016～1425mm，为保证蜂巢格室的整体稳固性，顶排、底排及两侧边端部采用专用锚杆和限位帽，逐孔钉牢。蜂巢格室施工单侧横断面见图 6.7。

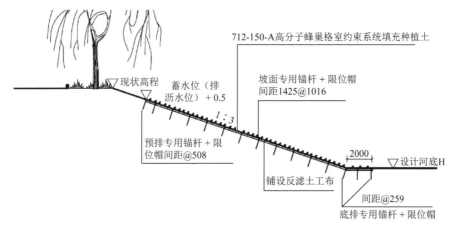

图 6.7　蜂巢格室施工单侧横断面示意（单位：mm）[4]

　　蜂巢格室约束系统护坡技术应用于城市河道治理工程中，不仅能够发挥防洪排涝的基础功能，使城市河道水文生态系统协调有序，同时还可强化护坡的稳定性、安全性、美观性和协调性，美化了市民的生活环境[4]。

6.2　河流栖息地改善工程

6.2.1　河流形态和水生生物栖息地

　　河流的地形由水和土壤组成。水源来自大气降水，从源头山脉到河口，具有不同的地理、地质气候区和坡度，在时间和空间上形成了曲折、宽窄、深浅、急变的河道。由于气候的不同，光照、雨量、水温、森林面貌存在时空差异。生物表现出来的适应呈多样性，在河流中有水生生物，河床、河廊中有滨溪生物，延伸到陆域则有森林生物，它们通过水的联系，成为河流整体生命形态。在河流生态系统中最为关键的因素是人，人有不同的价值观、文化修养和人文关怀，因而对河流生态造成不同影响。一些人从河流生态系统中获取水或自然资源，而另一些人则从河流生态系统中获得审美体验、智慧灵感和娱乐。不同的使用者与使用方法之间，不仅要彼此尊重，更要能够爱护、照顾河流整体生命。

　　河流形态由物理现象与生命现象共同组成，是水、地质、生命力的综合表征。河流形态有纵向（上游到下游）和横向（河廊到河道再到河廊）以及垂向（水位），如图6.8所示。整体空间构造由许多立体的多孔隙、高复杂度且异质性高的微观栖息地组成。宏观看大尺度的河流形态，微观看河流的细部，细部藏着很多生物体的栖息地。简而言之，微观栖息地就是生物个体可以利用的空间。

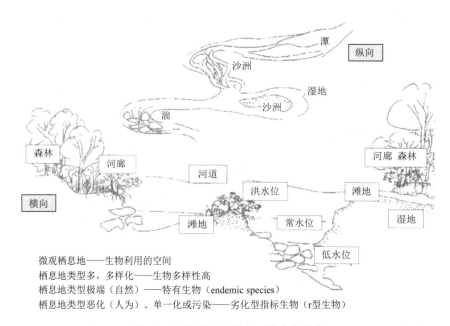

图 6.8　河流形态的纵向、横向和垂向

　　河流河床底下可能还有更深的沟槽，当水位降低时，水生生物尚有躲藏之地。洪水时，河流可能与周边湿地连接，水生生物有机会溢流到周边湿地，水退了，又可回到原来的河流里。洪水时原水流可能非常浑浊，流速很大，对水生生物造成威胁，若有一些周边湿地、深沟和深缝存在，生物可以找到暂时庇护的场所。这就是为什么大水后河流形态变了，但是河流生物又回来了。

　　微观栖息地有不同的种类。栖息地类型多，表示栖息地多样化、生物多样性也高。类型是可以量化的，沙洲、辫状河段、潭、湍都是不同的类型，加上流速、流量、底质等，排列成矩阵就可以算出有多少种类型。用来定义栖息地的因素包括植被、植被覆盖率、光线、温度、底质、地形、流速、水位、溶解氧、离子、营养盐、基础生产力等。

当自然栖息地类型极端，就常有特有生物；当栖息地类型因人为因素恶化、单一化或污染，所谓的劣化型指标生物得以繁衍，这些生物的特征是个体小、族群大、耐受性强、生活史短、繁殖快；当栖息地类型多样，敏感型指标生物就能存活，这一类生物特征是个体大、族群小、敏感度高、生活史长、繁殖慢。

6.2.2 河流栖息地破坏原因

人类活动是栖息地破坏的主要影响因素，造成栖息地破坏的直接原因有很多，如环境和地形变化、外来种入侵、气候变化以及环境污染等。其受破坏的程度还与栖息地自身的敏感性有关。

河流沉积物的输送和运移与河流下游漫滩形态的变化密切相关。尽管沉积物是河流栖息地地貌形态及其景观演变的基本组成部分，但很少有研究在大空间尺度上量化这一过程。East 等[13]通过测量美国华盛顿艾尔瓦河的沉积物粒径、河道形态和地形变化，研究了有史以来最大的下游大坝拆除过程中释放的沉积物对栖息地的影响。据研究，大坝水库释放的泥沙为 1.05×10^7 t，泥沙的扩散造成河床大面积淤积，改变了河流的浅滩形态，降低了河坡的边界，鹅卵石、沙子和固体沉积物由于主要河床的淤积形成新的沉积物，通过漫滩获得的泥沙流量减少；大坝拆除两年后，水流被泥沙截断，导致艾尔瓦河将大部分泥沙输送到河口，漫滩地貌、河床泥沙通径的改变显著影响栖息地环境、河带植被群落特征、底栖动物繁殖潜力等。研究表明，对泥沙流入引起的洪泛区地貌变化进行深入观察和量化，可为河流生境恢复提供重要参考点。河流间歇性断流会导致其上层失去表面流，但这是水生生物最为重要的繁殖栖息地。因此，整个夏季河流栖息地的萎缩和水质恶化会导致鱼类死亡率升高。Hwan 和 Carlso[14]分析了以 4 年为周期的加利福尼亚河流的间歇性断流状况，结果表明，夏季河流间歇性断流与整个河流栖息地的生境片段化显著相关，证实了河岸形态对干旱胁迫条件的响应；在流速缓慢河域，冬季的浅滩率较高，但气候干燥区的河流速度更快；河水温度在年际之间的差异并不显著，很少超过鱼类生长的耐受温度；在干旱季节，鱼类种群的迁移扩散受限于河岸浅滩深度和浅滩体积。研究者认为，降雨量显著影响河流栖息地的浅滩生境，河漫滩破碎化大致在间歇性断流后的 3～7 周内形成。

生态系统是经过长期进化而形成的，系统中的物种经过成百上千年的竞争、排斥、适应和互利互助，才形成了现在相互依赖又互相制约的密切关系。一个外来种引入后，有可能因不能适应新环境而被排斥在系统之外；也有可能因新的环境中没有相抗衡或制约它的生物，这个引进种可能成为真正的入侵者，打破平衡，改变或破坏当地的生态环境，严重破坏生物多样性。水生入侵物种给河流栖息地生态系统造成诸多不同形式的影响。Gallardo 等[15]调查分析了全球 151 个样点（733 例）覆盖范围广泛的入侵物种（初级生产者、分解者、杂食动物、食肉动物）、水生栖息地群落成分（植物、浮游植物、浮游动物、底栖无脊椎动物和鱼类）和不同生境类型（河流、湖泊、河口），发现生物入侵对水生群落产生了强烈的负面影响，显著削弱水生植物、浮游动物和鱼类的丰度；然而由于土著种灭绝与外来种入侵之间存在滞后性，入侵栖息地物种多样性的显著降低；入侵生境的水体浊度、氮素和有机质含量的增加，这与入侵者造成的水体富营养化有关。据此，Gallardo 等[15]提出了抑制河流栖息地生物入侵的工作框架，包括直接的生物相互作用（捕食、竞争、放牧）和间接的水物理化学条件变化等。由于水域生态系统存在多营养级关系，此工作框架将对河流栖息地的生物入侵及入侵群落结构和功能产生深远影响。

气候变化会对河流栖息地生态系统中某些物种的生存与繁殖产生影响。Santos 等[16]研究认为，21 世纪末葡萄牙北部 Bea 河域的降雨量将显著下降，其河流流量和水深随之降低，这可能会破坏濒危物种淡水珍珠蚌（*Margaritifera margaritifera*）的生长环境。这种情况在夏季尤为突出，因为夏季河流的生态流量无法保证，水域的某些延伸地段也可能成为水流停滞的孤立池塘；河流栖息地的连通性也会受到影响，并将抑制珍珠蚌的繁殖行为。此外，人类活动也加大了对河流栖息地的威胁，如建造水坝、野火等。大坝的存在进一步降低了河流栖息地的连通性和河流流量，并与火烧干扰相结合，导致珍珠蚌消失。在快速的气候变化背景下，应及早提出河流栖息地保护对策，包括河岸带植被调控、栖息地乡土树种引种等多项措施。

农业活动造成的营养富集及泥沙输入量增加显著影响河流栖息地生态系统。Piggott 等[17]通过设置包含营养物质、泥沙沉积和水温等 3 个环境梯度的控制实验，发现这 3 种环境压力对大型底栖动物群落（群落组成、底栖动物漂移、个体尺寸结构）均具有显著性影响，但其组合效应会产生增进或拮抗作用；底栖动物群落的组成与栖息地环境表现出复杂的相互作用；泥沙沉积物增加、水温升高都会导致底栖动物的种群密度降低。淡水真菌在河流埋藏木的分解过程中起着关键作用，其既能分解木质纤维素并释放养分，同时也具有重要的生态系统功能。Hyde 等[18]探讨了亚洲、大洋洲木生淡水真菌的生理属性、作用机制，发现河流栖息地的植被特征、污染状况等都会影响木生淡水真菌的物种多样性，但总体趋势是在热带、亚热带地区具有更高的多样性。气候变化、木质碎片沉积、环境变化（如水污染、大坝建设等）也会影响淡水真菌群落的结构特征及多样性水平，并将进一步显著影响栖息地生态功能（如河流的碳循环过程）。监测淡水真菌群落的变化状况有助于深入理解河流栖息地生态阈值、河流养分—碳循环反馈等重要问题[19]。

6.2.3　河流栖息地完整性评价方法

河流栖息地评价方法有很多，并已经形成一些成熟的体系。其中应用比较广泛的有定性栖息地评价指标（qualitative habitat evaluation index，QHEI）、通道演化模型（channel evolution models，CEM）和河流栖息地调查（river habitat survey，RHS）等方法[20]。1999年美国环保署建立了河流物理栖息地评价体系[21]，从河岸带、河道宽深比、河床条件、水生动植物等方面对河流的物理栖息地进行评价；欧盟于 2000 年发布水框架指令[22]，要求从河流的河床、河岸带、水文等方面对欧盟境内的所有河流的水文地貌进行监测。

文献资料显示，国内外学者在进行河流栖息地评价时，多使用综合指数方法，而较少使用综合评价法。其中综合指数法所使用的河流栖息地评价方法综合指标如表 6.1 所示。

表 6.1 河流栖息地评价方法综合指标

指标类型	指标名称	编号	使用比例/%
渠道形态	渠道特征	CP	48
	渠道组成	CF	67
	水流形态	FT	31
	基质	SB	75
	水生植物	IV	55
	木质碎片	WD	51
	人类活动	CAF	68
河岸带特征	河岸形态	BP	57
	河岸材料	BM	30
	河岸植被结构	VS	74
	河岸植被连续性	VC	54
	河岸植被带宽度	VW	41
	人类活动影响	BAF	69
	土地利用类型	LU	61
河流连通性	纵向连通性	LC	47
	横向连通性	TC	47
	堤岸稳定性	BE	51
	垂向连通性	GW	4

下面介绍一种河流栖息地完整性评价指标与灰色聚类评价模型相结合的方法。该方法首先将河流栖息地完整性分为物理完整性、化学完整性和生物完整性 3 个方面，从横向完整性、纵向完整性和垂向完整性 3 个方面构建城市河流栖息地物理完整性评价指标体系，利用信息熵权计算各指标的权重，最后利用灰色聚类评价模型对其物理栖息地完整性开展评价。

评价指标的选取可以参照 Tavzes 和 Urbanič[23]的研究成果，从河流栖息地的横向完整性、纵向完整性和垂向完整性中选取。横向完整性包括横向连通性（TC）、河岸植被覆盖率（river vegetation coverage，RVC）、河岸植被带宽度（riparian vegetation width，RVW）、河岸带人类活动强度指数（artificial features index，AFI）以及河岸带土地利用类型指数（land use index，LUI）等；纵向完整性包括河流生态流量（ecological flow，EF）、纵向连通性（longitudinal continuity，LC）以及河流蜿蜒度（river meandering，RM）等；垂向完整性包括底质构成指数（substrate composition index，SCI）和栖境复杂性指数（habitat complexity index，HCI）等。这些指标含义与计算方法如表 6.2 所示。

表 6.2 河流栖息地完整性评价指标及计算方法

指标名称	指标含义	计算方法
TC	河流两岸的硬化会阻碍河流横向连通性，影响河流正常的水力交换	河流两岸的硬化面积除以两岸总面积
RVC	河流两岸的植被可为河流两栖生物提供良好的栖息环境，是河流物理栖息地横向完整性的桥梁部分	河岸植被覆盖面积除以河岸总面积
RVW	河岸带植被缓冲带不仅可以滞纳污染物，还为陆生生物、水生生物和两栖生物提供丰富的栖息地以及为人类提供景观、文化休闲和娱乐等生态服务功能	监测点河岸两侧各 50m 范围内河岸带植被缓冲带宽度除以 50m
AFI	反映河岸带两侧人类干扰活动的强度，如河岸带被开发为道路等人为干扰活动	监测点两侧 50m 范围内大、中型机动车行驶河岸带采砂的距离除以 50m
LUI	反映农业生产、居民生活和工业开发活动等对河岸带的破坏和不利影响，造成河岸带生物多样性降低、侵蚀度增加、河道堤岸稳定性下降，河道沉积物增加等	监测点两侧河岸带 50m 范围内非天然土地利用类型数除以总土地利用类型数
EF	生态流量指提供给自然生态系统的一定质量和数量的水，以求最小改变自然生态系统的过程，并保证物种多样性和生态整合性	现状流量除以生态需水量
LC	反映河流连续体天然流态过程的持续性和连通性，是河流水生态系统发挥正常结构和功能的必要条件，同时也是水生生物正常生存和发展的根本条件	监测点上下游 10km 内距离监测点最近的闸坝与监测点的距离除以 10km
RM	河道被人为裁弯取直，河道边坡人为固化，极大降低了河道天然形态的多样性，浅滩、深塘等天然栖境的丰富度降低，不利于物种多样性的形成	沿河流中线两点间的实际长度除以该两点间直线距离后减去 1
SCI	河流底质为底栖生物、沉水植物、挺水植物、浮游动物、浮游植物和鱼类提供了最直接的栖息环境	监测点河道 $4m^3$ 范围内沙砾底质分布面积除以 $4m^3$
HCI	反映河流生物栖息地类型及多样性程度，栖息复杂性越高，生物栖息地可提供适宜生物生存的空间越多	监测点河道 $25m^3$ 范围内复杂栖境数量除以 $25m^3$ 栖境总数量

灰色聚类可分为两种：一种为灰色关联聚类，用于同类因素的归并；另一种是灰色白化权聚类，用于检测观测对象属于何类。其中灰色关联聚类可以检查是否存在若干因素大体属于一类，使这一类的综合平均指标或其中具有代表性的因素来代表这一类因素，而使信息不受严重损失。而灰色白化权聚类就是通过灰色理论中的白化权函数，计算各聚类对象对不同指标拥有的白化权值，以便区分其灰类的方法。通过此种方法检验观测对象应归属于先前设定的何种类别，并确定评价结论。该方法对样本量的多少和样本有无规律均适用，计算量小，其量化结果不会违背定性分析的结论，适用于评价信息不确切不完全，具有典型灰色特征的系统。此处使用的是灰色白化权聚类，其主要步骤[24]如下。

（1）假设有 m 个监测点，每个监测点有 n 个监测指标，则构成 $C = m \times n$ 的白化矩阵，矩阵中元素 c_{kj} 为第 k 个监测点第 j 个聚类指标的白化权值。

（2）数据的标准化处理。监测指标的白化权值的标准化处理：

$$d_{kj} = \frac{c_{kj}}{c_{0j}} \tag{6.5}$$

式中，d_{kj} 为第 k 个监测点第 j 个监测指标的标准化值；c_{0j} 为第 j 个监测指标的参考标准；$k = 1, 2, \cdots, m$；$j = 1, 2, \cdots, n$。

灰类的标准化处理：

$$r_{ji} = \frac{s_{ji}}{c_{0j}} \tag{6.6}$$

式中，r_{ji} 为第 j 个监测指标第 i 个灰类的标准化值；s_{ji} 为第 j 个监测指标的第 i 个灰类值；h 为总的灰类数。$i = 1, 2, \cdots, h$；$j = 1, 2, \cdots, n$。

（3）确定白化权函数。白化权函数反映聚类指标对灰类的亲疏关系。第 j 个监测指标的灰类 1 的白化权函数为

$$f_{ij}(x) = \begin{cases} 1, & x < x_{j1} \\ \dfrac{x_{j2} - x}{x_{j2} - x_{j1}}, & x_{ji} < x < x_{j2} \\ 0, & x \geqslant x_{j2} \end{cases} \tag{6.7}$$

第 j 个监测指标的灰类 i 的白化权函数为

$$f_{ij}(x) = f(x) = \begin{cases} 1, & x = x_{ji} \\ \dfrac{x - x_{j,i-1}}{x_{j,i} - x_{j,i-1}}, & x_{j,i-1} < x < x_{ji} \\ \dfrac{x_{j,i+1} - x}{x_{j,i+1} - x_{ji}}, & x_{ji} < x < x_{j,i+1} \\ 0, & x_{i,i+1} \leqslant x < x_{j,i-1} \end{cases} \tag{6.8}$$

第 j 个监测指标的灰类 h 的白化权函数为

$$f_{jh}(x) = \begin{cases} 1, & x \geqslant x_{jh} \\ \dfrac{x - x_{j,h-1}}{x_{j2} - x_{j1}}, & x_{j,h-1} < x < x_{jh} \\ 0, & x \leqslant x_{j,h-1} \end{cases} \tag{6.9}$$

（4）求算聚类权。聚类权是衡量各个监测指标对同一灰类的权重，考虑各监测指标对评价结果的贡献不同，借鉴信息熵的思想，计算各指标的信息熵权，用传统的聚类权与信息熵权的乘积作为最终的聚类权。首先计算信息熵，计算公式为

$$E_j = -\frac{1}{\ln m} \sum_{k=1}^{m} (p_{kj} \ln p_{kj}) \tag{6.10}$$

式中，E_j 为指标信息熵；p_{kj} 为 c_{kj} 归一化处理后的结果，即 $p_{kj} = \dfrac{c_{kj}}{\sum\limits_{k=1}^{m} c_{kj}}$。监测指标的信息熵越小，表明其变异程度越大，其在决策中起到的作用越大。利用监测指标信息熵计算信息熵权 φ_j，计算公式为

$$\varphi_j = \frac{1 - E_j}{n - \sum\limits_{j=1}^{n} E_j} \tag{6.11}$$

聚类权 ω_{ji} 的计算公式为

$$\omega_{ji} = \varphi_i \frac{r_{ji}}{\sum\limits_{j=1}^{n} r_{ji}} \tag{6.12}$$

式中，$i = 1, 2, \cdots, h$；$j = 1, 2, \cdots, n$。

（5）求算聚类系数。聚类系数反映了各监测点对灰类的亲疏程度。第 k 个监测点第 i 个灰类的聚类系数 ε_{ki} 计算公式为

$$\varepsilon_{ki} = \sum_{j=1}^{n} f_{ji}(d_{kj}) \omega_{ji} \tag{6.13}$$

式中，$f_{ji} = d_{kj}$ 为第 k 个监测点第 j 个监测指标的第 i 个灰类的白化权函数。将每个监测点对各个灰类的聚类系数组成聚类行向量，在行向量中最大聚类系数所对应的灰类为该监测点所属的类别[25]。

6.2.4　河流栖息地改善措施

河流栖息地改善措施，强调事先控制与建立修复的目标，结合实施多种方法和途径，主要有以下几种。

1）稳定河道地形[26]

城区内河道承担着防洪和排涝等基础性的功能，因此河道地形的稳定非常重要，包括护岸和河床的稳定。稳定化过程的建设要兼顾防洪和生态系统构建两方面的需求，避免河床和岸坡的硬质化以及结构上的均质化，河床的稳定应尽可能维持河道的几何形状达到一个冲淤平衡的状态。

2）降低入河污染物量

在城区河流自然生态恢复过程中，降低进入河流中污染物的量以改善进入河道水体的水质至关重要，一般可通过加强集水区域内污染防治措施以及设置前置库或湿地净化区等措施来实现。

3）重建河岸带生物群落，营造栖息地生境多样性

在河岸自然生态重建过程中，尽量采用原生植被，恢复原来植被的样貌，营造漫滩地、积水洼地、池沼地，为水、陆动植物提供多样化的栖息地环境。通过水系连通的增强，制造丰富多变的河岸线，恢复沿河串接的池塘、湿地等大型自然斑块，同时营造深潭和浅滩等多尺度的小型自然斑块，营造复杂多变的生境。

4）保护关键性的河流底质

河流底质对于鱼类产卵及其他水栖生物的栖息地环境相当重要。河流底质的不稳定

会影响水栖生物的生存及繁殖，进而影响河流生态系统的动态平衡。因此，河流关键性底质的保护对于河流原有底栖物种的生存至关重要[27]。

6.2.5 河流栖息地改善工程实例

1. 陕西洋县朱鹮河流栖息地改善工程

1）研究背景

朱鹮被列为国家一级保护动物、IUCN 濒危物种。长期以来，全球气候变暖和干旱造成大面积冬水田和湿地干涸，人类对湖泊、河流等湿地的开发利用导致朱鹮分布区内湿地面积缩小，可供朱鹮利用的觅食地，尤其是冬季觅食地越来越少，是导致朱鹮濒危的主要原因[28]。保护朱鹮对保护鸟类多样性、物种基因库甚至整体生态系统都具有重要意义。

朱鹮属涉禽，其栖息地的河流生境质量至关重要，探寻并构建朱鹮栖息地河流生境修复方法是保护朱鹮的重要步骤。洋县县域内河流密布，属长江流域汉江水系，共计流域面积 2841km²。其中，流域面积超过 20km² 的河流有 43 条。汉江及其支流作为朱鹮主要的觅食地之一，河流湿地生境因子的生态质量直接关系朱鹮的生存质量，提高河流湿地生境因子质量是保护朱鹮栖息地的重要内容。

2）朱鹮河流栖息地生境问题

对洋县部分朱鹮栖息地进行实地调研，调研点位主要在朱鹮夜栖地较为集中的汉江溢水河和傥水河支流区域。此区域为洋县中低海拔地区，是朱鹮游荡期和越冬期的主要活动地区。通过实地调研发现，朱鹮河流栖息地存在以下共性观感问题：①县城段的人类活动对于朱鹮觅食活动会产生较大干扰，道路两侧休憩娱乐空间对朱鹮产生惊扰；②近年来受采砂挖沙影响，部分河段的河床结构遭到破坏，陡坡或硬质驳岸且平直的岸线也使河流形态单一，有农耕占用驳岸的现象，滩涂湿地面积减小；③受生活垃圾的影响，县城段河流水质下降；④河流周边夜栖林地结构单一，多为成片经济林。另外，高大的夜栖树存在砍伐的现象，难以满足朱鹮营巢树种的高度需求，以及朱鹮飞行活动所需植被群落的上下木层结构。以上问题均对朱鹮生存产生影响。

3）朱鹮河流栖息地生境修复方法

临近洋县县城北侧傥水河长度 8km 的流域是朱鹮游荡期和越冬期稳定的夜栖地，且数量较多，是兼顾生态修复功能和人与自然和谐共存的最佳结合点。针对以上问题从 3 个尺度——河流尺度、河道尺度和河段尺度提出傥水河栖息地生境修复方法[29]。在河流尺度上对河流整体性进行优化，保护其整体性和连通性，构建河流尺度的生境网络，有效连接河道两侧散落的中小型生境，由生态步石或生态廊道连接起大量孤立破碎生境，利于景观多样性环境的形成，产生丰富多样的觅食地生境；在河道尺度上对适宜度较低的典型区域进行重点修复，构建朱鹮生存适宜度较高的核心斑块；在河段尺度上针对河流要素进行修复，提升生境质量，从而形成一套完整的朱鹮河流栖息地生境修复策略和方法。

关于保护河流整体性和连通性方面，建议拆除傥水河不必要的拦河闸坝，减少水工构筑物的建设；营造缓坡型跌水，避免对原态水文的干扰；增设砌石溢流堰，在不阻断水生生物迁徙的前提下，增加水体的深度变化；增设仿生过鱼设施，提高河道过鱼率；修复河道及周边空间的连通性，提升河流生境质量，提高朱鹮觅食空间质量和食物丰富度。

在保持河流蜿蜒度方面，需要在傥水河上形成浅滩-深潭序列及边滩、心滩、跌水等，增加滩涂湿地，增加河床表面积及河道内环境，有利于加快有机物的氧化作用，促进硝化作用和脱氮作用，增强水体的自净能力；同时有利于形成水体中不同流速和生境，使附着在河床上的生物数量大大增加，增加水生生物多样性[30]，为朱鹮提供更多的觅食地。总之，保持河流蜿蜒、泥土淤积，形成更多的滩涂湿地，以适宜朱鹮觅食休憩。可以在多个孤立的栖息地之间构筑廊道，形成网络式生态格局。在对整体栖息地保护的基础上，找出适宜度较低的栖息地及廊道，加强核心栖息地之间的空间联系，形成网络式生态保护格局，提高河流栖息地的保护效率。

傥水河横断面修复是栖息地修复的重要一环。对于河道横断面需进行局部调整，在满足设计洪峰流量和平滩流量的基础上，形成多样化的断面形态，对河道现状低于河底标高的部分予以保留；同时在河道满足行洪要求的条件下，可向外扩展浅挖土方，形成浅滩湿地（图 6.9）。朱鹮觅食河流与人为干扰严重区域之间设置一定宽度的缓冲林带，阻隔一定的干扰。根据周边用地性质不同，确定干扰较小区域，需保证宽度至少为 25m 的缓冲林带。干扰较大区域，需保证宽度至少为 40m 的缓冲林带[31]。结合朱鹮生理习性将缓冲林带距河流由近到远，分为 4 个区。一区为低矮草本湿生植物区，方便朱鹮觅食停留；二区为原生林区，保护河岸与水环境；三区为林地管理区，从地表径流中截留泥沙和养分；四区为草本绿带区，分散径流和泥沙（图 6.10）。

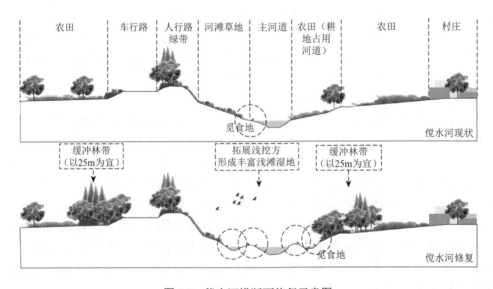

图 6.9　傥水河横断面修复示意图

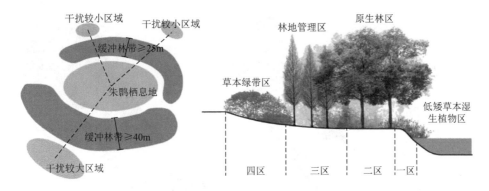

图 6.10 种植缓冲林带示意图

在洬水河纵断面修复工程中，恢复河流浅滩-深潭序列，根据水力学原理来确定，按照弯道出现频率成对设计，即一个弯曲段配有一对深潭与浅滩（图 6.11）。调整水岸线：消除直线型水岸形式，水岸的宽度不能为等值，水岸坡度应当为变值，最大不超过 1：3；调整水岸地面高程，形成高低起伏的地面特征；创造或保留边缘区的异质性条件，如沙地、陡坡和石滩等；参考盛行风向、日照与方位创造出多种微气候环境；设置一系列池塘以恢复生境与物种的多样性（图 6.12）。

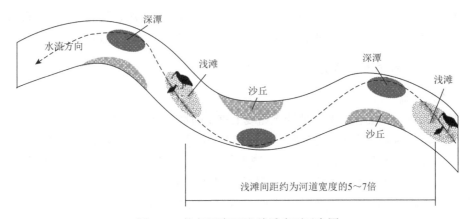

图 6.11 恢复河流深潭-浅滩序列示意图

除此之外，还有诸如驳岸软化、增加浅水区域、构建河岸林带廊道、增加绿岛、恢复植物群落和设置阻流石等生态修复措施。

4）朱鹮河流栖息地生境改善效果

朱鹮种群数量历年增长且逐渐扩散，但呈现出增长率降低的现象。随着对朱鹮保护工作的不断深入，对河流栖息地的保护与修复也越发重要。该案例分析了朱鹮河流栖息地局地各种生境问题，结合河流流域不同的尺度提出朱鹮河流栖息地生境修复方法：在河流尺度上保护河流整体性和连通性；在河道尺度上建立孤立栖息地之间的廊道，形成网络式生态保护格局；在河段尺度上针对关键区域的各生境要素进行修复提升。力求营造多样化的河流横、纵断面形式，形成具有生物多样性的浅滩-深潭序列及良好的植物空间结

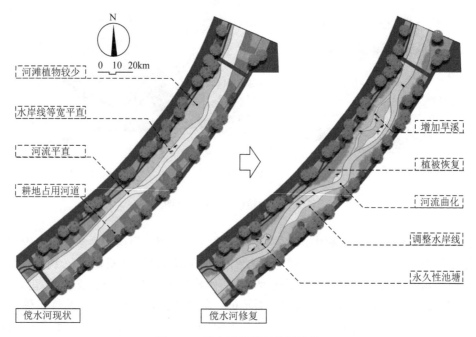

图 6.12　倒水河纵断面修复示意

构,并改善中小尺度的河流生境因子质量(驳岸、绿岛、浅水湾、阻流石、植物群落等),营造出适宜度较高的朱鹮栖息地,为鸟类栖息地生境修复拓宽了思路与方法[32]。

2. 天津临港人工湿地鸻鹬类水鸟栖息地恢复工程

1) 研究背景

鸻鹬类水鸟是东亚-澳大利西亚迁飞路线上重要的水鸟类型。这类水鸟以滨海湿地中丰富的无脊椎动物为能量补给,对滨海湿地依赖度极高[33]。天津滨海湿地位于渤海湾底,是黄、渤海湿地的重要组成部分,也是东亚-澳大利西亚迁飞路线上水鸟的重要停留站点[34,35]。近年来,天津滨海新区实施了较大规模围填海和基础设施建设工程,造成滨海滩涂湿地面积大幅锐减。其中,2006~2016 年湿地面积减幅高达 408km^2[36]。作为对滨海湿地依赖度极高的水鸟类群[33],鸻鹬类水鸟的生存空间被大幅压缩,食物丰度和数量锐减,加剧了生态位重叠的鸻鹬类水鸟对食物的竞争,造成能量补给不足[34],在此停歇、繁殖的鸻鹬类水鸟种群数量呈下降趋势[33,35]。在滨海湿地退化的同时,天津滨海地区也在积极营建人工湿地,先后建成天津临港湿地一期、南港工业区人工湿地、开发区西区生态湿地等项目。作为人工构建的仿自然生态处理系统,滨海人工湿地不仅承担着水质净化的原始目标责任,更是滨海区域景观与生态格局的重要组成部分,是邻近滨海湿地的潜在替代场所[37-39]。然而,传统滨海人工湿地以污水处理和园林景观为重,忽视生态修复,生境单一、干扰程度大、生态系统不完整,作为鸻鹬类水鸟栖息地价值不高[40]。

天津港保税区临港经济区始建于 2003 年,位于海河入海口南侧滩涂浅海区。这片区域每年能为上万只鸻鹬类水鸟提供觅食、栖息和繁殖场所。然而,被围填海造地形成港口工业一体化海上工业新城后,这片区域成为天津滨海新区的重要功能区之一。为修复围填海开发过程中被破坏的潮间滩涂湿地，临港经济区先后规划建设临港湿地一期和临港湿地二期（图6.13a）。临港湿地一期位于临港经济区西部，于2013年建成，占地面积60hm²。这是一处以水处理为主要功能，兼具景观效果，国内唯一建于大型工业园区内的人工湿地，可通过对工业园区内污水处理厂尾水和雨水进行有效收集，以实现水的净化处理和循环利用。临港湿地二期位于临港湿地一期南侧。二期工程在功能定位上是临港湿地一期的延续，承担对湿地一期出水的深度处理。同时，拟利用临港湿地一期工程的深度净化出水和区域雨水，恢复并重建滨海原生湿地，为鸻鹬类水鸟创造觅食、栖息和繁殖的优良栖息场所。项目总占地面积约为107.7hm²，于2019年启动建设，2020年6月完成主体施工。

2）栖息地问题

根据2017年该研究区域的土地利用类型分析（图6.13b），区域中60.5%的土地为旱地、28%的土地为林地，而坑塘面积仅占4.3%，其余为公共设施、小径、其他土地、河道等。其中，河道北接湿地一期尾水，向下游穿过珠江道后，沿渤海十路西侧向南延伸，与临港湿地二期供排水系统分离。研究区域水源仅靠雨水和地下水自然补给，无法维持湿地水量平衡，已逐渐退化为干涸、硬化状态，土壤基质抗性较大。

根据生物资源现状调查，研究区域现有种子植物6科13属14种，以盐生植被为主，芦苇、柽柳等高大植物呈零散或集群分布。区域内坑塘水体呈富营养化，浮游动植物较为丰富，共检出浮游植物110种、浮游动物28种，香农多样性指数分别为2.87和2.17。由于缺少大面积软湿浅滩，现场仅检出水生昆虫稻水蝇1种底栖动物，平均生物量也仅

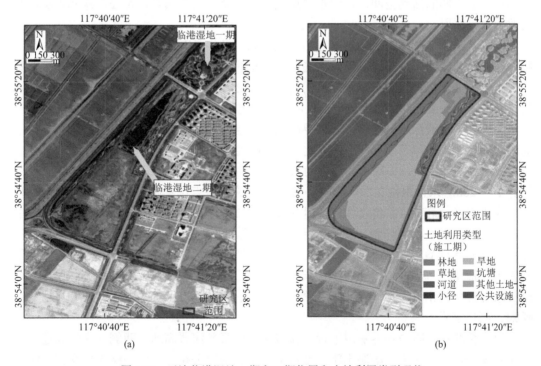

(a)　　　　　　　　　　　　　　(b)

图6.13　天津临港湿地一期和二期位置和土地利用类型现状

为 $0.6g/m^2$。此外，研究区域尚未监测到鱼类生长。综上所述，研究区域内呈现缺少水源供给、滩涂湿地等重要生境丧失、生态系统组分不完整、动植物物种数量较少、底栖动物关键种丧失、生物群落结构单一、生物多样性指数较低等特征，已难以满足鸻鹬类水鸟的栖息地和食物需求。2018 年全年在临港湿地二期建设场区范围仅观测到 13 种鸟，其中鸻鹬类水鸟 4 种，种群数量相对较少。

3）栖息地修复方法

营建大面积浅滩，创造栖息和觅食空间。浅滩生境具有一定的水深和湿度条件，能为底栖生物提供较好的生存环境，有利于鸻鹬类水鸟的觅食，可较好地满足焦点物种的生境需求。因此，在保育区设计 4 个开阔的浅滩区域，面积共计约 $22hm^2$，每个浅滩区域空间上相互独立、互不干扰，但又通过邻近深水沟渠的生态廊道作用实现彼此关联。

鸻鹬类水鸟倾向于选择无植被或稀疏低矮植被的区域栖息。因此，部分区域设计为无植被覆盖的光滩，部分区域配置低矮稀疏的植被，同时在湿地管理中加强植物管理与刈割，避免高大茂密植被过度生长。采用改善底质、增殖放流等方式，恢复摇蚊、沼虾、蠕虫等乡土底栖动物群落，为焦点物种提供足够数量和质量的食物。

挖掘深水沟渠系统，构建生态廊道。在浅滩区外围深挖基底形成深水区，根据《国家湿地公园湿地修复技术指南》，深度保证天津滨海最冷月份底层水体不结冰，并预留 0.5m 深的流动水体。深水区地形以凹形为主，形成由浅至深的过渡分布，为鱼类、贝类、水生昆虫等提供丰富的水下微地形。深水沟渠系统可阻止人类和野生动物进入，既保证鸻鹬类水鸟的迁徙、觅食等活动不受干扰，又能提高保育区内部的连通性和整合度，为水鸟提供更广阔的活动空间。在深水沟渠边缘种植狭窄的芦苇带，可处理浅滩入水，起到改善水质作用。

构筑若干个小型岛屿，创建良好的隐蔽空间。岛屿具有相对独立的空间，能为焦点物种创造隐蔽空间，为其提供繁殖、逃遁、栖息的场所[41]。因此，在距离岸边一定距离的开阔水面处营造适宜焦点物种栖息的岛屿很有必要。保育区内部水域包括浅滩和深水区。深水区为沟渠形态，宽度较窄，且需维持一定的水动力，不适宜在其内部构建岛屿。浅滩面积大，且被深水区环绕，与外界隔离，只需微调地形就可形成若干个大小不等的岛屿，栖息地改造和干预程度小。因此，选择在浅滩区域内构筑若干个岛屿。

设计外周环流渠，提高水体循环动力。在湿地保育区外周规划 2.4km 环流渠。环流渠宽 10～20m，水位保持在 20～50cm。在环流渠关键节点设置闸门，引入人工湿地处理后的净化水形成环流，并将水体停留时间控制在 24h 左右，可有效减少湿地系统水体的长期停滞，增加水体循环量。在环流渠与深水区之间设置 2 处调节闸门，以便于将环流渠水体引入保育区，实现灵活管理。环流渠的作用是，不仅能提高水动力，还能限制人类、流浪狗和其他大型野生动物等随意进入，营造相对独立的低干扰空间，为鸻鹬类水鸟提供对潜在捕食者和威胁保持警觉的安全距离，保证其逃遁、繁殖、越冬、睡眠、栖息需求。

种植缓冲林，阻隔外界噪声干扰。保育区南侧紧邻津晋高速，西侧为秦滨高速，北部和东部分别为长江道、渤海十路，城市主干道、高速公路、支线公路纵横交错。缓冲林具有较好的降噪效果，林木具备引起乱反射的不平枝叶；多层次的柔性表面能起到减弱噪声的作用；树叶表面的气孔和粗糙的毛，还能吸收一部分声能，尤其能阻隔高频的车辆噪声。因此，规划在保育区与道路边界营造缓冲林。

4）栖息地修复效果

临港湿地二期从鸻鹬类水鸟的生态习性出发，仿照鸻鹬类水鸟自然栖息地设计而成。湿地建成初期（2020年6~11月）就已吸引了70余种鸟，夏季仅黑翅长脚鹬就观测到数百只，显著高于湿地营造前的鸟类种群数量，这在一定意义上说明了该湿地对鸟类的适宜性和有效性[42]。

3. 黄河鼎湖湾水禽栖息地恢复工程

1）研究背景

鼎湖湾水禽栖息地位于灵宝市阳平镇和西阎乡北部交界处，属于河南黄河湿地国家级自然保护区灵宝管理站。该处原有湿地景观完整，生物多样性丰富，大量候鸟在此集中繁殖和停歇，是河南省最具代表性的湿地之一，具有重要的生态学价值。近年来，由于水文条件改变，当地群众垦湿耕作，加上湿地水源污染严重等，湿地面积大量减少、生态功能退化、环境质量下降。

鼎湖湾水禽栖息地北临河道宽阔的黄河，南依边坡陡峭的黄土阶地。西部滩涂开阔，地势较高，多为耕作区；东部受黄河河道走势影响，滩涂逐渐变窄。栖息地东西长6.7km，南北宽2.8km，总面积1232.0hm²。阳平由南部阶地流经湿地，然后注入黄河主河道。栖息地现有4个湿地类型区：一是南部芦苇沼泽区，面积263.0hm²。区内积水较浅，多数区域1m以下。植被多为芦苇，也有成片的香蒲和其他水生植物。二是东北部嫩滩区，面积183.0hm²。生长有芦苇、两栖蓼等草本植物，植被处于初期演替阶段。三是乔灌木类型湿地，位于湿地内西北和东南两处，总面积127.0hm²。主要植被为近年营造的杨树林，由于区内低洼处长期积水，生长情况较差，部分杨树已经枯死。四是垦滩耕植区，面积659.0hm²。由于冬、春季积水，每年只在夏、秋季种植作物，以棉花和玉米为主，在地势低洼处也有小片天然湿地植被。

2）栖息地退化问题

鼎湖湾水禽栖息地早期水源补给主要依靠黄河水、阳平河水和降水补给。由于水库低水位运行，栖息地已有十余年未被黄河水淹没。而阳平河由于污染被迫改道，无法为湿地提供水源。现在栖息地的水源补给主要来自黄河渗水和降水，水源补给不足，水位下降，原有的湿地水环境结构发生了较大变化，面积逐步缩小，蓄水、调节径流等生态功能进一步降低。

湿地资源的不合理利用加速了湿地退化，当地群众在栖息地北侧地势较高的滩地大面积垦殖，甚至对水位较低湿地筑埂拦水、排水造田。湿地疏干后，其补给地下水的功能丧失，降低了地下水储量。垦殖后天然湿生植物被棉花、玉米等农作物代替，扩大了地表蒸腾蒸发，加剧了干旱化的程度。因此，对湿地资源的不合理利用不仅改变了湿地的水文和土壤结构，而且改变了湿地植被，使湿地景观发生根本性变化，湿地面积急剧下降，湿地的功能大大降低，直接导致区域生态环境质量恶化。

湿地污染问题的存在日益严重。包括阳平河上游企业污染、鼎湖湾旅游污染和湿地水体富营养化。由于阳平河上游采金、炼铅、炼矾等企业的生产污水排放，对河流产生严重污染。2005 年 4 月 5 日，阳平河张村断面地表水常规监测发现，氰化物、氨氮、化学需氧量、汞、铅、镉、六价铬 7 项因子中有 4 项超国家《地表水环境质量标准》要求的Ⅳ类标准。其中，氰化物 3.102mg/L（Ⅳ类标准≤0.2mg/L）、氨氮 5.048mg/L（Ⅳ类标准≤1.5mg/L）、化学需氧量 34.5mg/L（Ⅳ类标准≤30mg/L）、汞 0.00122mg/L（Ⅳ类标准≤0.001mg/L）。近年来当地政府在鼎湖湾开展旅游活动，游人逐年增多，生活污水和游客丢弃物对湿地也有一定污染。由于对现有芦苇、香蒲等湿地植被缺乏有效管理以及开垦区化肥和农药的使用，使湿地营养物质积累较多，水体有富营养化的趋势。

3）栖息地修复措施

鼎湖湾水禽栖息地恢复的总体目标是采用适当的生物、生态及工程技术，遏制鼎湖湾水禽栖息地生态系统退化的趋势，并逐步恢复其原有的结构和功能，最终达到湿地生态系统的自我持续状态。基本目标是：实现湿地地表基底的稳定性；恢复湿地水文条件；通过污染控制，改善湿地水环境质量；提高植被覆盖率；增加水禽种类和数量，提高生物多样性；实现湿地植物群落恢复，提高湿地生态系统自我维持能力。

（1）退耕还滩工程。

将开垦的 659.0hm^2 滩地全部退耕，阻止对栖息地的继续破坏，是栖息地恢复和重建的前提。根据开垦区耕种历史和现状，本着切实保护当地群众利益的原则，承认保护区建立以前当地居民对滩地拥有的实际经营权，由当地政府按照退耕面积给予一次性补偿；对保护区建立以后开垦的不予补偿。

（2）污染控制工程。

由于阳平河水质污染严重，直接引用阳平河污水补充湿地水源，将超出湿地降解污染物的能力，破坏水禽栖息地环境，对水禽栖息繁衍产生不利影响。因此，恢复初期必须对阳平河污水进行处理，在达到国家Ⅲ类标准后再引入湿地。湿地功能恢复以后，在加强上游企业污染治理工作的同时，开展利用湿地净化污水试验。在取得完整数据的基础上，逐步增加净化污水的湿地面积，减轻人工处理污水负荷，最终达到停止人工处理污水，直接使用阳平河水补充湿地水源，从而减少栖息地恢复工程的运作成本，保持湿地水文状态持续稳定。污染控制工程的主要内容就是在阳平河入河滩处设计 1 座小型污水处理（监测）站，配备污水处理设施和水质化验设备，严密监测阳平河水质，治理污水，控制排放，为栖息地恢复提供符合排放标准的水源。同时采取其他保护和管理措施，减少污染，治理水体富营养化。

（3）植被恢复工程设计。

根据栖息地内不同的环境条件，有针对性地选择适应能力强、生长力旺盛、可以降解水体污染改善湿地景观的本地植物，如芦苇、香蒲、水烛、黑三棱、水葱、眼子菜、莲藕、芡实、茭白、旱柳、垂柳、筐柳、紫穗槐等。采取生物措施和其他工程措施，恢复湿地植被，使湿地基底保持稳定，提高湿地生物多样性，逐步恢复湿地植被景观。在植被恢复和重建中，还应该根据水禽的食性，保留少量大豆等水禽喜食的作物，增加水禽食源。

（4）植被恢复工程。

已开垦区北部植被恢复：通过引水恢复水文条件之后，在已开垦区北部恢复芦苇、香蒲等高草湿地植物 520.0hm^2。栽植时应根据各种植物的习性，结合地形地势，并参考原有植物的自然分布。如果适合栽植同类植被的地方面积较大，可以分成若干个 50m×100m 的小片，每个小片之间留出一定间隔，这样有利于香蒲、芦苇等植被的自然生长和扩散。在地势高的无水区，保留大豆等作物种植，为大天鹅等水禽提供食源地。在已开垦区北部和原有芦苇湿地之间，种植黑三棱、浮萍、紫萍等，在现有芦苇湿地西侧适度种植莲等，恢复挺水、浮叶混合植物群落 139.0hm^2。在地势较高的河岸、阶地边坡以及乔灌木林区的林间空地，因地制宜地栽植旱柳、垂柳、筐柳、紫穗槐等耐湿性乔灌木树种，营造乔、灌、草结合的湿生植被，改变乔灌木林区树种单一的状况，增加水禽栖息地类型，改善环境质量。滩区湿地水环境不稳定，由于生长有稗草等天然草本植物，为防止群众放牧或撒播作物，可采取封滩育草（湿）措施，避免群众继续开垦或放牧，依靠自然演替恢复植被。

（5）鱼类恢复措施。

栖息地除有种植活动外，还存在旅游、捕鱼和水产养殖等活动，并建有简易旅游设施、塘埂，配有渔船、围网、捕鱼网等。这些活动及产生的污染对水禽栖息有直接的干扰和破坏作用，对野生鱼类和其他水生动物资源造成了严重威胁，改变了原有湿地景观。同时由于现有芦苇湿地区域的水体与外界长期不互通，影响了湿地水流动，使水周期过长，水体中的氮、磷等营养元素不断积累。加之芦苇多年没有收割，自然积累的枯草也比较多，很容易形成富营养化。因此，必须采取抢救性的保护措施。具体保护措施如下：禁止在现有芦苇区捕鱼，拆除捕鱼网 2000m、养鱼围网 6000m^2，挖除塘埂 3600m，解除对鱼类和其他水生动物的活动限制；加强对生态旅游的管理，规定旅游时间，划定旅游区域，控制旅游人数；在旅游区域边界设警示标志或设置隔离设施，阻止游人或船只深入湿地，减少旅游对环境造成的污染和对水禽等野生动物的干扰；加强引、排水的控制和管理，使湿地形成合理的水周期；有计划地收割湿地植物，转移湿地营养物质，改善水质[43]。

6.3　河漫滩生态修复技术

6.3.1　河漫滩的概念与生态意义

1. 河漫滩的概念

河漫滩位于河床主槽一侧或河床主槽两侧，汛期淹没非汛期出露淹没范围内除去河床主槽外的河底部分。从地貌学角度来看，河漫滩是由于泥沙淤积作用形成的，位于河槽旁的平坦区域。但从河床演变学角度来看，河漫滩靠近主河槽，洪水时淹没，中水时露出滩地。无论从哪个角度来定义，河漫滩都具有周期性淹没的重要特征。河流最为重要与基础的作用便是水沙的传输。河流在长期发育过程中由于水中含沙量的不平衡而渐渐形成摆动形态，河谷在摆动作用下逐渐扩大；而向一侧单向摆动的河段，泥沙会随着洪水上滩，在河槽一边逐渐淤积，形成河漫滩。河漫滩是与河槽直接相连的区域，因而会被周期性涨落的河水所淹没。这种周期性淹没的特征使得河漫滩在生物群落结构、生态功能上与河流整体结构的其他部分有着显著差别[44]。

2. 河漫滩的类型

1）河曲型

在河流弯曲段，在河流凸起区域形成河曲型河漫滩。河曲型河漫滩的形成分为三个阶段：在河漫滩形成初期，河谷是狭窄的，河流弯曲曲率较小，这时水流速度很快，在较为凸起的岸边因为水流速度减慢使较大的砾石堆积下来，渐渐形成了狭小的边滩；到了河漫滩形成中期，河流渐渐弯曲，边滩渐渐扩大，而且由于沉积物堆积越来越高，这样平水期也有很多滩地出露，基本有了河漫滩的形态，但是水流速度较快河漫滩沉积物会冲到下游，河漫滩不稳定；到了河漫滩形成晚期，河漫滩渐渐变宽且越来越高，在河漫滩上的水流速度很小，洪水期间的泥沙也就堆积下来，这样河曲型河漫滩就形成了。

2）汊道型

在分叉的河道形成汊道型河漫滩，也叫江心洲，洲头一般高于洲尾，这是因为在汛期洪水先淹没洲头和两侧，这些区域有大量泥沙堆积。

3）堰堤型

在顺直的河流，堰堤型河漫滩分为三部分：首先是分布在岸边的天然堤岸，是由颗粒较大的沙砾组成的，在汛期洪水经岸边速度降低遮掩较大颗粒的沉积物堆积在这里；其次是较外侧的平原带，地势比较低洼，沉积物颗粒较小非常平坦；最后是离河岸最远的洼地沼泽带，堆积层最薄，而且最低洼形成了沼泽地[45]。

三种河漫滩类型示意图如图 6.14 所示。

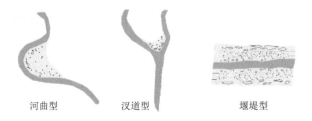

河曲型　　　　　汊道型　　　　　堰堤型

图 6.14　河漫滩类型示意图

3. 河漫滩的生态意义

河流生态功能的恢复需要将河流物理结构的重建作为基础。目前，国内城市所进行的河流生态修复工程大多关注水质改善与河道内绿化条件提升，仅有的一些对于河流物理结构进行改造的工程[46]，往往也只将河道内结构的自然化作为工程目标。但是，恢复城市河流自净能力、生物生产力、生物栖息地多样性等生态功能仅依靠河道内部水质的恢复与栖息地条件的改善是无法完成的，并且在城市待建区域中的河道治理工程需要尽快将河流滩区结构纳入规划范围内，才能避免传统河道治理挤占河道、高筑堤防的不可持续发展模式。

河漫滩起着连通水域陆域景观的作用。河漫滩是河流生态结构中典型的群落过渡带，在洪水脉冲作用下，形成河流-滩区系统，系统内的能量流、物质流与信息流会随着水流的漫滩进行交换。河漫滩还起着滞蓄洪水与洪水资源化的作用。在自然河流中，河流的周期性洪泛是河流生态过程的重要节点，而洪泛区则是承蓄一般洪水的重要场所，滩区内肥沃的土壤、丰富的植被系统与动植物群落曾经是人类生存所需物质的重要来源。河漫滩还能实现河流生物生产力的储存、提高与释放。河漫滩所提供的相对静水环境成为鱼类理想的繁殖场所。相对于河道高流速、少沉积物的特征，河漫滩丰富的有机碎屑为鱼类提供了更多的觅食机会，水体低流速的水力环境也使鱼卵能够附着并孵化[44]。

6.3.2 河漫滩生态修复理论依据

在河流生态系统的水文、水化学和光合作用三者共同作用下形成了河流的基本结构和动力学特征。随着自然条件的逐渐变化，河流中植物群落在集水区横向、下游的分布以及生产力均会随之改变。除集水区上游水体内生物源（本地源）以外，还有其他来自陆地植被（外来源）的物流输入，且通过上游有机质交换后的物质均会汇集到集水区，继而导致其下游物理环境中可利用生境的显著变化。有关河流系统的生态机能主要有以下三个理论。

（1）河流连续体概念（river continuum concept，RCC）。河流生态学研究中的河流连续体概念已被人们普遍接受。自源头集水区的第一级河流起，河水向下流经各级河流流域形成一个连续的、流动的、独特而完整的系统，称为河流连续体（river continuum）。河流连续体概念认为河流生态系统内现有的和将来产生的生物要素随着生物群落的结构和功能而发展变化，常表现为一种树枝状结构关系，归类于异养型系统，其能量和有机物质主要来源是地表水、地下水输入中所带的各种养分以及相邻陆地生态系统产生的枯枝落叶。相比之下，自身的初级生产力所占比例仅为 1%～2%。它不仅为许多动植物提供了栖息场所，也成为高地种群迁移等生命活动必不可少的景观因素。就局部变量而言，河流连续体概念可作为响应变化和进行适度修改的最佳模型，并可指导某些有关激流生态系统的研究工作。但是，河流连续体概念不适合研究低河槽河段内发生的各类现象，只适合永久性的激流生态系统研究.强烈的河流-河漫滩效应会对 RCC 预测中的纵向模型有较大影响，而且水文几何学和支流处生境会掩饰一些河流的连续统现象。可见，河流连续体概念适用于中、小型溪流，人工调控严重，缺少河流-河漫滩效应的河流。有关河流系统纵向模型的其他理论主要有系列不连续理论和源旋转理论。

（2）洪水脉冲理论（flood pulse concept，FPC）。具有河漫滩的大型河流，洪水每年从河流向河漫滩发展。洪水脉冲理论的中心是：影响河流生产力和物种多样性的一个关键因素是河流与河漫滩之间的水文连通性。河岸带控制着生物量和营养物质的循环和横向迁移。平水或枯水期，河岸带陆生生物向河漫滩发展延伸；洪水淹没期，河漫滩适合水生生物生长与繁殖。洪水脉冲优势通常被定义为变流量河流（有洪水脉冲）每年鱼类总数大于常流量河流所需鱼类总数的程度。

（3）河水系统理论（fluvial hydrosystem concept，FHC）。从生态学角度看，河道、河

漫滩是河流生态系统横向上的重要组成部分，中等生境具有斑块结构，在地貌学上被称为功能区，具有极其丰富的生物多样性。其主要包括流水河道、河漫滩、沙洲和废弃河道。河流生态系统的标志性特征是会产生季节性洪水，在每一功能区内，洪水不仅提供了河流特定的水化学基础和水动力，而且可以定期重新调整生物发育的物理模板。

在河流系统"弹性"和"稳定性"概念的基础上，河流系统理论不仅突出了生态系统的驱动力同时还增强了河流生态系统健康的理念。这里，弹性是指系统在受干扰时维持自身结构和功能的能力；稳定性是指系统在受到干扰后返回平衡状态的能力。对于大规模的洪水干扰，自然河道在发展过程中已具备了适应性。

6.3.3　河漫滩生态退化原因

退化的河漫滩湿地应具有以下特征：生物群落演替变慢，生物多样性减少、生物群落生产力降低；土壤退化；水面缩小水质变差。水体、生物、土壤的退化标志着湿地的整体退化；相互影响和制约，导致河漫滩湿地生态功能的逐步退化。

1）动植物退化特征

湿地生态系统中水生维管植物是重要部分。维管植物生理过程的改变以及群落高度降低、生产力减少、群落繁殖方式改变和种间关系恶化，会带来河漫滩沼泽湿地的退化，同时人为因素引起的过度放牧和疏干排水，使得原生湿地植物群落逐步退化成为杂类草群落，种类数和个体数均有下降，湿地群落越来越同质化。这样沼泽植物群落变成草点植物群落，植物越来越矮，生物量下降，与此同时因为农业耕种排水围垦直接导致了湿地动物种类和数量减少，而陆地生物种类和数量增多，小型湿地动物数量越来越少，这些小型湿地动物是河漫滩湿地生态系统最重要的组成部分，因为它们位于食物链底端，其生物量决定着大型湿地动物的种群数量，同时也影响着湿地动物的种类和数量的变化。

2）土壤退化特征

土壤侵蚀加剧和局部荒漠化是湿地退化的重要表现。由于洪水引起有机质沉积作用使得河漫滩沼泽土地肥力增加，而农业开垦后这种过程停止积累，同时大量分解已经积累的有机质，土壤逐渐退化。土壤退化集中表现在有机质含量下降，碱性加强，局部盐渍化，荒漠化土壤面积极速扩大。

3）水退化特征

河漫滩湿地水污染是河漫滩湿地最严重的威胁。废水及污水的排放及农业面源污染使得河漫滩湿地水质恶化，加速切断水力联系的湿地水体富营养化使得生物多样性受到危害。由于人为活动影响，沼泽与沼泽化湿地的水面面积连年减小，加上筑堤耕作，彻底切断了河流与湿地的水力联系[45]。

6.3.4　河漫滩生态修复方法

河漫滩生态修复在城市河流生态修复工程中起着承上启下的关键性作用。一方面，河漫滩系统的重建需要以城市河流整体物理形态的修复作为基础与平台，其形态依赖于河流三个维度物理形态的重构，在时间维度上，河漫滩结构的建立也会对河流形态进行工程竣工后的再塑造；另一方面，河漫滩系统的建立能够创造出沿河道的、多样的生物生境类型，提高城市基质与河流廊道的景观格局，以及边界处的边缘区效应，是激活河流生物生产力的关键。因此，河漫滩生态修复工程应当以恢复河流三个维度上的形态结构为基础，把河漫滩形态塑造的理念贯穿始终，并以恢复河流生物栖息地完整的生态结构为目的。

1）河漫滩重塑

在河漫滩对地形地貌进行有条件的微处理以形成多元化的滩区地貌。地形的处理应当以不阻碍行洪作为基础依据，在平原地区，河漫滩一般以向下游辐聚的鬃岗与洼地相间分布为主要特征，在进行工程设计时，应当模仿与顺应这种地貌类型。此外，在河道沿途若有连片低洼且可以利用的区域时，可以有条件地设置开放滩区，开放滩区在单侧或两侧放开堤防，以自然地形或通过修改来达到防洪目的。

2）现状地形利用

河流蜿蜒形态的重构往往意味着旧有顺直河道的废弃，可以将旧有河道作为河道一侧的滞洪洼地来使用，也可以通过改造溢流堰等水工设施使之成为泄洪道。

3）种植设计

河流生态修复具有不同于传统意义上的两大特征：一是生态功能优先，二是非一次性设计。在植物种植方面，应遵循的原则有两条：首先是植物搭配的美学原则应当让位于生态功能，植被体系应当以保护河流生态系统的良性循环为目的；其次是应当考虑河流生态修复的时间维度，除满足必要的生态功能外，应避免使用一次成型的大型苗木，以降低成本。河漫滩植被应以自然发育为主，出于工程考虑可以人工辅助初期植被的建立。

4）防护工程

河漫滩动态发育的特征使得安全防护的程度应当有所取舍，滩区不能一次成形，也不能任由泥沙淤积，在工程设计之初就应当进行河床基质选择与河流泥沙控制。对确有塌陷危险的河道边坡应当进行防护，防护材料以透水不漏土为原则，并保证具有一定的生物生长空间，应避免采用光滑的整体性护坡形式。

5）生物栖息地构建

河道内生物栖息地主要由浅滩-深潭序列结构构成，在局部该结构不明显时，需要人工辅助加以完善。河道外生物栖息地以丰富滩区地貌单元为原则，在进行栖息地结构恢复时，应当妥善分配生物活动空间与人类活动空间，使之相互隔离或相互渗透，互不干扰[47]。

6.3.5 河漫滩生态修复实例分析

1. 嫩江湾河漫滩湿地修复规划

1）工程背景

嫩江是松花江最大的支流，在吉林省大安市东侧改变流向，由东逝水变成向南流，在嫩江西岸形成嫩江湾河漫滩湿地。嫩江湾国家湿地公园位于大安城区东侧 2km，东经

123°09′，北纬 44°57′，东西宽 4km，南北长 5.5km，总面积 19.98km²。嫩江湾国家湿地公园的水源来自嫩江，每年 6～9 月为丰水期，由于洪水漫溢作用，原来丰水期湿地公园基本被淹没。但是筑堤耕作已经改变了河漫滩的自然径流形式，通过模拟径流与流域研究可以看出，由于土堤对江水漫溢的阻碍，多数情况汛期江水无法达到漫滩中央。邻近河流地下水位较高，潜水埋深浅，同时由于洪水脉冲作用湿地的水量年内变化大，在枯水期水位较低，湿地的潜水埋深为 1～3m，是处于蒸发的有效范围内的。由于河漫滩地区地势极为低平，坡度极小，径流缓慢，易形成封闭的湖盆和内流，水体流动性差，潜水矿化度高。在河漫滩范围内，为农业耕作修筑的土堤直接阻碍了河漫滩与江水的连通使得丧失水源的河漫滩湿地只剩下雨水和地下水的连通，同时地表水文连接度非常差，地下水消耗，湿地逐渐退化。嫩江湾国家湿地公园植被由于多年开发和人为破坏现已大部分退化，常年的农业耕种使得植物多样性降低，原有的丰富的植被群落变成了单一的人工作物，牲畜对湿地植物的消耗已经超过了湿地的承受能力，植物周期性的生理过程被破坏，植被覆盖率大大下降，土壤蒸发量增加，土壤含水量下降，土质的下降使得植物健康生长难度更大，恶性循环导致动植物生境严重退化，湿地逐渐退化。现存植被以耐盐碱耐水湿植物和农作物为主。现存植被有金丝旱柳、防风谷姜草、羊草、星星草和玉米等。根据不同的生境特征，河漫滩湿地野生鸟类有江鸥、鹤鹳类和雁鸭类，并有大量的经济鱼类、蛙类和河蚌。

2）河漫滩湿地退化现象

多重要素一起作用会形成蒸发和积盐的恶性循环，要素程度越高，地表积盐越严重，盐渍化越严重，对干旱的抵抗力越差。由于缺少水力联系，土壤逐渐呈现中度到重度盐渍化，盐土和盐碱土向碱土转化意味着湿地荒漠化程度的增加。荒漠化最严重区域位于场地北侧紧邻嫩江，2012～2014 年向南迅速扩散。

3）生态修复策略

非汛期洪水漫溢作用减弱，为了维持场地的水平衡，留住汛期的河水，增加场地调蓄空间，修建低洼河渠并开挖调蓄湖。开挖环状水系，并对环状水系的水面节点周边的地形进行精致的设计，形成 4 个既相互独立又彼此联系的水域。连通河漫滩内部水系并且增加与嫩江水系联系通道，促进水体的循环与更新。

在基于嫩江湾湿地生态系统未破坏前原生植被进行研究的基础上，从江边到大堤种植河流灌丛、沼泽草甸、禾草和杂草草甸、防浪林，逐步恢复植物群落。基于场地生态类群，根据鸟类的食源环境要求，营建可栖息、可繁殖、可繁衍的适宜生境。

合理规划游览路径在满足游客亲近自然需求的同时尽量避免对河漫滩湿地环境的干扰。针对周期淹没的特点和场地沙丘、湿地、嫩江、鸟类等景观资源特征，形成四级道路交通体系，采用车行道架空，人行木栈道选取可淹没材料，增加亲水性和可达性。

以空间结构为基础进行方案深化，综合考虑水、生境、荒漠化、人的活动的问题，形成空间解决方案，形成连续的各具特色的景观游憩空间和生态保护空间，在修复保护河漫滩湿地的同时，营造游憩空间，以达到人与自然的和谐共处。河漫滩湿地要面临一年一次的洪水脉冲的考验，河漫滩湿地规划设计充分考虑了在不同重现期的洪水淹没情况，连接水系营造地形保证洪水漫溢过程的通畅，并同时通过精致的地形和交通场地设计形成不同淹没程度都可形成连续的交通和完整的游览体系，构筑物和建筑采用可拆卸的临时建筑保证场地行洪和人员的安全。

4）工程效果

针对河漫滩湿地形成了一套适用于城市河漫滩的景观规划和生态恢复相结合的规划方法体系，主要以四维河流理论为指导，通过构建基于最小阻力模型合理分区、建立连续的适宜洪水漫溢变化的水体系、打造丰富的高低有致地形体系、创建本土化植物修复体系、建设应对不同洪水漫溢空间的道路交通系统和集中布置的游憩休闲体系，通过这种千层饼式叠加的规划方法来达到河漫滩生态修复和景观游憩多目标融合的效果[48]。

2. 江苏省丰县河道生态修复工程

1）工程概况

丰县位于江苏省西北部，介于 116°21′15″E～116°52′03″E，34°24′25″N～34°56′27″N，地处苏、鲁、豫、皖交界处，隶属江苏省徐州市，属于典型的平原河网地区。丰县境内主要河道护岸多数为天然护坡，虽然植被覆盖率较高，但植被品种单一，河岸植物群落生态稳定性较差；其衬砌护岸多为浆砌石或混凝土抹面垂直挡墙，缺乏生态景观功能，也不利于水岸物质交换和动物迁移；部分水域水葫芦或水花生疯长，不仅遮蔽水面，而且植株死亡腐败使水质变差。丰县采取了一些生态修复措施，取得了较好的效果。

2）修复措施

（1）"三环四河"水系沟通。

"一环"水系由护城河、季合园中沟、中阳大道沟、青年沟、城西一号沟、杜庄中沟、白衣河等河道以及凤鸣湖、小北海等集中水面组成；"二环"水系由复新河、城南二号沟、卜老家大沟、白衣河组成；"三环"水系由大沙河、子沙河、子午河、复新河、七号沟、费楼沟、苗成河、三联沟、太行堤河、沙支河组成。"三环"水系之间互相沟通，其中，"一环"水系与"二环"水系通过季合园中沟、中阳大道沟等河道进行沟通，"二环"水系与"三环"水系通过白衣河、复新河和子午河等河道进行沟通。"四河"水系由子午河-复新河、大沙河、郑集南支河、黄河故道以二坝为圆心，分别向东、东北和北辐射贯穿丰县县境。通过"三环四河"水系沟通工程，丰县水环境得到了很大改善，水景观得到显著提升。

（2）调水改善水环境。

采取调水措施改善城区护城河水质，利用复新河上游水质较好、水量充足的水源条件，进行水利工程优化调度引水，加快水体置换，使护城河河道水体活起来。根据护城河现状，每天调水 7000 t，约 20 天完成 1 次置换，即可满足改良水质的需要。在新城区新开挖飞龙湖、凤凰湖和栖凤湖，分别与邻近的沙支河、老解放河等沟通，适时适量进行换水。

（3）生态浮床。

生态浮床的建设不仅可以净化河道，还可以增加河道的景观效果。用于浮床栽植的植物品种有美人蕉、旱伞草、鸢尾、粉绿狐尾藻、黄菖蒲等。在丰县中心城区凤鸣湖、凤凰湖、沙支河及工业农业区白衣河、丰沛河、史南河、梁寨水库等水质较差的骨干河道段建设生态浮岛,有效改善河道的水质状况。生态浮床效果见图6.15。

图6.15 生态浮床

(4)建设生态护岸。

结合各护岸形式的优势以及丰县河道的水位特点,对县域内河道生态护岸分区域进行建设。城区护城河和复新河已建有浆砌石垂直挡墙式硬质化护岸,采用植被护岸;沙支河和小北海采用石材护岸,凤凰湖采用木桩护岸。工业区白衣河、丰沛河、太行堤河水力冲刷较大,采用木桩护岸;东营子河和史南河水力冲刷较小,采用植被护岸。农业区梁西河、苗城河和大沙河均采用植被护岸。植被护岸、木桩护岸和石材护岸效果图分别见图6.16~图6.18。

图6.16 植被护岸

图6.17 木桩护岸

图6.18　石材护岸

3）工程实施效果

"三环四河"水系沟通改变了丰县水系缺乏沟通的状况，提高了河道的引排能力，利于水体的循环流动，从而强化河流水体自净能力，进一步有效改善河湖水质和水环境。

河道生态护岸的建设，增加了河道两岸的植被覆盖面积，使丰县骨干河道形成了健康的生态体系，有利于植物多样性的恢复，进而保护生物多样性。

生态景观的建设，改变了以往水景观建设无序开发的状况，在景观节点塑造中引入水文化，彰显出丰县生态水乡的内涵[49]。

3. 深圳市茅洲河马田排洪渠生态修复工程

1）工程概况

茅洲河是广东省深圳市第一大河，发源于深圳市境内的羊台山北麓，地跨深圳、东莞两市，河长为41.61km，一级支流有23条，二、三级支流有17条，总流域面积为388.23km²（包含石岩水库以上流域面积），其中，深圳市境内流域面积为310.85km²，东莞境内流域面积为77.38km²。马田排洪渠是茅洲河的一级支流，全长为2.36km，为城区泄洪渠，周边环境以工业园区为主，另有少量居民住宅区和生态景观公园。近年来，相继开展了防洪工程、河道整治及堤岸建设、截污工程及生态补水等环节综合整治工程。生态补水水源以上游水质净化厂尾水与雨季降水为主，水质净化厂尾水水质（总氮除外）达到《地表水环境质量标准》（GB 3838—2002）Ⅳ类标准限值。目前，马田排洪渠已基本消除黑臭，河流水质得到明显提升，但仍面临河道旱季径流小、水质较差、河道狭窄、水生生物物种单一等问题，具有典型的南方城市河涌特点。

2）生态修复措施

（1）环境友好型底质改造。

马田排洪渠为底质硬质化河道，河道自然净化能力基本丧失。为避免河道综合整治后，河道内淤泥再次淤积，根据示范河段底泥底质现状，实施河床基底形态多样化改造，为水生态修复营造适宜生境条件。河道底部铺设表层包裹掺银二氧化钛的碎石材料（Ag-TiO₂碎石）的环境友好催化剂。环境友好型底质改造填料采用人工配合机械的方式进行均匀摊铺，以保证水质净化效果。铺设厚度为5～10cm，共投加160m²；投加底质净化剂，投加密度为0.30～0.45kg/m²，共投加850kg。底质改造后，可激活河道底泥中原本存在的利于水体自净的微生物，形成生物量大、食物链长的生态系统，降解水体中的有机污染，并在一定程度上对河道有机底泥进行消化作用，减少底泥淤积量，实现泥水同治，使水生态系统得到修复。

（2）河岸带生态修复。

河岸带植被缓冲带作为河岸生态系统的重要组成部分，是控制水土流失和面源污染、改善水环境的关键措施，对河岸生态系统的生态及水文过程具有重要的影响。河岸带植被缓冲带可增加生物多样性，促进相邻地区之间物质和能量的交换；为陆地动植物提供栖息地及迁徙通道，为水生物提供能量及食物，改善生存环境；同时过滤地表径流，吸收养分，改善河流水质，调节河流小气候；通过植被缓冲带的拦截、净化、吸收等作用，可将大部分泥沙、部分可溶性氮磷养分、有机成分等截留在生态缓冲带内，缓冲带种植的植物可吸收径流中的氮磷养分，减少地表径流携带的氮磷等向水体迁移。结合低影响开发等技术，开展河岸带面源污染拦截净化及河岸带生态修复，有效解决城市降雨径流污染，提升河道景观。

（3）植被缓冲带设计。

植被缓冲带围堰采用实心红砖砌筑，内部填充砾石及种植土，通过表层植被的过滤、截流、吸收等作用可以阻止大颗粒悬浮物、有机成分及氮磷等流入河流，同时内部的砾石填料可供微生物着床，可以起到削减有机污染物的作用。围堰设计墙体宽度为15cm，高度为30cm。缓冲带泄水孔布置采用 DN100-PVU 管材，泄水孔沿缓冲带长度方向均匀布设，间距为2～3m。植被缓冲带主要选择植被马尼拉草皮，并在草皮之上栽植爬山虎、百香果等景观绿化植被，增加植物多样性，构建稳定、景观层次鲜明与优美的复合生态系统。

（4）水生物种调控方案设计。

在底质改造、生态系统恢复的前提下，开展水生物种调控，构建丰富多样的水生生物群落结构，完善水生态系统，提高水体自净能力和生态系统的稳定性。首先利用微生物将碳、氮、磷转化成各级生态链能利用的营养成分，然后结合挺水植物的根系提供优势微生物大量繁殖及附着生存环境，利用微生物的作用使水中的污染物在各个工艺段被转化或利用，实现污染物从水体及底泥中分离出来，溶解在水中的氮、磷则被植物所利用，进而使水体得到净化。

3）工程效果

经过生态修复工程的实施改造，营造了更好的水生态环境，生境状况和生态状况有了明显改善，河流水生态系统健康状态得到明显提升。但由于修复后时间较短，水生生物的种类及多样性指数依然较低，当前生物状况仍然属于"亚健康"状态[50]。

思　考　题

1. 河流廊道岸坡防护的作用？设计护岸时要遵循哪些原则？
2. 常见的自然型河道岸坡防护有哪几种？分别有什么特点？
3. 河流栖息地破坏的原因有哪些？结合实际谈一谈你的看法？

4. 什么是生态系统的退化？造成生态系统退化的原因有哪些？如何避免或修复河流生态系统退化？

5. 浅析一下河流岸坡、河流栖息地和河漫滩三者的不同以及各自在河流生态系统中的作用？

6. 结合工程实际谈一谈你对河流栖息地生态修复工程的看法？

参 考 文 献

[1] 程昌海. 河道生态岸坡防护技术的应用分析[J]. 地下水，2021，43（2）：223-224.

[2] 李振青，刘娟，舒行瑶. 河岸冲刷和岸坡防护新技术发展[J]. 水利水电快报，2002，23（17）：27-29.

[3] 马超. 人工景观水体生态型护岸设计研究[D]. 哈尔滨：东北林业大学，2013.

[4] 朱云仓. 生态护坡技术在河道治理工程中的应用[J]. 水利建设与管理，2021，41（4）：60-65.

[5] 树全. 城市水景中的驳岸设计[D]. 南京：南京林业大学，2007.

[6] 韩雷，袁安丽，王宇，等. 寒冷地区几种实用的生态护岸结构[J]. 中国水利，2009（6）：59-60.

[7] 何立群. 那考河生态护岸设计及施工质量分析与评价[D]. 南宁：广西大学，2017.

[8] 郭蔚. 河道治理工程中生态护坡的设计与应用研究[D]. 西安：西安理工大学，2018.

[9] 姚璐，朱震东，王璐. 水利工程岸坡生态防护新技术的应用与展望[J]. 水利技术监督，2020（5）：227-229.

[10] 葛坤，张俊杰，许金鹏. 生态土石笼袋在河道岸坡防护中的应用探讨[J]. 中国水利，2017（10）：24-25.

[11] 汤忠学. 混凝土框槽式生态护坡施工技术简述[J]. 治淮，2020（6）：51-53.

[12] 杨青森，刘凡，宋强，等. 生态框格在岸坡防护工程中的实用性探讨[J]. 治淮，2021（5）：32-34.

[13] East A E，Pess G R，Bountry J A，et al. Reprint of：Large-scale dam removal on the Elwha River，Washington，USA：River channel and floodplain geomorphic change[J]. Geomorphology，2015，246：687-708.

[14] Hwan J L，Carlson S M. Fragmentation of an intermittent stream during seasonal drought：Intra-annual and interannual patterns and biological consequences[J]. River Research and Applications，2016，32（5）：856-870.

[15] Gallardo B，Clavero M，Sánchez M I，et al. Global ecological impacts of invasive species in aquatic ecosystems[J]. Global Change Biology，2016，22（1）：151-163.

[16] Santos R M B，Fernandes L F S，Varandas S G P，et al. Impacts of climate change and land-use scenarios on *Margaritzfera margaritifera*，an environmental indicator and endangered species[J]. Science of the Total Environment，2015，511：477-488.

[17] Piggott J J，Townsend C R，Matthaei C D. Climate warming and agricultural stressors interact to determine stream macroinvertebrate community dynamics[J]. Global Change Biology，2015，21（5）：1887-1906.

[18] Hyde K D，Fryar S，Tian Q，et al. Lignicolous freshwater fungi along a north-south latitudinal gradient in the Asian/Australian region：can we predict the impact of global warming on biodiversity and function?[J]. Fungal Ecology，2016，19：190-200.

[19] 吴昊. 基于文献计量的国际河流栖息地研究动态[J]. 水资源与水工程学报，2017，28（4）：162-167.

[20] Buffagni A，Kemp J L. Looking beyond the shores of the United Kingdom：Addenda for the application of river habitat survey in Southern European rivers[J]. Journal of Limnology，2002，61（2）：199-214.

[21] Barbour M T，Gerritsen J，Snyder B D，et al. Rapid bioassessment protocols for use in streams and wadable rivers：Periphyton，benthic invertebrates and fish[M]. Washington D C：United States Environmental Protection Agency，1999.

[22] European Commission. Directive of the European Parliament and of the council 2000/60/EC establishing a framework for community action in the field of water policy[J]. Official Journal，2000，22（22）：231-235.

[23] Tavzes B，Urbanič G. New indices for assessment of hydromorphological alteration of rivers and their evaluation with benthic invertebrate communities：alpine case study[J]. Review of Hydrobiology，2009，2（2）：133-161.

[24] 高桥幸彦，杜茂安，范振强，等. 污水处理排放水对小流量河流水体生态的影响[J]. 哈尔滨工业大学学报，2006，38（2）：212-215.

[25] 孙斌，刘静玲，孟博，等. 北京市凉水河物理栖息地完整性评价[J]. 水资源保护，2017，33（6）：20-26.

[26] Shields F D. Design of habitat structures for open channels[J]. Journal of Water Resources Planning and Management, 1983, 109 (4): 331-344.

[27] 吴华财, 肖许沐, 王丽影. 河流廊道栖息地生态修复工程技术方法与设计应用[C]//2014 年中国（国际）水务高峰论坛河湖健康与生态文明建设大会, 长沙, 2014: 215-221.

[28] 丁长青. 朱鹮研究[M]. 上海: 上海科技教育出版社, 2004.

[29] 岳邦瑞, 刘臻阳. 从生态的尺度转向空间的尺度: 尺度效应在风景园林规划设计中的应用[J]. 中国园林, 2017, 33（8）: 77-81.

[30] 陈婉. 城市河道生态修复初探[D]. 北京: 北京林业大学, 2008.

[31] 周学红, 蒋琳, 王强, 等. 朱鹮游荡期对人类干扰的耐受性[J]. 生态学报, 2009, 29（10）: 5176-5184.

[32] 赵红斌, 佟昕, 韩露露, 等. 陕西洋县朱鹮河流栖息地生境修复研究[J]. 中国园林, 2022, 38（4）: 50-55.

[33] 陈克林, 杨秀芝, 吕咏. 鸻鹬类鸟东亚-澳大利西亚迁飞路线上的重要驿站: 黄渤海湿地[J]. 湿地科学, 2015, 13（1）: 1-6.

[34] 陈克林, 吕咏, 王琳, 等. 中国环绕黄海和渤海的湿地春季水鸟多样性及其分布[J]. 湿地科学, 2019（2）: 137-145.

[35] 颜凤, 李宁, 杨文, 等. 围填海对湿地水鸟种群、行为和栖息地的影响[J]. 生态学杂志, 2017, 36（7）: 2045-2051.

[36] 樊彦丽, 田淑芳. 天津市滨海新区湿地景观格局变化及驱动力分析[J]. 地球环境学报, 2018, 9（5）: 497-507.

[37] 刘洋. 基于景观和生态功能的人工湿地规划与设计: 以洛河湿地公园为例[D]. 郑州: 河南农业大学, 2014.

[38] 杨晓婷, 牛俊英, 罗祖奎, 等. 崇明东滩抛荒鱼塘的自然演替过程对水鸟群落的影响[J]. 生态学报, 2013, 33（13）: 4050-4058.

[39] 华宁, 马志军, 马强, 等. 冬季水鸟对崇明东滩水产养殖塘的利用[J]. 生态学报, 2009, 29（12）: 6342-6350.

[40] 孙嘉徽, 张秦英, 彭士涛, 等. 湿地景观鸟类栖息地规划设计与管理研究进展[J]. 湿地科学与管理, 2019, 15（4）: 7-11.

[41] Moskal S M. Response of waterbirds to salt pond enhancements and island creation in the San Francisco Bay[D]. San Jose: San Jose State University, 2013.

[42] 李艳英, 刘红磊, 付英明, 等. 天津临港人工湿地二期工程中鸻鹬类水鸟栖息地构建及生境恢复[J]. 环境工程学报, 2021, 15（3）: 1112-1120.

[43] 方保华. 黄河鼎湖湾水禽栖息地恢复技术与工程设计[J]. 河南林业科技, 2006, 26（3）: 1-4.

[44] 马彦. 基于河漫滩生态修复的平顶山香山沟河流治理途径与方法[D]. 郑州: 河南农业大学, 2016.

[45] 李佳懿. 吉林大安嫩江湾河漫滩湿地生态修复与景观规划研究[D]. 北京: 清华大学, 2017.

[46] 董哲仁. 城市河流的渠道化园林化问题与自然化要求[J]. 中国水利, 2008（22）: 12-15.

[47] 李一帆, 马彦, 田国行. 基于河漫滩生态修复的城市河流治理探索: 以平顶山香山沟治理工程为例[J]. 中国水土保持, 2017（5）: 26-31.

[48] 李佳懿, 刘海龙. 基于河流四维过程的河漫滩湿地生态景观恢复研究[J]. 建筑与文化, 2018（11）: 133-135.

[49] 黄显峰, 郑延科, 方国华, 等. 平原河网地区河流生态修复技术研究与实践[J]. 水资源保护, 2017, 33（5）: 170-176.

[50] 王广召, 李彬辉, 李珊珊, 等. 城镇河流生态修复技术研究及应用[J]. 河南科技, 2022, 41（3）: 120-123.

7 河湖水系连通工程

河流的外在形态是贯通,健康的河流都有一个完整贯穿的河流形态,通过与流域内的湖泊湿地沟通串联,形成了丰富多样的河湖水系,支撑了流域生态系统和人类经济社会的需要;河流的内在特质是流动,水流是河流系统最重要的组成要素,是河流的功能载体,也是河湖水系中的水、沙、水生生物、河漫滩、河岸等要素相互联系、相互作用的中介[1]。良好的连通格局不仅是健康河湖水系形态的外在表现,更是河湖功能发挥的重要保障,但在自然力和人类活动双重作用下,河湖水系连通性发生退化或者被破坏,导致河湖水系面临洪涝频繁、河湖萎缩、水生态退化、水环境污染等诸多问题。积极推进河湖水系连通,着力提高水资源统筹配置能力、河湖健康保障能力和水旱灾害抵御能力,是科学治水兴水的重大战略;开展深入的理论与技术研究是科学推进河湖水系连通的当务之急,也是治水兴水保障生态文明建设、支撑国家现代化进程的重大需求,具有重大意义。本章从河湖水系连通概念出发,阐明连通性的影响因素及其产生的不良后果后,从规划准则、工程技术和评价体系三个层面全面介绍河湖水系连通性恢复的要求和方法。

7.1 河湖水系连通概念

河湖水系连通作为调节自然水循环过程、兴利除害的有效手段和措施,相关实践古已有之[2,3]。早期河湖水系连通实践多以军事、漕运、灌溉供水为主,其目标与功能相对单一。随着社会发展和技术进步,人们对河湖的控制能力逐步提高,对河湖水系连通的功能要求由单纯考虑河湖社会服务功能向统筹考虑自然生态和社会服务功能转变,由单目标向多目标转变,河湖水系连通的理论研究已经发展成为具有显著的复杂性、系统性和多学科交叉特征的庞大体系。

国外各学科的学者不断尝试界定水系连通性内涵,提出了景观连通性[4]、水文连通性[5]、生态连通性[6,7]、连通性修复[8,9]等多个相关概念。河湖水系由不同等级廊道和景观斑块组成网状或树状景观结构,不同等级廊道之间以及不同景观斑块之间的通畅性程度即为河湖水系的景观连通性;水文连通性是指河湖水系在水文过程的调节下,物质、能量和生物运移过程的通畅性程度,取决于流路组成、流路长度、分叉汇合程度、流量和流速等参量[10];生态连通性是指河湖水系中物质、能量与信息在各组成部分之间流动和扩散的通畅性程度[7,11],主要表现为生物迁徙、栖息、繁衍通道的畅通性;景观连通性与水文连通性是生态连通性的驱动条件和内在动力。目前国内对河湖水系连通的定义较多,较合适的定义为以水为介质的物质、能量和信息在河流干支流、湖库、湿地等流域水系单元内部或单元之间的传输转移过程及畅通性程度,具有动态性、循环性、多维度性等特征，对河湖生态系统的能量流动、物质循环、信息传递和营养结构具有重要作用。表 7.1 给出了河湖水系连通性修复措施和技术方法。

表 7.1 连通性修复措施和技术方法

阻隔类型		工程措施	管理措施	技术方法
纵向连通性	大坝	鱼道	—	鱼道设计，水力学实验
		大坝拆除	—	评估技术，大坝拆除
		—	水库生态调度	环境流计算，调度方案改善，最优化方法
	引水式电站	闸坝生态改建	—	—
		泄流监控	保障生态流量立法	环境流计算
	河网水闸	连通工程		图论
		—	水闸群调度优化	环境水力学计算，最优化方法
横向连通性	河湖阻隔	河湖连通工程	—	水文、水力学计算，栖息地评价
		—	水闸调度优化	水文、水力学计算，最优化方法
	河流-河漫滩阻隔	连通河漫滩孤立湿地	—	水力学计算，景观格局分析
		—	岸线管理，河漫滩管理	立法、执法
		堤防后靠	—	防洪规划、栖息地评价
垂向连通性	硬质护岸和地方衬砌	自然型透水护岸衬砌	—	栖息地评价、稳定性分析
	城市地面硬质铺设	海绵城市工程	—	低影响开发
	超采地下水	—	地下水回灌	渗流理论，水文计算

7.2 河湖水系连通性影响因素

河湖水系连通格局的演变受自然力和人类活动的综合影响。随着改造自然能力的增强，人类活动逐渐已成为河湖水系连通格局转变的主导因素。随着经济社会的发展，人类对水资源和土地资源的需求日益增加。尤其在一些生产力集中的地区，水土资源的过度开发，严重地损害了河湖水系的连通性。例如：水资源的过度开发使河湖水量急剧衰减，出现河道萎缩、泥沙淤积、河道隆起等恶性循环的状况；沿河河堤的修建加高和对河漫滩、湿地的占用，使河流系统的天然调蓄能力丧失，洪水频率和量级不断增加；水生生物的迁徙繁殖通道被阻塞、生存条件被破坏，造成生态系统退化与水环境恶化。对河湖水系连通格局的破坏不仅损害了水系的完整性和河流系统结构，而且损害了河湖的服务功能甚至使其丧失，导致严重的水问题。

7.2.1　自然因素

1. 地质地貌条件

地质地貌条件决定着河湖水系连通的基本格局，它的变化直接影响着河湖水系连通演变的方向。一定的河湖水系连通总是与当地地质地貌条件相适应。例如，黄河中下游历史上曾经河网稠密，湖泊众多，河湖水系四通八达。《尚书·禹贡》中所记载的黄河河道在孟津以下，汇合洛水等支流，改向东北流，经今河南省北部，再向北流入河北省，又汇合漳水，向北流入今邢台，巨鹿以北的古大陆泽中，然后分为几支，顺地势高下向东北方向流入大海。可是由于黄河水流夹带大量泥沙，中下游河道淤积，水系连通受阻，以至于黄河下游出现过几次重大的改道，黄河故道废弃，使河湖关系恶化。再如，鄱阳湖区地势低平，四周山丘环绕，在九江、湖口间向北开敞，由于地质作用形成湖盆南高北低的地势，洼地泄洪受到长江水流顶托而水位抬高，积水成湖，形成了能吞吐长江的复杂的河湖关系。可见，地质地貌条件是形成河湖水系连通的基础条件，决定着河湖水系连通情况，地质地貌条件一旦变化，水系连通状况必然随之改变，河湖关系也发生相应的调整。

2. 气候变化

气候变化不仅使降雨以及湖泊入流条件发生改变，还由于温度的大幅度变化形成冰期和间冰期气候。在间冰期，长江与两岸湖泊往往连为一体，湖泊水系连通性好；而在冰期，由于海平面下降，湖泊与水系产生阻隔。历史时期因气候的周期性变化，引起湖泊范围的周期性扩张与收缩，从而引起水系连通状况的反复变化[12]。

3. 流域水沙条件

河流是气候的镜子。径流量的多寡、河流含沙量大小和河流输沙能力饱和与否，是河流水系演化、河床演变、河湖水沙交换等的直接动力。径流量及其输沙能力发生变化直接影响着河湖水系连接通道的水动力条件，影响着水系通道的冲淤变化、河湖水系连通状况的优劣以及河湖关系演变过程。气候变化常常是河川径流量发生变化的原因，人类活动则可以直接影响河川径流量的变化。总之，无论是自然因素还是人为因素造成河流来水来沙条件的变化，最终都会导致河湖水系连通性能发生变化，影响河湖关系的演化。

4. 湖泊演化

湖泊在其形成时要经过大规模地质过程，多数天然湖泊都是受地质构造作用、火山作用或冰川作用而形成的。所有湖泊都会经历从产生、发育到萎缩的过程。每个湖泊的产生，都伴随着一个生物群落建立和演替的过程。目前，人类活动正在加速湖泊演化过程。2005 年，联合国在其《千年生态系统评估》中针对全球湖泊加速消失的问题发出过警告。遥感数据显示，与数十年前相比，目前的河湖水系连通状况发生了较大的变化，乍得湖面积缩小近 90%；在过去的 50 年，我国已减少了约 1000 个内陆湖泊。长江中下游平原湖区是我国乃至世界上罕见的典型浅水湖群，湖泊总面积 $1.41 \times 10^4 km^2$，多数湖泊平均水深只有 2m。在历史上曾有"千湖之省"美誉的湖北省，现存湖泊面积 $2.44 \times 10^3 km^2$，仅是 20 世纪 50 年代的 34%。可见，湖泊演化过程对河湖水系连通状况有较大的影响。

7.2.2　人为因素

人类通过在河流上建造大坝、水库、水电站、跨流域调水工程等，拦截部分河流径流量，改变了河流自然的水动力条件、含沙量以及输沙能力，对流域的河湖水系连通产生较大影响，从而使河湖关系作出相应的调整。

在河流纵向，大坝阻断了河流纵向连通性，造成了景观破碎化，使得溯河洄游鱼类被阻隔。同时，人工径流调节导致下游水文过程平缓化，使泄水脉冲作用减弱，鱼类产卵受到影响。此外，大坝阻塞了泥沙、营养物质的输移，引起一系列负面生态问题。我国葛洲坝工程和三峡大坝均未设鱼道，溯河洄游鱼类被阻隔。中华鲟在葛洲坝下的产卵场，自 2003 年三峡水库蓄水后，产卵期后延约 20d，并且从每年产卵两次减为一次，甚至到 2013 年以后，已经没有监测到坝下产卵的情况[13]。欧洲多瑙河由于水电站建设导致产卵洄游受阻，加之栖息地改变以及过度捕捞使得鱼类野生种群濒临灭绝，六种原生的多瑙河鲟鱼，一种已经灭绝，一种功能性灭绝，三种濒临灭绝，还有一种属于脆弱易损。由于水电站大坝建设，美国加利福尼亚沿海地区流域种群间的连通性大幅降低，大鳞大马哈鱼的生存能力急剧下降，一些种群已经消失，而剩下的种群因缺少在种群间运动的条件变得更加孤立。在美国华盛顿州南部流域，由于鱼类洄游障碍物妨碍产卵洄游，导致鲑鱼物种多样性减少。

在河流横向，有两类连通性受到人类活动干扰。一类是河流与湖泊之间连通性被破坏。以围湖造田和防洪等目的，建设闸坝等工程设施造成江湖阻隔，使一些通江湖泊变成孤立湖泊，失去与河流的水力联系。另一类是指河流与河漫滩之间连通性被破坏，堤防工程形成对水流的约束，限制了汛期洪水向河漫滩扩散的范围，使河流与河漫滩之间的水文连通受到阻隔。值得注意的是，一些地方利用中小型河流整治工程经费，错误地缩窄堤防间距，腾出滩地用于房地产开发等用途。其后果一方面削弱了河漫滩滞洪功能，增大了洪水风险；另一方面使大片河漫滩失去了与河流的水文联系，丧失了大量湿地、沼泽和栖息地。一旦河流被约束在缩窄河道的两条堤防内，就失去了汛期洪水横向漫溢的机会，削弱了洪水脉冲的生态过程，使河漫滩本地大型水生植物成活率下降，鱼类失去产卵场和避难所，给外来种入侵以可乘之机。

河流垂向连通性的功能是维持地表水与地下水的交换条件，维系无脊椎动物生存环境。堤防迎水面以及河湖护岸结构采用混凝土或浆砌石等不透水砌护结构，既限制了河流垂向连通性，阻隔了地表水与地下水的交换通道，也使土壤动物和底栖动物丰度降低。在流域尺度上，城市地区的道路、停车场、广场和建筑物屋顶，均被不透水的沥青或混凝土材料所覆盖，改变了水文循环的下垫面性质。这种不透水地面铺设造成城市水系垂向连通性受阻，其结果导致地表径流急剧增加，加大城市内涝灾害风险。

7.3　河湖水系连通规划准则

1. 河湖水系连通规划应与流域综合规划相协调

应在流域尺度上制定河湖水系连通规划，而不宜在区域或河段尺度上进行。至于跨流域水系连通，则属于跨流域调水工程范畴，其生态环境影响和社会经济复杂性远超过流域内的河湖水系连通问题，需要深入论证和慎重决策。流域综合规划是流域水资源战略规划。河湖水系连通规划应在流域综合规划的原则框架下，成为水资源配置和保护方面的专业规划。

2. 发挥河湖水系连通的综合功能

河湖水系连通规划需要论证生态修复、水资源配置、水资源保护和防洪抗旱等方面的功能与作用。通过河湖水系连通和有效调控手段，实现流域内河流-湖泊、湖泊-湖泊、水库-水库的水量调剂，优化水资源配置。恢复连通性对改善湖泊水动力学条件和防止富营养化方面也具有明显作用。恢复河流与湖泊、河漫滩和湿地之间的连通性，有助于提高蓄滞洪能力，降低洪水风险。恢复河湖水系连通性，还能改善规划区内自然保护区和重要湿地的水文条件，提升规划区内城市河段的美学价值和文化功能。

3. 工程措施与管理措施相结合

实现河湖水系连通性目标，不仅要靠疏浚、开挖新河道或拆除河道障碍物等工程措施，还要依靠多种管理措施。管理措施包括立法执法，加强岸线管理和河漫滩管理；在满足防洪和兴利要求的前提下，改善水库调度方案，兼顾生态保护和修复；在水网地区，制定合理的水闸群调度方案，改善水网水质；建设河道与河漫滩湿地的连通闸坝，合理控制湿地补水和排水设施，恢复河漫滩生态功能。

4. 以历史上的连通状况为理想状况，确定恢复连通性目标

自然状态的河湖水系连通格局有其天然合理性。这是因为在人类生产活动尚停留在较低水平的条件下，主要靠自然力的作用，河流与湖泊、洲滩湿地维系着自然水力联系，形成了动态平衡的水文-地貌系统。由于来水充足湖泊具有足够的水量，湖泊吞吐河水保持周期涨落的规律；洲滩湿地在河流洪水脉冲作用下吸纳营养物质促进植被生长。湖泊湿地与河流保持自然水力联系，不仅保证了河湖湿地需要的充足水量，而且周期变化的水文过程也成为构建丰富多样栖息地的主要驱动力。

经过近几十年的开发改造，加之气候条件的变化，河湖水系的水文、地貌状况已经发生了重大变化。当下完全恢复到大规模河湖改造和水资源开发前的自然连接状况几乎是不可能的。只能以自然状况下的河湖水系连通状况作为参照系，立足现状，制定连通性规划。具体可取 20 世纪 50 年代的河湖水系连通状况作为理想状况，通过调查获得的河湖水系水文-地貌历史数据，重建河湖水系连通的历史景观格局模型。在此基础上再根据水文、地貌现状条件和生态、社会、经济需求，确定改善连通性目标。为此，需要建立河湖水系连通状况分级系统。在分级系统中，阻隔类型分为纵向、横向和垂向三类，生态要素包括水文、地貌、水质和生物四大项，以历史自然连通状况作为参考系统，定为优级，根据与理想状况的不同偏差率，再划分良、中、差、劣等级。一般情况下，修复定量目标取为良等级。由连通性分级表，就可以获得恢复河湖水系连通工程的定量目标。

5. 风险分析

河湖水系连通性恢复工程在带来多种效益的同时，也存在着诸多风险。这些风险可能源于连通工程规划本身，也可能来自于气候变化等外界因素。这些风险包括污染转移、外来生物入侵、底泥污染物释放、有害细菌扩散以及血吸虫病传播等。特别是在全球气候变化的大背景下，极端气候频发，造成流域暴雨、超标洪水、高温、冻害以及山体滑坡、泥石流等自然灾害，不可避免地对恢复连通性工程构成威胁。因此在规划阶段必须进行风险分析，充分论证各种不利因素和工程负面影响，制定适应性管理预案，以应对多种风险和不测事件。

7.4　河湖水系连通性恢复工程

7.4.1　纵向连通性恢复

在河流上建造大坝和水闸，不但使物质流（水体、泥沙、营养物质等）和物种流（洄游鱼类、漂浮性鱼卵、树种等）运动受阻，而且因水库径流调节造成自然水文过程变化导致信息流改变，影响鱼类产卵和生存。恢复和改善纵向连通性的措施包括：改善水库调度方式、建设过鱼设施、推进绿色小水电发展、拆除闸坝、引水式水电站生态改建等。

1. 过鱼设施

水利水电工程建设阻断了河流的天然连续，导致这个开放、连续的系统在能量流动、物质循环及信息传递等方面发生一系列的改变，使生活其中的鱼类生存所需的生境条件、水文情势发生变化，最终对鱼类资源产生影响，例如：洄游或鱼类其他活动可能被延迟或终止、鱼类下行通过坝体建筑物或水轮机时遭受的伤害、生态景观破碎。这些影响会导致鱼类种群遗传多样性丧失和经济鱼类品质退化等。

过鱼设施是指让鱼类通过障碍物的人工通道和设施，最早的过鱼设施是开凿河道中的礁石、疏浚急滩等天然障碍以沟通鱼类的洄游路线。目前过鱼设施主要分为上行过鱼设施和下行过鱼设施。上行过鱼设施包括鱼道、鱼闸、升鱼机和集运渔船等，下行过鱼设施包括拦网、电栅等。

1）鱼道

鱼道一般适用于低水头水利枢纽，是最常见的上行过鱼设施，其类型和特点见表7.2，部分鱼道示意图见图7.1～图7.4。

表 7.2 不同类型鱼道特点

类型	结构特点	优点	缺点	适合鱼类
丹尼尔式	水槽的槽壁和槽底设有阻板和底坎	流量较大,改善了下游吸引鱼类的条件	水流紊动剧烈,水位变动的适应性差	游泳能力较强劲的鱼类
溢流堰式	鱼类从堰顶通过,堰顶可为平的或曲面的等	过流较平稳	消能不充分,水位变动的适应性差	喜欢在表层洄游和有跳跃习性的鱼类
淹没孔口式	过鱼孔淹没在水下,可分为一般孔口式、栅笼式等	适应水位变动的性能较好	消能不够充分	喜欢在底层洄游的大中型鱼类
竖缝式	水槽大部分被拦截,仅留下一条过鱼竖缝	消能效果较充分,能适应较大水位变幅	易造成池室内水流的弯折和紊动	能适应较复杂流态的大中型鱼类
组合式	为溢流堰、潜孔及竖缝的组合	能较好发挥各种形式孔口的水力特性	结构复杂,设计难度大	能适应不同习性鱼类
特殊结构式	用填满刨花的竹篓等固定在混凝土墙上	结构简单,经济	编筐和竹篓等易腐烂,需经常更新	会爬行、能黏附、善于穿越草丛的鱼类
仿自然式	水流能耗通过浅滩、粗石子或小型瀑布实现	鱼类在池中的休息条件良好	适用水头较小,要求有合适的地形	可满足多种鱼类的要求

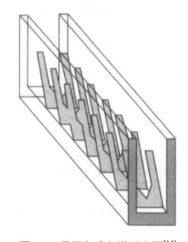

图 7.1 丹尼尔式鱼道示意图[14]

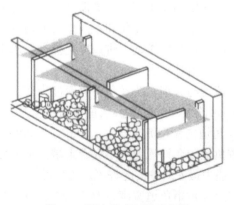

图 7.2 溢流堰式鱼道示意图

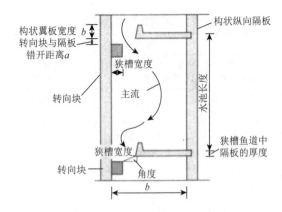

图 7.3　单竖缝式鱼道示意图

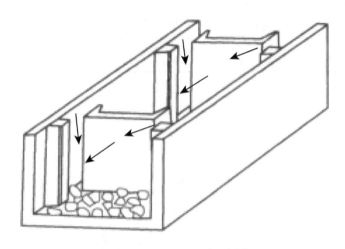

图 7.4　双竖缝式鱼道示意图

鱼道的设计要结合过鱼对象、枢纽建筑物、闸坝地形等因素综合考虑，但为了保证鱼道的良好运行，应考虑以下主要技术参数。

（1）鱼道进口。鱼道进口是否易被鱼类发现和利于鱼类集结，是鱼道设计成败的关键因素之一。可以考虑布置在电站尾水前沿、溢流坝两侧或通航船闸泄水处等，这里水流相对集中，利于诱鱼。考虑下游水位变化和不同鱼类的习性，可以按不同高程多设几个进口。如鲟鱼喜欢在深潭和坑洼间游动，进口应选择具有水下地形的位置；鲢鱼喜欢在水的表层游动，进口高程要相对高些。

（2）鱼道流速。鱼道流速与大坝水头及鱼的克流能力有关。幼小体弱等溯游能力差的鱼大多在 0.3～0.8m/s 的水流中行进；成鱼、亲鱼等溯游能力强的鱼，大多在 0.8～1.0m/s 的水流中行进。对于鲑鱼，鱼道内允许流速约为 1.52m/s，香鱼约 1.2m/s，鲤属鱼约 0.4m/s。在河流梯级开发中，下游鱼道的允许流速可略大于上游鱼道的允许流速。当鱼道为多种过鱼对象设计时，以溯游能力最差对象的允许流速为标准。

（3）鱼道尺寸。鱼道尺寸是指鱼道宽度、池室大小和过鱼孔大小等。鱼道宽度由过鱼量和河道宽度决定。在日本，鱼道宽度为河道宽度的 4%～5%，有的 2～3m，有的 3～

5m 不等。池室大小取决于隔板消能效果、鱼体能消耗及休息条件等。过鱼孔、竖缝大小与鱼体大小及习性有关，应不小于拟通过鱼类胸鳍水平展开距离，以满足鱼类自由游泳需要。加拿大渔业部和国际太平洋鲑渔业协会（1995 年）建议孔口以 $0.50\sim1m^2$ 为宜，每个孔口流量保持在 $0.68\sim2.7m^3/s$。

（4）鱼道出口。鱼道出口要适应水库水位的变动，当水库水位变化时，既要保证出口有足够的水深，又要使进入鱼道的流量基本保持不变，使鱼道能连续运转。出口应远离溢洪道、厂房进水口等泄水、取水建筑物，以防进入水库的鱼，又被这股水流带回下游。出口高程应适应过鱼对象的习性，对于底层鱼类，应设置深潜的出口；幼鱼、中上层鱼类，出口可设在水面以下 $1.0\sim1.5m$ 处。

（5）其他条件。各种鱼类喜光性不一，鱼道要根据过鱼对象的要求采光。如鳗鱼要求在黑暗条件下过鱼，香鱼可建明鱼道。此外，鱼道还应设有导鱼设备、观察计数设备、拦污及检修设备等。

2）中高水头水利枢纽上行过鱼设施

鱼道运行时受上游水位和流量的影响，流速、流态都不稳定，且鱼上溯过程中需要耗费很大能量，使过鱼效果难以保证。因此，鱼道一般只适用坝高在 $20\sim25m$ 以下的低水头水利枢纽，对于中高水头水利枢纽的上行过鱼设施主要有鱼闸、升鱼机和集运鱼船等。鱼闸的运行方式与船闸相似，鱼类在闸室凭借水位的上升，不必溯游便可过坝（图 7.5）。由于鱼闸过鱼不连续，且过鱼量有限，有些学者认为鱼闸可能会被逐步淘汰，但也有些学者持相反观点。对于澳大利亚一些热带河流上具有固定洄游季节的热带鱼，未来鱼闸可能会得到广泛的应用。升鱼机是利用机械升鱼和转运设施过坝，适用于高坝和水库水位变幅较大的枢纽过鱼，也可用于较长距离转运鱼类。

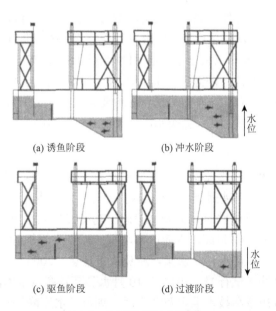

(a) 诱鱼阶段   (b) 冲水阶段

(c) 驱鱼阶段   (d) 过渡阶段

图 7.5 鱼闸运行示意图[15]

2. 绿色小水电

小水电指装机容量在 25MW 及以下的水力发电站和以小水电为主的地方小电网。我国有着丰富的、分布极为广泛的小水电资源，可开发量为 1.28 亿 kW。通过开发小水电，全国 1/2 的地区、1/3 的县市、3 亿多人口用上了电，农村水电地区的户通电率达到 99.16%，基本解决了山区农村的用电问题，在带动当地农村经济社会发展、改善当地农民生产生活条件、促进节能减排等多方面发挥了重要作用。

然而，在大规模、高速度发展的进程中，造成河流无序开发，生态保护和环境影响的问题日益突出。例如：水电站的兴建使河段片段化，破坏了水生生物赖以生存的水文条件，使得某些物种减少乃至灭绝；由于建坝蓄水，上游水体流动速度减缓，水体更新周期变长，降低河流水体的自净能力，出现水体富营养化现象等。2016 年印发《水利部关于推进绿色小水电发展的指导意见》，从小水电规划、新建小水电站环境影响评价要求、最低生态流量保障、已建小水电站改造、监控系统建立以及管理等诸多方面提出了政策要求。①严格项目准入，将生态安全、资源开发利用科学合理等作为新建小水电项目核准或审批的重要依据。对于资源开发利用不合理、取水布局不合理、无生态需水保障措施的新建小水电项目，不予核准或审批通过。对于不能满足生态需水泄放要求的新建水电项目不得投入运行。②实施升级改造，推动生态运行。保障小水电站厂坝间河道生态需水量，增设泄流设施。改善引水河段厂坝间河道内水资源条件，保障河道内水生态健康。③健全监测网络，保障生态需水。新建小水电站的生态需水泄放设施与监测设施，要纳入小水电站主体工程同步设计，同步施工、同步验收。已建小水电站要逐步增设生态需水泄放设施与监测设施。加强对小水电站生态需水泄放情况监管，建立生态用水监测技术标准，明确设备设施技术规格，建立小水电站生态用水监测网络。④完善技术标准。将生态需水泄放与监测措施、生态运行方式等规定作为强制性条文，纳入小水电站可行性研究报告编制规程、初步设计规程等规范。⑤依法监督检查。⑥鼓励联合经营和统一调度。

2020 年水利部批准发布《绿色小水电评价标准》（SL/T752—2020）[①]。该标准规定了绿色小水电评价的基本条件、评价内容和评价方法。评价内容包括生态环境、社会、管理和经济 4 个类别。其中，在生态环境类别，评价要素包括水文情势、河流形态、水质、水生及陆生生态、景观、减排。在社会类别，评价要素包括移民、利益共享、综合利用。

3. 水库退役

我国目前有大批水库经多年运行库区淤积严重，有效库容已经或基本淤满，水库已丧失原设计功能。另外，有些水库大坝阻断了水生生物洄游通道，威胁濒危、珍稀以及特有生物物种生存。对于这些有重大安全隐患、功能丧失或严重影响生物保护的水库，经论证评估应对水库降等与报废。水库降等与报废以及大坝拆除是政策性和技术性很强的工作，必须充分论证，确保科学决策，避免决策任意。2003 年 5 月，水利部发布《水库降等与报废管理办法（试行）》，2013 年 10 月水利部发布《水库降等与报废标准》（SL 605—2013）。从行政规章和技术准则两个方面，规范了水库降等与报废工作。

7.4.2 横向连通性恢复

在河流横向有两类连通性受到人类活动干扰。一类是河流与湖泊连通性受到围垦和闸坝工程影响而被阻隔；另一类是河流与河漫滩连通性受到堤防约束而被损害。恢复横向连通性可以采取的工程措施包括恢复河湖连通性、堤防后靠和重建、连通河漫滩孤立湿地、生态护岸建设技术，等等。

1. 恢复河湖连通

历史上，由于围湖造田和防洪等目的，建设闸坝等工程设施，破坏了河湖之间自然连通格局，造成江湖阻隔，使一些通江湖泊变成孤立湖泊，失去与河流的水力联系。江湖阻隔使湖泊成为封闭水体，水体置换缓慢，使多种湿地萎缩。加之上游污水排放和湖区大规模围网养殖污染，湖泊水质恶化，呈现富营养化趋势。河湖阻隔的综合影响是特有的河湖复合生态系统退化，生态服务功能下降。

自然状态的河湖水系连通格局有其天然合理性。河湖连通工程规划，应以历史上的河湖连通状况为理想状况，确定恢复连通性目标。诚然，当下完全恢复到大规模河湖改造和水资源开发前的自然连接状况几乎是不可能的，只能以自然状况下的河湖水系连通状况作为参照系统，立足现状，制定恢复连通性规划。具体可将大规模水资源开发和河湖改造前的河湖关系状况，如 20 世纪 50～60 年代的河湖水系连通状况作为理想状况，通过调查获得的河湖水系水文-地貌历史数据，重建河湖水系连通的历史景观格局。在此基础上再根据水文、地貌现状条件和生态、社会、经济需求，确定改善河湖水系连通性目标。为此，需要建立河湖水系连通状况分级系统。在分级系统中，生态要素包括水文、地貌、水质、生物，以历史自然连通状况作为优级赋值，根据与理想状况的不同偏差率，再划分良、中、差、劣等级。一般情况下，修复定量目标取为良等级。由连通性分级表，就可以获得恢复河湖水系连通工程的定量目标。

2. 堤防后靠和重建

在防洪工程建设中，一些地方将堤防间距缩窄，目的是腾出滩地用于房地产开发和农业耕地，其后果一方面切断了河漫滩与河流的水文连通性，造成河漫滩萎缩，丧失了许多湿地和沼泽，导致生态系统退化；另一方面，削弱了河漫滩滞洪功能，增大了洪水风险（图 7.6）。生态修复的任务是将堤防后靠和重建，恢复原有的堤防间距，即将堤距缩窄状态（图 7.6c）恢复到自然状态（图 7.6a）。这样既满足防洪要求，也保护了河漫滩栖息地。堤防后靠工程除了堤防重建以外，还应包括清除侵占河滩地的建筑设施、农田和鱼塘等。

3. 连通河漫滩孤立湿地

河流在长期演变过程中，形成了河漫滩多样的地貌单元。在历史上大中型河流的主河道由于自然或人工因素改道，原有河道成为脱离主河道的故道。由于河道自然或人工裁弯取直，形成了脱离河流主河道的牛轭湖。河漫滩上还有一些面积较大的低洼地，形成间歇式水塘。这几种地貌单元在降雨或洪水作用下，形成季节性湿地。在自然状况下，这类湿地与主河道之间存在间歇式的水文连通。当汛期洪水漫溢到牛轭湖、故道或低洼地时，河流向这类湿地补水。在非汛期，这类湿地只能依靠降雨和少量的地表径流汇入维持。

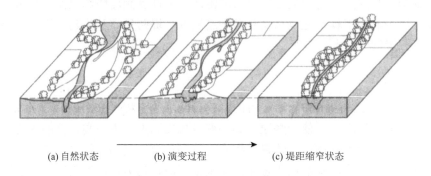

(a) 自然状态 (b) 演变过程 (c) 堤距缩窄状态

图 7.6　堤距缩窄导致河漫滩萎缩示意图

由于防洪需要建设堤防，完全割断了河流与故道或牛轭湖的水文连通，使得故道或牛轭湖变成了孤立湿地（图 7.7）。因缺乏可靠水源，孤立湿地的水位往往较低，旱季还可能面临干涸的风险。孤立湿地中的水体缺乏流动性，加之污染物排放，夏季常常出现水华现象，甚至变成蚊虫滋生的场所。

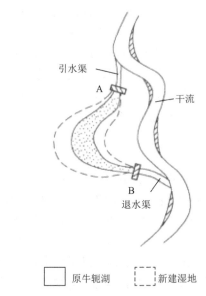

引水渠
A
干流
B
退水渠

▢ 原牛轭湖　⬚ 新建湿地

图 7.7　河流-故道（牛轭湖）湿地自流式补水布置示意图

A 为堰河进水闸，B 为堰河退水闸

故道或牛轭湖湿地的生态修复有两种情况。一种是故道或牛轭湖位于堤防以内，生态修复的任务是修复河流-故道（牛轭湖）湿地的物理连通性，控制水位，扩大湿地面积，实现自流式补水。另一种是位于堤防外侧，属于孤立湿地，生态修复的任务是人工恢复河流-故道（牛轭湖）湿地的物理连通性和水文连通性，使湿地具有可靠的水源并能满足湿地的生态水文需求，实现河流-故道（牛轭湖）湿地泵送补水。

4. 生态护岸建设技术

在河湖水系生态横向连通工程技术中，生态护岸建设技术指拆除硬质不透水护底和岸坡防护结构，采取自然化措施或多孔透水的近自然生态工程技术进行岸坡侵蚀防护。

生态护岸建设技术的设计主要需满足规模最小化、外形缓坡化、内外透水化、表面粗糙化、材质自然化及成本经济化等要求。最终目标是在满足人类需求的前提下，使工程结构对河流的生态系统冲击最小，即对水流的流量、流速、冲淤平衡、环境外观等影响最小，同时大量创造动物栖息及植物生长所需的多样性生活空间。生态护岸建设技术种类多样，可根据当地的具体情况在设计时进行调整，如土体生态工程技术、生态砖/鱼巢砖等构件、石笼席、天然材料垫、土工织物扁袋、混凝土预制块、土工格室、间插枝条的抛石护岸、椰壳纤维捆、木框墙、三维土工网垫、消浪植生型生态护坡构件等。其中，土体生态工程技术大多利用自然材料，在自然力的作用下达到生态恢复和保护的目的，主要有木桩、梢料层、梢料捆、梢料排、椰壳纤维柴笼以及不同组合形式等。

7.4.3 垂向连通性恢复

河流垂向连通性反映地表水与地下水之间的连通性。人类活动导致河流垂向物理连通性受损，主要源于地表水与地下水交界面材料性质发生改变，诸如城市地区用不透水地面铺设代替原来的土壤地面，改变了水文下垫面特征，阻碍雨水入渗；不透水的河湖护坡护岸和堤防衬砌结构，阻碍了河湖地表水与地下水交换通道。恢复垂向连通性的目的在于尽可能恢复原有的水文循环特征，缓解因垂向连通性受损引起的生态问题。垂向连通性恢复主要技术有拟自然减渗技术、生态清淤技术、滨水区低影响开发技术等。

1. 拟自然减渗技术

在河湖水系生态垂向连通工程技术中，拟自然减渗技术是通过模拟天然河道致密保护层的结构特性，利用人为技术措施，形成减渗结构层，达到河道减渗的目的。在河湖水系连通工程中，可根据河湖床质特性及水资源情况等具体环境条件，具体环境条件，通过材料配比、施工工艺调整等，调配确定适合具体河湖水系生态垂向连通工程需要的减渗材料施工方案。

拟自然减渗技术的典型结构从上至下分为保护层、减渗层、找平层及砂砾石基础（图7.8）。保护层起着对减渗层的保护作用，防止减渗层被水流冲刷破坏，就地取材，利用当地砂砾石，节约资金成本。减渗层是拟自然减渗技术的核心部分，需要根据河床质材料土工物理特性，利用河床质、壤土、调理剂等材料进行配比形成适宜河湖减渗目标的减渗材料，铺设形成减渗层。找平层位于减渗层和保护层之间，起平整场地、防止砂砾石突兀、破坏防渗结构的功能。砂砾石基础是在基础平整的基础上进行碾压夯实，起到称重的作用。

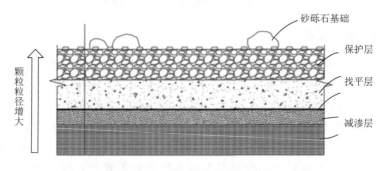

图 7.8   拟自然减渗技术示意图

2. 生态清淤技术

在河湖水系生态垂向连通工程技术中，生态清淤技术是指为了改善河湖生态环境，通过生态清淤机械设备清除河湖水体中含有污染物的底泥，通过阻断污染源以减少水体的污染而采取的工程措施，同时亦可改善地表—地下水体交换频率，保持垂向连通性。

3. 滨水区低影响开发技术

在城市河湖滨水区采用低影响开发（LID）技术保持垂向连通性。低影响开发技术采用分散式微管理方式，使土地开发活动对场地水文功能的影响达到最小，保持场地水体的渗透和存储功能，延长水体汇集径流时间。进行场地规划时，重点要识别影响水文条件的敏感区域，包括溪流及其支流、河漫滩、湿地、跌水、高渗透性土壤区和林地。为基本维持开发前的场地水文功能，应采用生物滞留设施、增加水流路径、渗滤技术、排水洼地、滞留区等方法，还可能增添场地的美学价值和休闲娱乐功能。在小型流域、集水区、住宅区和公用区采用微管理技术，对通过这些场地的雨洪进行分散式控制。微管理技术的目标是维持场地的水文功能，包括渗透、洼地储水、拦截以及延长水流汇集时间。源头控制雨洪，将土地利用活动的水文影响最小化并将其降低到接近开发前的状况，对水文功能的补偿或恢复措施，应尽可能布置在产生干扰或影响的源头。小型、分散、微控制的设施，不会影响整体雨洪控制功能，小型设施设计多用于浅洼地、浅水沼泽、缓坡水道等地貌单元，降低了安全风险。LID 将雨洪微管理技术融合入一种兼具多功能的景观地貌之中，对暴雨径流实施源头微管理和微控制，各种城市景观和基础设施要素，可设计成具有滞留、渗透、延迟、径流利用等多功能单元。在 LID 设计中，应在不影响城市防洪排涝的前提下，展开相关设计。

7.5   河湖水系连通性评价体系

河湖水系连通性的好坏是衡量河流健康与河流功能正常发挥的重要参数，判别水系连通性的好坏需要完成两方面的内容，一是要建立水系连通性的评价指标，二是要确定水系连通性的评价方法。

7.5.1 连通性评价指标

河湖水系连通性评价指标的选择是准确评价和构建不同空间尺度的河湖水系连通的关键。评价指标的确定要充分体现客观性、可靠性等基本原则，河湖水系连通工程除了要发挥在生态修复方面的功能外，也需考虑在水资源配置、水资源保护和防洪抗旱的作用以及经济社会发展现状和居民的需求等要素。只有把河湖水系连通的主观需求和客观指标有机地结合起来，构建一个统一的综合评价指标体系，才能较为合理、准确地判断河湖水系连通的可行性。目前关于河湖水系连通性的评价没有统一标准，不同学者侧重点有所不同，但应注重涵盖生态维系功能、水环境净化功能、水资源调配功能、洪灾防御功能、结构连通性和水力连通性6项核心准则（表7.3）[16]。

表7.3 连通性评价指标表

目标层	准则层	指标层	指标说明
水系连通性	结构连通性	河频率	指单位区域面积上的河流数
		水面率	为区域内水面面积比例
		水系连通度	基于图论和景观生态学指标评价水系的连通度
	水力连通性	河网密度	表示单位区域面积上的河流长度，它表达了系统排水的有效性
		水流动势	表征水体流动能力
		河道输水能力	单位区域面积上河道的最大输水量即河道输水能力
	地貌特性	纵向连通性	指在河流系统内生态元素在空间结构上的纵向联系
		横向连通性	反映沿河工程建设对河流横向连通的干扰状况
		河道稳定性	以既不淤积也不冲刷的方式输送其流域产生的泥沙及水流的能力
		平均海拔之差	连通区域之间的平均海拔之差
连通形式	连通方式	直接连通	调水工程、闸坝、水库
		间接连通	水资源配置网络
	连通时效	常态性连通	水系常年保持连通
		非常态性连通	有季节性通水、年度性通水、应急性通水等不同情况
自然功能	物质能量传递功能	年平均径流保证率	一年中超过平均径流量的天数/一年的总天数
		输沙效率	河流的实测含沙量/河流的输沙能力
	河流地貌塑造功能	湿地面积变化率	（评价年湿地面积−基准年湿地面积）/基准年湿地面积
		河道侵蚀模数	单位时段内的河道侵蚀厚度
	生态维系功能	生物多样性指数	定量指标，其值通过相关的公式计算即可得到
		河道内生态需水量保证率	一年中河道内生态需水量得到满足的天数/一年的总天数

续表

目标层	准则层	指标层	指标说明
自然功能	水环境净化功能	河流水质达标率	Ⅲ类以上水质的河长/区域内河流的总长
		水体纳污能力	在保障水质满足功能区要求的条件下，水体所能容纳的污染物的最大数量
社会功能	水资源调配功能	地表水城镇供水百分比	城镇供水量占地表水的比例
		地表水农业灌溉供水百分比	农业灌溉用水量占地表水的比例
	洪灾防御功能	水库调节能力指数	水库的总库容/多年平均径流量
		防洪安全工程达标率	已经达到防洪安全的工程个数/总的工程数量
	水能与水运资源利用功能	水力发电效率	水电站多年平均发电量
		河道通航能力	一年中能够通航的天数/一年的总天数
	景观维护功能	亲水舒适度	由专家依据相应的准则打分获得
		城市水景观辐射率	市区内正常步行15min到达的泉水、河流、湖泊、湿地、喷泉、园林、小区等水景观的区域占总面积比例

水系连通性是评价河湖水系连通是否可行的指标，它包括结构连通性、水力连通性和地貌特性。结构连通性指标评价区域内的河流数、水面面积比例和水系连通度；水力连通性指标评价区域内河流长度（系统排水的有效性）、水体的流动能力和河道输水能力；地貌特性指标是对河流系统内生态元素、泥沙及水流能力等的综合评价。结构连通性是提高水资源统筹调配能力、改善水生态环境状况的基础，而水力连通性则体现水系水旱灾害防御能力。它们对城市水系连通的实践有较强指导意义[17, 18]。

连通形式是评价构建河湖水系连通的方法，包括该区域内现阶段所有的调水工程、闸坝、水库的情况以及水资源配置网络都需明确；水系是否常年保持连通；是否有季节性通水、年度性通水、应急性通水等都会给整个水网系统带来影响。

河流连通的自然功能是河流生命活力的重要标志，最终影响人类经济社会的可持续发展。自然功能包括物质能量传递功能、河流地貌塑造功能、生态维系功能和水环境净化功能。生态维系功能评价指标包括生物多样性指数和河道内生态需水量保证率；水环境净化功能指标包括河流水质达标率和水体纳污能力。河湖水系的连通增强了河流水系的物质能量传递功能，使入河污染物的浓度和毒性不断降低，而源源不断的水流和丰富多样的河床则为河流生态系统中的各种生物创造了良好的生境。

河流连通的社会功能是河流对人类社会经济系统支撑能力的体现[19]。社会功能包括水资源调配功能、洪灾防御功能、水能与水运资源利用功能和景观维护功能。水资源调配功能评价指标反映城镇供水量、农业灌溉用水量占地表水的比例；洪灾防御功能评价指标则反映水库的调节能力和防洪安全工程达标率。首先，河湖水系连通提高了水资源的配置能力，可更好地发挥其调配、航运功能；其次，修建各种类型的水利工程也提高了水系的洪灾防御功能；最后，河流水系连通的景观维护功能给人类的精神生活方面带来了积极的影响。由此可见，河湖水系连通的自然功能和社会功能是评价河湖水系连通的效果及服务对象的重要指标。

7.5.2　连通性评价方法

对于水系连通度的研究，国内外的专家从不同学科角度提出了多种评价方法。在2010年之前，相关研究主要以生物栖息地迁徙、水系景观、水文连续性等方向为主，多采用图形法、空间景观分析法、水文-水动力模型等研究方法。2010年之后，主要针对河流水系的功能性要求，还有航拍和 GIS 技术的使用，产生了多种针对性的研究方法，比如图论法、水文-水力学法、景观法、生物法和综合指标法等[20]。

1）图论法

图论是组合数学的一个分支，图论中的图包括两个要素，分别是对象和对象中的二元关系。在河湖水系连通中，将不同水体作为对象用点表示，将各对象之间是否连通作为对象间的二元关系，用边来表示（图7.9和图7.10）。如此一来，便能将图论应用于河湖水系连通的复杂连通网络分析[21]。①矩阵法。用邻接矩阵或关联矩阵表示河流水系图的点、边关系，并构造复合矩阵，再以复合矩阵的特征值或非零元素个数占总元素个数

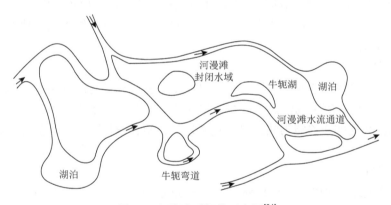

图 7.9　河湖水系概化示意图[24]

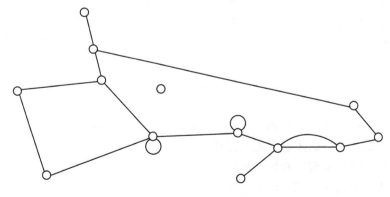

图 7.10　河湖水系图模型

的比作为连通度。该方法不能有效表达点边之间的方向关系。②分割法。从连通图（记为 G）中去掉最少点数或边数，使图不连通，这一过程分别称为点割和边割[22]。通过计算最少点割数 k（G）或最少边割数 λ（G）来确定河流水系连通度。③统计法。用一定水位、流量条件下任一节点到达其他节点的保证率来计算连通度，该方法首先需统计边分割数计算边连通度，进而计算出河流水系的连通度[23]。

2）水文-水力学法

水流状况（尤其是径流特征）是河流水系连通度最为直接和重要的反映。过流量和阻力特性是径流特征的主要表现。因此，可根据河流的过流能力和阻力特性来确定河流水系的连通度。①水文连通函数法。通过计算平均流量、径流系数或过流能力，建立河流水文连通度函数[25]。②水力阻力法。根据水流阻力特性来定量计算连通度[26]。③水文-水力综合法。综合考虑水文过程和水流阻力，用任一河流与其他河流连通度的最大值来建立河网连通度，进而计算河网的加权连通度[27]。

3）景观法

①区域景观指数法。景观指数是指高度浓缩景观格局信息，反映其结构组成和空间配置某些方面特征的简单定量指标；适合定量表达景观格局和生态过程之间关联的空间分析方法。从景观生态学角度计算连通度的方法较多，目前使用较为广泛的是由 Pascual-Hortal 和 Saura[28]提出的整体连通性指数和可能连通性指数计算方法。②局部斑块指数法。将河流（河段）各组成部分看作不同的斑块，通过计算不同斑块间的连通度来反映河流的连通性。

4）生物法

河流水系中生物迁徙或扩散能力在一定程度上也反映了河流水系的连通度。①区域扩散阻力法。通过计算生物经过不同景观单元所需克服的最小累积阻力来确定河流水系的连通度[29]。②局部迁移能力法。以生物通过泵、闸、堰等障碍物的能力指数表示河流连通度[30]。

5）综合指标法

河流水系连通性可综合考虑自然、社会等属性特点，通过建立多指标进行综合评判。①区域综合指标法。根据区域内河流水系景观、水文、生物、社会的特点，从形态、结构、功能等方面建立一套综合评价指标体系[22]，选择适宜数学方法，系统综合评价连通性状况。②区段综合指标法。对于局部河段或断面，根据纵横垂向特征，选择适宜指标，分别计算纵横垂向连通性指数，再复合计算出局部河段或断面的综合连通性指数[28]。

思　考　题

1. 你了解我国有哪些著名的水系连通工程吗？请举几个例子。
2. 河湖水系连通性的生态学定义是什么？
3. 连通性对水环境健康有什么影响？
4. 河湖水系连通的水循环机理是什么？
5. 河湖水系连通构成要素有哪些？

6. 影响河湖水系连通性因素有哪些？

7. 纵向连通性修复、横向连通性修复和垂向连通性修复分别有哪些针对性措施？

8. 水系连通性的评价指标和评价方法主要都有哪些？

参 考 文 献

[1] 庞博，徐宗学. 河湖水系连通战略研究：理论基础[J]. 长江流域资源与环境，2015，24（S1）：138-145.

[2] 吴宗越，李宗新. 京杭大运河的由来[J]. 中国水利，1997（9）：44-45.

[3] 李可可，黎沛虹. 都江堰：我国传统治水文化的璀璨明珠[J]. 中国水利，2004（18）：75-78.

[4] Van Looy K，Piffady J，Cavillon C，et al. Integrated modelling of functional and structural connectivity of river corridors for European otter recovery[J]. Ecological Modelling，2014，273：228-235.

[5] Freeman M C，Pringle C M，Jackson C R. Hydrologic connectivity and the contribution of stream headwaters to ecological integrity at regional scales 1[J]. Journal of the American Water Resources Association，2007，43（1）：5-14.

[6] Stoffels R J，Rehwinkel R A，Price A E，et al. Dynamics of fish dispersal during river-floodplain connectivity and its implications for community assembly[J]. Aquatic Sciences，2016，78：355-365.

[7] McKay S K，Schramski J R，Conyngham J N，et al. Assessing upstream fish passage connectivity with network analysis[J]. Ecological Applications，2013，23（6）：1396-1409.

[8] Kondolf G M，Boulton A J，O'Daniel S，et al. Process-based ecological river restoration：Visualizing three-dimensional connectivity and dynamic vectors to recover lost linkages[J]. Ecology and Society，2006，11（2）：1-17.

[9] Stammel B，Fischer P，Gelhaus M，et al. Restoration of ecosystem functions and efficiency control：Case study of the Danube floodplain between Neuburg and Ingolstadt（Bavaria/Germany）[J]. Environmental Earth Sciences，2016，75：1174.

[10] Pringle C. What is hydrologic connectivity and why is it ecologically important?[J]. Hydrological Processes，2003，17（13）：2685-2689.

[11] May R. "Connectivity" in urban rivers：Conflict and convergence between ecology and design[J]. Technology in Society，2006，28（4）：477-488.

[12] 张欧阳，熊文，丁洪亮. 长江流域水系连通特征及其影响因素分析[J]. 人民长江，2010，41（1）：1-5，78.

[13] 曹文宣. 长江上游水电梯级开发的水域生态保护问题[J]. 长江技术经济，2017，1（1）：25-30.

[14] 董哲仁. 生态水利工程学[M]. 北京：中国水利水电出版社，2019.

[15] 曹庆磊，杨文俊，周良景. 国内外过鱼设施研究综述[J]. 长江科学院院报，2010，27（5）：39-43.

[16] 符传君，陈成豪，李龙兵，等. 河湖水系连通内涵及评价指标体系研究[J]. 水力发电，2016，42（7）：2-7.

[17] 孟祥永，陈星，陈栋一，等. 城市水系连通性评价体系研究[J]. 河海大学学报（自然科学版），2014，42（1）：24-28.

[18] 周洪建，史培军，王静爱，等. 近30年来深圳河网变化及其生态效应分析[J]. 地理学报，2008（9）：969-980.

[19] 景何仿，李春光. 黄河大柳树：沙坡头河段典型弯道水流运动平面二维数值模拟[J]. 水利水电科技进展，2011，31（4）：60-64.

[20] 邓俊鹏. 基于图论法对城市水系连通性评价及优化[D]. 南昌：南昌大学，2021.

[21] 姜宇，张琼海，严萌. 改进图论法在河湖水系连通规划中的应用研究[J]. 人民珠江，2022，43（6）：58-64.

[22] 林泽芳. 有向图和图的边连通性与点连通性[D]. 济南：山东师范大学，2014.

[23] 夏继红，陈永明，周子晔，等. 河流水系连通性机制及计算方法综述[J]. 水科学进展，2017，28（5）：780-787.

[24] 赵进勇，董哲仁，杨晓敏，等. 基于图论边连通度的平原水网区水系连通性定量评价[J]. 水生态学杂志，2017，38（5）：1-6.

[25] 茹彪，陈星，张其成，等. 平原河网区水系结构连通性评价[J]. 水电能源科学，2013，31（5）：9-12.

[26] 徐光来，许有鹏，王柳艳. 基于水流阻力与图论的河网连通性评价[J]. 水科学进展，2012，23（6）：776-781.

[27] 陈星，许伟，李昆朋，等. 基于图论的平原河网区水系连通性评价：以常熟市燕泾圩为例[J]. 水资源保护，2016，32（2）：26-29，34.

[28] Pascual-Hortal L，Saura S. Comparison and development of new graph-based landscape connectivity indices：Towards the priorization of habitat patches and corridors for conservation[J]. Landscape Ecology，2006，21（7）：959-967.

[29] 赵筱青，和春兰. 外来树种桉树引种的景观生态安全格局[J]. 生态学报，2013，33（6）：1860-1871.

[30] 孙鹏，王琳，王晋，等. 闸坝对河流栖息地连通性的影响研究[J]. 中国农村水利水电，2016（2）：53-56.

8 水库生态调度

水库的出现改变了天然河流的径流模式，而水库常规调度方式只注重发挥水库的社会经济功能，没有重视水库库区及下游的生态环境保护，容易导致水库及下游河段生态环境的恶化，出现水库泥沙淤积、水质污染、富营养化，以及下游河道断流萎缩、水生生物消亡等现象。特别是大规模的水库在建设及其投入运行时，对当地生态环境的影响更为显著。因此，要减轻修建水库对河流生态环境的负面影响，就应制定合理的水库调度方式，通过合理的调度模式来寻求社会经济和生态保护的平衡点，把河流生态环境保护作为重要的目标纳入到水库调度中。

由此引出了"水库生态调度"概念。尽管"水库生态调度"是近十几年才出现的概念，但是水库管理部门很早就开始考虑河流生态系统保护因素，完善水库调度方式。比如1991~1996年，美国田纳西河流域管理局对其管理的20座水库的调度方式进行了优化调整[1]，具体措施包括：通过适当的日调节、水轮机间断运行，设置小型机组、再调节堰等提高下游河道最小流量；通过水轮机通风、掺气，设置表层水泵、掺氧装置、复氧堰等设施，提高水库下泄水流的溶解氧浓度，这些方法对改善下游河道生态环境起了重要作用。又比如Richter等[2]通过分析罗阿诺克水坝建坝前后的水文数据，发现水坝对河流的水文情势产生了很大的影响。因此，学者们提出，原来以发电、防洪为主的水库的运行方式应予以调整。1989年，罗阿诺克河流管理委员会决定对原水库运行方式进行部分调整，即在每年4月1日至6月25日的鲈鱼产卵期内，将流量控制在建坝前日流量的25%~75%之间，并且使流量每小时变化率小于42m³/s，结果发现鲈鱼的数量明显增加。我国的水库管理部门也有相关的考虑，比如在2005年12月，长江水利委员会蔡其华提出现行水库调度方式主要存在着两方面的问题，一是大多数的水库调度方案没有考虑坝下游生态保护和库区水环境保护的要求，二是缺乏对水资源的统一调度和管理。蔡其华还分析了三峡水库调度运行面临的问题以及沱江、岷江流域梯级开发和水库调度存在的问题，并提出完善水库调度方式的基本思路和对策：①充分考虑下游水生态及库区水环境保护，确定合理的生态基流、控制水体富营养化、控制水华暴发及咸潮入侵；②充分考虑水生生物及鱼类资源保护，可采取人造洪峰调度方式并根据水生生物的生活繁衍习性进行灵活调度、控制下泄水的温度及水体气体过饱和；③充分考虑泥沙调控问题；④充分考虑湿地保护的需求。

那么什么是"生态调度"？学术界对"生态调度"定义尚未十分明确。目前主流的观点有：董哲仁等[3]提出水库多目标生态调度方法的概念，即在实现防洪、发电、供水、灌溉、航运等社会经济多种目标的前提下，兼顾河流生态系统需求的水库调度方法。蔡其华[4]提出在满足坝下游生态保护和库区水环境保护要求的基础上，充分发挥水库的防洪、发电、灌溉、供水、航运、旅游等各项功能，使水库对下游生态和库区水环境造成的负面影响控制在可承受的范围内，并逐步修复生态与环境系统。为减轻大坝对河流的生态造成的影响[5]，应在一定时期内，致力于改变水库调度。归结起来，所谓"生态调度"是指兼顾生态环境的水库综合调度方式。

8.1　生态保护目标

水库生态调度自始至终贯穿着生态与环境问题，所以水库生态调度的生态保护应该以满足流域水资源优化调度和河流生态健康为宗旨，主要目标为：改善水库水质、调整水沙输移、保证最小环境流量、保护水生生物、保护河岸带植被、维护河流生态系统完整。

8.1.1　改善水库水质

1. 水库水质问题的分类

水库水质问题包括的内容很广泛，虽然国内外对水库水质问题的划分有所差别，但是整体而言，主要为水库水体长期滞留导致的水库水温变化、浊水长期化及水体富营养化三个方面[6]。

（1）水温变化。兴建水库不仅改变了河流的水文和水力状况，同时也改变了水库库区及下游河段的水力状况，出现新的热平衡关系。水库是一个热容量很大的水体，在当地的水文、气象及水库运行方式影响下，大多数深水水库，均具有水温分层（密度竖向分层）的特点，沿水深出现较大的温度梯度。水库中水温的变化对库区及下游的农业灌溉、工业、渔业、水生生物繁殖、人民生活与健康、景观等均带来不同程度的影响。

（2）浊水长期化。所谓浊水长期化，就是在洪水期由上游带来的细微粒子以浊水形式长期滞留库内，不沉淀，行洪过后即出现浊水长期化现象，放流浊水长时间地排入下游。浊水长期化对于用水、渔业、景观、旅游业等均带来危害，是水库主要环境问题之一，目前已逐渐为人们所重视。水库浊水动态与水库水温构造及流动形态有密切关系，入流浊水以密度流状态进入库中，导致水库长时间浑浊，影响水库水质，为避免这种现象，可利用浊度密度分层的特性，在水库的不同高程设置取水口来进行分层选择取水及放水，以大幅度缩短下游河川的浊水时间，同时收到促进悬浊物质沉降的效果。

（3）水体富营养化。"富营养化"一词原是湖泊学上用来描述湖泊分类与演化的概念。它主要是指水中营养盐类和有机物质的增加导致藻类及其他浮游生物大量繁殖，引起藻类自养生物群落的变化，使水体严重缺氧，最终导致水质恶化，生态平衡遭到破坏。富营养化将严重影响鱼类生存，而且影响人体健康，并给工农业生产及旅游业均带来重大损失。水库的修建将一些自由奔腾的天然河流变成了宁静安详的湖泊。水流条件的极大改变所形成的缓慢水流，有利于营养物质的富集和水生植物的生长，容易造成水体的富营养化问题。尤其是非汛期，水库在高水位运行时，流速低，更加不利于污染物扩散。同时随着工农业生产的飞跃发展，水库周围的工业废水、使用化肥的农田排水，城镇生活污水等大量排入水库，大大加速了水体富营养化的进程。一旦出现此种危害，克服它是非常困难的，其净化成本相当高。

2. 改善水库水质的必要性

习近平总书记说过，绿水青山就是金山银山，但随着经济快速发展，城镇化、工业化和农业现代化的进一步推进，致使生活污水和工农业废水的排放量逐渐增加，导致水质资源恶化，影响水库水质，对水库水域生态系统构成了严重威胁，同时也影响了人们的正常生活。我国许多水库内的水体都出现了不同程度的富营养化情况，如何更好地寻求到先进且十分科学的方式来对水库水质进行生态方面的修复与改善成为我们综合治理水库工作的重中之重，同时也成为了保证我国居民在生态环境破坏日益严重的大背景下寻求生态发展的必由之路。因而当务之急就是开展水库生态调度与修复，改善水库水质。

3. 改善水库水质的案例

水库以改善水质为目标的生态调度可以通过加大放水、加快缓流区的水体流动、破坏水体富营养化条件等方式实现。而针对水温和溶解氧失衡的调度，一般是合理利用泄水建筑物（如利用分层取水设施、增加表孔泄流等措施解决下泄水温的问题）、调节水库下泄方式（如采用多层泄水设施，适当延长溢流时间，可以防止水中气体过饱和现象）以及采取相关辅助工程措施来进行调节。一般通过控制水库运行水位、下泄流量、选择不同的泄水口等措施来改善大坝上、下游的水质。如果大坝具有分层泄水装置，调度对水质的改善作用将会更明显。表 8.1 显示了国内外通过改进调度措施改善水库水质的典型案例[7-11]。

表 8.1　改善水库水质典型案例

时间	地点	调度措施	生态修复效果
20 世纪 90 年代	美国田纳西河流域 20 座水库	保证最小下泄流量；同时结合工程措施，如水轮机通风、修建曝气堰等	下泄水流溶解氧浓度低于最小溶解氧浓度。时间和河段长度都较调度前大幅缩短；鱼类和大型无脊椎动物正面响应
2005 年至今	中国珠江	增加下泄流量	抵御咸潮；改善水质
2005 年 11 月	中国松花江丰满水库	针对重大污染事故，应急增加下泄流量	加快污染水团下行速度；稀释污染水体

8.1.2　调整水沙输移

1. 水沙调整的必要性

水沙是河流的动力因子，河道形态是水沙过程与河床边界长期作用的结果。水沙过程和河道形态构成了河流生态环境中最重要的物理条件。河流系统水沙、河床、生态环境间存在复杂的相互作用关系，与河流生态环境密切相关。同时，河流的开发利用比如修建水库、航运、发电等工程使系统自然条件下的一些行为规律发生显著变化，这对河流生态环境的维持、调控和恢复提出了新的挑战。

在自然情况下的河流具备对泥沙的冲刷能力，可以达到水沙平衡的状态，基本上不会出现泥沙淤积的现象。水库的修建使得河道的泥沙淤积现象尤为明显，因为水库的蓄水拦沙作用深刻改变了水沙特性，这会导致河道被侵蚀、河道周围陆地被冲刷。为了缓解和修复泥沙淤积对于水库生态系统健康的影响，国内主要采取"蓄清排浑"的调度方式，在汛期的时候降低水库水位泄洪排沙，在非汛期入库沙量较少的时候蓄水，促使库区年内水沙输移达到平衡。三峡等水库采用了这种调度方式，减少了水库泥沙的淤积，取得了较好的效果，成功发挥了生态调度的作用[12]。

水沙输移不仅会影响河道形态，还会影响河流生物健康。其中对河流生物的行为和生理产生直接的在相对较短的时期内就能够体现出来的影响，称之为直接或短期生态效应。河流水文变化对水生动物生活史的影响就属于这种效应。自然河流，生物的生长史与长期的水文动态密切相关，生物群落形成了一种与河流水文特征相适应的生活史，河流的水文条件发生巨大变化会对河流生物种群的结构和数量产生直接影响。

2. 水沙输移调整的案例

河流水沙过程是形成和维护生物栖息地的主要驱动力。调整水沙过程要尽量恢复大坝上下游水流含沙量的连续性，减少库内泥沙淤积，防止下游河流冲刷，营造下游河道的沙洲、河滩栖息地条件等。著名的改进水库调度方式调整水沙输移过程的典型案例[13-15]，见表 8.2。

表 8.2　调整水沙输移案例

时间	地点	调度措施	生态修复效果
1996 年至今	美国科罗拉多河格伦峡谷大坝	增大下泄流量，形成人造洪水排沙	大坝下游河流的边滩和沙洲面积增加
2002 年至今	中国黄河万家寨、三门峡、小浪底水库	洪水期降低水库运行水位增大泄水量；人工塑造异重流排沙	减少水库淤积；降低下游河底高程；加快黄河口造陆过程

8.1.3　保证最小环境流量

1. 保证最小环境流量的必要性

修建水库会直接改变环境流量，从而对河流下游生态系统造成较大影响，不仅会改变河岸形态和岸边生境，还会对水生生物栖息地的规模和形态造成一定影响。因此，为了维护河流的基本生态功能和环境健康，合理优化配置水资源，水库工程不单单需要考虑河道水质和系统环境状况是否能得到提升，还需要考虑运行后的水体是否可以满足该段的环境流量保护目标。

2. 保证最小环境流量的案例

近年来我国大部分改善水库调度方式的实践也是为了保证大坝下游河流的最小环境流量。表 8.3 列出了国内外进行的保证大坝下游河流最小环境流量的典型案例[7, 10, 11]。

表 8.3　保证最小环境流量案例

时间	地点	调度措施	生态修复效果
20 世纪 90 年代	美国田纳西河流域	水库日调节方式；水轮机间歇式脉冲水流；坝下调节池泄水	大坝下游最小环境流量基本得到满足；鱼类和大型无脊椎动物有正面响应
2000～2008 年	中国塔里木河大西海子水库	增加下泄水量	天然植被面积扩大；沙地面积减小；地下水位升高；水质明显好转
1999 年至今	中国黄河流域	增加下泄流量	保证黄河不会断流；增加河口湿地水面面积；提高河口地下水位；加快三角洲造陆过程

8.1.4　保护水生生物

1. 保护水生生物的必要性

自改革开放以来的 40 多年，我国经济高速发展，在发展的同时也出现了许多生态问题。其中，水生态环境问题尤为突出，使得许多水生生物受到影响。长江作为世界第三、亚洲第一大河，水域生态类型多样，水生生物资源丰富，是地球上极其宝贵的淡水生物宝库，对于维系生物多样性和生态平衡，保障国家生态安全，具有不可替代的重要作用。据统计，长江流域分布的水生生物多达 4300 多种，其中鱼类 400 多种，拥有中华鲟、长江鲟、长江江豚等国家重点保护的水生生物 11 种，还有长江特有的鱼类 180 多种，所以保护的责任尤其重大。

水生野生动物与陆生野生动物有同样重要的生态、科研、经济、社会和文化价值。一是生态价值。水生野生动物是水域生态环境的清洁者和修复者。二是科研价值。水环境相对稳定，为水生野生动物的长期生存延续奠定了基础。目前，全球现存超亿年历史的动物基本都是水生动物，其中不乏很多种从恐龙时代甚至更早的年代顽强地生存下来的珍贵濒危水生野生动物。这些物种有着重要的生物地理学和生物进化研究价值，是科学研究的宝贵财富。三是经济价值。水生野生动物与渔业经济物种紧密相关，很多珍贵濒危物种传统上就是作为高端经济水产品存在的。目前，经过多年潜心研究，大鲵、鲟鱼等多种水生野生动物的全人工繁育技术已经取得突破，形成规模化的人工繁育种群，不仅通过增殖放流等方式反哺野生种群、促进野外种群资源恢复，还为人类提供大量优质动物蛋白，为贯彻落实"大食物观"做出突出贡献。大鲵、鲟鱼、淡水龟鳖类等物种还成为"名特优"养殖的重要品种，在农民增收、精准扶贫等方面发挥了重要作用。另外，水生野生动物还具有显著的社会价值和文化价值，极大地满足了人们的精神文化需求，发挥着科学普及、文化传播和怡情审美的重要作用。

水生生物保护的总体形势十分严峻，已经到了危急关头，甚至成为事关国家文明兴衰的大问题。2018 年 9 月印发的《国务院办公厅关于加强长江水生生物保护工作的意见》(以下简称《意见》)，是贯彻习近平总书记"共抓大保护、不搞大开发"重要指示精神的重要举措，也是落实党中央、国务院生态文明战略的有力抓手，是十分必要和及时的。全面遏制长江水生生物资源衰退和水域生态恶化的趋势，是各级政府和全社会的共同责任。《意见》明确长江水生生物保护的目标任务、主攻方向、重大行动和保障措施，符合长江生态保护的实际，具有较强的针对性和可操作性。出台《意见》有利于形成各部门合力推进、齐抓共管的工作格局，有利于营造全社会齐心协力、共建共享的良好氛围。

2. 保护水生生物的案例

已进行的针对水生生物保护调度实践，保护对象大部分是珍稀或濒危鱼类，种类多达几十种，主要是鲑鱼、鳕鱼等洄游鱼类，也有少量的蚌类、蟹类。保护方法通常是在水生生物比较敏感的生命阶段，如产卵期、幼鱼期和洄游期，恢复对其生存或繁殖具有重要意义的水文情势以及水质、泥沙、地貌等河流物理化学过程，修复生物栖息地，增加物种数量。通过改进水库调度保护水生生物的典型案例[16-21]见表 8.4。

表 8.4　保护水生生物案例

地点	目标物种	生命阶段	生态修复	
			水文过程	其他生态过程
美国罗阿诺克河	带纹白鲈	产卵期	恢复自然日流量过程，降低流量小时变化率	无
美国哥伦比亚河	大马哈鱼、虹鳟	洄游期	增大泄流量	降低水温
美国科罗拉多河	弓背鲑等	幼鱼期	人造洪峰	营造沙洲、河滩等栖息地，恢复天然水温过程
美国密西西比河下游	密苏里铲鲟	产卵期	春季释放两次高流量脉冲	无
南非奥勒芬兹河	黄鱼	产卵期	增加下泄流量	无
澳大利亚墨累河	虫纹鳕鲈、突吻鳕鲈等	产卵期、幼鱼期	恢复洪水脉冲，增加洪峰河洪水持续时间	无

8.1.5　保护河岸带植被

1. 保护河岸带植被的必要性

河岸带生态系统是河流生态系统的重要组成部分，是连接陆地生态系统和河流生态系统的纽带，而河岸带植被对河岸带生态系统的结构和功能发挥着重要的作用。河岸带植被带生物多样性丰富，是各种生物的重要栖息地。河岸带植被是指生长在河道及河岸带中的植被，包括河道，河岸、洪泛区和湿地中的乔、灌、草等。河岸带植被对水路系统间的物流、能流、信息流和生物流发挥着廊道、过滤器和屏障的作用。同时，河岸带生态系统具有丰富的动植物物种资源，较高的生物多样性和生态系统生产能力，在水土污染治理保护、稳定河岸、调节微气候和美化环境方面均具有重要的现实意义和潜在价值。

从本质上讲，河岸带植被就是绿色植被，理应受到人类的保护。作为绿色植被，河岸带植被也有许多重要的作用。①河岸带植被可以吸收二氧化碳，提供人类生存需要的氧气；②河岸带植被可以减少风沙和水土流失，没有绿色屏障，动物微生物和人类生存难以持续；③河岸带植被还能平衡水文气候，它就是天然水库，发挥重要水源涵养作用，液态水蒸发成气态云雾再变成雨水汇集成地表水（江河湖泊、海洋），最后蒸发成气态再变成雨水，是水文的良性循环；④河岸带可以平衡气候环境，对环境的湿度、风力有一定小气候环境改善作用，森林里湿度远大于空旷地，房前屋后四旁树、公路防护林、农田防护林能显著减少大风的破坏作用；⑤河岸带植被也能美化环境，无论是乡野、城市公园绿色植被还是草原，绿色都给人带来舒适和美感，有利于健康生活；⑥保护河岸带植被也是保护生物多样性，地球生态平衡是人与自然、人与动物微生物和谐共生。森林草原为包括但不限于人类的各种动物微生物提供了良好生存环境。

同时，保护和恢复植被是建设中国特色社会主义和谐社会的必然要求，契合新发展理念，是建设绿色小康的主要任务。我国自然环境条件恶劣，山区、林地地质灾害频发，滑坡、泥石流等自然灾害发生，会对当地河流的河岸带植被造成破坏，从根本上要求必须加大对河岸带植被的保护和恢复。

2. 保护河岸带植被的案例

河岸带植被是河流生态系统的重要组成部分，具有生态、美学、经济等价值，特别是在干旱、半干旱地区，这些价值显得尤为宝贵。其中，岸边植被的组成、结构和丰富度很大程度上受到水文过程、地下水位以及河流泥沙输移过程的控制。自然水文情势的改变可能阻碍岸边植被的生长与繁殖，导致河岸带植被面积不断减小。恢复河岸带植被不但能修复洪泛区的生态服务功能，如削减洪峰、净化水质、涵养水源，还能保护那些以本地岸边森林为栖息地的濒危物种，如鸟类、蝙蝠等。通过改进水库调度保护河岸带植被的典型案例[22-25]见表8.5。

表8.5　保护河岸带植被案例

地点	保护植被的种类	调度措施	生态修复效果
中国塔里木河	胡杨林	增加河流流量	胡杨林恢复生机
美国比尔威廉斯河	白杨、三角叶杨	释放洪水脉冲降低洪水退水率	河岸带植被密度增加；外来种密度减小
美国特拉基河	三角叶杨、柳树	修复高流量过程和地貌过程	本地植被基本恢复
加拿大圣玛丽河	杨树	修复洪水过程	湿地森林反应良好
澳大利亚墨累河	红桉树森林	增加洪水淹没时间和洪峰流量	本地植被基本恢复

8.1.6　维护河流生态系统完整

1. 维护河流生态系统完整的必要性

河流生态系统是指河流水体的生态系统，属流水生态系统的一种，是陆地和海洋联系的纽带,在生物圈的物质循环中起着主要作用。作为可持续发展概念的一个重要目标,维持完整的生态系统迅速成为生态学家的共识;用完整来描述一个环境的状况是科学发展和社会价值观进步的必然结果,维持和恢复一个完整的生态系统已成为近年来环境管理的重要目标。

近年来,随着自然水文情势、自然水流范式、河流健康完整评估等理论和方法的提出,科学家们逐渐认识到,单一生态目标的调度方式调整难以达到维护河流健康的根本目的。究其原因,从自然水文情势的理论看,自然水文过程的高流量、低流量和洪水脉冲过程都具有特定的生态作用;从河流健康的内涵看,只有水文、水质、河流地貌、水生生物等生态要素都满足一定的要求,才称之为健康河流。因此、改进水库生态调度方式的指导理念逐渐转变为保护本地生物多样性和河流生态系统完整性。基于适应性管理的方法,需要我们开展改进水库调度、满足环境水流需求的现场试验,监测下游生态响应,进行反馈分析,进而修正调度方案。如此反复进行,通过多年的调度试验,逐渐完善水库生态调度方案。

2. 维护河流生态系统完整的案例

国内外已经有一些项目涉及维护河流生态系统完整的目标,如美国的可持续河流项目(sustainable rivers project)[26]和澳大利亚的恢复墨累河(the living Murray)项目等。可持续河流项目是由美国大自然保护协会(TNC)和美国陆军工程兵团(USACE)合作,在 11 条河流上选择 26 个大坝,进行改进大坝调度方式、修复环境水流的试验研究。该项目于 2002 年正式启动,目前已经在美国格林河、萨瓦那河、威廉米特河等河流实施了一些较为成功的环境水流试验。这些试验从环境水流的制定到实施,都不是只考虑单一的生态修复目标,而是致力于恢复富于变化的自然水文过程、保护水生生物和岸边植被的关键栖息地、维持河流生态系统健康。

恢复墨累河的项目是目前澳大利亚最大的河流生态修复项目[27]。其主要目标是通过归还墨累河的生态环境用水,实现墨累河的健康以造福澳大利亚人民。该项目于 2002 年启动,2004~2009 年完成了项目第一步,增加了墨累河 5 亿 m³ 的水量,用于水生生物、岸边植被的保护和修复以及 6 个示范区的环境改善。这些水量主要通过政府从公众手中购买,储存在上游的水库中,在合适的时机以模拟自然水文过程的方式下泄。2005 年的一次模拟洪水过程的环境水流试验,增加了中下游洪泛区湿地的淹没时间和土著鱼类的产卵量,促成了湿地鸟类的大量繁殖,也进一步证明了该项目很好地起到了维护河流生态系统完整的作用。

8.2　水库生态调度原则

8.2.1　生态优先原则

1. 生态优先原则的内涵

水库生态调度的重点在于"生态"二字,所以说水库生态调度原则首先要从生态问题入手。而生态问题正好是现代社会中的敏感问题之一，是伴随着经济发展而产生并逐渐积累和发展起来的。生态环境的改变与经济发展呈现出一种必然的偶联关系，一部人类经济发展史，实质上就是人类认识自然、开发利用自然和改造自然的历史，就是生态环境发生变化，形成生态问题的历史。就新中国成立之后的生态与经济建设的关系来看，我国经济发展是以最大的自然资源消耗和环境改变为代价的，并且产生了对现实和未来的积累和滞后性的影响。在承认这一基本态势的前提下，对我国生态环境改变的基本判断无论是政府还是学术界，都存在着两种观点，一种是"整体改善，局部恶化"的观点，另一种是"整体恶化，局部改善"的观点。在同一现实状态下，得出两种截然相反的结论，除了价值观念的差异外，很重要的是审视生态与经济发展的视角不同。前者更注重经济景观的生成和发展，从社会经济生产力的角度提出观点，强调的是经济发展。后者更注重生态景观人为作用下的演替和生态环境的变化，从自然生产力的角度提出观点，强调的是生态问题。无论是从经济的、社会的、生态的角度，还是从现实与未来的角度，社会的进步和经济的持续发展都依赖于生态问题的解决和环境的良性发展，二者争论的结局必然会统一到这一角度上来。

从历史上看，1989 年《中华人民共和国环境保护法》规定要使环境保护工作同经济建设和社会发展相协调，确定了"协调发展原则"，但实践中普遍采取的"经济发展"优先于"环境保护"的做法，导致经济发展与环境保护之间的关系愈发不协调。于是逐渐出现了环境保护优先的观点，2010 年修订的《中华人民共和国水土保持法》与"十二五"规划中都确立了生态环境保护优先的原则，并于 2014 年 4 月 24 日通过修订的《中华人民共和国环境保护法》，明确其为环境保护基本原则。

虽然确定了环境保护的基本原则，但是生态建设服从于经济建设是难以实现生态经济社会协调发展的，必须像世界环境与发展委员会在《我们共同的未来》一书中所指出的那样，"当我们乐观地宣布经济发展和环境保护可以同时并举时，我们必须加上这样一个条件，即必须将生态圈的保护放在首位，经济发展必须放在第二位，必须有严格的生态经济做指导"。确立生态优先的观点，把生态环境建设放在现代经济社会发展的首位，从而建立起以生态建设为基础的经济发展模式。生态优先，强调的正是生态环境建设的基础性和先决性，在实践上坚持生态建设优先的时序原则[28]。

生态优先原则是对环境保护优先原则含义的另一种表述，其核心是：生态优先原则是在经济发展与生态保护发生冲突时，将生态系统的健康性、完整性以及生态系统功能不受无法恢复的负面影响的要求置于优先地位的根本准则。生态优先原则是在经济利益与生态利益两种价值的关系处理中，优先考虑生态利益。在经济社会发展过程中，在处理经济利益与环境利益的冲突时应当优先考虑环境利益，是对"协调发展原则"的扬弃。生态优先原则作为环境保护的基本原则，体现了法律的价值与社会发展的总体目标，具有丰富内涵，生态优先原则可作为生态调度的理论依据，为研究生态调度制度提供参考。

2. 生态优先原则在生态调度中的体现

生态优先原则要求在对环境做出一定行为时，保护行为应当优先于开发利用行为。

如果从人类对环境所做出的行为这一点出发，水库工程建设、运行都是人类对于环境所做出的行为，属于对环境的开发利用行为。水库生态调度优先考虑生态环境修复与保护，其既属于对环境的保护行为，又兼顾开发利用的功能。在生态调度运行过程中，主要处理的是兴利目标与生态环境保护、开发利用行为与保护行为的关系，其本质是处理社会经济利益与生态利益的关系，生态调度将生态利益放在优先于社会经济利益的地位，与生态优先原则的要求相一致。

生态调度中保障生态流量的相关制度也是生态优先原则的体现，在生态调度的实施过程中，生态调度规程与方案制定时针对特定的生态目标进行明确，同时考虑生态需水量的优先满足；在调度实施中，优先追求生态目标的达成，确保生态用水优先不被挤占。可见，生态调度其出发点即为生态优先，这也体现在其具体的实施流程与相应制度中。

8.2.2　基本原则

维持河流健康，实现人水和谐是我国新时期的治河目标，这不仅需要考虑人类自身发展的需求，通过开发、利用和改造河流，使其更好地为人类服务。同时，也要考虑河流生命维持的需要，做到开发有度，以不损害河流生命，破坏其基本功能为代价。而水库作为人类改造河流，利用水资源的重要方式，为社会的发展起到了不可替代的作用，在新的时期，它还要承担起维持河流健康的使命，维护安全的人类生态格局。为此，水库的生态调度应遵循以下基本原则[29]。

1. 以满足人类基本需求为前提

习近平总书记在党的十九大报告中指出："中国特色社会主义进入新时代，我国社会主要矛盾已经转化为人民日益增长的美好生活需要和不平衡不充分的发展之间的矛盾。"顺应我国社会主要矛盾变化，不断满足人民日益增长的美好生活需要，对于我们决胜全面建成小康社会，夺取新时代中国特色社会主义伟大胜利具有重要意义。在不断满足人民群众日益增长的美好生活需要的过程中，水利人的责任更加明确，担子更加沉重，任务更加艰巨。

水是生命之源，要满足人民群众对美好生活的向往，就应该更加注重水利与民生之间的关系。水利与民生息息相关，水库工程具有保障生命安全，促进经济发展、改善人民生活、保护生态与环境等多种功能和多重效益。发挥某一功能效益又需要多项水利工程相互配套配合，以解决人民群众最关心、最直接、最现实的水利问题为重点，以水利基础设施体系为保障，着力解决好直接关系人民群众生命安全、生活保障、生存发展、人居环境、合法权益等方面的水利问题。凡事以民生为重，人类修建水库的初衷就是为了维护人类基本生计，保护人类生命财产安全，因此水库生态调度首先应考虑满足人类的基本需求。

2. 以河流的生态需水为基础

河流生态需水是水库进行生态调度的重要依据，而它是一个具有生态、环境和自然属性的概念，既反映了水生态系统的可持续性、水环境系统的承受和恢复能力，又反映了水生生态能维持社会发展的能力。概括起来，它有以下特性。

1）可持续性

生态需水的前提"维持河流或区域特定的生态环境功能"充分体现了可持续性。为维持生态系统良性循环、满足人与自然和谐的生态环境标准，必须明确树立和遵循人类各种用水、排污等经济和社会活动对水生态系统的影响不能超过其承载力的原则。

2）时空性

根据生态需水量的定义，生态需水具有明显的空间性和时间性。不同的地理分布区域以及同一河流上、中、下游，河口区不同地段等，对维持生态系统平衡的水量分布的需求有明显的差异。此外，在水生态系统现状的不同时段，生态需水的分布特性有所差异；在未来不同时间尺度上的某个特定时段，随环境的治理，自然生态逐步恢复，生态需水的外延和内涵也会有所改变。

3）临界性

生态需水量是一个临界值，包括最大、最小两个阈值。研究重点是对最小阈值讨论，旨在确定某一具体的历史阶段和特定区域，保证生态系统平衡所必需的最小阈值。因为低于最小阈值，生态系统结构与功能将受到不可逆的损害。

在生态需水阈值区间内，结合区域社会经济发展的实际情况，兼顾生态需水和社会经济需水，合理地确定生态用水比例[30]。所以为了生态目标，水库生态调度要以河流生态需水为基础，把生态用水比例控制在生态需水阈值区间内。

3. 遵循"三生"用水共享的原则

自然界中的水是在流域中、部门间不断转化和运动的，因此生产、生活、生态（"三生"）用水密不可分。1998～2003年，《中国水资源公报》中统计的用水部门主要有农业、工业和生活三大类。2004年，首次统计"生态环境用水"，反映了生态环境用水在整个国民经济和社会发展中的作用。

但近年来，经常有"农业用水会挤占工业、生活和生态环境用水"的研究结果，这种说法在理论和实践中都存在很大争议。因为农业生态系统是全球陆地生态系统的重要组成部分，对于维持生态系统的服务功能发挥着重要作用。农业的总用水量，不仅包括水资源公报中的"农业用水量"，更包括降落在农业生态系统中能够被农业直接利用的水量。同样，生态用水不仅是公报中所显示的"生态环境用水"，还包括直接被陆地生态系统接收利用的水。水在各个生态系统中的运动、循环、转化对于"三生"用水的统一规划和管理具有重要意义，因此，有必要应用生态水文学的科学原理，将"三生"用水共享水库生态调度的基本原则，在进行产业规划和生态保护时，综合考虑到各个部门和流域的水资源循环、使用、消耗状况中，为从新的高度解决水资源、粮食、生态安全提供有力的分析工具和决策支持。

4. 以维护河流健康生命为最终目标

河兴则万事兴，河亡则万物亡。翻开人类繁衍生息的历史画卷，探究文明社会的发展历程，我们可以发现：一条大的河流自下而上，往往就是若干民族、不同文明共同发展的舞台；一条河流，只要它有奔腾不息的河水，那里往往就是一个地区政治经济文化的中心，人们可以安居乐业。历史上，许多灿烂的文明都是依河而兴。反之，一旦河流自身生命系统发生危机，以河流为依托的其他生态系统也就失去了存在的基础。如果一条河流断流、长年干涸直至生命走向终结，必将导致流域生命系统的衰亡。比如，黑河下游居延海的严重沙漠化，塔里木河流域罗布泊、楼兰古城的历史悲剧，无定河边统万城的悄然消失，等等。正反实例，俯首可拾，触目惊心。

认识到河流的重要性，我们才更要保证河流的生命健康。每一条河流对于自然和社会系统的承载力都是有限的，河流生命的负荷只有在其承载力的范围内，才能保持可持续发展。经济社会系统的发展必须把河流的承载能力放在首位，以水资源供需平衡为基本条件，确定流域经济社会发展的目标和规模。因此，水库生态调度既要在一定程度上满足人类社会经济发展的需求，也要考虑满足河流生命得以维持和延续的需要[31]，其最终的目标是维护河流健康生命，实现人与河流和谐发展。

5. 近自然的水流情势恢复准则

首先，要充分了解河流水流情势与河流生态响应关系以及权衡社会经济可承受力，河流生态保护的基础是社会经济的承载能力，只有在社会打下坚固的经济基础的情况下，才能在地基之上建起生态的层层高塔，只有保证经济的稳定发展，才能保证"生态高塔"不会轰然倒塌。

其次，要尽可能地保留河流生态系统影响重大的流量组分来最大限度地塑造出贴近自然的水流情势，也就是说生态调度方式设置必须因时、因地、因物种而异，通过对各类流量事件及其生态效应的识别，确定特定的生态流量组分。

最后，水库生态调度也要尽可能地恢复河流的生态完整性。河流生态系统在生物圈的物质循环中起着主要作用，保证河流生态的完整更是作为可持续发展概念的一个重要目标，维持完整的生态系统迅速成为生态学家的共识。

8.2.3 法律依据

我国目前并未对生态调度进行专门立法，对生态调度进行规制的法律条款散见于各层级的法律法规中，现行的与生态调度相关的部分法律、行政法规、部门规章整理如下[32]。

1. 水法

《中华人民共和国水法》第二十一条"开发、利用水资源，应当首先满足城乡居民生活用水，并兼顾农业、工业、生态环境用水以及航运等需要。在干旱和半干旱地区开发、利用水资源,应当充分考虑生态环境用水需要。"第二十二条"跨流域调水,应当进行全面规划和科学论证,统筹兼顾调出和调入流域的用水需要,防止对生态环境造成破坏。"第三十条"县级以上人民政府水行政主管部门、流域管理机构以及其他有关部门在制定水资源开发、利用规划和调度水资源时,应当注意维持江河的合理流量和湖泊、水库以及地下水的合理水位,维护水体的自然净化能力。"生态调度应当规划和论证,应考虑生态用水需求,对水电站和水资源调度提出保护生态环境和维持合理流量的要求。

2. 水污染防治法

《中华人民共和国水污染防治法》第二十七条"国务院有关部门和县级以上地方人民政府开发、利用和调节、调度水资源时,应当统筹兼顾,维持江河的合理流量和湖泊、水库以及地下水体的合理水位,保障基本生态用水,维护水体的生态功能。"该法条对调度水资源提出了保障合理水位、基本生态用水和维护水体生态功能的要求。

3. 水库大坝安全管理条例

《水库大坝安全管理条例》第二十一条"大坝的运行,必须在保证安全的前提下,发挥综合效益。大坝管理单位应当根据批准的计划和大坝主管部门的指令进行水库的调度运用。在汛期,综合利用的水库,其调度运用必须服从防汛指挥机构的统一指挥;以发电为主的水库,其汛限水位以上的防洪库容及其洪水调度运用,必须服从防汛指挥机构的统一指挥。任何单位和个人不得非法干预水库的调度运用。"该条例从安全的角度考虑,重视防汛调度,为生态调度提供了管理制度。

4. 水库调度规程编制导则

《水库调度规程编制导则》第一章总则中明确"水库调度应坚持安全第一、统筹兼顾"的原则,其余章节对调度种类与调度管理进行了规定,第 6 章发电、航运、泥沙及生态用水调度中明确"根据初步设计确定的河流生态环境保护目标和生态环境需水流量,拟定满足生态环境要求的调度方式及相应控制条件。"该导则提出水库调度应依据生态目标确定生态需水量,进而确定调度方式与条件。

5. 其他

(1)《黄河水量调度条例》第三条"国家对黄河水量实行统一调度,遵循总量控制、断面流量控制、分级管理、分级负责的原则。实施黄河水量调度,应当首先满足城乡居民生活用水的需要,合理安排农业、工业、生态环境用水,防止黄河断流。"第八条"制订黄河水量分配方案,应当遵循下列原则:依据流域规划和水中长期供求规划;坚持计划用水、节约用水;充分考虑黄河流域水资源条件,取用水现状、供需情况及发展趋势,发挥黄河水资源的综合效益;统筹兼顾生活、生产、生态环境用水;正确处理上下游、左右岸的关系;科学确定河道输沙入海水量和可供水量。前款所称可供水量,是指在黄河流域干、支流多年平均天然年径流量中,除必需的河道输沙入海水量外,可供城乡居民生活、农业、工业及河道外生态环境用水的最大水量。"该条例明确了水量分配与生态流量地位,并提供了调度管理的模式。

(2)《综合利用水库调度通则》第九条"水库调度运用的主要技术指标包括:上级批准或有关协议文件确定的校核洪水位、设计洪水位、防洪高水位、汛期限制水位、正常蓄水位、综合利用的下限水位、死水位、库区土地征用及移民迁安高程、下游防洪系统的安全标准、城市生活及工业供水量、农牧业供水量、水电厂保证出力等。新建成的水库,如在工程验收时规定有初期运用要求的,应根据工程状况逐年或分阶段明确规定上述运用指标,经水库主管部门审定后使用。"该通则对与调度相关的生态需水量进行了划分和明确,主要目标仍是防洪、兴利调度,缺乏对生态因素的考虑。

(3)《水库工程管理通则》第五章"调度运用",规定了基本要求、工作制度等,第5.5.24条"水库管理单位,每年汛前根据设计和工程现状,经过调查了解并征求有关部门的意见,编制年度调度运用计划,也可分别编制防洪调度运用计划和兴利调度运用计划。年度调度运用计划中的兴利部分,每年汛后可根据实际蓄水和汛后可能来水情况进行修订。调度运用计划的制订和修改,都必须经上级主管部门批准后执行。"该通则基于传统调度理念对水库管理单位提出要求,虽未考虑生态因素,但对水库调度的管理体制进行了明确。

(4)《国务院办公厅关于加强长江水生生物保护工作的意见》中"二、开展生态修复""(五)优化完善生态调度。深入研究长江干支流水库群蓄水及运行对长江水域生态的影响,开展基于水生生物需求、兼顾其他重要功能的统筹综合调度,最大限度降低不利影响。采取针对性措施,防治大型水库库容调度对水生生物造成的不利影响。建立健全长江流域江河湖泊生态用水保障机制,明确并保障干支流江河湖泊重要断面的生态流量,维护流域生态平衡。"该意见从保护水生生物的角度对生态调度进行明确,保障生态用水、生态流量。

(5)《国务院关于印发水污染防治行动计划的通知》中"三、着力节约保护水资源""(十)科学保护水资源。完善水资源保护考核评价体系。加强水功能区监督管理,从严核定水域纳污能力。(水利部牵头,国家发展改革委[①]、环境保护部[②]等参与)加强江河湖库水量调度管理。完善水量调度方案。采取闸坝联合调度、生态补水等措施,合理安排闸坝下泄水量和泄流时段,维持河湖基本生态用水需求,重点保障枯水期生态基流。加大水利工程建设力度,发挥好控制性水利工程在改善水质中的作用。(水利部牵头,环境保护部参与)科学确定生态流量。在黄河、淮河等流域进行试点,分期分批确定生态流量(水位),作为流域水量调度的重要参考。(水利部牵头,环境保护部参与)"该通知提出维持生态用水需求,保障生态基流,科学确定生态流量等手段加强调度。

(6)《中华人民共和国长江保护法》第三十一条"国家加强长江流域生态用水保障。国务院水行政主管部门会同国务院有关部门提出长江干流、重要支流和重要湖泊控制断

---

① 现国家发展和改革委员会。

② 现生态环境部。

面的生态流量管控指标。其他河湖生态流量管控指标由长江流域县级以上地方人民政府水行政主管部门会同本级人民政府有关部门确定。国务院水行政主管部门有关流域管理机构应当将生态水量纳入年度水量调度计划，保证河湖基本生态用水需求，保障枯水期和鱼类产卵期生态流量、重要湖泊的水量和水位，保障长江河口咸淡水平衡。长江干流、重要支流和重要湖泊上游的水利水电、航运枢纽等工程应当将生态用水调度纳入日常运行调度规程，建立常规生态调度机制，保证河湖生态流量；其下泄流量不符合生态流量泄放要求的，由县级以上人民政府水行政主管部门提出整改措施并监督实施。"调度计划应保证生态流量，建立常规生态调度机制以保障生态流量。

8.3　水库生态调度模式

目前来看，水库生态调度模式大致包括以下几方面的内容：防治水污染调度、水库防淤调度、河流生态需水量调度、模拟生态洪水调度、生态因子调度、水系连通调度等[29]。

8.3.1　防治水污染调度

1. 水库的主要污染

水体富营养化是水库发生的一种普遍污染现象。水体富营养化是指水库中的水体由于接纳过多的氮、磷等营养性物质，使生物特别是浮游生物的生产力异常提高的过程。富营养化现象通常表现为浮游生物（即藻类）以及其他生物的异常繁殖，成片成团地覆盖在水面上。富营养化导致水质变坏，如水体发臭、透明度下降、溶解氧含量低等。水体营养愈"富"，水质污染就愈严重。氮、磷等营养物质的过量输入和累积是水体富营养化发生的主要原因。水体富营养化的污染来源分为点源和非点源（面源），点源包括城市生活废水、工业废水、污水处理厂等；非点源包括农村地表径流、城镇及工矿地表径流、大气干湿沉降以及湖内养殖等。在天然汇流过程中，水流将这些含有氮、磷等营养成分的污染物带入水库中，使水库水体中的营养成分过量积聚，出现水体营养过剩。水体的富营养化不利于库区经济的可持续发展，严重影响人们的生活和生产。

2. 防治水污染调度措施

防治水污染调度是为应对突发河流污染事故、防止水库水体富营养化与水华的发生、控制河口咸潮入侵而进行的水库调度。为防止水体的富营养化，可以考虑在一定时段内加大水库下泄流量，降低坝前蓄水位，带动库区内水体的流动，使缓流区的水体流速加大，破坏水体富营养化的条件，达到防止水体富营养化的目的。针对富营养化等污染问题，水库防治水污染调度措施可以有以下几点。

（1）在一定的时段内降低坝前蓄水位，缓和对于库岔、库湾水位顶托的压力，使缓流区的水体流速加大,破坏水体富营养化的条件;也可以考虑在一定时段内加大水库下泄流量,带动库区内水体的流动。这样做可有效减轻水体富营养化程度。但当水库低水位运行时,水体较浅、阳光穿透性好、造成库底水温过高,使底泥中的污染物加速释放,也会加重水体富营养化,所以水库不宜长期保持低水位运行。

(2)定期泄空水库,一方面可以加速库内水体循环,缩短污水滞库的时间;另一方面,可以清除库底淤泥中的污染物。污染物进入水库后一部分逐渐沉淀、淤积在底泥中。当水库环境发生变化时,污染物从底泥中溶出而再次污染库水。

(3)水库水质分布具有时间分布特征和竖向分层特征,因此,根据污染物入库的时间分布规律制定相应的泄水方案,通过水库竖向分层泄水,将底层氮、磷浓度较高的水排泄出去,可以有效控制库区水污染。

(4)为防止干流、支流的污水叠加,采取干支流污水错峰调度,以缓解对下游河湖的污染。同时加强水文水质监测及信息传递工作,通过调整闸坝的调度运行方式,恢复、增强水系的连通性,包括干支流的连通性、河流湖泊的连通性等,缓解水库大坝对于干支流的分割以及对于河流湖泊的阻隔作用。必要时可以辅以工程措施增加水系、水网的连通性。

8.3.2 水库防淤调度

1. 水库防淤调度必要性

对水库来说,淤积会减少水库的有效库容,影响水库调节性能和建筑物的正常运用。在水库上游河道,淤积会抬高河床,使河道水位升高,坡降和流速减小,河槽过水能力降低,增加了防洪困难,河水水位抬高还会引起两岸地下水位升高,导致土地盐渍化;在水库下游河道,在水库淤积并拦截泥沙时期,水库下泄清水,下游河床由于冲刷而普遍下切,水位随之下降。这将产生正反两方面的影响:一方面,它不利于大坝和沿河建筑物的基础,使沿河引水工程的运用发生困难,使下游桥梁基础埋深减少;另一方面,可以使水电站的尾水位降低,能增加水电站出力、使下游水深增大而流速减小,有利于河床的稳定和通航。

总体来说,水库建成蓄水后,水库水位升高,水面比降减缓,流速减小,导致水流输沙能力显著降低,促使大量泥沙淤积在水库里,使水库有效库容减小,降低了水库的兴利效益,甚至会使水库报废。所以,对于多沙河流水库,除了要考虑水量、发电调度外,还要考虑控制泥沙淤积发展。水库淤积与水库调度运用方式密不可分。

因此,确定合理的水库防淤调度方式是水库生态调度的一个重要内容,传统的水库防淤调度方式有:水库下池清水、异重流排沙、浑水水库排沙等。考虑水库防淤的生态优化调度,就是在一定的约束条件下,在满足防洪和兴利调度的同时,寻求水库兴利与排沙的协调关系,使水库整体综合效益最大化。

2. 水库防淤调度措施

泥沙是整个流域生态系统物质循环和生物赖以生存的主要组成部分。在自然情况下河流具备对泥沙的冲刷能力,因此基本上不会出现泥沙淤积的现象。而水库的修建使得泥沙淤积现象尤为明显,增大了河道被侵蚀、河道周围陆地退化的概率。同时,水库的调蓄改变了天然河流的年径流分配和泥沙的时空分布,汛期洪峰削减,枯季流量增大,大量泥沙在库区淤积。坝下游河道将发生沿程冲刷,同时因流量过程调整,下泄沙量减少,河势将发生不同程度的调整。河床冲刷及河势调整对防洪与航运带来一定程度的影响。河床冲深,降低洪水位,增加河槽的泄洪能力。为了缓解建造水库后泥沙淤积或者河床冲刷对生态系统健康的影响,国内主要采取"蓄清排浑"的调度方式,在汛期的时候降低水库水位泄洪排沙,在非汛期入库沙量较少的时候蓄水,促使库区的年内水沙达到平衡。三峡等水库采用了这种调度方式,减少了水库泥沙的淤积,取得了较好的效果,成功发挥了生态调度的作用。除此之外,对于水库泥沙淤积造成的库容损失、库尾水位明显抬高以及影响变动回水区航道与港口运行安全等问题,也可采用蓄清排浑、调整运行水位以及底孔排沙等调度方式来减少泥沙淤积和改善变动回水区的航运条件。

总体而言,水库可按蓄清排浑、调整泄流方式以及控制下泄流量等方式,通过调整出库水流的含沙量和流量过程,尽量降低下游河道冲刷强度,减小常规调度情况出库水流对下游河道冲刷范围并延缓其进程,以降低不利影响。

8.3.3　河流生态需水量调度

1. 生态需水概念

生态需水是为了维护以河流为核心的流域生态系统的动态平衡,避免生态系统发生不可逆的退化所需要的临界水分条件。在我国多使用生态需水一词,国外与生态需水相近的概念有河道最小流量、生态可接受流量等。对于河流来说,生态需水和生态流量同义。

生态需水也可以表示为保护生态系统不被破坏所需要保留和消耗的水分。生态需水量具有空间性,它要求生态需水量不仅要在立体空间和区域空间上的合理分布,还要保证在总量上得到满足;同时,生态需水量具有时间性,不同的时间生态需水量内涵也不尽相同,它表现在流域径流量的年际波动、季节性分配(图8.1)。"生态需水量是为了维护生态系统的健康与稳定、同时保护天然生态和人工水利建设所消耗的水量。"由于生态需水、目的和研究对象理解的不同,划分的方法也不会相同,对于生态系统较为详细的分类如下。

以满足河流生态流量为目的,生态流量按其功能的不同又有所不同,包括提供生物体自身的水量和生物体赖以生存的环境水量;维持河流冲沙输沙能力的水量;保持河流一定自净能力的水量;防止河流断流和河道萎缩的水量,除此之外,还要综合考虑与河流连接的湖泊、湿地的基本功能需水量,考虑维持长江河口生态以及防止咸潮入侵所需的水量。分析计算长江重点河段的各种生态流量过程是水库生态调度的基础。长江的天然径流过程在一定的范围内随机变化,现有的生态系统是根据河流天然径流变化的特征响应的。

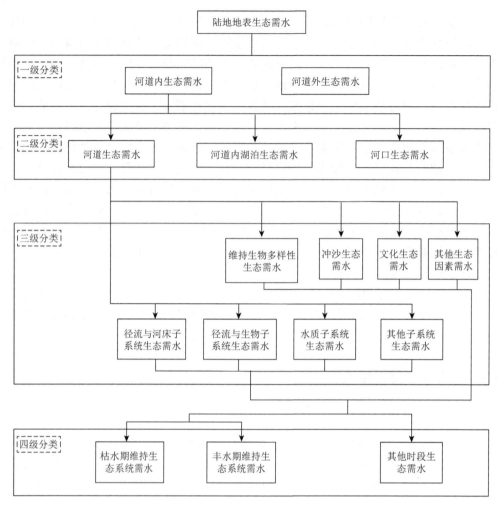

图 8.1　生态需水分类图[29]

2. 最小生态需水概念

河流生态需水可分为最小生态需水、适宜生态需水。最小生态需水是指以目标水体（河流、湖泊）处于生存危机临界状态的水分条件，定义为维持地表水体生存的最小生态需水。在低于最小生态需水情况下，目标水体处在消亡的威胁之中，当流量持续小于这个数值时，河流将迅速消退直至干涸。适宜生态需水是指水生态系统的生物完整性随水量减少而发生演变，以生态系统衰退临界状态的水分条件定义为维持水体生物完整性的适宜需水。适宜生态需水考虑目标水体水生生物生存繁衍对水域水文、水力特性的要求。当流量持续小于这个数值时，将导致生物繁殖条件的破坏，减少生物量，进而降低生物完整性。河流生态需水量调度，就是通过水库调度使河流径流过程落在适宜生态需水过程区间上，不允许低于最小生态需水。

以满足维持下游河道基本功能为目标，最小生态需水量主要包括流域下游生物生长繁殖的基本生态需水量；防止泥沙淤积，具有模拟天然输沙能力的水量；防止水华、咸潮入侵所需的水量;防止河道萎缩及断流的水量等[33]。我们可以通过改变水库的下泄流量、泄流时间以及泄流方式来满足下游河道生态系统的最小生态需水量。最终的结果是保持河流以适宜生态径流量下泄,不允许小于最小的生态径流量[34]。

3. 生态需水调度措施

生态需水调度措施可以参考河流预警和调度管理两个方面,具体方法如下。

(1)根据不同流域的水资源状况和经济社会发展水平设定生态用水管理目标。比如在水资源短缺严重的海河流域,最小生态需水对应的时段可适度延长。而在松花江流域,水资源短缺情势相对缓和,应严格按照生态标准河流进行调度和管理。不同水平年设定动态的生态用水管理目标,比如在枯水年可适度压缩生态用水,而平水年尽可能地满足河流生态需水。

(2)设立河流生态水情调度预警流量。对应于最小生态需水、适宜生态需水的满足程度进行不同等级的预警,以适宜生态需水设定为黄色预警流量。以最小生态需水设定为红色预警流量。在水资源短缺的情况下,以最小生态需水设立为河流生态危机预警,流量(水位)为断流或干涸警戒线,河流在此线以下存在很大断流风险。这如同洪水警戒水位,当水位高于洪水警戒线,虽不一定发生洪灾,但在管理中将采取非常规的应对措施。

(3)建立河流生态用水危机管理机制。最小生态需水是维持河流生态系统健康的底线,在任何情况下,河流都要力争维持这个河流生存的临界点。最小生态需水在枯水季节易受威胁,低于最小生态需水,河流将处于危急状态。当枯水期河流流量低于警戒线(最小生态需水)时取水管理进入非常状态。在警戒线以下设立断流(干涸)风险防线生态用水指标适度下调,在防线与警戒线之间保持脉动以杜绝断流。为了解决此时经济用水(枯水期一般也是用水高峰期)与生态需水的冲突,要制定河流危机的管理制度以限制取水量。从价值观角度看,红色预警流量以下河川径流为河流的生命之水,其价值要远远高于常规状态的水量,应该采取"高价"限制。

8.3.4 模拟生态洪水调度

1. 洪水调度必要性

洪水是河流水位快速涨落的一种天然的现象,适度的洪水对生态系统来说是一个十分有利的因素。洪水能够控制河流泥沙的沉积过程,促进物质和能量的循环,促进湿地和生物栖息地的修复,还能改善水质,避免盐渍化及水华现象的出现。同时,洪水的周期性变化对于流域中生物是一种关乎生命循环的特殊信号。河流中水库的存在可以缓解大型洪水对生态系统的冲击,水库根据调度目的不同可分为两种类型:一是滞洪水库,二是蓄洪水库。滞洪水库顾名思义就是滞留洪水的水库,但是它不把洪水蓄在水库内,而是利用自身的无调节的泄水口,控制汛期的洪水不能顺利下泄,根据溢洪道的水位、流量关系向下游宣泄。因为泄水口的尺寸是根据下游河道所允许的洪峰流量进行设计的,所以水库便在汛期通过滞洪的作用保证了下游的安全。蓄洪水库则是用有调节的闸门等建筑物，将洪水拦蓄在库中，然后根据下游的泄洪能力，控泄洪水以达到错峰的要求。蓄洪水库库容大，拦蓄时间长，对洪水的调节能力更大。目前专门用于防洪的单目标水库日益减少，大多数是与供水、灌溉、发电、航运、渔业等相结合的多目标水库。为了满足不同的需要，水库将采用不同的运行方式，这必将改变洪水量级、频率、洪水持续时间、来水时间等洪水特征。

　　水库可以直接影响河流的洪水过程，同时水库导致的淤积也会间接影响洪水过程。有些水库在采用蓄清排浑的运用方式时，会在一定时期使得下泄沙量接近甚至超过建库前，这样也会造成水库下游的淤积。尽管下游河道的冲刷会使得断面面积增大，泄洪能力增强。但局部河段的淤积会起到明显的阻水作用，削弱河道的行洪能力，影响洪水过程。尤其是当河段产生累积性淤积时，对洪水过程的影响甚至超过了水库的调蓄作用。对于重现期为 1～2 年一遇的常见洪水，河道淤积导致的泄洪能力下降已经大于水库对该量级洪水的调蓄能力，使得该量级的洪水位超过建库前的水平。比如哥斯达黎加 Cachi 水库建库后因下游淤积反而增加了洪水位[35]。类似的例子还有美国的 Rio Grande 水库[36]，水库引水用于灌溉之后重新流入下游，流量变化不大，但沙量却增加明显，下游河道明显萎缩，使得洪水位显著抬高。

　　2. 洪水调度措施

　　水库的建设改变了河流的自然水文情势，使得水文过程均一化。为了缓解由于水文过程均一化而导致的生态问题，可考虑改变水库的泄流方式，通过人工调度的方式模拟"人造洪水"[37, 38]，产生适宜于鱼产卵的涨水过程，为水生生物繁殖、产卵和生长创造适宜的水力学条件，维持洪泛区的生态系统。该工作需要掌握水库建设前水文情势，包括流量丰枯变化形态、季节性洪水峰谷形态、洪水过程等因素对于鱼类和其他生物的产卵、育肥、生长、洄游等生命过程的关系。

　　对于中小洪水，生态调度的主要目的是通过合理调控河道内水库闸门等水利工程，在保证河道防洪安全的前提下，使河道内的流量小于河道生态允许的最大流量，并最大程度地拦蓄洪水。目前常见的河道中小洪水生态调度分为两个阶段进行：首先为行洪阶段，通过调控河道上游闸门泄入该河道的分洪流量过程，使其与该河道区间汇流过程叠加后的峰值不超过生态流量的要求值或防洪设计标准；其次为洪峰过后的蓄洪阶段，在河道拦蓄洪水过程时，控制河道下游闸门的关闭时间，拦蓄尾水使河道水位达到设定的生态水位。运用系统分析的方法，在满足各种约束条件的前提下，确定各级闸门的下泄流量，通过闸群的合理调度，使河道生态尽量保持最优状态，并获得相应的闸群运行最优策略。

8.3.5　生态因子调度

　　1. 生态因子调度必要性

　　生态因子调度中的生态因子是指对生物有影响的各种环境因子，包括水体温度、土壤湿度、水体含氧量、水流流速等。以水体温度为例，水库蓄水后，其下泄水温与天然水温存在明显的差异，水库下泄的低温水会造成生物的生长和性成熟等生理过程放慢、对紧张性刺激和疾病的恢复能力降低、繁殖调节和幼鱼孵化的成功率下降、无脊椎生物和鱼类的生物多样性减少等不良影响，因此需要采取措施提高下泄水温。水体水温对鱼类的影响具体如下。

1）水温与鱼类发育繁殖

鱼类在繁殖和孵化期间往往对温度十分敏感，这就使得每种鱼类都有其适宜的繁殖水温。达不到产卵水温，鱼类不会进行产卵繁殖；高于繁殖水温，对产卵活动也有抑制作用。冷水性鱼类多在 10℃以下繁殖，部分冷水性鱼类繁殖水温很低，如江鳕繁殖水温在 0℃左右，而裂腹鱼多在 6～13℃。常见的温水性鱼类繁殖水温多在 16℃以上，如鲤、鲫最低繁殖水温在 16℃，"四大家鱼"起始繁殖水温在 18℃，多数温水性鱼类适宜繁殖水温在 22～28℃。暖水性鱼类起始繁殖水温多在 20℃，罗非鱼适宜繁殖水温在 25～28℃。与此相应，冷水性鱼类的繁殖季节主要在 11 月末至翌年早春[39]。我国大部分温水性鱼类在早春至夏初繁殖；部分鱼类在夏末秋初产卵，如大马哈鱼等。暖水性鱼类的繁殖季节主要是夏季高温时节，往往一年多次产卵，如罗非鱼一年繁殖 4～8 次。不同水域的水温不同，同种鱼类的产卵季节也会有所差异，如广东地区"四大家鱼"的产卵季节比黑龙江地区早 2～3 个月。此外，温度变化可能是诱导鱼类繁殖的重要因子，特别是在春季温度回升期突然升温和秋末冬季降温期的突然降温，可能是鱼类产卵的信号。鱼卵的孵化与鱼类繁殖水温相适应。在适宜孵化温度范围内，温度越高，孵化速度越快，成活率越高；低于适宜孵化水温，胚胎发育迟缓、停滞甚至死亡，孵化率下降；高于适宜孵化水温，孵化成活率下降，畸形率升高。

鱼类的性别决定机制非常复杂，温度也是其中之一，例如，吉富罗非鱼性别分化阶段，个体雄性率随着水温升高而提高，在水温为 36℃情况的下，雄性率达到 80%，完全偏离了 1∶1 的雌雄比例[40]。水温还是鱼类性腺发育的关键环境因子。总体而言，在鱼类适宜温度范围内，温度越高，性腺发育越快；高于适宜温度，性腺发育受到抑制；低于适宜水温，性腺发育迟缓。

2）大坝泄水温度变化对鱼类的影响

深水水库的取水口位置往往偏低，取水偏于底层水，下泄水体水温偏低，导致高温季节坝下河流水温低于原自然河道水温，部分高坝水库常年下泄水体水温在 15℃以下，有的甚至维持在 10℃左右，对鱼类繁殖和生长造成影响。同时，由于水体的蓄热作用，即使是非分层型水库，水温也较原自然河道水温出现滞后现象，春夏升温阶段，水库下泄水体温度回升晚于原自然河道水温，秋冬降温阶段，下泄水体水温的下降也晚于原自然河道水温。我国鱼类组成以温水性鱼类为主，大多数鱼类繁殖水温在 16℃以上，适宜生长水温在 22～28℃。低温水下泄不仅会减缓鱼类新陈代谢，降低生长发育速度，缩短生长期，而且会推迟繁殖季节。

2. 生态因子调度措施

合理运用大坝孔口的泄水方式，对生态因子如水温、溶解氧等进行调节调度。根据水库水温垂直分布结构，结合取水用途和下游河段水生生物的生物学特性，利用分层取水设施[41]，调整利用大坝的不同高程的泄水孔口的运行规则。针对冷水下泄影响鱼类产卵、繁殖的问题，可采取增加表孔泄水的次数，满足水库下游的生态需求。针对泄水水流中气体过饱和问题，可以在保证防洪安全的前提下，延长泄洪时间，降低最大下泄流量，减缓气体过饱和的影响[42]。研究优化开启不同高程的泄流设施，使不同掺气量的水流掺混。另外，可采取梯级水库及干支流水利枢纽联合调度的方式，降低下游汇流水体中溶解气体含量。

在众多水库生态因子调度措施中，分层取水的适用性较好。分层取水形式主要包括多层进水口式、叠梁门式、翻板门式、套筒式和斜卧式等，大中型水电站分层取水宜采用机械控制的叠梁门式或多层进水口式进水口。多层进水口取水设施以及叠梁门式分层取水设施具体结构[43]如下。

（1）多层进水口式取水设施，结构示意图如图8.2所示。在取水范围内设置不同高程的多个孔口，进水口中心高程根据取水水温的要求设定，不同高程的孔口通过竖井或斜井连通，每个孔口分别由闸门控制。运行时可根据需要，启闭不同高程的闸门，达到分层取水的目的。其结构简单，运行管理方便，工程造价较低，其缺点是由于孔口分层的限制不能连续取得表层水。

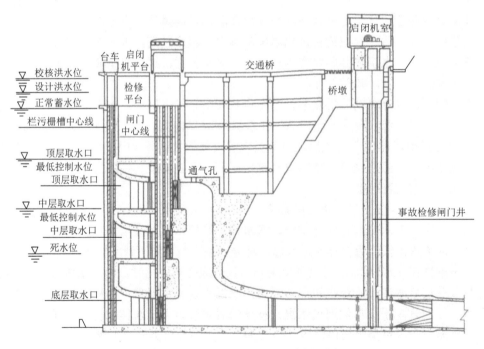

图 8.2　多层进水口式取水设施剖面图

（2）叠梁门式分层取水设施，结构示意图如图8.3所示。在常规进水口拦污栅与检修闸门之间设置钢筋混凝土隔墩，隔墩与进水口两侧边墙形成从进水口底板至顶部的进水口，各个进水口均设置叠梁门。叠梁门门顶高程根据满足下泄水体水温和进水口水力学要求确定，用叠梁门和钢筋混凝土隔墩挡住水库中下层低温水，水库表层水通过进水口叠梁门顶部进入取水道。其优点是适用于不同取水规模的工程，可以根据不同水库水位及水温要求来调节取水高度，运行灵活。

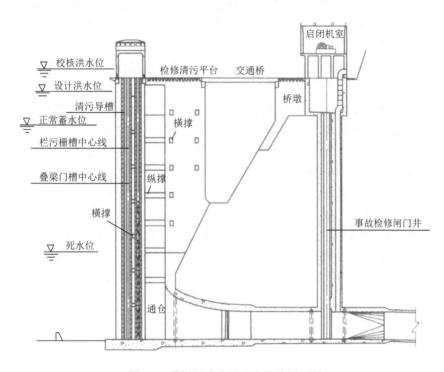

图 8.3 叠梁门式分层取水设施剖面图

分层取水设施布置和结构设计应遵循《水利水电工程进水口设计规范》（SL 285—2020）、《水电站进水口设计规范》（NB/T 10858—2021）和《水电站分层取水进水口设计规范》（NB/T 35053—2015），采用叠梁门式和多层进水口式设计时，应考虑以下要点：①分层取水进水口应与枢纽其他建筑物的布置相协调。整体布置的进水口顶部高程宜与坝顶同高程。进水口闸门井的顶部高程，可按闸门井出现的最高涌浪水位控制。②分层取水设施应在各种运行工况下，均能灵活控制取水。③在各级运行水位下，进水口应水流顺畅、流态平稳、进流匀称，尽量减少水头损失，并按照运行需要引进所需水流或截断水流。④通过叠梁门控制分层取水时，门顶过流水深应通过取水流量与流态、取水水温计算以及单节叠梁门高度等综合分析后选定。⑤单节叠梁门高度应结合水库库容及水温计算成果进行设置，确保下泄水温，同时也应避免频繁启闭，一般单节叠梁门高度 5～10m，就近设置叠梁门库，便于操作管理。⑥叠梁门式分层取水设施进水口的门顶过流为堰流形式，除应根据门顶过水深度计算过流能力外，还应计算叠梁门上下游水位差，确保叠梁门及门槽结构安全。⑦多层进水口式取水设施不同高程的进水口可根据实际情况上下重叠布置或水平错开布置，且应确保每层进水口的取水深度和最小淹没水深。⑧多层进水口之间一般通过汇流竖井连通，竖井底部连接引水隧洞。为确保竖井内水流平顺，竖井断面不宜小于进水口过流面积。

⑨多层进水口式取水设施各高程进水口及叠梁门式分层取水设施进水口，应计算最小淹没深度，防止产生贯通漩涡以及出现负压。

分层取水进水口运行规则，应根据其取水方式以及水电站运行调度原则，运行管理要求如下：①分层取水设施最高、最低运行水位；②分层取水设施使用条件；③拦污栅的运行要求；④分层取水设施运行方式、操作要求；⑤对水库运行方式的要求；⑥分层取水闸门的存放要求；⑦分层取水设施开启或关闭操作时，引水管道内的流量可能发生变化，从而对发电机组的运转产生一定影响，为保证机组运行安全，还应综合考虑机组运行要求。

分层取水进水口实际调度运行过程中，应根据水库水位、水温监测数据及敏感生物的水温需求等因素，及时调整分层取水设施的取水深度和调度方式，以达到改善下泄水温的目的。比如位于浙江省丽水市青田县境内瓯江小溪中游河段的滩坑水库，是一座担负电力系统调峰、调频、调相及事故备用任务，同时兼顾防洪及其他综合利用效益的大型水库，该水库水温为稳定分层型，可能存在下泄低温现象并对下游水生生物的生存、繁殖等造成影响。为此，滩坑水库采用叠梁门结构实现分层取水以改善下泄水温[44]。根据预测，在传统底层取水方式下，春夏季水库对下游河流水温影响较大，下泄低温最大差异可达 8.3℃，对下游土著鱼类的生存繁殖产生不利影响。而采用分层取水调度方案可以有效缓解滩坑水库下游河道目标鱼类的产卵期水温需求，基本满足鼋的活动周期和繁殖期水温需求，使其产卵期恢复到 6～8 月，同时使 9 月的水温接近目标鱼类香鱼生存繁殖的水温。

8.3.6　水系连通调度

1. 水系连通的必要性

修建水库会阻隔河流水系连通，降低河湖水系的连通性，诱发一些河流生态系统的生态问题。因此修建水库后需要进行水系连通性调度，修复河流与湖泊的连通性、干流与支流的连通性，缓解水工建筑物对支流的分割以及对河流湖泊的阻隔作用，解决由于水系连通受阻而引发的生态问题。河湖水系连通是我国经济社会发展的迫切需要，同时也是落实党中央部署的国家战略需要。要充分了解国内外有关水系连通的相关理论及实际工程建设，综合考虑防洪、洪水、水生态保护等多方面因素，深入探索开展珠江三角洲河网区水系连通的关键技术，促进珠江三角洲地区供水格局优化、水资源高效利用、生态环境良性循环等，改善河湖水系水生态环境状况，提高区域水环境承载能力[45]。

2. 水系连通的方法

在我国，长江流域的水库最具有代表性。长江流域目前大型通江湖泊仅有鄱阳湖和洞庭湖，江湖阻隔严重影响了洄游鱼类的生长与繁殖，而水库的修建则破坏了河流上下游的连通。为解决由水系连通受阻而引起的各类生态问题，需要通过统一制定长江流域水库群的调度运行方式，恢复河流与湖泊的连通性、干流与支流的连通性，缓解水利工程建筑物对于干支流的分割以及河流湖泊的阻隔作用,必要时可以辅助工程措施增加水系和水网的连通性[46]。

8.3.7 水库生态调度案例

1. 汾河流域生态修复工程

为实施汾河流域生态修复工程[47],2016 年山西省水利厅在汾河中游设计实施堤内拦河节制蓄水闸共计 15 座以增大河道水域面积,增强地下水的补给,改善生态环境。汾河中游闸坝区工程建成运行后,可增加河道水量,在一定程度上对来水中的污染物进行稀释达到降低水体污染物浓度的目的,使河道水质和生态环境得到改善,但闸坝工程运行后汾河中游河道将面临人工干扰强度大和河道片段化的问题。因此,如何在保障下游河道环境流量的基础上,最大限度地发挥工程效益显得尤为重要。可以从闸坝群联合调控与环境流量目标相结合的角度入手,在合理计算汾河中游闸坝区最小环境流量的基础上,以满足最小环境流量为目标,对枯水年闸坝群调控方案进行探讨,以期通过合理的闸坝调度,缓解或补偿建坝对河道生态环境产生的负面影响。

汾河中游闸坝区从汾河二坝到文峪河入汾河口,全长 82.2km,途经太原市、晋中市和吕梁市三市的五县。堤内拦河节制蓄水闸共 15 座,总长度 3876m,总蓄水面积 13.5km²,总蓄水量 1737 万 m³。蓄水闸均采用塌坝迅速、利于冲沙的液压坝,在汾河干流全断面蓄水。坝体为钢闸坝和钢筋混凝土闸坝,由多扇串联在一起的闸板共同蓄水,单扇闸板长度为 6.0m。义棠断面为 15 个闸坝群下的第一个断面,闸坝调控首先应满足该断面的环境流量目标要求,若该断面环境流量调控目标能够得到满足,对断面以下的下游地区生态环境流量保证程度较高,故选择义棠断面作为闸坝调控的目标断面,以满足最小环境流量作为调控目标。该研究中最小环境流量的计算采用 Tennant 法,该方法以多年平均天然流量的 10%作为河道环境流量的最小值。水位资料选取的时间为 1980~2013 年,枯水年为 1998 年。

为比较不同调度方式的优劣,共设置了 5 种调控工况对闸坝进行调度,其中仅调控、不调水的工况 3 种,调控同时调水的工况 2 种,具体如下。①工况 1:在天然来水情况下,闸坝全部塌坝泄流,等同于无闸坝情形。②工况 2:在天然来水情况下,优先蓄水,满足闸坝正常蓄水位要求,如来水还有剩余则用于满足环境流量调控目标,满足目标值后的余水全部下泄。③工况 3:在天然来水情况下,优先满足环境流量调控目标,如有剩余,则用闸坝蓄水,待来水不满足调控目标时用蓄水量补充。④工况 4:调控及调水原则满足环境流量调控目标。当天然来水满足环境流量调控目标时,不调水,余量用闸坝蓄水;天然来水不满足环境流量调控目标时用闸坝蓄水量补充,如蓄水量放空还无法满足,则以满足环境流量目标为基准通过调水补足缺水量,保证泄流量≥环境流量目标值。⑤工况 5:调控及调水原则是同时满足环境流量调控目标和闸坝正常蓄水位要求。当天然来水同时满足环境流量调控目标和闸坝正常蓄水位要求时,不调水,余量用闸坝蓄水;当天然来水不能满足调控目标时通过调水补足缺水量,保证泄流量≥环境流量目标值。

按照工况 1、2、3 对枯水年天然来水进行调控,分析结果经对比可以得知:在不调水的情况下,工况 3 对调控目标和蓄水位的满足程度相对最高,但由于枯水年 1~4 月几乎没有来水,导致 3 种工况在 1~4 月都无法满足调控目标及蓄水要求,经工况 3 的合理调控,除 1~4 月外,其余 8 个月都可完全满足调控目标,同时可兼顾蓄水要求,显著提升对蓄水位的满足程度。工况 4 全年仅需调水 2230.97 万 m^3 即可满足全年各月的最小环境流量,同时兼顾闸坝蓄水,除 1~4 月没有天然来水致使闸坝无水可蓄外,其余各月均能保证一定量的蓄水,闸坝区的景观作用能够得到一定程度的发挥。以同时满足调控目标和闸坝正常蓄水位为基准,按照工况 5 对枯水年天然来水进行调控:在调水情况下,枯水年仅需调水 5561.21 万 m^3 即可保证全年各月的最小环境流量,闸坝全年维持正常蓄水位,充分发挥其景观作用。根据调度计算结果共提出 3 种建议方案,并确定其优先顺序如下。

(1)方案一:采用工况 5 的方式进行调控,即当天然来水同时满足环境流量调控目标和闸坝正常蓄水位要求时,不调水,余量用闸坝蓄水;当天然来水不能满足调控目标时,通过调水补足缺水量。当同时满足环境流量最低目标值和闸坝正常蓄水位要求时,年调水总量为 5561.21 万 m^3。该方案效果最为理想。其优点是:通过调水可以同时满足河道生态环境流量目标和闸坝正常蓄水位要求,在保证河流生态需水的基础上充分发挥闸坝的景观作用。

(2)方案二:采用工况 4 的方式进行调控,即当天然来水满足环境流量调控目标时,不调水,余量用闸坝蓄水;当天然来水不满足环境流量调控目标时,用蓄水量补充,如蓄水量放空还无法满足则以满足环境流量目标为基准通过调水补足缺水量。当同时满足环境流量最低目标值和闸坝正常蓄水位要求时,年调水总量为 2230.97 万 m^3。该方案效果次之。其优点体现在:通过少量调水即能够保证河道生态需水满足目标要求,但不能保证各月蓄水都达到正常蓄水位。

(3)方案三:采用工况 3 的调控方式,即天然来水首先满足环境流量调控目标,如有剩余则用闸坝蓄水,待天然来水不满足环境流量目标时用蓄水量补充。该方案的优点是不需要调水,在天然来水量较大时通过闸坝调控可满足环境流量最低目标值,同时保证闸坝蓄水,但天然来水量较小时则难以兼顾蓄水要求。

2. 哥伦比亚河大坝

哥伦比亚河发源于加拿大落基山脉西麓的哥伦比亚湖,穿过美国华盛顿州,在俄勒冈州的阿斯托里注入太平洋[48]。哥伦比亚河干流及其支流斯内克河生活着多种洄游于太平洋和淡水河流之间的鲑鱼。鲑鱼的产卵场主要位于哥伦比亚河和斯内克河的中上游河段。20 世纪 30~70 年代,哥伦比亚河干流及其支流上共建设了几十座大坝。尽管这些大坝在建设之初就设置了成鱼过坝的鱼梯,但是洄游鱼类的数量还是大幅度减少。

其主要原因是幼鱼在向大海洄游的过程中,需要至少通过 8 座大坝。这些大坝当时没有建设幼鱼下行的通道,导致幼鱼通过水轮机的死亡率较高。1977 年以后,一些大坝调度方案开始考虑鲑鱼幼鱼降河洄游的季节性水流需求,通过溢流坝下泄一定的水量,帮助幼鱼过坝,增加大坝的下泄流量,模拟自然条件下的高流量脉冲,以加快幼鱼向大海的迁徙。同时，采取了改建溢洪道和排漂孔、增加幼鱼旁路过鱼系统、集鱼和运鱼系统等措施。这些措施实施后，洄游鱼类的过坝率有了较大提高。但是，监测数据表明鲑鱼的数量还在减少，其原因可能是改建大坝恢复鲑鱼洄游通道的同时，忽视了支流鲑鱼产卵和育肥栖息地的修复。自 2005 年起，多种栖息地修复行动开始实施，包括增强过鱼通道使洄游鱼类更容易到达产卵育肥栖息地，安装遮掩物避免鱼类进入泵站或灌溉渠道，改善河道内产卵育幼栖息地的环境，在产卵育幼栖息地附近修复岸边植被等。这些措施的效果初步显现，譬如 2013 年超过百万条奇努克鲑鱼（fall Chinook salmon）回到哥伦比亚河的支流斯内克河产卵，这也是自干流上 Bonneville 坝在 1938 年建成后所观测的洄游鲑鱼最多的一次。此外，专家组还提出改进河口栖息地、改变捕捞方法等新措施，这些措施有待进一步实践和评估。

3. 弗莱明峡大坝

弗莱明峡大坝位于美国犹他州的格林河，该河是科罗拉多河最大的支流，哺育着科罗拉多河流域的 4 种特有鱼类：弓背鲑、尖头叶唇鱼、刀项亚口鱼和骨尾鱼。1967 年，弗莱明峡大坝正式运行后，夏季水库底层下泄水流的水温低至 6℃。水文和水温情势的改变，导致格林河下游虹鳟生长速度减缓、濒危鱼类数量减少。1978 年 6 月，弗莱明峡大坝安装了水库表层取水的多水位压力钢管。通过压力钢管取水可使夏季下泄水温提高到 13℃。这个温度能够增加虹鳟生长和水库下游的渔业生产。但是格林河下游的夏季水温还是很少超过 17℃。1992 年，美国鱼类及野生动植物管理局对弗莱明峡大坝的调度运行对濒危鱼类的影响进行了评估，完成了《弗莱明峡大坝运行的生物学建议》报告。报告建议弗莱明峡水库春、夏、秋、冬季节的下泄水量和下泄水温的范围。1992~1996 年，弗莱明峡大坝增加了 5 月、6 月的下泄流量，大坝下游河流的夏季水温较 1978~1991 年略有提高。2000 年，提交《弗莱明峡大坝下游格林河濒危鱼类保护的水流和水温推荐值》报告。该报告基于弓背鲑、尖头叶唇鱼、刀项亚口鱼 3 种濒危鱼类对水流和水温的需求，推荐了 5 种不同水文年（丰水年、中等丰水年、平水年、中等枯水年、枯水年）弗莱明峡大坝下泄水流的峰值流量、基流和相应水温。2002 年以后，弗莱明峡大坝的调度方式再次进行了调整：增加春季洪峰的流量和持续时间，维持夏季、秋季和冬季较小的基流量，限制基流的日波动范围。2002~2006 年，弗莱明峡大坝泄流的水文情势和水温情势都基本达到 2000 年报告的推荐范围。对 3 种濒危鱼类的监测表明，研究期间的环境条件较适合这些鱼类的繁殖。同时，对岸边植被的监测表明，由于建坝后新的岸边植被群落已经形成，释放模拟自然水文情势的控制性洪水对于修复本地岸边植被如三叶杨的作用很有限。分析认为，仅仅依靠释放环境水流不足以为本地植物繁殖创造新的栖息地，修复岸边植被需要结合清除杂草和外来植物、创造空地等多种措施。

4. 格伦峡大坝

科罗拉多河上的格伦峡大坝[49]始建于 1956 年。大坝下游 24km 处即为世界闻名的自然景观——大峡谷。1966 年格伦峡大坝蓄水以后，下泄流量的季节性变化降低，洪峰过程基本消失；由于电站主要承担电网调峰任务，日内最大下泄流量是最小流量的十几倍；

鲍威尔湖水库水温分层明显，下泄水温年内变幅由建坝前的 0～29℃变为 7～12℃；大坝将建坝前进入大峡谷的 84%的泥沙拦截在水库里，导致下游一些沙洲、河滩遭到侵蚀而面积减少；一些本地种濒临灭绝，外来种入侵严重。1990 年 6～7 月，自格伦峡大坝运行以来首次进行了水库调度方式调整试验，下泄了 3 次历时 2 周的水流，包括 3d 的恒定水流和 11d 的波动水流，以比较下游河流生态对大坝不同泄流情况的短期响应。1992 年，美国国会通过了大峡谷保护法案。法案规定：格伦峡大坝的运用，必须遵守附加的准则，以确保自然环境、文化资源和参观旅游的价值，减轻格伦峡大坝的负面影响。

　　1996 年，格伦峡大坝首次实施了栖息地营造水流的试验。3 月末至 4 月初，格伦峡大坝下泄为期 14d、流量为 1274m³/s 的"人造洪峰"。此次试验主要是为了模拟建坝前坝址处的春季洪峰，重建下游沙洲和河滩、沉积营养物质，修复河堤，恢复自然系统的动态性。试验之初的效果令人满意，沙洲体积平均增长了 164%，面积平均增长了 67%，厚度增加了 0.64m。但监测很快发现这些新的沙洲不稳定，沙洲的侵蚀速率较大。1996 年 10 月，美国内务部采纳了改进低波动水流方案。该方案限制了格伦峡大坝下泄流量的日波动范围和小时变化率。1997 年，格伦峡大坝的适应性管理项目正式启动。该年秋季，格伦峡大坝下泄为期 2d、流量为 878m³/s 的维持栖息地水流试验，以维持 1996 年营造栖息地水流的效果。为了研究调度对水温的影响，2000 年夏季首次实施稳定水流试验。5～8 月，格伦峡大坝连续下泄 227m³/s 的稳定水流。这次试验表明，在稳定水流条件下，下游干流平均水温比日调节时波动水流高出 1.4～3℃，死水区高 0.3～5.3℃，具有明显升温作用。2003 年，首次采取波动水流抑制外来鱼类（虹鳟等）的繁殖。在外来鱼类的繁殖期（1～3 月），下泄流量为 142～566m³/s 的波动水流，干扰其产卵活动，降低幼虹鳟的成活率。

　　目前，格伦峡大坝每年依然进行栖息地营造和维持试验、稳定水流试验等各种水库调度试验[19]。为了修复河口严重退化的岸边栖息地，2014 年 3 月 23 日至 5 月 18 日，一次总水量为 1.3 亿 m³ 的脉冲水流释放到科罗拉多河，沿着河流廊道跨越美国和墨西哥的边境线，注入到科罗拉多河河口三角洲。尽管这次脉冲水流远远小于自然水文过程，但也起到了积极的生态作用，比如抬升了当地的地下水位，主河道两岸的岸边植被覆盖度增加了 16%，脉冲水流之后的两年岸边带的鸟类丰度和多样性均有所增加。

思　考　题

1. 水库生态调度的生态目标有哪些？
2. 水库水质问题中最严重的是什么问题？问题的原因是什么？
3. 水沙输移调整的本质是什么？
4. 保证最小环境流量中的环境流量是什么？
5. 水库调度原则中最重要的原则你认为是哪个？并说明理由。
6. 请找找一些国内外遵守水库生态调度原则的案例。
7. 防治水污染调度中最好的措施你认为是哪个？并说明理由。
8. 请你解释一下生态需水量的概念。

9. 生态因子调度的生态因子具体包括哪些方面？

10. 能否在现实生活中找到本章所对应的水库生态调度模式？如果可以，请具体说明。

参 考 文 献

[1] Whipple Jr W, Duflois D, Grigg N, et al. A proposed approach to coordination of water resource development and environmental regulations[J]. Journal of the American Water Resources Association, 1999, 35（4）: 713-716.

[2] Richter B D, Baumgartner J V, Powell J, et al. A method for assessing hydrologic alteration within ecosystems[J]. Conservation Biology, 1996, 10（4）: 1163-1174.

[3] 董哲仁, 孙东亚, 赵进勇. 水库多目标生态调度[J]. 水利水电技术, 2007（1）: 28-32.

[4] 蔡其华. 充分考虑河流生态系统保护因素完善水库调度方式[J]. 中国水利, 2006（2）: 14-17.

[5] Johnson B M, Saito L, Anderson M A, et al. Effects of climate and dam operations on reservoir thermal structure[J]. Journal of Water Resources Planning and Management, 2004, 130（2）: 112-122.

[6] 陈德亮. 从水库水质看分层取水的必要性[J]. 农田水利与小水电, 1985（4）: 12-15.

[7] Higgins J M, Brock W G. Operation and performance of reservoir release improvements at 16 TVA dams[C]//Water Resources and the Urban Environment. ASCE, 2014: 465-470.

[8] 孙波. 从珠江"压咸补淡"到"水量统一调度"的变化与思考[J]. 人民珠江, 2008（5）: 5-7.

[9] 谭红武, 廖文根, 李国强, 等. 国内外生态调度实践现状及我国生态调度发展策略浅议[C]//中国水利学会 2008 学术年会论文集（上册）. 北京: 中国水利水电出版社, 2008: 349-354.

[10] 石丽, 吐尔逊·哈斯木, 韩桂红. 塔里木河下游生态输水对环境的动态影响与防治对策[J]. 新疆农业科学, 2008（5）: 926-933.

[11] 赵安平, 刘跃文, 陈俊卿. 黄河调水调沙对河口形态影响的研究[J]. 人民黄河, 2008（8）: 28-29, 104.

[12] 李思璇. 三峡水库调蓄对荆江水沙输移及河床调整的作用机理研究[D]. 武汉: 武汉大学, 2019.

[13] Schmidt J C, Parnell R A, Grams P E, et al. The 1996 controlled flood in Grand Canyon: Flow, sediment transport, and geomorphic change[J]. Ecological Applications, 2001, 11（3）: 657-671.

[14] 练继建, 万毅, 张金良. 异重流过程的梯级水库优化调度研究[J]. 水力发电学报, 2008（1）: 18-23.

[15] 徐国宾, 张金良, 练继建. 黄河调水调沙对下游河道的影响分析[J]. 水科学进展, 2005, 16（4）: 518-523.

[16] Jacobson R B, Galat D L. Design of a naturalized flow regime: An example from the lower Missouri River, USA[J]. Ecohydrology: Ecosystems, Land and Water Process Interactions, Ecohydrogeomorphology, 2008, 1（2）: 81-104.

[17] King A J, Ward K A, O'connor P, et al. Adaptive management of an environmental watering event to enhance native fish spawning and recruitment[J]. Freshwater Biology, 2010, 55（1）: 17-31.

[18] King J, Cambray J A, Dean Impson N. Linked effects of dam-released floods and water temperature on spawning of the Clanwilliam yellowfish Barbus capensis[J]. Hydrobiologia, 1998, 384: 245-265.

[19] Lovich J, Melis T S. The state of the Colorado River ecosystem in Grand Canyon: Lessons from 10 years of adaptive ecosystem management[J]. International Journal of River Basin Management, 2007, 5（3）: 207-221.

[20] Smith S G, Muir W D, Hockersmith E E, et al. Influence of river conditions on survival and travel time of Snake River subyearling fall Chinook salmon[J]. North American Journal of Fisheries Management, 2003, 23（3）: 939-961.

[21] 陈启慧. 美国两条河流生态径流试验研究[J]. 水利水电快报, 2005（15）: 23-24.

[22] Reid M. Monitoring the effectiveness of environmental water allocations on floodplain wetlands[J]. Trees and Natural Resources, 2000, 42（2）: 10-11.

[23] Rood S B, Patiño S, Coombs K, et al. Branch sacrifice: Cavitation-associated drought adaptation of riparian cottonwoods[J]. Trees, 2000, 14: 248-257.

[24] Shafroth P B, Wilcox A C, Lytle D A, et al. Ecosystem effects of environmental flows: Modelling and experimental floods in a dryland river[J]. Freshwater Biology, 2010, 55（1）: 68-85.

[25] 夏军，陈曦，左其亭. 塔里木河河道整治与生态建设科学考察及再思考[J]. 自然资源学报，2008（5）：745-753.

[26] Warner A T，Bach L B，Hickey J T. Restoring environmental flows through adaptive reservoir management：Planning，science，and implementation through the sustainable rivers project[J]. Hydrological Sciences Journal，2014，59（3-4）：770-785.

[27] Cogle L，Little S，Lee J，et al. Ecosystem response modelling needs of the Living Murray initiative[M]//Saintilan N，Overton I. Ecosystem response modelling in the Murray-Darling Basin. Melbourne：CSIRO publishing，2010：175-181.

[28] 刘国清. 论生态优先战略及政府职能[J]. 沈阳农业大学学报，1997，28（1）：70-73.

[29] 黄云燕. 水库生态调度方法研究[D]. 武汉：华中科技大学，2008.

[30] 董哲仁. 试论河流生态修复规划的原则[J]. 中国水利，2006（13）：11-13，21.

[31] 李景波，董增川，王海潮，等. 水库健康调度与河流健康生命探讨[J]. 水利水电技术，2007，38（9）：12-15.

[32] 蒋楠. 生态调度法律制度研究[D]. 宜昌：三峡大学，2021.

[33] 钮新强，谭培伦. 三峡工程生态调度的若干探讨[J]. 中国水利，2006（14）：8-10，24.

[34] 陈敏建，丰华丽，王立群，等. 生态标准河流和调度管理研究[J]. 水科学进展，2006，17（5）：631-636.

[35] Ji U，Son K I，Kim M M. Numerical analysis for bed changes in the upstream channel due to the installation of sediment release openings in the flood control dam[J]. Journal of Korea Water Resources Association，2009，42（4）：319-329.

[36] McKinney D C，Cai X M. Center for research in water resources the university of texas at Austin[R/OL].（1997-06-09）[2023-09-03]. https://www.caee.utexas.edu/prof/McKinney/papers/aral/Model-Rpt.PDF.

[37] 陈庆伟，刘兰芬，孟凡光，等. 筑坝的河流生态效应及生态调度措施[J]. 水利发展研究，2007，7（6）：15-17，36.

[38] 高永胜，叶碎高，郑加才. 河流修复技术研究[J]. 水利学报，2007（S1）：592-596.

[39] 陈秀铜. 改进低温下泄水不利影响的水库生态调度方法及影响研究[D]. 武汉：武汉大学，2010.

[40] 王海贞，王辉，强俊，等. 温度、盐度和 pH 对尼罗罗非鱼性别分化的影响[J]. 应用生态学报，2012，23（10）：2893-2899.

[41] 吴莉莉，王惠民，吴时强. 水库的水温分层及其改善措施[J]. 水电站设计，2007，23（3）：97-100.

[42] 肖金凤，梁宏，杨治国. 水库生态影响研究和生态调度对策探讨[J]. 河南水利与南水北调，2008（2）：28-30.

[43] 董哲仁. 生态水利工程学[M]. 北京：中国水利水电出版社，2019.

[44] 叶舟，龚梦园. 基于下游生境水温需求的水库分层取水调度研究[J]. 人民长江，2022，53（6）：105-110.

[45] 刘晋，胡永辉，刘夏. 多目标协同下水系连通调度模拟[J]. 长江科学院院报，2022，39（6）：15-23.

[46] 禹雪中，杨志峰，廖文根. 水利工程生态与环境调度初步研究[J]. 水利水电技术，2005，36（11）：20-22.

[47] 李扬，孙小平. 汾河中游闸坝区枯水年环境流量调控研究[J]. 水资源开发与管理，2019（1）：1-6.

[48] Smith S C. Discussion：Organization for river basin development：The Columbia river[J]. Journal of Farm Economics，1958，40（5）：1714-1716.

[49] Grams P E，Schmidt J C，Topping D J. The rate and pattern of bed incision and bank adjustment on the Colorado River in Glen Canyon downstream from Glen Canyon Dam，1956—2000[J]. Geological Society of America Bulletin，2007，119（5-6）：556-575.